罗哲文题

潘德华 潘叶祥 著

斗栱

简体版（下册）

东南大学出版社
南京 ●2017

内容提要

本书是在繁体版(第二版)基础上修订出版的简体版(第一版)。

斗栱是中国古代建筑中最具魅力却又最为深奥的部分。它以极为简单又极标准化的构件,组成了千姿百态又千变万化的种类,承担起中国古代建筑中出檐悬挑、承托梁栿、装点檐下、显示等级等功能,其榫卯之精巧又作为中国建筑木工技艺的最高典范。本书作者在这一领域中研究与实践达四十余年,并以十二年的努力写成此书。斗栱的历代变化悉收书中,榫卯之堂奥尽呈眼底,共绘图纸三百余幅,照片一百四十余张,斗栱分件图一千余件,可谓斗栱研究之宏大展览。

本书是古建筑设计与施工、古建筑保护与修缮、建筑历史研究与教学的一本全新的不可多得的参考工具书,适合于中外研究中国传统建筑的学者、大专院校师生、古建筑爱好者以及古建筑公司、古建筑设计院阅读或参考。

图书在版编目(CIP)数据

斗栱(简体版)/潘德华,潘叶祥著. —南京:东南大学出

版社,2017.5 (2020.9重印)

ISBN 978-7-5641-7094-3

Ⅰ.①斗… Ⅱ.①潘… ②潘… Ⅲ.①古建筑—木结

构—建筑艺术—中国 Ⅳ.①TU-881.2

中国版本图书馆 CIP 数据核字(2017)第 055280 号

书　　名:斗栱(简体版)(下册)
著　　者:潘德华　潘叶祥
责任编辑:徐步政　孙惠玉　　　　　　　　邮箱:894456253@qq.com

出版发行:东南大学出版社　　　　　　　　社址:南京市四牌楼 2 号(邮编:210096)
网　　址:http://www.seupress.com
出 版 人:江建中

印　　刷:江苏凤凰盐城印刷有限公司　　　　排版:南京新翰博图文制作有限公司
开　　本:787 mm×1092 mm　1/16　　　　印张:46　　　字数:1195 千
版 印 次:2017 年 5 月第 1 版　　2020 年 9 月第 3 次印刷
书　　号:ISBN 978-7-5641-7094-3　　　　定价:350.00 元(上、下册)

经　　销:全国各地新华书店　　　　　　　　发行热线:025-83790519　83791830

第三章
清式斗栱

第一节　斗科各项尺寸做法

[斗栱上升斗栱翘]　凡算斗科上升、斗、栱、翘等件，长短、高厚尺寸，俱以平身科迎面安翘昂斗口宽尺寸为法核算。

斗口有头等材、二等材，以至十一等材之分。头等材迎面安翘昂斗口宽六寸，二等材斗口宽五寸五分，自三等材以至十一等材各递减五分，即得斗口尺寸。

[桁椀]　凡算桁椀之高，以正心枋中至挑檐枋中尺寸为实。按加举之数为法乘之，即得桁椀高之尺寸（椀口高，不小于桁径的1/3，不大于1/2。长自挑檐枋内皮至正心桁中）。

[头昂]　凡头昂后带翘头，每斗口一寸，从十八斗底中线以外加长五分五厘（1/2十八斗底），惟单翘单昂者后带菊花头，不加1/2十八斗底。

[二昂、三昂]　凡二昂、三昂后带菊花头，每斗口一寸，其菊花头应长三寸。

[蚂蚱头]　凡蚂蚱头后带六分头，每斗口一寸，从十八斗底外皮以后再加长六分。惟斗口单昂者后带麻叶头，其加长照撑头木上麻叶头之法。

[撑头木后带麻叶头]　凡撑头木后带麻叶头，其麻叶头除一拽架分位外（麻叶头长三寸五分四厘，减一拽架三寸，得再加长），每斗口一寸，再加长五分四厘，惟斗口单昂者后不带麻叶头。

[昂]　凡昂，其昂嘴长，俱从十八斗中线出一拽架外，每斗口一寸，再加长三分（从十八斗中线向外，每斗口一寸，应长三寸三分）。

[斗科分档]　凡斗科分档尺寸，每斗口一寸，应档宽一尺一寸（档宽11斗口，城门角楼按12斗口分档，一斗二升交麻叶及一斗三升斗科按8斗口分档算）。从两头底中线算，如斗口二寸五分，每档应宽二尺七寸五分。

（一）平身科

[大斗]　大斗，每斗口宽一寸，应长三寸，宽三寸，高二寸。斗底宽二寸二分，长二寸二分（四面各收四分）。其耳高八分，腰高四分，底高八分。

[单翘]　单翘，每斗口宽一寸，应长七寸一分，高二寸，宽一寸。

[重翘]　重翘，每斗口宽一寸，应长一尺三寸一分，高、宽与单翘同。

[正心瓜栱]　正心瓜栱，每斗口宽一寸，应长六寸二分，宽一寸二分四厘，高二寸。

[正心万栱]　正心万栱，每斗口宽一寸，应长九寸二分，高、宽与正心瓜栱同。

[头昂]　头昂，每斗口宽一寸，应前高三寸，中、后高二寸，宽一寸，其长：如斗口单昂、斗口重昂者后带翘头，应长九寸八分五厘。单翘单昂者后带菊花头，应长一尺五寸三分。单翘重昂者后带翘头，应长一尺五寸八分五厘。重翘重昂者并重翘三昂者后带翘头，应长二尺一寸八分五厘。

[二昂]　二昂，高、宽与头昂尺寸同。其长：如斗口重昂者后带菊花头，应长一尺五寸三分。

注：清雍正十二年（公元1734年）武英殿本《工程做法》中，斗栱部分"斗科各项尺寸做法"、"斗科斗口一寸至六寸尺寸"错讹较多，作者已在《古建园林技术》杂志总第71期至75期中，连续发表了论文五篇，纠正其中之错误。

单翘重昂者后带菊花头,应长二尺一寸三分。重翘重昂者后带菊花头,应长二尺七寸三分。重翘三昂者后带翘头,应长二尺七寸八分五厘。

[三昂] 三昂,高、宽与头昂尺寸同。其长:重翘三昂者后带菊花头,应长三尺三寸三分。

[蚂蚱头] 蚂蚱头,每斗口宽一寸,应高二寸,宽一寸。如斗口单昂者后带麻叶头,应长一尺二寸五分四厘。单翘单昂并斗口重昂者后带六分头(以下均后带六分头),应长一尺六寸一分五厘。单翘重昂者,应长二尺二寸一分五厘。重翘重昂者,应长二尺八寸一分五厘。重翘三昂者,应长三尺四寸一分五厘。

[撑头木] 撑头木,如斗口单昂者,撑头木并桁椀连做,每斗口宽一寸,应高三寸五分,宽一寸,长六寸。以下撑头木后均带麻叶头,每斗口宽一寸,应高二寸,宽一寸。其长:如单翘单昂并斗口重昂者,应长一尺五寸五分四厘。如单翘重昂者,应长二尺一寸五分四厘。重翘重昂者,应长二尺七寸五分四厘。重翘三昂者,应长三尺三寸五分四厘。

[单材瓜栱] 单材瓜栱,每斗口宽一寸,应高一寸四分,宽一寸,长六寸二分。

[单材万栱] 单材万栱,每斗口宽一寸,应高一寸四分,宽一寸,长九寸二分。

[厢栱] 厢栱,每斗口宽一寸,应高一寸四分,宽一寸,长七寸二分。

[桁椀] 桁椀,每斗口宽一寸,应宽一寸。如斗口单昂桁椀,已在平身科撑头木中说明。如斗口重昂并单翘单昂者,应高三寸五分,长一尺一寸五分(自挑檐枋内皮至井口枋中)。单翘重昂者,应高五寸,长一尺七寸五分。重翘重昂者,应高六寸五分,长二尺三寸五分。重翘三昂者,应高八寸,长二尺九寸五分。

[十八斗] 十八斗,每斗口宽一寸,应长一寸八分,宽一寸五分,高一寸。斗底宽一寸一分,长一寸四分(斗底四面各收二分)。其耳高四分,腰高二分,底高四分。

[三才升] 三才升,每斗口宽一寸,应长一寸三分,宽一寸五分,高一寸。升底宽一寸一分,长九分(升底四面各收二分)。其耳高四分,腰高二分,底高四分。

[槽升子] 槽升子,每斗口宽一寸,应长一寸三分,宽一寸七分四厘,高一寸。升底宽一寸三分四厘,长九分(升底四面各收二分)。其耳高四分,腰高二分,底高四分。

(二)柱头科

[大斗] 大斗,每斗口一寸,应长四寸,宽三寸,高二寸。迎面安翘、昂,斗口宽二寸,按正心瓜栱之斗口宽一寸二分四厘算。其耳高八分,腰高四分,底高八分。

[单翘] 单翘,每斗口宽一寸,应长七寸一分,高二寸,宽二寸。

[重翘] 重翘,每斗口宽一寸,应长一尺三寸一分,高二寸,宽已于翘昂本身之宽中声明。

[桃尖梁头] 桃尖梁头应宽尺寸,按平身科迎面斗口宽加四倍,如斗口宽一寸,桃尖梁头得宽四寸。

[翘、昂本身之宽] 翘、昂本身之宽:大斗上一层宽俱与单翘同,至通宽尺寸,按桃尖梁头之宽尺寸4斗口减去单翘之宽2斗口等于2斗口折半算。除斗口单昂、单翘用桃尖梁头不加外,如斗口单昂、单翘用抱头梁者,抱头梁头下部做翘头,将宽2斗口二份均之,抱头梁头下部翘头得一份。斗口重昂者,亦二份均之,二昂得一份。单翘单昂者,亦二份均之,单昂得一份。单翘重

昂者,三份均之,头昂得一份,二昂得二份。重翘重昂者四份均之,二翘得一份,头昂得二份,二昂得三份。重翘三昂者五份均之,二翘得一份,头昂得二份,二昂得三份,三昂得四份,再加单翘之宽,即得通宽之数。

[头昂] 头昂,每斗口宽一寸,头昂应前高三寸,中、后高二寸,长:如斗口单昂者后带翘头,应长九寸八分五厘。单翘单昂者后带雀替,应长一尺八寸三分。单翘重昂者后带翘头,应长一尺五寸八分五厘。重翘重昂、重翘三昂者后带翘头,应长二尺一寸八分五厘。宽已于翘昂本身之宽中声明。

[二昂] 二昂,每斗口宽一寸,二昂应前高三寸,中、后高二寸,长:如单翘重昂者后带雀替,应长二尺四寸三分。重翘重昂者后带雀替,应长三尺三分。重翘三昂者后带翘头,应长二尺七寸八分五厘。宽已于翘昂本身之宽中声明。

[三昂] 三昂,每斗口宽一寸,三昂应前高三寸,中、后高二寸。长:如重翘三昂者后带雀替,应长三尺六寸三分。宽已于翘昂本身之宽中声明。

蚂蚱头、撑头木、桁椀分位,俱系桃尖梁本身之中。

[桶子十八斗] 桶子十八斗,每斗口宽一寸,十八斗应高一寸,宽一寸五分。其长在头昂下者,按头昂宽之尺寸算;二翘下者,按二翘宽之尺寸算;二昂下者,按二昂宽之尺寸算;三昂下者,按三昂宽之尺寸算;桃尖梁下者,按桃尖梁头宽之尺寸算,两侧(外口)斗口一寸,各加长四分,共加长八分,即得通长之数。斗底宽,按每斗高一寸算,两头各收二分。斗底长,按每斗高一寸算,两头各收二分,即得斗底宽、长之数。其斗高分部尺寸:耳高四分,腰高二分,底高四分。

正心瓜栱、正心万栱、单材瓜栱、单材万栱、厢栱、槽升子、三才升等件之长短、高宽尺寸,俱与平身科算法尺寸同。

(三)角 科

[角大斗] 角大斗,每斗口宽一寸,应长三寸四分,宽三寸四分(已在《古建园林技术》杂志第71期中《关于清〈工程做法〉斗科部分若干问题的探讨》中声明),高二寸。安搭角正头翘或正头昂后带正心瓜栱,每斗口宽一寸,外斗口应宽一寸;内斗口应宽一寸二分四厘。安斜头翘或斜头昂,每斗口宽一寸,应宽一寸五分。其斗高分部尺寸:耳高八分,腰高四分,底高八分。

[斜头翘] 斜头翘,每斗口宽一寸,应高二寸,宽一寸五分,长一尺四分六厘四毫。

[老角梁之宽] 老角梁之宽与仔角梁同;仔角梁以椽径的二份(倍)定宽;椽径以桁条径每尺用三寸五分定径(椽径是桁条径的35%);桁条径以斗口四份定径。如斗口一寸,用4(斗口)×0.35×2=2.8斗口。每斗口宽一寸,得老角梁宽二寸八分。

[斜翘、昂本身之宽] 斜翘、昂本身之宽:俱按斜角斗口宽尺寸算。至通宽尺寸,俱按老角梁之宽尺寸2.8斗口减去斜头翘之宽1.5斗口等于1.3斗口折半算。如斗口单昂者,将1.3斗口二份均之,由昂得一份。斗口重昂者,三份均之,二昂得一份,由昂得二份。单翘单昂者,亦三份均之,单昂得一份,由昂得二份。单翘重昂者,四份均之,头昂得一份,二昂得二份,由昂得三份。重翘重昂者,五份均之,二翘得一份,头昂得二份,二昂得三份,由昂得四份。重翘三昂者,六份均之,二翘得一份,头昂得二份,二昂得三份,三昂得四份,由昂得五份,再加斜单翘之宽,即

得通宽之数。

[斜二翘] 斜二翘,每斗口宽一寸,应高二寸,长一尺九寸二分八毫,宽已于斜翘昂本身之宽中声明。

[搭角正头翘后带正心瓜栱] 搭角正头翘后带正心瓜栱,每斗口宽一寸,正头翘应宽一寸,长三寸五分五厘;正心瓜栱宽一寸二分四厘,长三寸一分。各高二寸。

[搭角正二翘后带正心万栱] 搭角正二翘后带正心万栱,每斗口宽一寸,正二翘应宽一寸,长六寸五分五厘;正心万栱宽一寸二分四厘,长四寸六分。各高二寸。

[搭角闹二翘后带单材瓜栱] 搭角闹二翘后带单材瓜栱,如重翘重昂并重翘三昂者,每斗口宽一寸,闹二翘应宽一寸,高二寸,长六寸五分五厘;单材瓜栱应宽一寸,高一寸四分,长三寸一分。

[斜头昂后带翘头] 斜头昂后带翘头,如斗口单昂并斗口重昂者,每斗口宽一寸,应前高三寸,中、后高二寸,长一尺四寸一分四厘四毫。单翘重昂者,每斗口宽一寸,应前高三寸,中、后高二寸,长二尺二寸七分八厘六毫。重翘重昂并重翘三昂者,每斗口宽一寸,应前高三寸,中、后高二寸,长三尺一寸三分七厘二毫。各宽已于斜翘昂本身之宽中声明。

[斜头昂后带菊花头] 斜头昂后带菊花头,如单翘单昂者,每斗口宽一寸,应前高三寸,中、后高二寸,长二尺一寸六分三厘八毫,宽已于斜翘昂本身之宽中声明。

[搭角正头昂后带正心瓜栱] 搭角正头昂后带正心瓜栱,如斗口单昂、斗口重昂者,每斗口宽一寸,正头昂应宽一寸,高三寸,长六寸三分;正心瓜栱宽一寸二分四厘,高二寸,长三寸一分。

[搭角正头昂后带正心万栱] 搭角正头昂后带正心万栱,如单翘单昂、单翘重昂者,每斗口宽一寸,正头昂应宽一寸,高三寸,长九寸三分;正心万栱宽一寸二分四厘,高二寸,长四寸六分。

[搭角正头昂后带正心枋] 搭角正头昂后带正心枋,如重翘重昂并重翘三昂者,每斗口宽一寸,正头昂应宽一寸,高三寸,长一尺二寸三分;正心枋宽一寸二分四厘,高二寸,长至平身科或柱头科。

[搭角闹头昂后带单材瓜栱] 搭角闹头昂后带单材瓜栱,如单翘单昂、单翘重昂者,每斗口宽一寸,闹头昂应宽一寸,高三寸,长九寸三分;单材瓜栱宽一寸,高一寸四分,长三寸一分。

[搭角闹头昂后带单材万栱] 搭角闹头昂后带单材万栱,如重翘重昂并重翘三昂者,每斗口宽一寸,闹头昂应宽一寸,高三寸,长一尺二寸三分;单材万栱宽一寸,高一寸四分,长四寸六分。

[斜二昂后带菊花头] 斜二昂后带菊花头,如斗口重昂者,每斗口宽一寸,应前高三寸,中、后高二寸,长二尺一寸六分三厘八毫。单翘重昂者,每斗口宽一寸,应前高三寸,中、后高二寸,长三尺一分二厘二毫。重翘重昂者,每斗口宽一寸,应前高三寸,中、后高二寸,长三尺八寸六分六毫。各宽已于斜翘昂本身之宽中声明。

[斜二昂后带翘头] 斜二昂后带翘头,如重翘三昂者,每斗口宽一寸,应前高三寸,中、后高二寸,长三尺九寸九分二厘一毫,宽已于斜翘昂本身之宽中声明。

[搭角正二昂后带正心万栱] 搭角正二昂后带正心万栱,如斗口重昂者,每斗口宽一寸,正

二昂应宽一寸,高三寸,长九寸三分;正心万栱宽一寸二分四厘,高二寸,长四寸六分。

[搭角正二昂后带正心枋] 搭角正二昂后带正心枋,如单翘重昂者,每斗口宽一寸,正二昂应长一尺二寸三分。重翘重昂并重翘三昂者,每斗口宽一寸,正二昂应长一尺五寸三分,各高三寸,宽一寸。正心枋各宽一寸二分四厘,高二寸,长至平身科或柱头科。

[搭角闹二昂后带单材瓜栱] 搭角闹二昂后带单材瓜栱,如单翘重昂者,每斗口宽一寸,闹二昂应长一尺二寸三分;重翘重昂并重翘三昂者,每斗口宽一寸,闹二昂应长一尺五寸三分。各高三寸,宽一寸。单材瓜栱各长三寸一分,高一寸四分,宽一寸。

[搭角闹二昂后带单材万栱] 搭角闹二昂后带单材万栱,如单翘重昂者,每斗口宽一寸,闹二昂应长一尺二寸三分;重翘重昂并重翘三昂者,每斗口宽一寸,闹二昂应长一尺五寸三分。各高三寸,宽一寸。单材万栱各长四寸六分,高一寸四分,宽一寸。

[搭角闹二昂后带拽枋] 搭角闹二昂后带拽枋,如重翘重昂并重翘三昂者,每斗口宽一寸,闹二昂应长一尺五寸三分,高三寸,宽一寸。拽枋长至平身科或柱头科,高二寸,宽一寸。

[斜三昂后带菊花头] 斜三昂后带菊花头,如重翘三昂者,每斗口宽一寸,应前高三寸,中、后高二寸,长四尺七寸九厘,宽已于斜翘昂本身之宽中声明。

[搭角正三昂后带正心枋] 搭角正三昂后带正心枋,如重翘三昂者,每斗口宽一寸,正三昂应前高三寸,后高二寸,宽一寸,长一尺八寸三分;正心枋高二寸,宽一寸二分四厘,长至平身科或柱头科。

[搭角闹三昂] 搭角闹三昂,如重翘三昂者,每斗口宽一寸,应前高三寸,后高二寸,宽一寸,长一尺八寸三分。

[搭角闹三昂后带拽枋] 搭角闹三昂后带拽枋,如重翘三昂者,每斗口宽一寸,应前高三寸,中、后高二寸,宽一寸,闹三昂长一尺八寸三分;拽枋长至平身科或柱头科。

[搭角闹三昂后带单材万栱] 搭角闹三昂后带单材万栱,如重翘三昂者,每斗口宽一寸,应前高三寸,后高二寸,宽一寸,闹三昂长一尺八寸三分;单材万栱高一寸四分,长四寸六分。

[搭角闹三昂后带单材瓜栱] 搭角闹三昂后带单材瓜栱,如重翘三昂者,每斗口宽一寸,应前高三寸,后高二寸,宽一寸,闹三昂长一尺八寸三分;单材瓜栱高一寸四分,长三寸一分。

[由昂后带麻叶头] 由昂后带麻叶头,如斗口单昂者,每斗口宽一寸,应前高三寸,中、后高二寸,长二尺二寸四分一毫,宽已于翘昂本身之宽中声明。

[由昂后带六分头] 由昂后带六分头,如单翘单昂并斗口重昂者,应长二尺七寸七分。单翘重昂者,应长三尺六寸二分三厘九毫。重翘重昂者,应长四尺四寸七分五厘八毫。重翘三昂者,应长五尺三寸二分六厘二毫,各前高三寸,中、后高二寸,宽已于翘昂本身之宽中声明。

[搭角正蚂蚱头后带正心万栱] 搭角正蚂蚱头后带正心万栱,如斗口单昂者,每斗口宽一寸,正蚂蚱头应宽一寸,长六寸;正心万栱宽一寸二寸四分,长四寸六分。各高二寸。

[搭角正蚂蚱头后带正心枋] 搭角正蚂蚱头后带正心枋,如斗口重昂并单翘单昂者,每斗口宽一寸,正蚂蚱头应长九寸。单翘重昂者,长一尺二寸;重翘重昂者,长一尺五寸;重翘三昂者,长一尺八寸。俱宽一寸,高二寸。各正心枋宽一寸二分四厘,高二寸,长至平身科或柱头科。

[搭角闹蚂蚱头后带单材万栱]　搭角闹蚂蚱头后带单材万栱,如单翘单昂并斗口重昂者,每斗口宽一寸,闹蚂蚱头应长九寸。单翘重昂者,长一尺二寸;重翘重昂者,长一尺五寸;重翘三昂者,长一尺八寸。俱宽一寸,高二寸。各单材万栱宽一寸,高一寸四分,长四寸六分。

[搭角闹蚂蚱头后带拽枋]　搭角闹蚂蚱头后带拽枋,如单翘重昂者,每斗口宽一寸,闹蚂蚱头应长一尺二寸。重翘重昂者,长一尺五寸;重翘三昂者,长一尺八寸。俱宽一寸,高二寸。各拽枋宽一寸,高二寸,长至平身科或柱头科。

[搭角闹蚂蚱头]　搭角闹蚂蚱头,如重翘重昂者,每斗口宽一寸,应长一尺五寸;重翘三昂者,长一尺八寸。俱宽一寸,高二寸。

[搭角把臂厢栱]　搭角把臂厢栱,如斗口单昂者,每斗口宽一寸,应长一尺一寸四分。单翘单昂并斗口重昂者,长一尺四寸四分;单翘重昂者,长一尺七寸四分;重翘重昂者,长二尺四寸;重翘三昂者,长二尺三寸四分。俱宽一寸,高一寸四分。

[搭角正撑头木后带正心枋]　搭角正撑头木后带正心枋,如斗口单昂者,每斗口宽一寸,正撑头木应宽一寸,长三寸。单翘单昂并斗口重昂者,宽一寸二分四厘,长六寸。单翘重昂者,宽一寸二分四厘,长九寸。重翘重昂者,宽一寸二分四厘,长一尺二寸。重翘三昂者,宽一寸二分四厘,长一尺五寸。正心枋宽一寸二分四厘,高二寸,长至平身科或柱头科。

[搭角闹撑头木后带拽枋]　搭角闹撑头木后带拽枋,如单翘单昂并斗口重昂者,每斗口宽一寸,闹撑头木应长六寸。单翘重昂者,长九寸。重翘重昂者,长一尺二寸。重翘三昂者,长一尺五寸。拽枋长至平身科或柱头科,俱宽一寸,高二寸。

[斜撑头木并桁椀]　斜撑头木并桁椀,如斗口单昂者,每斗口宽一寸,应高三寸五分,长八寸一分二厘四毫,宽同由昂,已于斜翘昂本身之宽中声明。

[斜撑头木后带麻叶头]　斜撑头木后带麻叶头,如单翘单昂并斗口重昂者,每斗口宽一寸,应长二尺一寸二分六厘一毫。单翘重昂者,长二尺九寸七分四厘五毫。重翘重昂者,长三尺八寸二分二厘九毫。重翘三昂者,长四尺六寸九分八毫,俱高二寸,宽同各由昂之宽,已于斜翘昂本身之宽中声明。

[搭角正桁椀后带正心枋]　搭角正桁椀后带正心枋,如单翘单昂并斗口重昂者,每斗口宽一寸,正桁椀应长五寸五分,高二寸二分;单翘重昂者,长八寸五分,高三寸七分。重翘重昂者,长一尺一寸五分,高五寸二分。重翘三昂者,长一尺四寸五分,高六寸七分;正心枋长至平身科或柱头科。俱宽一寸二分四厘。

[斜桁椀]　斜桁椀,如单翘单昂并斗口重昂者,每斗口宽一寸,应长一尺五寸五分五厘六毫,高三寸五分。单翘重昂者,长二尺四寸四厘,高五寸。重翘重昂者,长三尺三寸七分九厘二毫,高六寸五分。重翘三昂者,长四尺二寸二分七厘,高八寸,宽同各由昂之宽,已于斜翘昂本身之宽中声明。

[里连头合角单材瓜栱]　里连头合角单材瓜栱(角科距平身科按十一斗口计算),如斗口重昂并单翘单昂者,用二件,每斗口宽一寸,每件应长三寸一分。单翘重昂者,用四件,下二件长三寸一分,上二件长与平身科单材瓜栱连做。重翘重昂者,用六件,下二件长三寸一分,四件长与

平身科单材瓜栱连做。重翘三昂者，用八件，上、下各二件长三寸一分，中四件长与平身科单材瓜栱连做，俱宽一寸，高一寸四分。

[里连头合角单材万栱]　里连头合角单材万栱（角科距平身科按十一斗口计算），如斗口重昂并单翘单昂者，用二件，每斗口宽一寸，应长与平身科单材万栱连做（鸳鸯交手栱）。单翘重昂者，用四件，长与平身科单材万栱连做。重翘重昂者，用六件，长与平身科单材万栱连做。重翘三昂者，用八件，上二件长与柱头科单材万栱连做，六件长与平身科单材万栱连做。俱宽一寸，高一寸四分。

[里连头合角厢栱]　里连头合角厢栱（角科距平身科按十一斗口计算），如斗口单昂、重翘重昂，用二件，每斗口宽一寸，应长三寸六分。斗口重昂并单翘单昂、单翘重昂者，长与平身科厢栱连做。重翘三昂者，长与柱头科厢栱连做。俱宽一寸，高一寸四分。

[贴斜翘、昂升耳]　贴斜翘、昂升耳，每斗口宽一寸，应高六分，宽二分四厘，其长：在斜头翘者，按斜头翘之宽算；斜二翘者，按斜二翘之宽算；斜头昂者，按斜头昂之宽算；斜二昂者，按斜二昂之宽算；斜三昂者，按斜三昂之宽算；由昂者，按由昂之宽（已于斜翘昂本身之宽中声明）算外，再加长四分八厘（两个贴升耳宽），即得贴升耳"斗口一寸"通长之数。

[盖斗板]　盖斗板，每斗口一寸，应厚四分，或二分四厘，宽二寸，长按斗科分档尺寸算（通长做法）。竖向短料做法，应厚二分四厘，长二寸六分，宽按斗科分档尺寸算。

[斗槽板]　斗槽板（栱垫板），每斗口一寸，应厚四分或二分四厘，高五寸四分，长按斗科分档尺寸算。

[斜盖斗板]　斜盖斗板，每斗口一寸，应厚四分或二分四厘，宽二寸八分三厘，长按斗科分档尺寸算（通长做法）。竖向短料做法，厚二分四厘，长三寸三分三厘，宽按斗科分档尺寸算。

[正心枋]　正心枋，每斗口一寸，应厚一寸二分四厘，高二寸，长按每间面阔尺寸算。内除桃尖梁头之厚一份，外加入榫。

[机枋、拽枋、挑檐枋]　机枋、拽枋、挑檐枋，每斗口一寸，应高二寸，宽一寸，长俱按每间面阔尺寸算。内除桃尖梁本身之厚一份；或桃尖梁头之厚一份，外加入榫。

[井口枋]　井口枋，每斗口一寸，应厚一寸，高三寸，长与机枋同，稍间按斗科收拽架之尺寸算。

[宝瓶]　宝瓶，每斗口一寸，应高三寸五分，径与由昂之宽同，或由昂宽之 3/4。

一、挑金造溜金斗科

(一) 平身科

挑金造平身科，其所用升、斗、栱、翘、昂等件，按中线外面俱同各样平身科。里面除翘同各样平身科外，余件从蚂蚱头这层开始加举起秤杆，秤杆直达金步，后尾做六分头，上施十八斗，斗上承单栱，栱上为金垫枋、金桁。蚂蚱头秤杆上面是撑头木秤杆，后尾交于单栱上。撑头木之上为桁椀秤杆，后雕夔龙尾，伏莲销连接。蚂蚱头下面为单昂挑杆，是沿着上秤杆斜度向上延伸，后尾亦做六分头，六分头上设十八斗，斗上置三福云，并连同上杆夔龙尾伏莲销连接。蚂蚱头与单昂秤杆下面附贴菊花头装饰（宽一寸），从中心向里的翘头上同外亦做十八斗，斗上置麻叶云。

如单翘重昂者,起秤杆二根,即蚂蚱头、撑头木二杆(主杆),上达金步,蚂蚱头杆尾做六分头,上置十八斗,斗上承重栱,栱上为金垫枋、金桁。撑头木杆尾交于重栱上。其桁椀杆尾雕夔龙尾,伏莲销连同二昂、蚂蚱头、撑头木连接。二昂从内翘头至金步伸上三分之一挑杆;头昂伸上三分之一秤杆。两杆尾均作六分头,头昂亦通长伏莲销连接。头昂、二昂、蚂蚱头三杆下附贴菊花头。头昂、二昂杆尾上施三福云,翘头上设麻叶云。

[麻叶云] 麻叶云,每斗口一寸,应高二寸,宽一寸,长七寸六分。

[三福云] 三福云,每斗口一寸,应高三寸,宽一寸,长八寸。

[蚂蚱头] 蚂蚱头,每斗口一寸,应宽一寸,按中线外面同各样平身科。中线里面,如单翘单昂并重翘重昂者,秤杆后带六分头,其秤杆举长,按搜架加举直达金步。六分头下,下设菊花头,六分头上如单翘单昂者承单栱;单翘重昂者承重栱。

[撑头木] 撑头木,每斗口一寸,应宽一寸,按中线外面同各样平身科。中线里面,如单翘单昂者,秤杆后尾交于金桁下的单栱上;单翘重昂者,秤杆后尾交于金桁下的重栱上。

[桁椀] 桁椀后带夔龙尾,每斗口一寸,应宽一寸,按中线外面同各样平身科。中线里面,夔龙尾伏于撑头木秤杆之上,举长至三福云。

[二昂] 二昂后带六分头,每斗口一寸,应宽一寸,按中线外面同各样平身科。中线里面,如单翘重昂者,六分头举长,从内翘头至金步伸上三分之二秤杆,上设三福云。

[头昂] 头昂后带六分头,每斗口一寸,应宽一寸,按中线外面同各样平身科。中线里面,六分头举长至三福云。

[伏莲销] 伏莲销,每斗口一寸(应通长),雕做伏莲头,应长一寸六分,见方一寸。

(二)柱头科

挑金造柱头科,其所用升、斗、栱、翘、昂、梁等件,外面俱同各样柱头科。惟里面翘、梁上不用栱、升,安麻叶云、三福云。其麻叶云、三福云尺寸同上平身科。

(三)角科

挑金造角科,其所用升、斗、栱、翘、昂等件,外面俱同各样角科。惟里面从由昂后带六分头,下举高与平身科六分头、下接菊花头之举高同。其秤杆以步架斜数加举得长,每柱径一尺加入榫一寸。斜翘、昂上所用里连头合角麻叶云、三福云,系带连平身科里挑麻叶云、三福云上。

[桁椀] 桁椀后带夔龙尾,亦按平身科里挑金桁椀数目,斜长即是其伏莲销。每斗口一寸,应通长一尺,外雕做伏莲头,应长二寸二分,见方一寸四分。

二、落金造溜金斗科

(一)平身科

落金造平身科,其所用升、斗、栱、翘、昂等件,按中线外面俱同各样平身科。其里面除翘同各样平身科外,余件:如单翘单昂者,是从撑头木这层开始加举起秤杆,秤杆直达金步,落在金步花台科的斗上(大斗),花台斗下是花台枋(或金枋),秤杆十字扣花台栱(单栱),栱上金垫枋、金桁,秤杆后尾雕三福云(或三岔头)。撑头木之上是桁椀秤杆,后雕夔龙尾,伏莲销连接。撑头木下面为蚂蚱头秤杆,是沿着上秤杆斜度向上延伸,后尾做六分头;六分头上置十八斗,斗上设三福云,并连同上秤杆、夔龙尾伏莲销连接。蚂蚱头下面为单昂挑杆,亦沿着上秤杆斜度向上延伸,后尾做六分头;六分头上置十八斗,斗上设三福云,伏莲销连接。撑头木、蚂蚱头、单昂下附贴菊花头装饰(宽一寸)。单昂下面为单翘,翘头上置十八斗,斗上设麻叶云。如单翘重昂者,是从蚂蚱头这层开始加举起秤杆,秤杆直达金步,落在金步花台科的大斗上,大斗下是花台枋(或金枋),秤杆与花台科重栱十字相扣,栱上金垫枋、金桁,秤杆后尾雕三福云或三岔头。蚂蚱头上是撑头木,撑头木秤杆是沿着蚂蚱秤杆直达金步,后尾扣于金桁下的金垫枋、重栱之上。撑头木上面是桁椀秤杆后尾雕夔龙尾,伏莲销连接。蚂蚱头秤杆以下构件做法,除单翘单昂中蚂蚱头秤杆名称换上二昂秤杆外,其余均同单翘单昂做法。

[麻叶云] 麻叶云,每斗口一寸,应宽一寸,高二寸,长七寸六分。

[三福云] 三福云,每斗口一寸,应宽一寸,高三寸,长八寸。

[蚂蚱头] 蚂蚱头,每斗口一寸,应宽一寸,按中线外面同各样平身科。中线里面,如单翘单昂者,秤杆后带六分头,下设菊花头。如单翘重昂者,秤杆后三福云(或三岔头),应举长至金步,即花台枋上,下设菊花头。

[撑头木] 撑头木,每斗口一寸,应宽一寸,按中线外面同各样平身科。中线里面,如单翘单昂者,秤杆后带三福云(或三岔头),应举长至金步,即花台枋上,下接菊花头。如单翘重昂者,秤杆后尾交于金桁之下花台科的重栱上。

[桁椀] 桁椀后带夔龙尾,每斗口一寸,应宽一寸,按中线外面同各样平身科。中线里面,如单翘单昂者,应举长一尺七寸六分。如单翘重昂,应举长二尺九分,后尾伏莲销连接。

[二昂] 二昂后带六分头,每斗口一寸,应宽一寸,按中线外面同各样平身科。中线里面,如单翘重昂者,后做六分头,下设菊花头,伏莲销连接。

[头昂] 头昂后带六分头,每斗口一寸,应宽一寸,按中线外面同各样平身科。中线里面后做六分头,下设菊花头。

[伏莲梢] 伏莲梢,每斗口一寸(应通长),雕做伏莲头,应长一寸六分,见方一寸。

(二)柱头科

落金造柱头科,其所用升、斗、栱、翘、昂、梁等件,外面俱同各样柱头科。惟里面翘、梁上不用栱、升,安麻叶云、三福云。其麻叶云、三福云尺寸同平身科。

(三)角 科

落金造角科,其所用升、斗、栱、翘、昂等件,外面俱同各样角科。惟里面从由昂后带六分头下举高与平身科六分头下设菊花头之举高同。其秤杆以步架斜数加举得长,每柱径一尺加入榫一寸。斜翘、昂上所用里连合角麻叶云、三福云,系带连平身科里挑麻叶云、三福云上。

三、一斗二升交麻叶并一斗三升斗科

(一)平身科

[大斗] 大斗,每斗口一寸,应长三寸,宽三寸,高二寸。斗底宽二寸二分,长二寸二分(四

面各收四分）。其耳高八分,腰高四分,底高八分。

[麻叶云] 麻叶云,每斗口一寸,应长一尺二寸,高五寸三分三厘,宽一寸。

[正心瓜栱] 正心瓜栱,每斗口一寸,应长六寸二分,高二寸,宽一寸二分四厘。

（二）柱头科

[大斗] 大斗,每斗口一寸,应长五寸,宽三寸,高二寸。斗底宽二寸二分,长四寸二分（四面各收四分）。其耳高八分,腰高四分,底高八分。

[正心瓜栱] 正心瓜栱,每斗口一寸,应长七寸二分,高二寸,宽一寸二分四厘。

[翘头] 翘头系抱头梁之头连做,自正心枋中线以外得长,其一斗三升者,每斗口一寸,应梁头长五寸,宽三寸。翘头长三寸七分五厘,宽二寸,高随梁柁。

[麻叶云] 麻叶云系柁梁连做,自正心枋中线以外得长,其一斗二升交麻叶云者,每斗口一寸,应长七寸,宽三寸,高五寸三分三厘。

[贴翘头升耳] 贴翘头升耳,每斗口一寸,应长一寸五分,宽二分四厘,高六分。

（三）角科

[角大斗] 角大斗,每斗口一寸,应长、宽三寸四分,高二寸。安斜昂斗口,每斗口一寸,应宽一寸五分。其斗底长、宽俱二寸六分（四面各收四分）。其耳高八分,腰高四分,底高八分。

[斜昂后带麻叶云] 斜昂后带麻叶云,每斗口一寸,应长一尺七寸三分二厘九毫,斜昂高三寸,麻叶云高五寸三分,俱宽一寸五分。

[搭角正翘后带正心瓜栱] 搭角正翘后带正心瓜栱,每斗口一寸,翘应长三寸五分五厘,宽一寸。正心瓜栱长三寸一分,宽一寸二分四厘,俱高二寸。

[槽升子] 槽升子,每斗口一寸,应长一寸三分,宽一寸七分四厘,高一寸。斗底宽一寸三分四厘,长九分（四面各收二分）。其耳高四分,腰高二分,底高四分。

[三才升] 三才升,每斗口一寸,应长一寸三分,宽一寸五分,高一寸。斗底宽一寸一分,长九分（四面各收二分）。其耳高四分,腰高二分,底高四分。

[贴斜昂升耳] 贴斜昂升耳,每斗口一寸,应高六分,宽二分四厘,长一寸九分八厘。

[斗槽板] 斗槽板,每斗口一寸,应厚四分或二分四厘,高三寸四分,长按斗科分档尺寸算。

[斗科分档尺寸] 斗科分档尺寸,每斗口一寸,应档宽八寸,从两大斗底中线算,如斗口二寸,每一档应宽一尺六寸。

四、三滴水品字科

（一）平身科

[大斗] 大斗,每斗口一寸,应长三寸,宽三寸,高二寸。斗底宽二寸二分,长二寸二分（四面各收四分）。其耳高八分,腰高四分,底高八分。

[头翘] 头翘,每斗口一寸,应长七寸一分,宽一寸,高二寸。

[二翘] 二翘,每斗口一寸,应长一尺三寸一分,高、宽与头翘同。

[麻叶头] 麻叶头,每斗口一寸,应长一尺五寸五分四厘,宽一寸,高二寸。

［撑头木］　撑头木，每斗口一寸，应长一尺二寸，宽一寸，高二寸。

［正心瓜栱］　正心瓜栱，每斗口一寸，应长六寸二分，宽一寸二分四厘，高二寸。

［正心万栱］　正心万栱，每斗口一寸，应长九寸二分，宽一寸二分四厘，高二寸。

［单材瓜栱］　单材瓜栱，每斗口一寸，应长六寸二分，宽一寸，高一寸四分。

［单材万栱］　单材万栱，每斗口一寸，应长九寸二分，宽一寸，高一寸四分。

［厢栱］　厢栱，每斗口一寸，应长七寸二分，宽一寸，高一寸四分。

［十八斗］　十八斗，每斗口一寸，应长一寸八分，宽一寸五分，高一寸。

［槽升子］　槽升子，每斗口一寸，应长一寸三分，宽一寸七分四厘，高一寸。

［三才升］　三才升，每斗口一寸，应长一寸三分，宽一寸五分，高一寸。

（二）柱头科

［大斗］　大斗，每斗口一寸，应长四寸，宽三寸，高二寸。斗底宽二寸二分，长三寸二分（四面各收四分）。其耳高八分，腰高四分，底高八分。

［头翘］　头翘，每斗口一寸，应长七寸一分，宽二寸，高二寸。

［二翘］　二翘，每斗口一寸，应长一尺三寸一分，宽三寸，高二寸。

［麻叶头、撑头木］　麻叶头、撑头木，俱系采步梁连做。

正心瓜栱、正心万栱、单材瓜栱、单材万栱、厢栱、槽升子、三才升等件之长短、高宽尺寸俱与平身科算法同。

［桶子十八斗］　桶子十八斗，每斗口一寸，应高一寸，宽一寸五分，其长按上件之宽，外每斗口宽一寸再加八分，即得通长之数。

（三）角科

［大斗］　大斗，每斗口一寸，应长三寸四分，宽三寸四分，高二寸。斗底宽、长二寸六分（四面各收四分）。其耳高八分，腰高四分，底高八分。

［斜头翘］　斜头翘，每斗口一寸，应高二寸，宽一寸五分，长一尺四分六厘四毫。

［斜二翘］　斜二翘，每斗口一寸，应高二寸，宽一寸九分三厘，长一尺九寸二分八毫（或系斜采步梁连做）。

［斜麻叶头］　斜麻叶头，每斗口一寸，应高二寸，宽二寸三分六厘，长二尺三寸一分八厘一毫（或系斜采步梁连做）。

［斜撑头木］　斜撑头木，每斗口一寸，应高二寸，宽二寸三分六厘，长一尺六寸九分七厘（或系斜采步梁连做）。

［搭角正头翘后带正心瓜栱］　搭角正头翘后带正心瓜栱，每斗口一寸，头翘应长三寸五分五厘，宽一寸。正心瓜栱长三寸一分，宽一寸二分四厘。俱高二寸。

［搭角正二翘后带正心万栱］　搭角正二翘后带正心万栱，每斗口一寸，正二翘应长六寸五分五厘，宽一寸。正心万栱长四寸六分，宽一寸二分四厘。俱高二寸。

［搭角单材瓜栱］　搭角单材瓜栱，每斗口一寸，应长六寸一分，高一寸四分，宽一寸。

［搭角单材万栱］　搭角单材万栱，每斗口一寸，应长七寸六分，高一寸四分，宽一寸。

［厢栱］ 厢栱,每斗口一寸,应长七寸二分,高一寸四分,宽一寸。

［里连头合角单材瓜栱］ 里连头合角单材瓜栱,每斗口一寸,应长三寸一分,宽一寸,高一寸四分。

［里连头合角单材万栱、厢栱］ 里连头合角单材万栱、厢栱,已与平身科单材万栱、厢栱连做。

［贴斜翘头升耳］ 贴斜翘头升耳,每斗口一寸,应长一寸九分八厘,贴斜二翘头升耳,每斗口一寸,应长二寸四分一厘,俱高六分,宽二分四厘。

［斗槽板］ 斗槽板,每斗口一寸,应厚四分或二分四厘,高五寸四分,长按斗科分档尺寸算,每斗口一寸,应档宽一尺一寸。

(四) 内里棋盘板上安装品字栱

［大斗］ 大斗,每斗口一寸,应长三寸,宽一寸七分四厘,高二寸。

［头翘］ 头翘,每斗口一寸,应长三寸七分九厘(入板榫二分四厘),高二寸,宽一寸。

［二翘］ 二翘,每斗口一寸,应长六寸七分九厘(入板榫二分四厘),高、宽与头翘同。

［撑头木带三福云］ 撑头木带三福云,每斗口一寸,应长九寸七分八厘,宽一寸,撑头木高二寸,三福云高三寸。

［半正心瓜栱］ 半正心瓜栱,每斗口一寸,应长六寸二分,宽七分四厘,高二寸。

［半正心万栱］ 半正心万栱,每斗口一寸,应长九寸二分,宽七分四厘,高二寸。

［麻叶云］ 麻叶云,每斗口一寸,应长八寸二分,高二寸,宽一寸。

［三福云］ 三福云,每斗口一寸,应长七寸二分,高三寸,宽一寸。

［十八斗］ 十八斗,每斗口一寸,应长一寸八分,高一寸,宽一寸五分。

［槽升子］ 槽升子,每斗口一寸,应长一寸三分,宽九分九厘,高一寸。

(五) 单栱交麻叶云

［大斗］ 大斗,每斗口一寸,应长三寸,宽三寸,高二寸。

［单翘］ 单翘,每斗口一寸,应长五寸六分,宽一寸,高二寸。

［麻叶云］ 麻叶云,每斗口一寸,应长一尺四寸,高三寸三分三厘,宽一寸。

［正心瓜栱］ 正心瓜栱,每斗口一寸,应长六寸二分,宽一寸二分四厘,高二寸。

［三福云］ 三福云,每斗口一寸,应长六寸,高二寸,宽一寸。

［十八斗］ 十八斗,每斗口一寸,应长一寸八分,宽一寸五分,高一寸。

［槽升子］ 槽升子,每斗口一寸,应长一寸三分,宽一寸七分四厘,高一寸。

［斗槽板］ 斗槽板,每斗口一寸,应厚四分或二分四厘,高三寸四分,长按斗科分档尺寸算,每斗口一寸,应档宽八寸。

(六) 重栱交麻叶云

［大斗］ 大斗,每斗口一寸,应长三寸,宽三寸,高二寸。

［单翘］ 单翘,每斗口一寸,应长五寸六分,宽一寸,高二寸。

［麻叶云］ 麻叶云,每斗口一寸,应长一尺四寸,高五寸三分三厘,宽一寸。

［正心瓜栱］　正心瓜栱,每斗口一寸,应长六寸二分,宽一寸二分四厘,高二寸。

［正心万栱］　正心万栱,每斗口一寸,应长九寸二分,宽一寸二分四厘,高二寸。

［三福云］　三福云,每斗口一寸,应长六寸,高二寸,宽一寸。

［十八斗］　十八斗,每斗口一寸,应长一寸八分,宽一寸五分,高一寸。

［槽升子］　槽升子,每斗口一寸,应长一寸三分,宽一寸七分四厘,高一寸。

［斗槽板］　斗槽板,每斗口一寸,应厚四分或二分四厘,高五寸四分,长按斗科分档尺寸算。

（七）隔架科

［荷叶墩］　荷叶墩,每斗口一寸,应长九寸,宽二寸,高二寸四分。

［大斗］　大斗,每斗口一寸,应长三寸,宽四寸,高二寸。

［单栱］　单栱,每斗口一寸,应长六寸二分,宽二寸,高二寸。

［重栱］　重栱,每斗口一寸,应长九寸二分,宽二寸,高二寸。

［雀替］　雀替,每斗口一寸,应长二尺,宽二寸,高四寸。

［槽升子］　槽升子,每斗口一寸,应长一寸三分,宽二寸五分,高一寸。

（八）品字斗科三踩单翘品字科

［大斗］　大斗,每斗口一寸,应长三寸,宽三寸,高二寸。

［单翘］　单翘,每斗口一寸,应长七寸一分,宽一寸,高二寸。

［蚂蚱头后带麻叶头］　蚂蚱头后带麻叶头,每斗口一寸,应长一尺二寸五分四厘,宽一寸,高二寸。

［撑头木并桁椀］　撑头木并桁椀,每斗口一寸,应长六寸,宽一寸,高三寸。

［正心瓜栱］　正心瓜栱,每斗口一寸,应长六寸二分,宽一寸二分四厘,高二寸。

［正心万栱］　正心万栱,每斗口一寸,应长九寸二分,宽一寸二分四厘,高二寸。

［厢栱］　厢栱,每斗口一寸,应长七寸二分,宽一寸,高一寸四分。

（九）五踩重翘品字科

［大斗］　大斗,每斗口一寸,应长三寸,宽三寸,高二寸。

［头翘］　头翘,每斗口一寸,应长七寸一分,宽一寸,高二寸。

［二翘］　二翘,每斗口一寸,应长一尺三寸一分,宽一寸,高二寸。

［蚂蚱头后带麻叶头］　蚂蚱头后带麻叶头,每斗口一寸,应长一尺八寸五分四厘,宽一寸,高二寸。

［撑头木并桁椀］　撑头木并桁椀,每斗口一寸,应长一尺二寸,宽一寸,高三寸五分。

［正心瓜栱］　正心瓜栱,每斗口一寸,应长六寸二分,宽一寸二分四厘,高二寸。

［正心万栱］　正心万栱,每斗口一寸,应长九寸二分,宽一寸二分四厘,高二寸。

［单材瓜栱］　单材瓜栱,每斗口一寸,应长六寸二分,宽一寸,高一寸四分。

［单材万栱］　单材万栱,每斗口一寸,应长九寸二分,宽一寸,高一寸四分。

［厢栱］　厢栱,每斗口一寸,应长七寸二分,宽一寸,高一寸四分。

（十）七踩三翘品字科

[大斗]　大斗，每斗口一寸，应长三寸，宽三寸，高二寸。

[头翘]　头翘，每斗口一寸，应长七寸一分，宽一寸，高二寸。

[二翘]　二翘，每斗口一寸，应长一尺三寸一分，宽一寸，高二寸。

[三翘]　三翘，每斗口一寸，应长一尺九寸一分，宽一寸，高二寸。

[蚂蚱头后带麻叶头]　蚂蚱头后带麻叶头，每斗口一寸，应长二尺四寸五分四厘，宽一寸，高二寸。

[撑头木并桁椀]　撑头木并桁椀，每斗口一寸，应长一尺八寸，宽一寸，高三寸五分。

[正心瓜栱]　正心瓜栱，每斗口一寸，应长六寸二分，宽一寸二分四厘，高二寸。

[正心万栱]　正心万栱，每斗口一寸，应长九寸二分，宽一寸二分四厘，高二寸。

[单材瓜栱]　单材瓜栱，每斗口一寸，应长六寸二分，宽一寸，高一寸四分。

[单材万栱]　单材万栱，每斗口一寸，应长九寸二分，宽一寸，高一寸四分。

[厢栱]　厢栱，每斗口一寸，应长七寸二分，宽一寸，高一寸四分。

（十一）九踩四翘品字科

[大斗]　大斗，每斗口一寸，应长三寸，宽三寸，高二寸。

[头翘]　头翘，每斗口一寸，应长七寸一分，宽一寸，高二寸。

[二翘]　二翘，每斗口一寸，应长一尺三寸一分，宽一寸，高二寸。

[三翘]　三翘，每斗口一寸，应长一尺九寸一分，宽一寸，高二寸。

[四翘]　四翘，每斗口一寸，应长二尺五寸一分，宽一寸，高二寸。

[蚂蚱头后带麻叶头]　蚂蚱头后带麻叶头，每斗口一寸，应长三尺五分四厘，宽一寸，高二寸。

[撑头木并桁椀]　撑头木并桁椀，每斗口一寸，应长二尺四寸，宽一寸，高三寸五分。

[正心瓜栱]　正心瓜栱，每斗口一寸，应长六寸二分，宽一寸二分四厘，高二寸。

[正心万栱]　正心万栱，每斗口一寸，应长九寸二分，宽一寸二分四厘，高二寸。

[单材瓜栱]　单材瓜栱，每斗口一寸，应长六寸二分，宽一寸，高一寸四分。

[单材万栱]　单材万栱，每斗口一寸，应长九寸二分，宽一寸，高一寸四分。

[厢栱]　厢栱，每斗口一寸，应长七寸二分，宽一寸，高一寸四分。

（十二）十一踩五翘品字科

[大斗]　大斗，每斗口一寸，应长三寸，宽三寸，高二寸。

[头翘]　头翘，每斗口一寸，应长七寸一分，宽一寸，高二寸。

[二翘]　二翘，每斗口一寸，应长一尺三寸一分，宽一寸，高二寸。

[三翘]　三翘，每斗口一寸，应长一尺九寸一分，宽一寸，高二寸。

[四翘]　四翘，每斗口一寸，应长二尺五寸一分，宽一寸，高二寸。

[五翘]　五翘，每斗口一寸，应长三尺一寸一分，宽一寸，高二寸。

[蚂蚱头后带麻叶头]　蚂蚱头后带麻叶头，每斗口一寸，应长三尺六寸五分四厘，宽一寸，

高二寸。

[**撑头木并桁椀**] 撑头木并桁椀,每斗口一寸,应长三尺,宽一寸,高三寸五分。

[**正心瓜栱**] 正心瓜栱,每斗口一寸,应长六寸二分,宽一寸二分四厘,高二寸。

[**正心万栱**] 正心万栱,每斗口一寸,应长九寸二分,宽一寸二分四厘,高二寸。

[**单材瓜栱**] 单材瓜栱,每斗口一寸,应长六寸二分,宽一寸,高一寸四分。

[**单材万栱**] 单材万栱,每斗口一寸,应长九寸二分,宽一寸,高一寸四分。

[**厢栱**] 厢栱,每斗口一寸,应长七寸二分,宽一寸,高一寸四分。

[**十八斗**] 十八斗,每斗口一寸,应长一寸八分,宽一寸五分,高一寸。

[**槽升子**] 槽升子,每斗口一寸,应长一寸三分,宽一寸七分四厘,高一寸。

[**三才升**] 三才升,每斗口一寸,应长一寸三分,宽一寸五分,高一寸。

第二节　斗科安装做法

各项斗科安装之法按次第开后

（一）斗口单昂

[平身科]　第一层：安大斗一个。第二层：安单昂后带翘一件，中十字扣正心瓜栱一件。单昂上两头安十八斗二个，正心瓜栱上两头安槽升子二个。第三层：安蚂蚱头后带麻叶头一件，中十字扣正心万栱一件，按正心万栱中线里、外俱隔一拽架分位各扣厢栱一件。正心万栱上两头安槽升子二个，厢栱上两头各安三才升二个。第四层：安撑头木一件，中十字扣正心枋一根，按正心枋中线外隔一拽架分位扣挑檐枋一根，内隔一拽架分位扣井口枋或机枋一根。第五层：安桁椀一件，中十字扣正心枋半根（撑头木并桁椀一木连做）。

[柱头科]　第一层：安大斗一个。第二层：安单昂后带翘一件，中十字扣正心瓜栱一件。单昂上前安桶子十八斗一个，后翘上安平盘十八斗一个。正心瓜栱上两头安槽升子二个。第三层：安抱头梁一件（或桃尖梁）；梁头下带翘头，翘头上安桶子十八斗一个。中十字扣正心万栱一件，按正心万栱中线里、外俱隔一拽架分位各扣厢栱一件。正心万栱上两头安槽升子二个，厢栱上两头各安三才升二个（第四层：正心枋、挑檐枋、井口枋安装俱与斗口单昂平身科同）。

[角科]　第一层：安大斗一个。第二层：安搭角正昂后带正心瓜栱二件，安斜昂后带翘一件。正昂上各安十八斗一个，后带正心瓜栱上各安槽升子一个，斜昂上前后贴升耳四个。第三层：安搭角正蚂蚱头后带正心万栱二件，安搭角把臂厢栱二件，安里连头合角厢栱二件，安由昂后带麻叶头一件。蚂蚱头后正心万栱上各安槽升子一个，把臂厢栱上各安三才升二个，合角厢栱上各安三才升一个，由昂上前贴升耳二个。第四层：安搭角正撑头木后带正心枋二件，安斜撑头木并桁椀一件。

（二）斗口重昂

[平身科]　第一层：安大斗一个。第二层：安头昂后带翘一件，中十字扣正心瓜栱一件。头昂上两头安十八斗二个，正心瓜栱上两头安槽升子二个。第三层：安二昂后带菊花头一件，中十字扣正心万栱一件，按正心万栱中线里、外俱隔一拽架分位各扣单材瓜栱一件。二昂上前安十八斗一个，正心万栱上两头安槽升子二个，单材瓜栱上两头各安三才升二个。第四层：安蚂蚱头后带六分头一件，中十字扣正心枋一根，按正心枋中线里、外俱隔一拽架分位各扣单材万栱一件，前隔二拽架分位扣厢栱一件。蚂蚱头后六分头上安十八斗一个，单材万栱上两头各安三才升二个，厢栱上两头安三才升二个。第五层：安撑头木后带麻叶头一件，中十字扣正心枋一根，按正心枋中线里、外俱隔一拽架分位各扣拽枋一根，前隔二拽架分位扣挑檐枋一根，后隔二拽架分位扣厢栱一件。厢栱上两头安三才升二个。第六层：安桁椀一件，中十字扣正心枋一根半，按正心枋中线后隔二拽架分位扣井口枋或机枋一根。

[柱头科]　第一层：安大斗一个。第二层：安头昂后带翘一件，中十字扣正心瓜栱一件。头昂上两头安桶子十八斗二个，正心瓜栱上两头安槽升子二个。第三层：安二昂后带雀替一件，中十字

扣正心万栱一件,按正心万栱中线里、外俱隔一拽架分位各扣单材瓜栱一件。二昂上前安桶子十八斗一个,正心万栱上两头安槽升子二个,单材瓜栱上两头各安三才升二个。**第四层**:安桃尖梁一件,按正心枋中线里、外俱隔一拽架分位各扣单材万栱一件,前隔二拽架分位扣厢栱一件。单材万栱上两头各安三才升二个,厢栱上两头安三才升二个。**第五层**:按正心枋中线后隔二拽架分位扣厢栱一件。厢栱上两头安三才升二个(桃尖梁上的正心枋、拽枋、挑檐枋、井口枋安装俱与斗口重昂平身科同)。

[角科] 　**第一层**:安大斗一个。**第二层**:安搭角正头昂后带正心瓜栱二件,安斜头昂后带翘一件。正头昂上各安十八斗一个,后带正心瓜栱上各安槽升子一个,斜头昂上两头贴升耳四个。**第三层**:安搭角正二昂后带正心万栱二件,安闹二昂后带单材瓜栱二件,安里连头合角单材瓜栱二件,安斜二昂后带菊花头一件。正二昂上各安十八斗一个,后带正心万栱上各安槽升子一个,闹二昂上各安十八斗一个,后带单材瓜栱上各安三才升一个,合角单材瓜栱上各安三才升一个,斜二昂上贴升耳二个。**第四层**:安搭角正蚂蚱头后带正心枋二件,安搭角闹蚂蚱头后带单材万栱二件,安搭角把臂厢栱二件,安里连头合角单材万栱二件,安由昂后带六分头一件。闹蚂蚱头后单材万栱上各安三才升一个,把臂厢栱上两头各安三才升二个,合角单材万栱上各安三才升一个,由昂上前后贴升耳四个。**第五层**:安搭角正撑头木后带正心枋二件,安搭角闹撑头木后带拽枋二件,安里连头合角厢栱二件,安斜撑头木后带麻叶头一件。合角厢栱上各安三才升一个。**第六层**:安搭角正桁椀后带正心枋二件,安斜桁椀一件。

(三)单翘单昂

[平身科] 　**第一层**:安大斗一个。**第二层**:安单翘一件,中十字扣正心瓜栱一件。单翘上两头安十八斗二个,正心瓜栱上两头安槽升子二个。**第三层**:安单昂后带菊花头一件,中十字扣正心万栱一件,按正心万栱中线里、外俱隔一拽架分位各扣单材瓜栱一件。单昂上前安十八斗一个,正心万栱上两头安槽升子二个,单材瓜栱上两头各安三才升二个。**第四层**:安蚂蚱头后带六分头一件,中十字扣正心枋一根,按正心枋中线里、外俱隔一拽架分位各扣单材万栱一件,前隔二拽架分位扣厢栱一件。蚂蚱头后六分头上安十八斗一个,单材万栱上两头各安三才升二个,厢栱上两头安三才升二个。**第五层**:安撑头木后带麻叶头一件,中十字扣正心枋一根,按正心枋中线里、外俱隔一拽架分位各扣拽枋一根,前隔二拽架分位扣挑檐枋一根,后隔二拽架分位扣厢栱一件。厢栱上两头安三才升二个。**第六层**:安桁椀一件,中十字扣正心枋一根半,按正心枋中线后隔二拽架分位扣井口枋或机枋一根。

[柱头科] 　**第一层**:安大斗一个。**第二层**:安单翘一件,中十字扣正心瓜栱一件。单翘上两头安桶子十八斗二个,正心瓜栱上两头安槽升子二个。**第三层**:安单昂后带雀替一件,中十字扣正心万栱一件。按正心万栱中线里、外俱隔一拽架分位各扣单材瓜栱一件。单昂上前安桶子十八斗一个,正心万栱上两头安槽升子二个,单材瓜栱上两头各安三才升二个。**第四层**:安桃尖梁一件,按正心枋中线里、外俱隔一拽架分位各扣单材万栱一件,前隔二拽架分位扣厢栱一件。单材万栱上两头各安三才升二个,厢栱上两头安三才升二个。**第五层**:按正心枋中线后隔二拽架分位扣厢栱一件。厢栱上两头安三才升二个(桃尖梁上的正心枋、拽枋、挑檐枋、井口枋安装俱与斗口重昂平身科同)。

[角科] 　**第一层**:安大斗一个。**第二层**: 安搭角正翘后带正心瓜栱二件,安斜翘一件。正翘上

各安十八斗一个,后带正心瓜栱上各安槽升子一个,斜翘上两头贴升耳四个。第三层:安搭角正昂后带正心万栱二件,安搭角闹昂后带单材瓜栱二件,安里连头合角单材瓜栱二件,安斜昂后带菊花头一件。正昂上各安十八斗一个,后带正心万栱上各安槽升子一个,闹昂上各安十八斗一个,后带单材瓜栱上各安三才升一个,合角单材瓜栱上各安三才升一个,斜昂上贴升耳二个。第四层:安搭角正蚂蚱头后带正心枋二件,安搭角闹蚂蚱头后带单材万栱二件,安搭角把臂厢栱二件,安里连头合角单材万栱二件,安由昂后带六分头一件。闹蚂蚱头后单材万栱上各安三才升一个,把臂厢栱上两头各安三才升二个,合角单材万栱上各安三才升一个,由昂上前后贴升耳四个。第五层:安搭角正撑头木后带正心枋二件,安搭角闹撑头木后带拽枋二件,安里连头合角厢栱二件,安斜撑头木后带麻叶头一件。合角厢栱上各安三才升一个。第六层:安搭角正桁椀后带正心枋二件,安斜桁椀一件。

(四) 单翘重昂

[平身科] 第一层:安大斗一个。第二层:安单翘一件,中十字扣正心瓜栱一件。单翘上两头安十八斗二个,正心瓜栱上两头安槽升子二个。第三层:安头昂后带翘一件,中十字扣正心万栱一件,按正心万栱中线里、外俱隔一拽架分位各扣单材瓜栱一件。头昂上前后安十八斗二个,正心万栱上两头安槽升子二个,单材瓜栱上两头各安三才升二个。第四层:安二昂后带菊花头一件,中十字扣正心枋一根,按正心枋中线里、外俱隔一拽架分位各扣单材万栱一件,俱隔二拽架分位各扣单材瓜栱一件。二昂上前安十八斗一个,其单材万栱、单材瓜栱上两头各安三才升二个。第五层:安蚂蚱头后带六分头一件,中十字扣正心枋一根,按正心枋中线里、外俱隔一拽架分位各扣拽枋一根,俱隔二拽架分位各扣单材万栱一件,前隔三拽架分位扣厢栱一件。蚂蚱头后六分头上安十八斗一个,其单材万栱、厢栱上两头各安三才升二个。第六层:安撑头木后带麻叶头一件,中十字扣正心枋一根,按正心枋中线里、外俱隔二拽架分位各扣拽枋一根,前隔三拽架分位扣挑檐枋一根,后隔三拽架分位扣厢栱一件。厢栱上两头安三才升二个。第七层:安桁椀一件,中十字顶扣正心枋一根半,按正心枋中线后隔三拽架分位扣井口枋或机枋一根。

[柱头科] 第一层:安大斗一个。第二层:安单翘一件,中十字扣正心瓜栱一件。单翘上两头安桶子十八斗二个,正心瓜栱上两头安槽升子二个。第三层:安头昂后带翘一件,中十字扣正心万栱一件,按正心万栱中线里、外俱隔一拽架分位各扣单材瓜栱一件。头昂上前后安桶子十八斗二个,正心万栱上两头安槽升子二个,单材瓜栱上两头各安三才升二个。第四层:安二昂后带雀替一件,中十字扣正心枋一根,按正心枋中线里、外俱隔一拽架分位各扣单材万栱一件,俱隔二拽架分位各扣单材瓜栱一件。二昂上安桶子十八斗一个,其单材万栱、瓜栱上两头各安三才升二个。第五层:安桃尖梁一件,按正心枋中线里、外俱隔二拽架分位各扣单材万栱一件,前隔三拽架分位扣厢栱一件。其单材万栱、厢栱上两头各安三才升二个。第六层:按正心枋中线后隔三拽架分位扣厢栱一件。厢栱上两头安三才升二个(桃尖梁上的正心枋、拽枋、挑檐枋、井口枋安装俱与单翘重昂平身科同)。

[角科] 第一层:安大斗一个。第二层:安搭角正翘后带正心瓜栱二件,安斜翘一件。正翘上各安十八斗一个,后带正心瓜栱上各安槽升子一个,斜翘上两头贴升耳四个。第三层:安搭角正头昂后带正心万栱二件,安闹头昂后带单材瓜栱二件,安里连头合角单材瓜栱二件,安斜头昂

后带翘一件。正头昂上各安十八斗一个，后带正心万栱上各安槽升子一个，闹头昂上各安十八斗一个，后带单材瓜栱上各安三才升一个，合角单材瓜栱上各安三才升一个，斜头昂上前后贴升耳四个。**第四层：**安搭角正二昂后带正心枋二件，安闹二昂后带单材万栱二件，安闹二昂后带单材瓜栱二件，安里连头合角单材万栱二件，安里连头合角单材瓜栱二件，安斜二昂后带菊花头一件。正二昂上各安十八斗一个，闹二昂上各安十八斗一个，后带单材万栱、瓜栱上各安三才升一个，合角单材万栱、瓜栱上各安三才升一个，斜二昂上前贴升耳二个。**第五层：**安搭角正蚂蚱头后带正心枋二件，安搭角闹蚂蚱头后带拽枋二件，安搭角闹蚂蚱头后带单材万栱二件，安搭角把臂厢栱二件，安里连头合角单材万栱二件，安由昂后带六分头一件。闹蚂蚱头后单材万栱上各安三才升一个，把臂厢栱上两头各安三才升二个，合角单材万栱上各安三才升一个，由昂上前后贴升耳四个。**第六层：**安搭角正撑头木后带正心枋二件，安搭角闹撑头木后带拽枋二件，安里连头合角厢栱二件，安斜撑头木后带麻叶头一件。合角厢栱上各安三才升一个。**第七层：**安搭角正桁椀后带正心枋二件，安斜桁椀一件。

（五）重翘重昂

[平身科] **第一层：**安大斗一个。**第二层：**安头翘一件，中十字扣正心瓜栱一件。头翘上两头安十八斗二个，正心瓜栱上两头安槽升子二个。**第三层：**安二翘一件，中十字扣正心万栱一件，按正心万栱中线里、外俱隔一拽架分位各扣单材瓜栱一件。二翘上两头安十八斗二个，正心万栱上两头安槽升子二个，单材瓜栱上两头各安三才升二个。**第四层：**安头昂后带翘一件，中十字扣正心枋一根，按正心枋中线里、外俱隔一拽架分位各扣单材万栱一件，俱隔二拽架分位各扣单材瓜栱一件。头昂上前后安十八斗二个，其单材万栱、瓜栱上两头各安三才升二个。**第五层：**安二昂后带菊花头一件，中十字扣正心枋一根，按正心枋中线里、外俱隔一拽架分位各扣拽枋一根，俱隔二拽架分位各扣单材万栱一件，俱隔三拽架各扣单材瓜栱一件。二昂上前安十八斗一个，其单材万栱、瓜栱上两头各安三才升二个。**第六层：**安蚂蚱头后带六分头一件，中十字扣正心枋一根，按正心枋中线里、外俱隔二拽架分位各扣拽枋一根，俱隔三拽架分位各扣单材万栱一件，前隔四拽架分位扣厢栱一件。蚂蚱头后六分头上安十八斗一个，其单材万栱、厢栱上两头各安三才升二个。**第七层：**安撑头木后带麻叶头一件，中十字扣正心枋一根，按正心枋中线里、外俱隔三拽架分位各扣拽枋一根，前隔四拽架分位扣挑檐枋一根，后隔四拽架分位扣厢栱一件。厢栱上两头安三才升二个。**第八层：**安桁椀一件，中十字顶扣正心枋二根半，按正心枋中线后隔四拽架分位扣井口枋或机枋一根。

[柱头科] **第一层：**安大斗一个。**第二层：**安头翘一件，中十字扣正心瓜栱一件。头翘上两头安桶子十八斗二个，正心瓜栱上两头安槽升子二个。**第三层：**安二翘一件，中十字扣正心万栱一件，按正心万栱中线里、外俱隔一拽架分位各扣单材瓜栱一件。二翘上两头安桶子十八斗二个。正心万栱上两头安槽升子二个，单材瓜栱上两头各安三才升二个。**第四层：**安头昂后带翘一件，中十字扣正心枋一根，按正心枋中线里、外俱隔一拽架分位各扣单材万栱一件，俱隔二拽架分位各扣单材瓜栱一件。头昂上前后安桶子十八斗二个，其单材万栱、瓜栱上两头各安三才升二个。**第五层：**安二昂后带雀替一件，中十字扣正心枋一根，按正心枋中线俱隔一拽架分位各

扣拽枋一根,俱隔二拽架分位各扣单材万栱一件,俱隔三拽架分位各扣单材瓜栱一件。二昂上前安桶子十八斗一个,其单材万栱、瓜栱上两头各安三才升二个。第六层:安桃尖梁一件,按正心枋中线里、外俱隔三拽架分位各扣单材万栱一件,前隔四拽架分位扣厢栱一件。其单材万栱、厢栱上两头各安三才升二个。第七层:按正心枋中线后隔四拽架分位扣厢栱一件。厢栱上两头安三才升二个(桃尖梁上的正心枋、拽枋、挑檐枋、井口枋安装俱与重翘重昂平身科同)。

[角科]　第一层:安大斗一个。第二层:安搭角正头翘后带正心瓜栱二件,安斜头翘一件。正头翘上各安十八斗一个,后带正心瓜栱上各安槽升子一个,斜头翘上两头贴升耳四个。第三层:安搭角正二翘后带正心万栱二件,安搭角闹二翘后带单材瓜栱二件,安里连头合角单材瓜栱二件,安斜二翘一件。正二翘上各安十八斗一个,后带正心瓜栱上各安槽升子一个,闹二翘上各安十八斗一个,后带单材瓜栱上各安三才升一个,合角单材瓜栱上各安三才升一个。斜二翘上两头贴升耳四个。第四层:安搭角正头昂后带正心枋二件,安闹头昂后带单材万栱二件,安闹头昂后带单材瓜栱二件,安里连头合角单材万栱二件,安里连头合角单材瓜栱二件,安斜头昂后带翘一件。正头昂上各安十八斗一个,闹头昂上各安十八斗一个,后带单材万栱、瓜栱上各安三才升一个,合角单材万栱、瓜栱上各安三才升一个,斜头昂上前后贴升耳四个。第五层:安搭角正二昂后带正心枋二件,安闹二昂后带拽枋二件,安闹二昂后带单材万栱二件,安闹二昂后带单材瓜栱二件,安里连头合角单材万栱二件,安里连头合角单材瓜栱二件,安斜二昂后带菊花头一件。正二昂上各安十八斗一个,闹二昂上各安十八斗一个,后带单材万栱、瓜栱上各安三才升一个,合角单材万栱、瓜栱上各安三才升一个,斜二昂上前贴升耳二个。第六层:安搭角正蚂蚱头后带正心枋二件,安搭角闹蚂蚱头二件,安搭角闹蚂蚱头后带拽枋二件,安搭角闹蚂蚱头后带单材万栱二件,安搭角把臂厢栱二件,安里连头合角单材万栱二件,安由昂后带六分头一件。闹蚂蚱头后单材万栱上各安三才升一个,反臂厢栱上各安三才升二个,合角单材万栱上各安三才升一个,由昂上前后贴升耳四个。第七层:安搭角正撑头木后带正心枋二件,安搭角闹撑头木后带拽枋二件,安里连头合角单材厢栱二件,安斜撑头木后带麻叶头一件。合角单材厢栱上各安三才升一个。第八层:安搭角正桁椀后带正心枋二件,安斜桁椀一件。

(六) 重翘三昂

[平身科]　第一层:安大斗一个。第二层:安头翘一件,中十字扣正心瓜栱一件。头翘上两头安十八斗二个,正心瓜栱上两头安槽升子二个。第三层:安二翘一件,中十字扣正心万栱一件,按正心万栱中线里、外俱隔一拽架分位各扣单材瓜栱一件。二翘上两头安十八斗二个,正心万栱上两头安槽升子二个,单材瓜栱上两头各安三才升二个。第四层:安头昂后带翘一件,中十字扣正心枋一根,按正心枋中线里、外俱隔一拽架分位各扣单材万栱一件,俱隔二拽架分位各扣单材瓜栱一件。头昂上前后安十八斗二个,其单材万栱、瓜栱上两头各安三才升二个。第五层:安二昂后带翘一件,中十字扣正心枋一根,按正心枋中线里、外俱隔一拽架分位各扣拽枋一根,俱隔二拽架分位各扣单材万栱一件,俱隔三拽架分位各扣单材瓜栱一件。二昂上前后安十八斗二个,其单材万栱、瓜栱上两头各安三才升二个。第六层:安三昂后带菊花头一件,中十字扣正心枋一根,按正心枋中线里、外俱隔二拽架分位各扣拽枋一根,俱隔三拽架分位各扣单材万栱一

件,俱隔四拽架分位各扣单材瓜栱一件。三昂上前安十八斗一个,其单材万栱、瓜栱上两头各安三才升二个。**第七层**:安蚂蚱头后带六分头一件,中十字扣正心枋一根,按正心枋中线里、外俱隔三拽架分位各扣拽枋一根,俱隔四拽架分位各扣单材万栱一件,前隔五拽架分位扣厢栱一件。蚂蚱头后六分头上安十八斗一个,其单材万栱、厢栱上两头各安三才升二个。**第八层**:安撑头木后带麻叶头一件,中十字扣正心枋一根,按正心枋中线里、外俱隔四拽架分位各扣拽枋一根,前隔五拽架分位扣挑檐枋一根,后隔五拽架分位和厢栱一件。厢栱上两头安三才升二个。**第九层**:安桁椀一件,中十字顶扣正心枋三根半,后隔五拽架分位扣井口枋或机枋一根。

[柱头科] **第一层**:安大斗一个。**第二层**:安头翘一件,中十字扣正心瓜栱一件。头翘上两头安桶子十八斗二个,正心瓜栱上两头安槽升子二个。**第三层**:安二翘一件,中十字扣正心万栱一件,按正心万栱中线里、外俱隔一拽架分位各扣单材瓜栱一件。二翘上两头安桶子十八斗二个,正心万栱上两头安槽升子二个,单材瓜栱上两头各安三才升二个。**第四层**:安头昂后带翘一件,中十字扣正心枋一根,按正心枋中线里、外俱隔一拽架分位各扣单材万栱一件,俱隔二拽架分位各扣单材瓜栱一件。头昂上前后安桶子十八斗二个,其单材万栱、瓜栱上两头各安三才升二个。**第五层**:安二昂后带翘一件,中十字扣正心枋一根,按正心枋中线里、外俱隔一拽架分位各扣拽枋一根,俱隔二拽架分位各扣单材万栱一件,俱隔三拽架分位各扣单材瓜栱一件。二昂上前后安桶子十八斗二个,其单材万栱、瓜栱上两头各安三才升二个。**第六层**:安三昂后带雀替一件,中十字扣正心枋一根,按正心枋中线里、外俱隔二拽架分位各扣拽枋一根,俱隔三拽架分位各扣单材万栱一件,俱隔四拽架分位各扣单材瓜栱一件。三昂上前安桶子十八斗一个,其单材万栱、瓜栱上两头各安三才升二个。**第七层**:安桃尖梁一件,按正心枋中线里、外俱隔四拽架分位各扣单材万栱一件,前隔五拽架分位扣厢栱一件。单材万栱、厢栱上两头各安三才升二个。**第八层**:按正心枋中线隔五拽架分位扣厢栱一件。厢栱上两头安三才升二个(桃尖梁上的正心枋、拽枋、挑檐枋、井口枋安装俱与重翘三昂平身科同)。

[角科] **第一层**:安大斗一个。**第二层**:安搭角正头翘后带正心瓜栱二件,安斜头翘一件。正头翘上各安十八斗一个,后带正心瓜栱上各安槽升子一个,斜头翘上两头贴升耳四个。**第三层**:安搭角正二翘后带正心万栱二件,安搭角闹二翘后带单材瓜栱二件,安里连头合角单材瓜栱二件,安斜二翘一件。正二翘上各安十八斗一个,后带正心万栱上各安槽升子一个,闹二翘上各安十八斗一个,后带单材瓜栱上各安三才升一个,合角单材瓜栱上各安三才升一个,斜二翘上两头贴升耳四个。**第四层**:安搭角正头昂后带正心枋二件,安闹头昂后带单材万栱二件,安闹头昂后带单材瓜栱二件,安里连头合角单材万栱二件,安里连头合角单材瓜栱二件,安斜头昂后带翘一件。正头昂上各安十八斗一个,闹头昂上各安十八斗一个,后带单材万栱、瓜栱上各安三才升一个,合角单材万栱、瓜栱上各安三才升一个,斜头昂上前后贴升耳四个。**第五层**:安搭角正二昂后带正心枋二件,安闹二昂后带拽枋二件,安闹二昂后带单材万栱二件,安闹二昂后带单材瓜栱二件,安里连头合角单材万栱二件,安里连头合角单材瓜栱二件,安斜二昂后带翘一件。正二昂上各安十八斗一个,闹二昂上各安十八斗一个,后带单材万栱、瓜栱上各安三才升一个,合角单材万栱、瓜栱上各安三才升一个,斜二昂上前后贴升耳四个。**第六层**:安搭角正三昂后带正心

枋二件,安搭角闹三昂二件,安闹三昂后带拽枋二件,安闹三昂后带单材万栱二件,安闹三昂后带单材瓜栱二件,安里连头合角单材万栱二件,安里连头合角单材瓜栱二件,安斜三昂后带菊花头一件。正三昂上各安十八斗一个,闹三昂上各安十八斗一个,后带单材万栱、瓜栱上各安三才升一个,合角单材万栱、瓜栱上各安三才升一个,斜三昂上前贴升耳二个。**第七层**:安搭角正蚂蚱头后带正心枋二件,安搭角闹蚂蚱头四件,安搭角闹蚂蚱头后带拽枋二件,安搭角闹蚂蚱头后带单材万栱二件,安搭角把臂厢栱二件,安里连头合角单材万栱二件,安由昂后带六分头一件。闹蚂蚱头后单材万栱上各安三才升一个,把臂厢栱上两头安三才升二个。合角单材万栱上各安三才升一个,由昂上前后贴升耳四个。**第八层**:安搭角正撑头木后带正心枋二件,安搭角闹撑头木后带拽枋二件,安里连头合角单材厢栱二件,安斜撑头木后带麻叶头一件。合角厢栱上各安三才升一个。**第九层**:安搭角正桁椀后带正心枋二件,安斜桁椀一件。

一、挑金造溜金斗科

(一)单翘单昂

[**平身科**] **第一层**:安大斗一个。**第二层**:安单翘一件,中十字扣上正心瓜栱一件。单翘上两头安十八斗二个,正心瓜栱上两头安槽升子二个。**第三层**:安单昂后带六分头、挑杆下贴菊花头一件,中十字扣正心万栱一件,按正心万栱中线外隔一搜架分位扣单材瓜栱一件;里隔一搜架分位扣麻叶云一件。单昂上、挑杆六分头上各安十八斗一个,正心万栱上两头安槽升子二个,单材瓜栱上两头安三才升二个。**第四层**:安蚂蚱头后带秤杆、下贴菊花头一件,中十字扣正心枋一根,按正心枋中线外隔一搜架分位扣单材万栱一件;隔两搜架分位扣厢栱一件,里挑杆中间扣三福云一件,秤杆尾上安十八斗一个;斗上安正心瓜栱一件,瓜栱上安三才升二个(用足材栱,一斗口宽)。外单材万栱、厢栱上各安三才升二个。**第五层**:安撑头木后带秤杆一件,中十字扣正心枋一根,按正心枋中线外隔一搜架分位扣拽枋一根;隔两搜架分位扣挑檐枋一根。**第六层**:安桁椀后带夔龙尾一件,中十字扣正心枋一根。秤杆尾、夔龙尾通高伏莲销连接。

(二)单翘重昂

[**平身科**] **第一层**:安大斗一个。**第二层**:安单翘一件,中十字扣正心瓜栱一件。单翘上两头按十八斗二个,正心瓜栱上两头安槽升子二个。**第三层**:安头昂后带六分头挑杆、下贴菊花头一件,中十字扣正心万栱一件,按正心万栱中线外隔一搜架分位扣单材瓜栱一件;里隔一搜架分位扣麻叶云一件。头昂上、挑杆六分头上各安十八斗一个,正心万栱上两头安槽升子二个,单材瓜栱上两头安三才升二个。**第四层**:安二昂后带六分头、挑杆下贴菊花头一件,中十字扣正心枋一根,按正心枋中线外隔一搜架分位扣单材万栱一件;隔两搜架分位扣单材瓜栱一件,里挑杆中间扣三福云一件。挑杆尾、二昂头上各安十八斗一个。外单材万栱、单材瓜栱上两头各安三才升二个。**第五层**:安蚂蚱头后带秤杆;下贴菊花头一件,中十字扣正心枋一根,按正心枋中线外隔一搜架分位扣拽枋一根;隔两搜架分位扣单材万栱一件;隔三搜架分位扣厢栱一件,单材万栱、厢栱上两头各安三才升二个。里秤杆上中间扣三福云一件,秤杆尾上安十八斗一个;斗上安正心瓜栱、正心万栱各一件,瓜栱、万栱上各安三才升二个(用足材栱,一斗口宽)。**第六层**:安撑头木后带秤杆一件,中十字扣正心枋一

根,按正心枋中线外隔两拽架分位扣拽枋一根;隔三拽架分位扣挑檐枋一根。第七层:安桁椀后带夔龙尾一件,中十字扣正心枋二根。秤杆尾、夔龙尾、头昂挑杆尾通高伏莲销连接。

二、落金造溜金斗科

(一)单翘单昂

[平身科] 第一层:安大斗一个。第二层:安单翘一件。中十字扣正心瓜栱一件。单翘上两头安十八斗二个,正心瓜栱上两头安槽升子二个。第三层:安单昂后带六分头、挑杆下贴菊花头一件,中十字扣正心万栱一件,按正心万栱中线外隔一拽架分位扣单材瓜栱一件;里隔一拽架分位扣麻叶云一件。单昂头上、挑杆六分头上各安十八斗一个,正心万栱上两头安槽升子二个,单材瓜栱上两头安三才升二个。第四层:安蚂蚱头后带六分头、挑杆下贴菊花头一件,中十字扣正心枋一根,按正心枋中线外隔一拽架分位扣单材万栱一件;隔两拽架分位扣厢栱一件。里挑杆下中间扣三福云一件,挑杆尾上安十八斗一个。外单材万栱、厢栱上两头各安三才升二个。第五层:安撑头木后带秤杆、下贴菊花头一件,中十字扣正心枋一根,按正心枋中线外隔一拽架分位扣拽枋一根;隔两拽架分位扣挑檐枋一根。里秤杆上中间扣三福云一件,秤杆尾下安大斗一个,大斗上扣正心瓜栱一件,瓜栱上两头安三才升二个(用足材栱,一斗口宽)。第六层:安桁椀后带夔龙尾一件,中十字扣正心枋一根。夔龙尾、单昂挑杆后尾通高伏莲销连接。

(二)单翘重昂

[平身科] 第一层:安大斗一个。第二层:安单翘一件:中十字扣正心瓜栱一件。单翘上两头安十八斗二个,正心瓜栱上两头安槽升子二个。第三层:安头昂后带六分头,挑杆下贴菊花头一件,中十字扣正心万栱一件,按正心万栱中线外隔一拽架分位扣单材瓜栱一件,里隔一拽架分位扣麻叶云一件。头昂上、挑杆六分头上各安十八斗一个,正心万栱上两头安槽升子二个,单材瓜栱上两头安三才升二个。第四层:安二昂后带六分头、挑杆下贴菊花头一件,中十字扣正心枋一根,按正心枋中线外隔一拽架分位扣单材万栱一件;隔两拽架分位扣单材瓜栱一件;里下中间扣三福云一件。二昂上、里挑杆六分头上各安十八斗一个,外单材万栱、单材瓜栱上两头各安三才升二个。第五层:安蚂蚱头后带秤杆下贴菊花头一件,中十字扣正心枋一根,按正心枋中线外隔一拽架分位扣拽枋一根;隔两拽架分位扣单材万栱一件;隔三拽架分位扣厢栱一件,单材万栱、厢栱上两头各安三才升二个。里上中间扣三福云一件,秤杆后尾下安大斗一个;大斗上扣正心瓜栱、正心万栱各一件,瓜栱、万栱上两头各安三才升二个(用足材栱,一斗口宽)。第六层:安撑头木后带秤杆一件,中十字扣正心枋一根,按正心枋中线外隔两拽架分位扣拽枋一根;三拽架分位扣挑檐枋一根。第七层:安桁椀后带夔龙尾一件,中十字扣正心枋二根。夔龙尾、头昂挑杆尾通高伏莲销连接。

[挑金、落金柱头科] 安所用升、斗、栱、翘、昂、梁等件,外面俱同各样柱头科。惟里面翘、梁上不用栱、升,安麻叶云、三福云。其麻叶云、三福云尺寸同上平身科。

[挑金、落金角科] 安所用升、斗、栱、翘、昂等件,外面俱同各样角科。惟里面从由昂后带六分头,下举高与平身科六分头下接菊花头之举高同。其秤杆以步架斜数加举得长,每柱径一尺加入榫一寸五分。斜翘、昂上所用里连头合角麻叶云、三福云,系带连平身科里挑麻叶云、三福云上。

第三节 清《工程做法》斗口制

斗口:斗口有头等才(材),二等才,以至十一等才之分。头等斗口宽六寸,二等才斗口宽五寸五分,三等才斗口宽五寸,自三等才以至十一等才各递减五分,即得斗口尺寸。

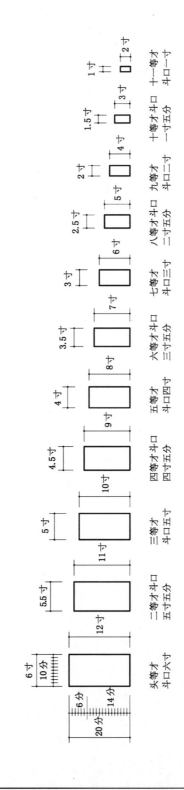

头等才 斗口六寸
二等才斗口 五寸五分
三等才 斗口五寸
四等才斗口 四寸五分
五等才 斗口四寸
六等才斗口 三寸五分
七等才 斗口三寸
八等才斗口 二寸五分
九等才 斗口二寸
十等才斗口 一寸五分
十一等才 斗口一寸

单位:清营造尺:寸
公尺:毫米

斗口尺寸换算表

等级 用尺		一等 斗口	二等 斗口	三等 斗口	四等 斗口	五等 斗口	六等 斗口	七等 斗口	八等 斗口	九等 斗口	十等 斗口	十一等 斗口
清尺	高	12	11	10	9	8	7	6	5	4	3	2
	宽	6	5.5	5	4.5	4	3.5	3	2.5	2	1.5	1
公尺	高	384	352	320	288	256	224	192	160	128	96	64
	宽	192	176	160	144	128	112	96	80	64	48	32

注:清营造尺寸折合公制为320毫米。

第四节　大斗、小斗图样一

造斗之制:平身大斗:平身大斗,每斗口宽一寸,应长三寸,宽三寸,高二寸。斗底宽二寸二分,长二寸二分;耳高八分,腰高四分,底高八分。

柱头大斗:柱头大斗,每斗口宽一寸,应长四寸,宽三寸,高二寸。斗底宽二寸二分,长三寸二分;耳高八分,腰高四分,底高八分。

角大斗:角大斗,每斗口宽一寸,应长三寸四分,宽三寸四分,高二寸。斗底宽二寸六分,长二寸六分;耳高八分,腰高四分,底高八分。

十八斗:十八斗,每斗口宽一寸,应长一寸八分,宽一寸五分,高一寸。斗底宽一寸一分,长一寸四分;耳高四分,腰高二分,底高四分。

三才升:三才升,每斗口宽一寸,应长一寸三分,宽一寸五分,高一寸。升底宽一寸一分,长九分;耳高四分,腰高二分,底高四分。

槽升子:槽升子,每斗口宽一寸,应长一寸三分,宽一寸七分四厘,高一寸。升底宽一寸三分四厘,长九分;耳高四分,腰高二分,底高四分。

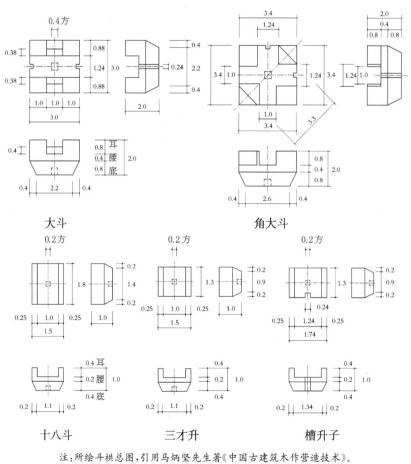

注:所绘斗栱总图,引用马炳坚先生著《中国古建筑木作营造技术》。

第五节 卷杀、昂头、蚂蚱头、六分头、菊花头、桃尖梁头图样二

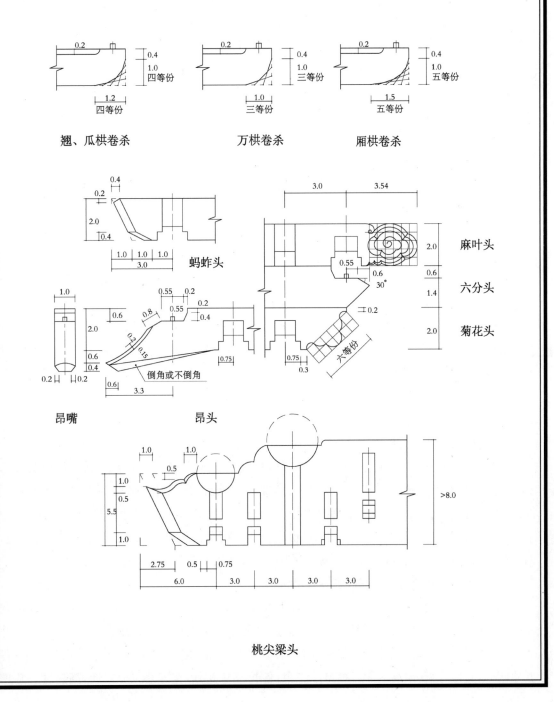

翘、瓜栱卷杀   万栱卷杀   厢栱卷杀

蚂蚱头

麻叶头

六分头

菊花头

昂嘴   昂头

桃尖梁头

第六节　单栱交麻叶云、重栱交麻叶云、内里品字科

一、单栱交麻叶云、重栱交麻叶云、内里品字科斗口一寸至六寸各件尺寸

(一) 单栱交麻叶科斗口一寸各件尺寸开后

[单栱交麻叶科]　大斗一个:长三寸,宽三寸,高二寸。单翘一件:长五寸六分,宽一寸,高二寸。麻叶云一件:长一尺四寸,宽一寸,高三寸三分三厘。正心瓜栱一件:长六寸二分,宽一寸二分四厘,高二寸。三福云二件:各长六寸,宽一寸,高二寸。十八斗二个:各长一寸八分,宽一寸五分,高一寸。槽升子二个:各长一寸三分,宽一寸七分四厘,高一寸。斗槽板厚四分或二分四厘,高三寸四分。

(二) 单栱交麻叶科斗口一寸五分各件尺寸开后

[单栱交麻叶科]　大斗一个:长四寸五分,宽四寸五分,高三寸。单翘一件:长八寸四分,宽一寸五分,高三寸。麻叶云一件:长二尺一寸,宽一寸五分,高四寸九分九厘五毫。正心瓜栱一件:长九寸三分,宽一寸八分六厘,高三寸。三福云二件:各长九寸,宽一寸五分,高三寸。十八斗二个:各长二寸七分,宽二寸二分五厘,高一寸五分。槽升子二个:各长一寸九分五厘,宽二寸六分一厘,高一寸五厘。斗槽板厚六分或三分六厘,高五寸一分。

(三) 单栱交麻叶科斗口二寸各件尺寸开后

[单栱交麻叶科]　大斗一个:长六寸,宽六寸,高四寸。单翘一件:长一尺一寸二分,宽二寸,高四寸。麻叶云一件:长二尺八寸,宽二寸,高六寸六分六厘。正心瓜栱一件:长一尺二寸四分,宽二寸四分八厘,高四寸。三福云二件:各长一尺二寸,宽二寸,高四寸。十八斗二个:各长三寸六分,宽三寸,高二寸。槽升子二个:各长二寸六分,宽三寸四分八厘,高二寸。斗槽板厚八分或四分入厘,高六寸八分。

(四) 单栱交麻叶科斗口二寸五分各件尺寸开后

[单栱交麻叶科]　大斗一个:长七寸五分,宽七寸五分,高五寸。单翘一件:长一尺四寸,宽二寸五分,高五寸。麻叶云一件:长三尺五寸,宽二寸五分,高八寸三分二厘五毫。正心瓜栱一件:长一尺五寸五分,宽三寸一分,高五寸。三福云二件:各长一尺五寸,宽二寸五分,高五寸。十八斗二个:各长四寸五分,宽三寸七分五厘,高二寸五分。槽升子二个:各长三寸二分五厘,宽四寸三分五厘,高二寸五分。斗槽板厚一寸或六分,高八寸五分。

(五) 单栱交麻叶科斗口三寸各件尺寸开后

[单栱交麻叶科]　大斗一个:长九寸,宽九寸,高六寸。单翘一件:长一尺六寸八分,宽三寸,高六寸。麻叶云一件:长四尺二寸,宽三寸,高九寸九分九厘。正心瓜栱一件:长一尺八寸六分,宽三寸七分二厘,高六寸。三福云二件:各长一尺八寸,宽三寸,高六寸。十八斗二个:各长五寸四分,宽四寸五分,高三寸。槽升子二个:各长三寸九分,宽五寸二分二厘,高三寸。斗槽板

厚一寸二分或七分二厘,高一尺二分。

（六）单栱交麻叶科斗口三寸五分各件尺寸开后

[单栱交麻叶科]　大斗一个:长一尺五分,宽一尺五分,高七寸。单翘一件:长一尺九寸六分,宽三寸五分,高七寸。麻叶云一件:长四尺九寸,宽三寸五分,高一尺一寸六分五厘五毫。正心瓜栱一件:长二尺一寸七分,宽四寸三分四厘,高七寸。三福云二件:各长二尺一寸,宽三寸五分,高七寸。十八斗二个:各长六寸三分,宽五寸二分五厘,高三寸五分。槽升子二个:各长四寸五分五厘,宽六寸九厘,高三寸五分。斗槽板厚一寸四分或八分四厘,高一尺一寸九分。

（七）单栱交麻叶科斗口四寸各件尺寸开后

[单栱交麻叶科]　大斗一个:长一尺二寸,宽一尺二寸,高八寸。单翘一件:长二尺二寸四分,宽四寸,高八寸。麻叶云一件:长五尺六寸,宽四寸,高一尺三寸三分二厘。正心瓜栱一件:长二尺四寸八分,宽四寸九分六厘,高八寸。三福云二件:各长二尺四寸,宽四寸,高八寸。十八斗二个:各长七寸二分,宽六寸,高四寸。槽升子二个:各长五寸二分,宽六寸九分六厘,高四寸。斗槽板厚一寸六分或九分六厘,高一尺三寸六分。

（八）单栱交麻叶科斗口四寸五分各件尺寸开后

[单栱交麻叶科]　大斗一个:长一尺三寸五分,宽一尺三寸五分,高九寸。单翘一件:长二尺五寸二分,宽四寸五分,高九寸。麻叶云一件:长六尺三寸,宽四寸五分,高一尺四寸九分八厘五毫。正心瓜栱一件:长二尺七寸九分,宽五寸五分八厘,高九寸。三福云二件:各长二尺七寸,宽四寸五分,高九寸。十八斗二个:各长八寸一分,宽六寸七分五厘,高四寸五分。槽升子二个:各长五寸八分五厘,宽七寸八分三厘,高四寸五分。斗槽板厚一寸八分或一寸八厘,高一尺五寸三分。

（九）单栱交麻叶科斗口五寸各件尺寸开后

[单栱交麻叶科]　大斗一个:长一尺五寸,宽一尺五寸,高一尺。单翘一件:长二尺八寸,宽五寸,高一尺。麻叶云一件:长七尺,宽五寸,高一尺六寸六分五厘。正心瓜栱一件:长三尺一寸,宽六寸二分,高一尺。三福云二件:各长三尺,宽五寸,高一尺。十八斗二个:各长九寸,宽七寸五分,高五寸。槽升子二个:各长六寸五分,宽八寸七分,高五寸。斗槽板厚二寸或一寸二分,高一尺七寸。

（十）单栱交麻叶科斗口五寸五分各件尺寸开后

[单栱交麻叶科]　大斗一个:长一尺六寸五分,宽一尺六寸五分,高一尺一寸。单翘一件:长三尺八分,宽五寸五分,高一尺一寸。麻叶云一件:长七尺七寸,宽五寸五分,高一尺八寸三分一厘五毫。正心瓜栱一件:长三尺四寸一分,宽六寸八分二厘,高一尺一寸。三福云二件:各长三尺三寸,宽五寸五分,高一尺一寸。十八斗二个:各长九寸九分,宽八寸二分五厘,高五寸五分。槽升子二个:各长七寸一分五厘,宽九寸五分七厘,高五寸五分。斗槽板厚二寸二分或一寸三分二厘,高一尺八寸七分。

（十一）单栱交麻叶科斗口六寸各件尺寸开后

[单栱交麻叶科]　大斗一个:长一尺八寸,宽一尺八寸,高一尺二寸。单翘一件:长三尺三

寸六分,宽六寸,高一尺二寸。麻叶云一件:长八尺四寸,宽六寸,高一尺九寸九分八厘。正心瓜栱一件:长三尺七寸二分,宽七寸四分四厘,高一尺二寸。三福云二件:各长三尺六寸,宽六寸,高一尺二寸。十八斗二个:各长一尺八分,宽九寸,高六寸。槽升子二个:各长七寸八分,宽一尺四分四厘,高六寸。斗槽板厚二寸四分或一寸四分四厘,高二尺四分。

(十二)重栱交麻叶科斗口一寸各件尺寸开后

[重栱交麻叶科] 大斗一个:长三寸,宽三寸,高二寸。单翘一件:长五寸六分,宽一寸,高二寸。麻叶云一件:长一尺四寸,宽一寸,高五寸三分三厘。正心瓜栱一件:长六寸二分,宽一寸二分四厘,高二寸。正心万栱一件:长九寸二分,宽一寸二分四厘,高二寸。三福云二件:各长六寸,宽一寸,高二寸。十八斗二个:各长一寸八分,宽一寸五分,高一寸。槽升子四个:各长一寸三分,宽一寸七分四厘,高一寸。斗槽板厚四分或二分四厘,高五寸四分。

(十三)重栱交麻叶科斗口一寸五分各件尺寸开后

[重栱交麻叶科] 大斗一个:长四寸五分,宽四寸五分,高三寸。单翘一件:长八寸四分,宽一寸五分,高三寸。麻叶云一件:长二尺一寸,宽一寸五分,高七寸九分九厘五毫。正心瓜栱一件:长九寸三分,宽一寸八分六厘,高三寸。正心万栱一件:长一尺三寸八分,宽一寸八分六厘,高三寸。三福云二件:各长九寸,宽一寸五分,高三寸。十八斗二个:各长二寸七分,宽二寸二分五厘,高一寸五分。槽升子四个:各长一寸九分五厘,宽二寸六分一厘,高一寸五分。斗槽板厚六分或三分六厘,高八寸一分。

(十四)重栱交麻叶科斗口二寸各件尺寸开后

[重栱交麻叶科] 大斗一个:长六寸,宽六寸,高四寸。单翘一件:长一尺一寸二分,宽二寸,高四寸。麻叶云一件:长二尺八寸,宽二寸,高一尺六分六厘。正心瓜栱一件:长一尺二寸四分,宽二寸四分八厘,高四寸。正心万栱一件:长一尺八寸四分,宽二寸四分八厘,高四寸。三福云二件:各长一尺二寸,宽二寸,高四寸。十八斗二个:各长三寸六分,宽三寸,高二寸。槽升子四个:各长二寸六分,宽三寸四分八厘,高二寸。斗槽板厚八分或四分八厘,高一尺八寸。

(十五)重栱交麻叶科斗口二寸五分各件尺寸开后

[重栱交麻叶科] 大斗一个:长七寸五分,宽七寸五分,高五寸。单翘一件:长一尺四寸,宽二寸五分,高五寸。麻叶云一件:长三尺五寸,宽二寸五分,高一尺三寸三分二厘五毫。正心瓜栱一件:长一尺五寸五分,宽三寸一分,高五寸。正心万栱一件:长二尺三寸,宽三寸一分,高五寸。三福云二件:各长一尺五寸,宽二寸五分,高五寸。十八斗二个:各长四寸五分,宽三寸七分五厘,高二寸五分。槽升子四个:各长三寸二分五厘,宽四寸三分五厘,高二寸五分。斗槽板厚一寸或六分,高一尺三寸五分。

(十六)重栱交麻叶科斗口三寸各件尺寸开后

[重栱交麻叶科] 大斗一个:长九寸,宽九寸,高六寸。单翘一件:长一尺六寸八分,宽三寸,高六寸。麻叶云一件:长四尺二寸,宽三寸,高一尺五寸九分九厘。正心瓜栱一件:长一尺八寸六分,宽三寸七分二厘,高六寸。正心万栱一件:长二尺七寸六分,宽三寸七分二厘,高六寸。三福云二件:各长一尺八寸,宽三寸,高六寸。十八斗二个:各长五寸四分,宽四寸五分,高三寸。

槽升子四个：各长三寸九分，宽五寸二分二厘，高三寸。斗槽板厚一寸二分或七分二厘，高一尺六寸二分。

（十七）重栱交麻叶科斗口三寸五分各件尺寸开后

[重栱交麻叶科]　大斗一个：长一尺五分，宽一尺五分，高七寸。单翘一件：长一尺九寸六分，宽三寸五分，高七寸。麻叶云一件：长四尺九寸，宽三寸五分，高一尺八寸六分五厘五毫。正心瓜栱一件：长二尺一寸七分，宽四寸三分四厘，高七寸。正心万栱一件：长三尺二寸二分，宽四寸三分四厘，高七寸。三福云二件：各长二尺一寸，宽三寸五分，高七寸。十八斗二个：各长六寸三分，宽五寸二分五厘，高三寸五分。槽升子四个：各长四寸五分五厘，宽六寸九厘，高三寸五分。斗槽板厚一寸四分或八分四厘，高一尺八寸九分。

（十八）重栱交麻叶科斗口四寸各件尺寸开后

[重栱交麻叶科]　大斗一个：长一尺二寸，宽一尺二寸，高八寸。单翘一件：长二尺二寸四分，宽四寸，高八寸。麻叶云一件：长五尺六寸，宽四寸，高二尺一寸三分二厘。正心瓜栱一件：长二尺四寸八分，宽四寸九分六厘，高八寸。正心万栱一件：长三尺六寸八分，宽四寸九分六厘，高八寸。三福云二件：各长二尺四寸，宽四寸，高八寸。十八斗二个：各长七寸二分，宽六寸，高四寸。槽升子四个：各长五寸二分，宽六寸九分六厘，高四寸。斗槽板厚一寸六分或九分六厘，高二尺一寸六分。

（十九）重栱交麻叶科斗口四寸五分各件尺寸开后

[重栱交麻叶科]　大斗一个：长一尺三寸五分，宽一尺三寸五分，高九寸。单翘一件：长二尺五寸二分，宽四寸五分，高九寸。麻叶云一件：长六尺三寸，宽四寸五分，高二尺三寸九分八厘五毫。正心瓜栱一件：长二尺七寸九分，宽五寸五分八厘，高九寸。正心万栱一件：长四尺一寸四分，宽五寸五分八厘，高九寸。三福云二件：各长二尺七寸，宽四寸五分，高九寸。十八斗二个：各长八寸一分，宽六寸七分五厘，高九寸。槽升子四个：各长五寸八分五厘，宽七寸八分三厘，高四寸五分。斗槽板厚一寸八分或一寸八厘，高二尺四寸三分。

（二十）重栱交麻叶科斗口五寸各件尺寸开后

[重栱交麻叶科]　大斗一个：长一尺五寸，宽一尺五寸，高一尺。单翘一件：长二尺八寸，宽五寸，高一尺。麻叶云一件：长七尺，宽五寸，高二尺六寸六分五厘。正心瓜栱一件：长三尺一寸，宽六寸二分，高一尺。正心万栱一件：长四尺六寸，宽六寸二分，高一尺。三福云二件：各长三尺，宽五寸，高一尺。十八斗二个：各长九寸，宽七寸五分，高五寸。槽升子四个：各长六寸五分，宽八寸七分，高五寸。斗槽板厚二寸或一寸二分，高二尺七寸。

（二十一）重栱交麻叶科斗口五寸五分各件尺寸开后

[重栱交麻叶科]　大斗一个：长一尺六寸五分，宽一尺六寸五分，高一尺一寸。单翘一件：长三尺八分，宽五寸五分，高一尺一寸。麻叶云一件：长七尺七寸，宽五寸五分，高二尺九寸三分一厘五毫。正心瓜栱一件：长三尺四寸一分，宽六寸八分二厘，高一尺一寸。正心万栱一件：长五尺六寸，宽六寸八分二厘，高一尺一寸。三福云二件：各长三尺三寸，宽五寸五分，高一尺一寸。十八斗二个：各长九寸九分，宽八寸二分五厘，高五寸五分。槽升子四个：各长七寸一分五

厘,宽九寸五分七厘,高五寸五分。斗槽板厚二寸二分或一寸三分二厘,高二尺九寸七分。

(二十二) 重栱交麻叶科斗口六寸各件尺寸开后

[重栱交麻叶科] 大斗一个:长一尺八寸,宽一尺八寸,高一尺二寸。单翘一件:长三尺三寸六分,宽六寸,高一尺二寸。麻叶云一件:长八尺四寸,宽六寸,高三尺一寸九分八厘。正心瓜栱一件:长三尺七寸二分,宽七寸四分四厘,高一尺二寸。正心万栱一件:长五尺五寸二分,宽七寸四分四厘,高一尺二寸。三福云二件:各长三尺六寸,宽六寸,高一尺二寸。十八斗二个:各长一尺八分,宽九寸,高六寸。槽升子四个:各长七寸八分,宽一尺四分四厘,高六寸。斗槽板厚二寸四分或一寸四分四厘,高三尺二寸四分。

(二十三) 内里品字科斗口一寸各件尺寸开后

[内里品字科] 大斗一个:长三寸,宽一寸七分四厘,高二寸。头翘一件:长三寸七分九厘,宽一寸,高二寸。二翘一件:长六寸七分九厘,宽一寸,高二寸。撑头木带三福云一件:长九寸七分八厘,宽一寸,撑头木高二寸;三福云高三寸。半正心瓜栱一件:长六寸二分,宽七分四厘,高二寸。半正心万栱一件:长九寸二分,宽七分四厘,高二寸。麻叶云一件:长八寸二分,宽一寸,高二寸。三福云一件:长七寸二分,宽一寸,高三寸。十八斗二个:各长一寸八分,宽一寸五分,高一寸。槽升子四个:各长一寸三分,宽一寸一分一厘,高一寸。

(二十四) 内里品字科斗口一寸五分各件尺寸开后

[内里品字科] 大斗一个:长四寸五分,宽二寸六分一厘,高三寸。头翘一件:长五寸六分八厘五毫,宽一寸五分,高三寸。二翘一件:长一尺一分八厘五毫,宽一寸五分,高三寸。撑头木带三福云一件:长一尺四寸六分七厘,宽一寸五分,撑头木高三寸;三福云高四寸五分。半正心瓜栱一件:长九寸三分,宽一尺一寸一分,高三寸。半正心万栱一件:长一尺三寸八分,宽一尺一寸一分,高三寸。麻叶云一件:长一尺二寸三分,宽一寸五分,高三寸。三福云一件:长一尺八分,宽一寸五分,高四寸五分。十八斗二个:各长二寸七分,宽二寸二分五厘,高一寸五分。槽升子四个:各长一寸九分五厘,宽一寸六分六厘五毫,高一寸五分。

(二十五) 内里品字科斗口二寸各件尺寸开后

[内里品字科] 大斗一个:长六寸,宽三寸,高三寸四分八厘。头翘一件:长七寸五分八厘,宽二寸,高四寸。二翘一件:长一尺三寸五分八厘,宽二寸,高四寸。撑头木带三福云一件:长一尺九寸五分六厘,宽二寸,撑头木高四寸;三福云高六寸。半正心瓜栱一件:长一尺二寸四分,宽一寸四分八厘,高四寸。半正心万栱一件:长一尺八寸四分,宽一寸四分八厘,高四寸。麻叶云一件:长一尺六寸四分,宽二寸,高四寸。三福云一件:长一尺四寸四分,宽二寸,高六寸。十八斗二个:各长三寸六分,宽三寸,高二寸。槽升子四个:各长二寸六分,宽二寸二分二厘,高二寸。

(二十六) 内里品字科斗口二寸五分各件尺寸开后

[内里品字科] 大斗一个:长七寸五分,宽四寸三分五厘,高五寸。头翘一件:长九寸四分七厘五毫,宽二寸五分,高五寸。二翘一件:长一尺六寸九分七厘五毫,宽二寸五分,高五寸。撑头木带三福云一件:长二尺四寸四分五厘,宽二寸五分,撑头木高五寸;三福云高七寸五分。半正心瓜栱一件:长一尺五寸五分,宽一寸八分五厘,高五寸。半正心万栱一件:长二尺三寸,宽一

寸八分五厘,高五寸。麻叶云一件:长二尺五分,宽二寸五分,高五寸。三福云一件:长一尺八寸,宽二寸五分,高七寸五分。十八斗二个:各长四寸五分,宽三寸七分五厘,高二寸五分。槽升子四个:各长三寸二分五厘,宽二寸七分七厘五毫,高二寸五分。

(二十七) 内里品字科斗口三寸各件尺寸开后

[**内里品字科**] 大斗一个:长九寸,宽五寸二分二厘,高六寸。头翘一件:长一尺一寸三分七厘,宽三寸,高六寸。二翘一件:长二尺三分七厘,宽三寸,高六寸。撑头木带三福云一件:长二尺九寸三分四厘,宽三寸,撑头木高六寸;三福云高九寸。半正心瓜栱一件:长一尺八寸六分,宽二寸二分二厘,高六寸。半正心万栱一件:长二尺七寸六分,宽二寸二分二厘,高六寸。麻叶云一件:长二尺四寸六分,宽三寸,高六寸。三福云一件:长二尺一寸六分,宽三寸,高九寸。十八斗二个:各长五寸四分,宽四寸五分,高三寸。槽升子四个:各长三寸九分,宽三寸三分三厘,高三寸。

(二十八) 内里品字科斗口三寸五分各件尺寸开后

[**内里品字科**] 大斗一个:长一尺五分,宽六寸九厘,高七寸。头翘一件:长一尺三寸二分六厘五毫,宽三寸五分,高七寸。二翘一件:长二尺三寸七分六厘五毫,宽三寸五分,高七寸。撑头木带三福云一件:长三尺四寸二分三厘,宽三寸五分,撑头木高七寸;三福云高一尺五分。半正心瓜栱一件:长二尺一寸七分,宽二寸五分九厘,高七寸。半正心万栱一件:长三尺二寸二分,宽二寸五分九厘,高七寸。麻叶云一件:长二尺八寸七分,宽三寸五分,高七寸。三福云一件:长二尺五寸二分,宽三寸五分,高一尺五分。十八斗二个:各长六寸三分,宽五寸二分五厘,高三寸五分。槽升子四个:各长四寸五分五厘,宽三寸八分八厘五毫,高三寸五分。

(二十九) 内里品字科斗口四寸各件尺寸开后

[**内里品字科**] 大斗一个:长一尺二寸,宽六寸九分六厘,高八寸。头翘一件:长一尺五寸一分六厘,宽四寸,高八寸。二翘一件:长二尺七寸一分六厘,宽四寸,高八寸。撑头木带三福云一件:长三尺九寸一分二厘,宽四寸,撑头木高八寸;三福云高一尺二寸。半正心瓜栱一件:长二尺四寸八分,宽二寸九分六厘,高八寸。半正心万栱一件:长三尺六寸八分,宽二寸九分六厘,高八寸。麻叶云一件:长三尺二寸八分,宽四寸,高八寸。三福云一件:长二尺八寸八分,宽四寸,高一尺二寸。十八斗二个:各长七寸二分,宽六寸,高四寸。槽升子四个:各长五寸二分,宽四寸四分四厘,高四寸。

(三十) 内里品字科斗口四寸五分各件尺寸开后

[**内里品字科**] 大斗一个:长一尺三寸五分,宽七寸八分三厘,高九寸。头翘一件:长一尺七寸五厘五毫,宽四寸五分,高九寸。二翘一件:长三尺五分五厘五毫,宽四寸五分,高九寸。撑头木带三福云一件:长四尺四寸一厘,宽四寸五分,撑头木高九寸;三福云高一尺三寸五分。半正心瓜栱一件:长二尺七寸九分,宽三寸三分三厘,高九寸。半正心万栱一件:长四尺一寸四分,宽三寸三分三厘,高九寸。麻叶云一件:长三尺六寸九分,宽四寸五分,高九寸。三福云一件:长三尺二寸四分,宽四寸五分,高一尺三寸五分。十八斗二个:各长八寸一分,宽六寸七分五厘,高四寸五分。槽升子四个:各长五寸八分五厘,宽四寸九分九厘五毫,高四寸五分。

（三十一）内里品字科斗口五寸各件尺寸开后

［内里品字科］　大斗一个：长一尺五寸，宽八寸七分，高一尺。头翘一件：长一尺八寸九分五厘，宽五寸，高一尺。二翘一件：长三尺三寸九分五厘，宽五寸，高一尺。撑头木带三福云一件：长四尺八寸九分，宽五寸，撑头木高一尺；三福云高一尺五寸。半正心瓜栱一件：长三尺一寸，宽三寸七分，高一尺。半正心万栱一件：长四尺六寸，宽三寸七分，高一尺。麻叶云一件：长四尺一寸，宽五寸，高一尺。三福云一件：长三尺六寸，宽五寸，高一尺五寸。十八斗二个：各长九寸，宽七寸五分，高五寸。槽升子四个：各长六寸五分，宽五寸五分五厘，高五寸。

（三十二）内里品字科斗口五寸五分各件尺寸开后

［内里品字科］　大斗一个：长一尺六寸五分，宽九寸五分七厘，高一尺一寸。头翘一件：长二尺八寸四厘五毫，宽五寸五分，高一尺一寸。二翘一件：长三尺七寸三分四厘五毫，宽五寸五分，高一尺一寸。撑头木带三福云一件：长五尺三寸七分九厘，宽五寸五分，撑头木高一尺一寸；三福云高一尺六寸五分。半正心瓜栱一件：长三尺四寸一分，宽四寸七厘，高一尺一寸。半正心万栱一件：长五尺六寸，宽四寸七厘，高一尺一寸。麻叶云一件：长四尺五寸一分，宽五寸五分，高一尺一寸。三福云一件：长三尺九寸六分，宽五寸五分，高一尺六寸五分。十八斗二个：各长九寸九分，宽八寸二分五厘，高五寸五分。槽升子四个：各长七寸一分五厘，宽六寸一分五毫，高五寸五分。

（三十三）内里品字科斗口六寸各件尺寸开后

［内里品字科］　大斗一个：长一尺八寸，宽一尺四分四厘，高一尺二寸。头翘一件：长二尺二寸七分四厘，宽六寸，高一尺二寸。二翘一件：长四尺七分四厘，宽六寸，高一尺二寸。撑头木带三福云一件：长五尺八寸六分八厘，宽六寸，撑头木高一尺二寸；三福云高一尺八寸。半正心瓜栱一件：长一尺八寸六分，宽四寸四分四厘，高一尺二寸。半正心万栱一件：长二尺七寸六分，宽四寸四分四厘，高一尺二寸。麻叶云一件：长四尺九寸二分，宽六寸，高一尺二寸。三福云一件：长四尺三寸二分，宽六寸，高一尺八寸。十八斗二个：各长一尺八分，宽九寸，高六寸。槽升子四个：各长七寸八分，宽六寸六分六厘，高六寸。

二、单栱交麻叶云、重栱交麻叶云、内里品字科图样三

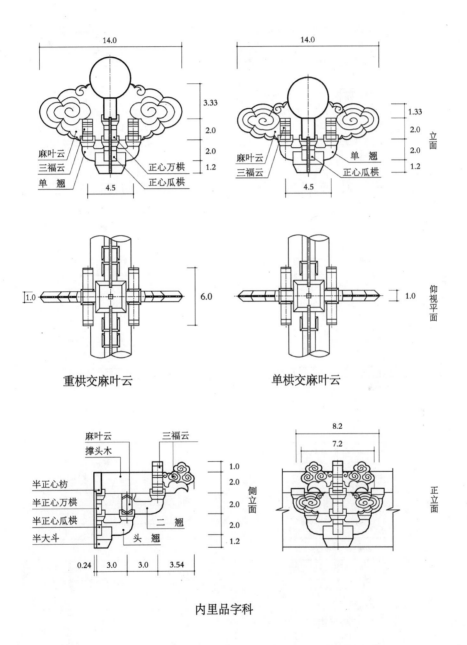

重栱交麻叶云

单栱交麻叶云

内里品字科

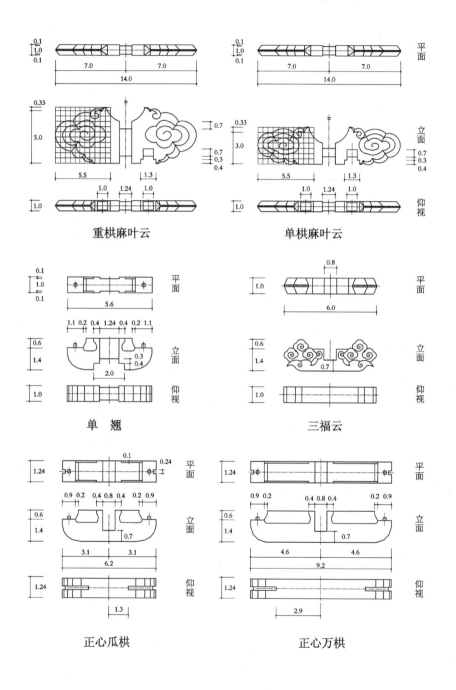

单棋交麻叶云、重棋交麻叶云、内里品字科图样三　分件一

重棋麻叶云

单棋麻叶云

单　翘

三福云

正心瓜棋

正心万棋

单栱交麻叶云、重栱交麻叶云、内里品字科图样三　分件二

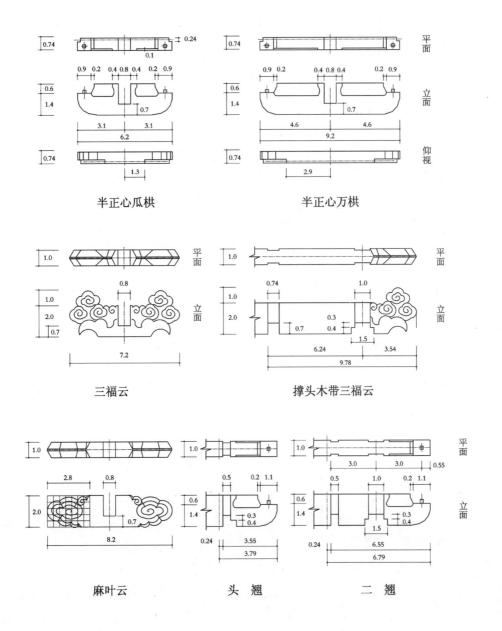

半正心瓜栱　　　　　　　　半正心万栱

三福云　　　　　　　　　　撑头木带三福云

麻叶云　　　　　头　翘　　　　二　翘

三、单棋交麻叶云、重棋交麻叶云、内里品字科各件尺寸权衡表

单位:斗口

斗棋类别	构件名称		长	高	宽	件 数	备 注
单棋交麻叶科	大 斗		3.0	2.0	3.0	1	
	单 翘		5.6	2.0	1.0	1	
	麻叶云		14.0	3.33	1.0	1	
	正心瓜棋		6.2	2.0	1.24	1	
	三福云		6.0	2.0	1.0	2	
	十八斗		1.8	1.0	1.5	2	
	槽升子		1.3	1.0	1.74	2	
	斗槽板			3.4	0.4 或 0.24		长按斗科分档算法
重棋交麻叶科	大 斗		3.0	2.0	3.0	1	
	单 翘		5.6	2.0	1.0	1	
	麻叶云		14.0	5.33	1.0	1	
	正心瓜棋		6.2	2.0	1.24	1	
	正心万棋		9.2	2.0	1.24	1	
	三福云		6.0	2.0	1.0	2	
	十八斗		1.8	1.0	1.5	2	
	槽升子		1.3	1.0	1.74	4	
	斗槽板			5.4	0.4 或 0.24		长按斗科分档算法
内里品字科	大 斗		3.0	2.0	1.74	1	
	头 翘		3.79	2.0	1.0	1	
	二 翘		6.79	2.0	1.0	1	
	撑头木带三福云	撑头木	9.78	2.0	1.0	1	
		三福云		3.0			
	半正心瓜棋		6.2	2.0	0.74	1	
	半正心万棋		9.2	2.0	0.74	1	
	麻叶云		8.2	2.0	1.0	1	
	三福云		7.2	3.0	1.0	1	
	十八斗		1.8	1.0	1.5	2	
	槽升子		1.3	1.0	1.11	4	

第七节 一斗二升交麻叶并一斗三升

一、一斗二升交麻叶并一斗三升斗口一寸至六寸各件尺寸

(一) 一斗二升交麻叶并一斗三升平身科、柱头科、角科斗口一寸各件尺寸开后

[平身科] 大斗一个:长三寸,高二寸,宽三寸。麻叶云一件:长一尺二寸,高五寸三分三厘,宽一寸。正心瓜栱一件:长六寸二分,高二寸,宽一寸二分四厘。槽升子三个:各长一寸三分,高一寸,宽一寸七分四厘(一斗二升交麻叶云,中间无槽升子)。

[柱头科] 大斗一个:长五寸,高二寸,宽三寸。正心瓜栱一件:长七寸二分,高二寸,宽一寸二分四厘。槽升子二个:各长一寸三分,高一寸,宽一寸七分四厘。翘头上贴升耳二个:各长一寸五分,高六分,宽二分四厘。

[角科] 大斗一个:长三寸四分,高二寸,宽三寸四分。斜昂后带麻叶云一件:长一尺七寸三分二厘九毫,斜昂高三寸;麻叶云高五寸三分。俱宽一寸五分。搭角正翘后带正心瓜栱二件:正翘各长三寸五分五厘,高二寸,宽一寸;正心瓜栱各长三寸一分,高二寸,宽一寸二分四厘。槽升子二个:各长一寸三分,高一寸,宽一寸七分四厘。三才升(用于正翘)二个:各长一寸三分,高一寸,宽一寸五分。贴斜昂升耳二个,各长一寸九分八厘,高六分,宽二分四厘。

(二) 一斗二升交麻叶并一斗三升平身科、柱头科、角科斗口一寸五分各件尺寸开后

[平身科] 大斗一个:长四寸五分,高三寸,宽四寸五分。麻叶云一件:长一尺八寸,高七寸九分九厘五毫,宽一寸五分。正心瓜栱一件:长九寸三分,高三寸,宽一寸八分六厘。槽升子三个:各长一寸九分五厘,高一寸五分,宽二寸六分一厘(一斗二升交麻叶云,中间无槽升子)。

[柱头科] 大斗一个:长七寸五分,高三寸,宽四寸五分。正心瓜栱一件:长一尺八分,高三寸,宽一寸八分六厘。槽升子二个:各长一寸九分五厘,高一寸五分,宽二寸六分一厘。翘头上贴升耳二个:各长二寸二分五厘,高九分,宽三分六厘。

[角科] 大斗一个:长五寸一分,高三寸,宽五寸一分。斜昂后带麻叶云一件:长二尺五寸九分九厘四毫,斜昂高四寸五分;麻叶云高七寸九分五厘。俱宽二寸二分五厘。搭角正翘后带正心瓜栱二件:正翘各长五寸三分二厘五毫,高三寸,宽一寸五分;正心瓜栱各长四寸六分五厘,高三寸,宽一寸八分六厘。槽升子二个:各长一寸九分五厘,高一寸五分,宽二寸六分一厘。三才升(用于正翘)二个:各长一寸九分五厘,高一寸五分,宽二寸二分五厘。贴斜昂升耳二个,各长二寸九分七厘,高九分,宽三分六厘。

(三) 一斗二升交麻叶并一斗三升平身科、柱头科、角科斗口二寸各件尺寸开后

[平身科] 大斗一个:长六寸,高四寸,宽六寸。麻叶云一件:长二尺四寸,高一尺六分六厘,宽二寸。正心瓜栱一件:长一尺二寸四分,高四寸,宽二寸四分八厘。槽升子三个:各长二寸六分,高二寸,宽三寸四分八厘(一斗二升交麻叶云,中间无槽升子)。

[柱头科] 大斗一个:长一尺,高四寸,宽六寸。正心瓜栱一件:长一尺四寸四分,高四寸,宽二寸四分八厘。槽升子二个:各长二寸六分,高二寸,宽三寸四分八厘。翘头上贴升耳二个:各长三寸,高一寸二分,宽四分八厘。

[角科] 大斗一个:长六寸八分,高四寸,宽六寸八分。斜昂后带麻叶云一件:长三尺四寸六分五厘八毫,宽三寸,斜昂高六寸;麻叶云高一尺六分。搭角正翘后带正心瓜栱二件:正翘各长七寸一分,高四寸,宽二寸;正心瓜栱各长六寸二分,高四寸,宽二寸四分八厘。槽升子二个:各长二寸六分,高二寸,宽三寸四分八厘。三才升(用于正翘)二个:各长二寸六分,高二寸,宽三寸。贴斜昂升耳二个,各长三寸九分六厘,高一寸二分,宽四分八厘。

(四) 一斗二升交麻叶并一斗三升平身科、柱头科、角科斗口二寸五分各件尺寸开后

[平身科] 大斗一个:长七寸五分,高五寸,宽七寸五分。麻叶云一件:长三尺,高一尺三寸三分二厘五毫,宽二寸五分。正心瓜栱一件:长一尺五寸五分,高五寸,宽三寸一分。槽升子三个:各长三寸二分五厘,高二寸五分,宽四寸三分五厘(一斗二升交麻叶云,中间无槽升子)。

[柱头科] 大斗一个:长一尺二寸五分,高五寸,宽七寸五分。正心瓜栱一件:长一尺八寸,高五寸,宽三寸一分。槽升子二个:各长三寸二分五厘,高二寸五分,宽四寸三分五厘。翘头上贴升耳二个:各长三寸七分五厘,高一寸五分,宽六分。

[角科] 大斗一个:长八寸五分,高五寸,宽八寸五分。斜昂后带麻叶云一件:长四尺三寸三分二厘三毫,斜昂高七寸五分;麻叶云高一尺三寸二分五厘。俱宽三寸七分五厘。搭角正翘后带正心瓜栱二件:正翘各长八寸八分七厘五毫,高五寸,宽二寸五分;正心瓜栱各长七寸七分五厘,高五寸,宽三寸一分。槽升子二个:各长三寸二分五厘,高二寸五分,宽四寸三分五厘。三才升(用于正翘)二个:各长三寸二分五厘,高二寸五分,宽三寸七分五厘。贴斜昂升耳二个,各长四寸九分五厘,高一寸五分,宽六分。

(五) 一斗二升交麻叶并一斗三升平身科、柱头科、角科斗口三寸各件尺寸开后

[平身科] 大斗一个:长九寸,高六寸,宽九寸。麻叶云一件:长三尺六寸,高一尺五寸九分九厘,宽三寸。正心瓜栱一件:长一尺八寸六分,高六寸,宽三寸七分二厘。槽升子三个:各长三寸九分,高三寸,宽五寸二分二厘(一斗二升交麻叶云,中间无槽升子)。

[柱头科] 大斗一个:长一尺五寸,高六寸,宽九寸。正心瓜栱一件:长二尺一寸六分,高六寸,宽三寸七分二厘。槽升子二个:各长三寸九分,高三寸,宽五寸二分二厘。翘头上贴升耳二个:各长四寸五分,高一寸八分,宽七分二厘。

[角科] 大斗一个:长一尺二分,高六寸,宽一尺二分。斜昂后带麻叶云一件:长五尺一寸九分八厘七毫,斜昂高九寸;麻叶云高一尺五寸九分。俱宽四寸五分。搭角正翘后带正心瓜栱二件:正翘各长一尺六分五厘,高六寸,宽三寸;正心瓜栱各长九寸三分,高六寸,宽三寸七分二厘。槽升子二个:各长三寸九分,高三寸,宽五寸二分二厘。三才升(用于正翘)二个:各长三寸九分,高三寸,宽四寸五分。贴斜昂升耳二个,各长五寸九分四厘,高一寸八分,宽七分二厘。

(六) 一斗二升交麻叶并一斗三升平身科、柱头科、角科斗口三寸五分各件尺寸开后

[平身科] 大斗一个:长一尺五分,高七寸,宽一尺五分。麻叶云一件:长四尺二寸,高一尺

八寸六分五厘五毫,宽三寸五分。正心瓜栱一件:长二尺一寸七分,高七寸,宽四寸三分四厘。槽升子三个:各长四寸五分五厘,高三寸五分,宽六寸九厘(一斗二升交麻叶云,中间无槽升子)。

[柱头科] 大斗一个:长一尺七寸五分,高七寸,宽一尺五分。正心瓜栱一件:长二尺五寸二分,高七寸,宽四寸三分四厘。槽升子二个:各长四寸五分五厘,高三寸五分,宽六寸九厘。翘头上贴升耳二个:各长五寸二分五厘,高二寸一分,宽八分四厘。

[角科] 大斗一个:长一尺一寸九分,高七寸,宽一尺一寸九分。斜昂后带麻叶云一件:长六尺六寸五厘二毫,宽五寸二分五厘,斜昂高一尺五分;麻叶云高一尺八寸五分五厘。搭角正翘后带正心瓜栱二件:正翘各长一尺二寸四分二厘五毫,高七寸,宽三寸五分;正心瓜栱各长一尺八分五厘,高七寸,宽四寸三分四厘。槽升子二个:各长四寸五分五厘,高三寸五分,宽六寸九厘。三才升(用于正翘)二个:各长四寸五分五厘,高三寸五分,宽五寸二分五厘。贴斜昂升耳二个,各长六寸九分三厘,高二寸一分,宽八分四厘。

(七) 一斗二升交麻叶并一斗三升平身科、柱头科、角科斗口四寸各件尺寸开后

[平身科] 大斗一个:长一尺二寸,高八寸,宽一尺二寸。麻叶云一件:长四尺八寸,高二尺一寸三分二厘,宽四寸。正心瓜栱一件:长二尺四寸八分,高八寸,宽四寸九分六厘。槽升子三个:各长五寸二分,高四寸,宽六寸九分六厘(一斗二升交麻叶云,中间无槽升子)。

[柱头科] 大斗一个:长二尺,高八寸,宽一尺二寸。正心瓜栱一件:长二尺八寸八分,高八寸,宽四寸九分六厘。槽升子二个:各长五寸二分,高四寸,宽六寸九分六厘。翘头上贴升耳二个:各长六寸,高二寸四分,宽九分六厘。

[角科] 大斗一个:长一尺三寸六分,高八寸,宽一尺三寸六分。斜昂后带麻叶云一件:长六尺九寸三分一厘六毫,斜昂高一尺二寸;麻叶云高二尺一寸二分。俱宽六寸。搭角正翘后带正心瓜栱二件:正翘各长一尺四寸二分,高八寸,宽四寸;正心瓜栱各长一尺二寸四分,高八寸,宽四寸九分六厘。槽升子二个:各长五寸二分,高四寸,宽六寸九分六厘。三才升(用于正翘)二个:各长五寸二分,高四寸,宽六寸。贴斜昂升耳二个,各长七寸九分二厘,高二寸四分,宽九分六厘。

(八) 一斗二升交麻叶并一斗三升平身科、柱头科、角科斗口四寸五分各件尺寸开后

[平身科] 大斗一个:长一尺三寸五分,高九寸,宽一尺三寸五分。麻叶云一件:长五尺四寸,高二尺三寸九分八厘五毫,宽四寸五分。正心瓜栱一件:长二尺七寸九分,高九寸,宽五寸五分八厘。槽升子三个:各长五寸八分五厘,高四寸五分,宽七寸八分三厘(一斗二升交麻叶云,中间无槽升子)。

[柱头科] 大斗一个:长二尺二寸五分,高九寸,宽一尺三寸五分。正心瓜栱一件:长三尺二寸四分,高九寸,宽五寸五分八厘。槽升子二个:各长五寸八分,高四寸五分,宽七寸八分三厘。翘头上贴升耳二个:各长六寸七分五厘,高二寸七分,宽一寸八厘。

[角科] 大斗一个:长一尺五寸三分,高九寸,宽一尺五寸三分。斜昂后带麻叶云一件:长七尺七寸九分八厘一毫,斜昂高一尺三寸五分;麻叶云高二尺三寸八分五厘。俱宽六寸七分五厘。搭角正翘后带正心瓜栱二件:正翘各长一尺五寸九分七厘五毫,高九寸,宽四寸五分;正心

瓜栱各长一尺三寸九分五厘,高九寸,宽五寸五分八厘。槽升子二个:各长五寸八分五厘,高四寸五分,宽六寸七分五厘。三才升(用于正翘)二个:各长五寸八分五厘,高四寸五分,宽六寸七分五厘。贴斜昂升耳二个,各长八寸九分一厘,高二寸七分,宽一寸八厘。

(九)一斗二升交麻叶并一斗三升平身科、柱头科、角科斗口五寸各件尺寸开后

[平身科]　大斗一个:长一尺五寸,高一尺,宽一尺五寸。麻叶云一件:长六尺,高二尺六寸六分五厘,宽五寸。正心瓜栱一件:长三尺一寸,高一尺,宽六寸二分。槽升子三个:各长六寸五分,高五寸,宽八寸七分(一斗二升交麻叶云,中间无槽升子)。

[柱头科]　大斗一个:长二尺五寸,高一尺,宽一尺五寸。正心瓜栱一件:长三尺六寸,高一尺,宽六寸二分。槽升子二个:各长六寸五分,高五寸,宽八寸七分。翘头上贴升耳二个:各长七寸五分,高三寸,宽一寸二分。

[角科]　大斗一个:长一尺七寸,高一尺,宽一尺七寸。斜昂后带麻叶云一件:长八尺六寸六分四厘五毫,斜昂高一尺五寸;麻叶云高二尺六寸六分五厘。俱宽七寸五分。搭角正翘后带正心瓜栱二件:正翘各长一尺七寸七分五厘,高一尺,宽五寸;正心瓜栱各长一尺五寸五分,高一尺,宽六寸二分。槽升子二个:各长六寸五分,高五寸,宽八寸七分。三才升(用于正翘)二个:各长六寸五分,高五寸,宽七寸五分。贴斜昂升耳二个,各长九寸九分,高三寸,宽一寸二分。

(十)一斗二升交麻叶并一斗三升平身科、柱头科、角科斗口五寸五分各件尺寸开后

[平身科]　大斗一个:长一尺六寸五分,高一尺一寸,宽一尺六寸五分。麻叶云一件:长六尺六寸,高二尺九寸三分一厘五毫,宽五寸五分。正心瓜栱一件:长三尺四寸一分,高一尺一寸,宽六寸八分二厘。槽升子三个:各长七寸一分五厘,高五寸五分,宽九寸五分七厘(一斗二升交麻叶云,中间无槽升子)。

[柱头科]　大斗一个:长二尺七寸五分,高一尺一寸,宽一尺六寸五分。正心瓜栱一件:长三尺九寸六分,高一尺一寸,宽六寸八分二厘。槽升子二个:各长七寸一分五厘,高五寸五分,宽九寸五分七厘。翘头上贴升耳二个:各长八寸二分五厘,高三寸三分,宽一寸三分二厘。

[角科]　大斗一个:长一尺八寸七分,高一尺一寸,宽一尺八寸七分。斜昂后带麻叶云一件:长九尺五寸三分一厘,斜昂高一尺六寸五分;麻叶云高二尺九寸一分五厘。俱宽八寸二分五厘。搭角正翘后带正心瓜栱二件:正翘各长一尺九寸五分二厘五毫,高一尺一寸,宽五寸五分;正心瓜栱各长一尺七寸五厘,高一尺一寸,宽六寸八分二厘。槽升子二个:各长七寸一分五厘,高五寸五分,宽九寸五分七厘。三才升(用于正翘)二个:各长七寸一分五厘,高五寸五分,宽八寸二分五厘。贴斜昂升耳二个,各长一尺八分九厘,高三寸三分,宽一寸三分二厘。

(十一)一斗二升交麻叶并一斗三升平身科、柱头科、角科斗口六寸各件尺寸开后

[平身科]　大斗一个:长一尺八寸,高一尺二寸,宽一尺八寸。麻叶云一件:长七尺二寸,高三尺一寸九分八厘,宽六寸。正心瓜栱一件:长三尺七寸二分,高一尺二寸,宽七寸四分四厘。槽升子三个:各长七寸八分,高六寸,宽一尺四分四厘(一斗二升交麻叶云,中间无槽升子)。

[柱头科]　大斗一个:长三尺,高一尺二寸,宽一尺八寸。正心瓜栱一件:长四尺三寸二分,高一尺二寸,宽七寸四分四厘。槽升子二个:各长七寸八分,高六寸,宽一尺四分四厘。翘头上

贴升耳二个:各长九寸,高三寸六分,宽一寸四分四厘。

[**角科**]　大斗一个:长二尺四分,高一尺二寸,宽二尺四分。斜昂后带麻叶云一件:长十尺三寸九分七厘四毫,斜昂高一尺八寸;麻叶云高三尺一寸八分。俱宽九寸。搭角正翘后带正心瓜栱二件:正翘各长二尺一寸三分,高一尺二寸,宽六寸;正心瓜栱各长一尺八寸六分,高一尺二寸,宽七寸四分四厘。槽升子二个:各长七寸八分,高六寸,宽一尺四分四厘。三才升(用于正翘)二个:各长七寸八分,高六寸,宽九寸。贴斜昂升耳二个,各长一尺一寸八分八厘,高三寸六分,宽一寸四分四厘。

二、一斗二升交麻叶并一斗三升平身科图样四

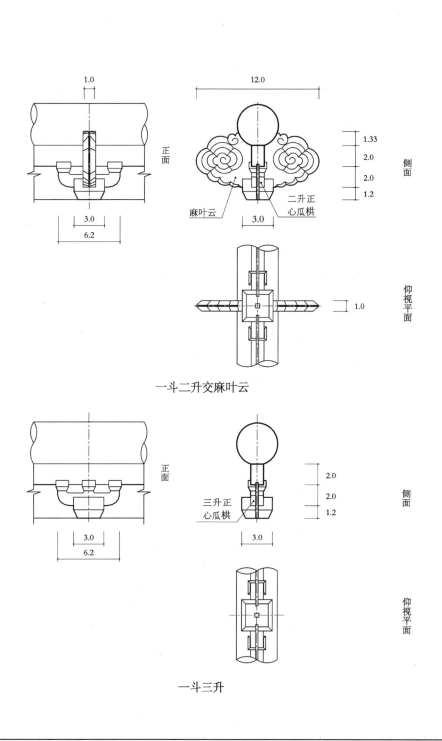

一斗二升交麻叶云

一斗三升

一斗二升交麻叶并一斗三升平身科图样四　分件图

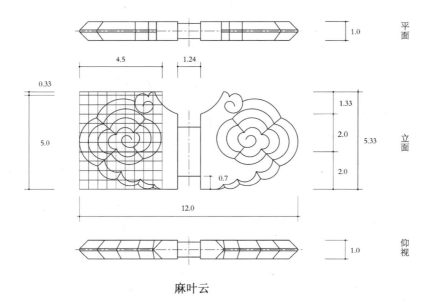

麻叶云

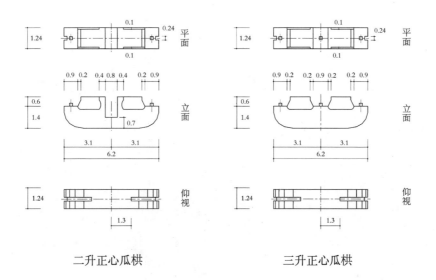

二升正心瓜栱　　　　　　　三升正心瓜栱

三、一斗二升交麻叶并一斗三升柱头科图样五

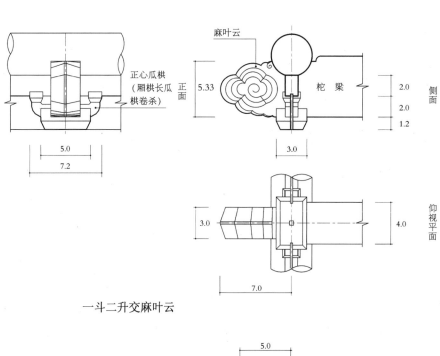

一斗二升交麻叶云

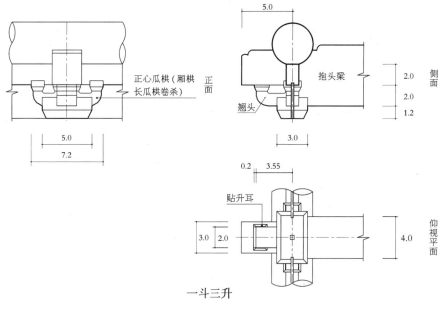

一斗三升

一斗二升交麻叶并一斗三升柱头科图样五　分件图

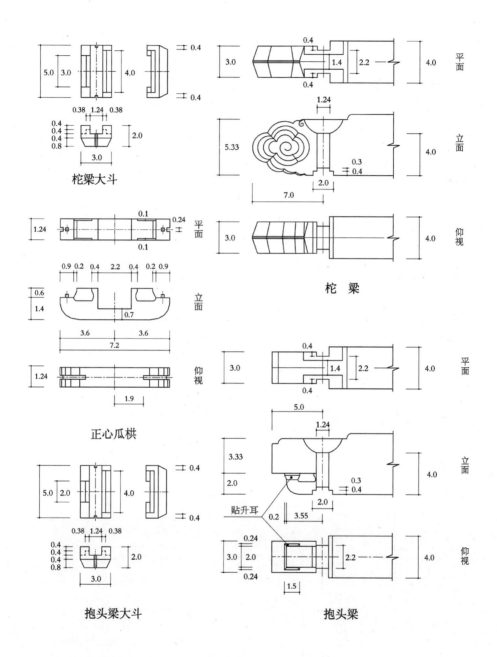

桲梁大斗

正心瓜栱

抱头梁大斗

桲　梁

抱头梁

四、一斗二升交麻叶并一斗三升角科图样六

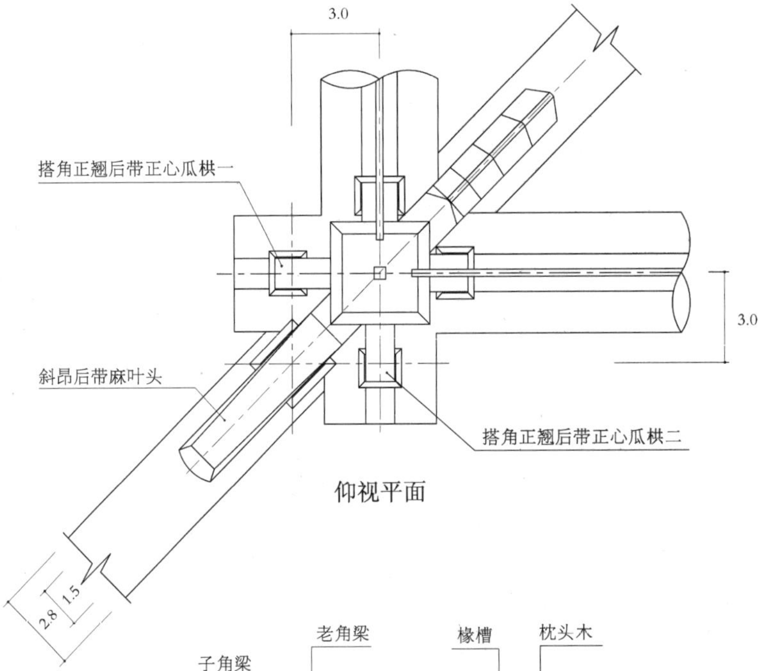

3.0

搭角正翘后带正心瓜栱一

斜昂后带麻叶头

搭角正翘后带正心瓜栱二

3.0

仰视平面

2.8 1.5

子角梁　老角梁　椽槽　枕头木

斜昂

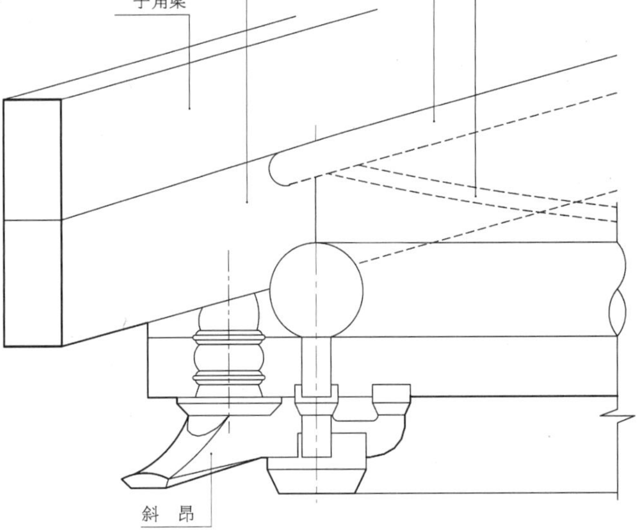

立　面

一斗二升交麻叶并一斗三升角科图样六　分件图

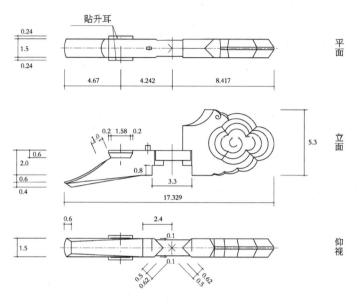

斜昂后带麻叶头

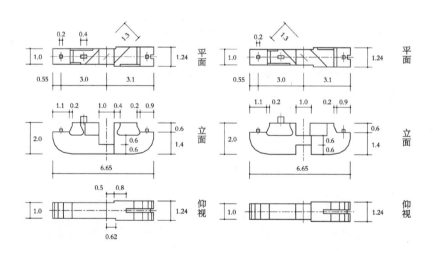

搭角正翘后带正心瓜栱一　　　　　搭角正翘后带正心瓜栱二

五、一斗二升交麻叶并一斗三升各件尺寸权衡表

斗栱类别	构件名称		长	高	宽	件数	备注
平身科	大斗		3.0	2.0	3.0	1	
	麻叶云		12.0	5.33	1.0	1	
	正心瓜栱		6.2	2.0	1.24	1	
	槽升子		1.3	1.0	1.74	3	其一斗二升中间交麻叶云,应减去槽升子一个
柱头科	大斗		5.0	2.0	3.0	1	
	正心瓜栱		7.2	2.0	1.24	1	
	槽升子		1.3	1.0	1.74	2	
	翘头上贴升耳		1.5	0.6	0.24	2	
角科	大斗		3.4	2.0	3.4	1	
	斜昂后带麻叶云	斜昂	17.329	3.0	1.5	1	
		麻叶云		5.3			
	搭角正翘后带正心瓜栱	正翘	3.55	2.0	1.0	2	
		正心瓜栱	3.1	2.0	1.24		
	槽升子		1.3	1.0	1.74	2	
	三才升		1.3	1.0	1.5	2	用于正翘
	贴斜昂升耳		1.98	0.6	0.24	2	

第八节　斗口单昂

一、斗口单昂斗口一寸至六寸各件尺寸

(一) 斗口单昂平身科、柱头科、角科斗口一寸各件尺寸开后

[平身科]　大斗一个:长三寸,高二寸,宽三寸。单昂一件:长九寸八分五厘,高三寸,宽一寸。蚂蚱头后带麻叶头一件:长一尺二寸五分四厘,高二寸,宽一寸。正心瓜栱一件:长六寸二分,高二寸,宽一寸二分四厘。正心万栱一件:长九寸二分,高二寸,宽一寸二分四厘。厢栱二件:各长七寸二分,高一寸四分,宽一寸。撑头木并桁椀一件:长六寸,高三寸五分,宽一寸。十八斗二个:各长一寸八分,高一寸,宽一寸五分。槽升子四个:各长一寸三分,高一寸,宽一寸七分四厘。三才升四个:各长一寸三分,高一寸,宽一寸五分。

[柱头科]　大斗一个:长四寸,高二寸,宽三寸。单昂后带翘一件:长九寸八分五厘,高三寸,宽二寸。正心瓜栱一件:长七寸二分,高二寸,宽一寸二分四厘。正心万栱一件:长九寸八分,高二寸,宽一寸二分四厘。厢栱二件:各长七寸二分,高一寸四分,宽一寸。单昂前桶子十八斗一个:长三寸八分,高一寸,宽一寸五分。抱头梁下桶子十八斗一个:长四寸八分,高一寸,宽一寸五分。单昂后平盘十八斗一个:长三寸六分,高六分,宽一寸五分。槽升子四个:各长一寸三分,高一寸,宽一寸七分四厘。三才升四个:各长一寸三分,高一寸,宽一寸五分。

[角科]　第一层:大斗一个:长三寸四分,高二寸,宽三寸四分。第二层:斜昂后带翘头一件:长一尺四寸一分四厘四毫,高三寸,宽一寸五分。搭角正昂后带正心瓜栱二件:各长九寸四分,高三寸,宽一寸二分四厘。第三层:由昂后带麻叶头一件:长二尺二寸四分一毫,高三寸,宽二寸一分五厘。搭角正蚂蚱头后带正心万栱二件:各长一尺六分,高二寸,宽一寸二分四厘。搭角把臂厢栱二件:各长一尺一寸四分,高一寸四分,宽一寸。里连头合角厢栱二件:各长三寸六分,高一寸四分,宽一寸。搭角正撑头木后带正心枋二件:各前长三寸;后长至平身科,高二寸,宽一寸二分四厘。第四层:斜撑头木并桁椀一件:长八寸一分二厘四毫,高三寸五分,宽二寸一分五厘。十八斗二个:各长一寸八分,高一寸,宽一寸五分。槽升子四个:各长一寸三分,高一寸,宽一寸七分四厘。三才升六个:各长一寸三分,高一寸,宽一寸五分。贴升耳共六个:斜昂四个:各长一寸九分八厘;由昂二个:各长二寸六分三厘。俱高六分,宽二分四厘。

(二) 斗口单昂平身科、柱头科、角科斗口一寸五分各件尺寸开后

[平身科]　大斗一个:长四寸五分,高三寸,宽四寸五分。单昂一件:长一尺四寸七分七厘五毫,高四寸五分,宽一寸五分。蚂蚱头后带麻叶头一件:长一尺八寸八分一厘,高三寸,宽一寸五分。正心瓜栱一件:长九寸三分,高三寸,宽一寸八分六厘。正心万栱一件:长一尺三寸八分,高三寸,宽一寸八分六厘。厢栱二件:各长一尺八分,高二寸一分,宽一寸五分。撑头木并桁椀一件:长九寸,高五寸二分五厘,宽一寸五分。十八斗二个:各长二寸七分,高一寸五分,宽二寸

二分五厘。槽升子四个:各长一寸九分五厘,高一寸五分,宽二寸六分一厘。三才升四个:各长一寸九分五厘,高一寸五分,宽二寸二分五厘。

[柱头科] 大斗一个:长六寸,高三寸,宽四寸五分。单昂后带翘一件:长一尺四寸七分七厘五毫,高四寸五分,宽三寸。正心瓜栱一件:长一尺八分,高三寸,宽一寸八分六厘。正心万栱一件:长一尺四寸七分,高三寸,宽一寸八分六厘。厢栱二件:各长一尺八分,高二寸一分,宽一寸五分。单昂前桶子十八斗一个:长五寸七分,高一寸五分,宽二寸二分五厘。抱头梁下桶子十八斗一个:长七寸二分,高一寸五分,宽二寸二分五厘。单昂后平盘十八斗一个:长五寸四分,高九分,宽二寸二分五厘。槽升子四个:各长一寸九分五厘,高一寸五分,宽二寸六分一厘。三才升四个:各长一寸九分五厘,高一寸五分,宽二寸二分五厘。

[角科] 第一层:大斗一个:长五寸一分,高三寸,宽五寸一分。第二层:斜昂后带翘头一件:长二尺一寸二分一厘六毫,高四寸五分,宽二寸二分五厘。搭角正昂后带正心瓜栱二件:各长一尺四寸一分,高四寸五分,宽一寸八分六厘。第三层:由昂后带麻叶头一件:长三尺三寸六分一毫,高四寸五分,宽三寸二分二厘五毫。搭角正蚂蚱头带正心万栱二件:各长一尺五寸九分,高三寸,宽一寸八分六厘。搭角把臂厢栱二件:各长一尺七寸一分,高二寸一分,宽一寸五分。里连头合角厢栱二件:各长五寸四分,高二寸一分,宽一寸五分。搭角正撑头木后带正心枋二件:各前长四寸五分;后长至平身科,高三寸,宽一寸八分六厘。第四层:斜撑头木并桁椀一件:长一尺二寸一分八厘六毫,高五寸二分五厘,宽三寸二分二厘五毫。十八斗二个:各长二寸七分,高一寸五分,宽二寸二分五厘。槽升子四个:各长一寸九分五厘,高一寸五分,宽二寸六分一厘。三才升六个:各长一寸九分五厘,高一寸五分,宽二寸二分五厘。贴升耳共六个:斜昂四个:各长二寸九分七厘;由昂二个:各长三寸九分四厘五毫。俱高九分,宽三分六厘。

(三) 斗口单昂平身科、柱头科、角科斗口二寸各件尺寸开后

[平身科] 大斗一个:长六寸,高四寸,宽六寸。单昂一件:长一尺九寸七分,高六寸,宽二寸。蚂蚱头后带麻叶头一件:长二尺五寸八厘,高四寸,宽二寸。正心瓜栱一件:长一尺二寸四分,高四寸,宽二寸四分八厘。正心万栱一件:长一尺八寸四分,高四寸,宽二寸四分八厘。厢栱二件:各长一尺四寸四分,高二寸八分,宽二寸。撑头木并桁椀一件:长一尺二寸,高七寸,宽二寸。十八斗二个:各长三寸六分,高二寸,宽三寸。槽升子四个:各长二寸六分,高二寸,宽三寸四分八厘。三才升四个:各长二寸六分,高二寸,宽三寸。

[柱头科] 大斗一个:长八寸,高四寸,宽六寸。单昂后带翘一件:长一尺九寸七分,高六寸,宽四寸。正心瓜栱一件:长一尺四寸四分,高四寸,宽二寸四分八厘。正心万栱一件:长一尺九寸六分,高四寸,宽二寸四分八厘。厢栱二件:各长一尺四寸四分,高二寸八分,宽二寸。单昂前桶子十八斗一个:长七寸六分,高二寸,宽三寸。抱头梁下桶子十八斗一个:长九寸六分,高二寸,宽三寸。单昂后平盘十八斗一个:长七寸二分,高一寸二分,宽三寸。槽升子四个:各长二寸六分,高二寸,宽三寸四分八厘。三才升四个:各长二寸六分,高二寸,宽三寸。

[角科] 第一层:大斗一个:长六寸八分,高四寸,宽六寸八分。第二层:斜昂后带翘头一件:长二尺八寸二分八厘八毫,高六寸,宽三寸。搭角正昂后带正心瓜栱二件:各长一尺八寸八

分,高六寸,宽二寸四分八厘。**第三层:**由昂后带麻叶头一件:长四尺四寸八分二毫,高六寸,宽四寸三分。搭角正蚂蚱头带正心万栱二件:各长二尺一寸二分,高四寸,宽二寸四分八厘。搭角把臂厢栱二件:各长二尺二寸八分,高二寸八分,宽二寸。里连头合角厢栱二件:各长七寸二分,高二寸八分,宽二寸。搭角正撑头木后带正心枋二件:各前长六寸;后长至平身科,高四寸,宽二寸四分八厘。**第四层:**斜撑头木并桁椀一件:长一尺六寸二分四厘八毫,高七寸,宽四寸三分。十八斗二个:各长三寸六分,高二寸,宽三寸。槽升子四个:各长二寸六分,高二寸,宽三寸四分八厘。三才升六个:各长二寸六分,高二寸,宽三寸。贴升耳共六个:斜昂四个:各长三寸九分六厘;由昂二个:各长五寸二分六厘。俱高一寸二分,宽四分八厘。

(四) 斗口单昂平身科、柱头科、角科斗口二寸五分各件尺寸开后

[**平身科**] 大斗一个:长七寸五分,高五寸,宽七寸五分。单昂一件:长二尺四寸六分二厘五毫,高七寸五分,宽二寸五分。蚂蚱头后带麻叶头一件:长三尺一寸三分五厘,高五寸,宽二寸五分。正心瓜栱一件:长一尺五寸五分,高五寸,宽三寸一分。正心万栱一件:长二尺三寸,高五寸,宽三寸一分。厢栱二件:各长一尺八寸,高三寸五分,宽二寸五分。撑头木并桁椀一件:长一尺五寸,高八寸七分五厘,宽二寸五分。十八斗二个:各长四寸五分,高二寸五分,宽三寸七分五厘。槽升子四个:各长三寸二分五厘,高二寸五分,宽四寸三分五厘。三才升四个:各长三寸二分五厘,高一寸五分,宽三寸七分五厘。

[**柱头科**] 大斗一个:长一尺,高五寸,宽七寸五分。单昂后带翘一件:长二尺四寸六分二厘五毫,高七寸五厘,宽五寸。正心瓜栱一件:长一尺八寸,高五寸,宽三寸一分。正心万栱一件:长二尺四寸五分,高五寸,宽三寸一分。厢栱二件:各长一尺八寸,高三寸五分,宽二寸五分。单昂前桶子十八斗一个:长九寸五分,高二寸五分,宽三寸七分五厘。抱头梁下桶子十八斗一个:长一尺二寸,高二寸五分,宽三寸七分五厘。单昂后平盘十八斗一个:长九寸,高一寸五分,宽三寸七分五厘。槽升子四个:各长三寸二分五厘,高二寸五分,宽四寸三分五厘。三才升四个:各长三寸二分五厘,高二寸五分,宽三寸七分五厘。

[**角科**] **第一层:**大斗一个:长八寸五分,高五寸,宽八寸五分。**第二层:**斜昂后带翘头一件:长三尺五寸三分六厘,高七寸五分,宽三寸七分五厘。搭角正昂后带正心瓜栱二件:各长二尺三寸五分,高七寸五分,宽三寸一分。**第三层:**由昂后带麻叶头一件:长五尺六寸二毫,高七寸五分,宽五寸三分七厘五毫。搭角正蚂蚱头带正心万栱二件:各长二尺六寸五分,高五寸,宽三寸一分。搭角把臂厢栱二件:各长二尺八寸五分,高三寸五分,宽二寸五分。里连头合角厢栱二件:各长九寸,高三寸五分,宽二寸五分。搭角正撑头木后带正心枋二件:各前长七寸五分;后长至平身科,高五寸,宽三寸一分。**第四层:**斜撑头木并桁椀一件:长二尺三分一厘,高八寸七分五厘,宽五寸三分七厘五毫。十八斗二个:各长四寸五分,高二寸五分,宽三寸七分五厘。槽升子四个:各长三寸二分五厘,高二寸五分,宽四寸三分五厘。三才升六个:各长三寸二分五厘,高二寸五分,宽三寸七分五厘。贴升耳共六个:斜昂四个:各长四寸九分五厘;由昂二个:各长六寸五分七厘五毫。俱高一寸五分,宽六分。

(五) 斗口单昂平身科、柱头科、角科斗口三寸各件尺寸开后

[**平身科**] 大斗一个:长九寸,高六寸,宽九寸。单昂一件:长二尺九寸五分五厘,高九寸,

宽三寸。蚂蚱头后带麻叶头一件：长三尺七寸六分二厘，高六寸，宽三寸。正心瓜栱一件：长一尺八寸六分，高六寸，宽三寸七分二厘。正心万栱一件：长二尺七寸六分，高六寸，宽三寸七分二厘。厢栱二件：各长二尺一寸六分，高四寸二分，宽三寸。撑头木并桁椀一件：长一尺八寸，高一尺五分，宽三寸。十八斗二个：各长五寸四分，高三寸，宽四寸五分。槽升子四个：各长三寸九分，高三寸，宽五寸二分二厘。三才升四个：各长三寸九分，高三寸，宽四寸五分。

[柱头科] 大斗一个：长一尺二寸，高六寸，宽九寸。单昂后带翘一件：长二尺九寸五分五厘，高九寸，宽六寸。正心瓜栱一件：长二尺一寸六分，高六寸，宽三寸七分二厘。正心万栱一件：长二尺九寸四分，高六寸，宽三寸七分二厘。厢栱二件：各长二尺一寸六分，高四寸二分，宽三寸。单昂前桶子十八斗一个：长一尺一寸四分，高三寸，宽四寸五分。抱头梁下桶子十八斗一个：长一尺四寸四分，高三寸，宽四寸五分。单昂后平盘十八斗一个：长一尺八分，高一寸八分，宽四寸五分。槽升子四个：各长三寸九分，高三寸，宽五寸二分二厘。三才升四个：各长三寸九分，高三寸，宽四寸五分。

[角科] 第一层：大斗一个：长一尺二分，高六寸，宽一尺二分。第二层：斜昂后带翘头一件：长四尺二寸四分三厘二毫，高九寸，宽四寸五分。搭角正昂后带正心瓜栱二件，各长二尺八寸二分，高九寸，宽三寸七分二厘。第三层：由昂后带麻叶头一件：长六尺七寸二分三毫，高九寸，宽六寸四分五厘。搭角正蚂蚱头带正心万栱二件：各长三尺一寸八分，高六寸，宽三寸七分二厘。搭角把臂厢栱二件：各长三尺四寸二分，高四寸二分，宽三寸。里连头合角厢栱二件：各长一尺八寸，高四寸二分，宽三寸。搭角正撑头木后带正心枋二件：各前长九寸；后长至平身科，高六寸，宽三寸七分二厘。第四层：斜撑头木并桁椀一件：长二尺四寸三分七厘二毫，高一尺五分，宽六寸四分五厘。十八斗二个：各长五寸四分，高三寸，宽四寸五分。槽升子四个：各长三寸九分，高三寸，宽五寸二分二厘。三才升六个：各长三寸九分，高三寸，宽四寸五分。贴升耳共六个：斜昂四个：各长五寸九分四厘；由昂二个：各长七寸八分九厘。俱高一寸八分，宽七分二厘。

（六）斗口单昂平身科、柱头科、角科斗口三寸五分各件尺寸开后

[平身科] 大斗一个：长一尺五分，高七寸，宽一尺五分。单昂一件：长三尺四寸四分七厘五毫，高一尺五分，宽三寸五分。蚂蚱头后带麻叶头一件：长四尺三寸八分九厘，高七寸，宽三寸五分。正心瓜栱一件：长二尺一寸七分，高七寸，宽四寸三分四厘。正心万栱一件：长三尺二寸二分，高七寸，宽四寸三分四厘。厢栱二件：各长二尺五寸二分，高四寸九分，宽三寸五分。撑头木并桁椀一件：长二尺一寸，高一尺二寸二分五厘，宽三寸五分。十八斗二个：各长六寸三分，高三寸五分，宽五寸二分五厘。槽升子四个：各长四寸五分五厘，高三寸五分，宽六寸九厘。三才升四个：各长四寸五分五厘，高三寸五分，宽五寸二分五厘。

[柱头科] 大斗一个：长一尺四寸，高七寸，宽一尺五分。单昂后带翘一件：长三尺四寸四分七厘五毫，高一尺五分，宽七寸。正心瓜栱一件：长二尺五寸二分，高七寸，宽四寸三分四厘。正心万栱一件：长三尺四寸三分，高七寸，宽四寸三分四厘。厢栱二件：各长二尺五寸二分，高四寸九分，宽三寸五分。单昂前桶子十八斗一个：长一尺三寸三分，高三寸五分，宽五寸二分五厘。抱头梁下桶子十八斗一个：长一尺六寸八分，高三寸五分，宽五寸二分五厘。单昂后平盘十八斗一个：长一尺二寸六分，高二寸一分，宽五寸二分五厘。槽升子四个：各长四寸五分五厘，高三寸

五分,宽六寸九厘。三才升四个:各长四寸五分五厘,高三寸五分,宽五寸二分五厘。

[角科] 第一层:大斗一个:长一尺一寸九分,高七寸,宽一尺一寸九分。第二层:斜昂后带翘头一件:长四尺九寸五分四厘,高一寸五分,宽五寸二分五厘。搭角正昂后带正心瓜栱二件:各长三尺二寸九分,高一尺五分,宽四寸三分四厘。第三层:由昂后带麻叶头一件:长七尺八寸四分三毫,高一尺五分,宽七寸五分二厘五毫。搭角正蚂蚱头带正心万栱二件:各长三尺七寸一分,高七寸,宽四寸三分四厘。搭角把臂厢栱二件:各长三尺九寸九分,高四寸九分,宽三寸五分。里连头合角厢栱二件:各长一尺二寸六分,高四寸九分,宽三寸五分。搭角正撑头木后带正心枋二件:各前长一尺五分;后长至平身科,高七寸,宽四寸三分四厘。第四层:斜撑头木并桁椀一件:长二尺八寸四分三厘四毫,高一尺二寸二分五厘,宽七寸五分二厘五毫。十八斗二个:各长六寸三分,高三寸五分,宽五寸二分五厘。槽升子四个:各长四寸五分五厘,高三寸五分,宽六寸九厘。三才升六个:各长四寸五分五厘,高三寸五分,宽五寸二分五厘。贴升耳共六个:斜昂四个:各长六寸九分三厘;由昂二个:各长九寸二分五毫。俱高二寸一分,宽八分四厘。

(七)斗口单昂平身科、柱头科、角科斗口四寸各件尺寸开后

[平身科] 大斗一个:长一尺二寸,高八寸,宽一尺二寸。单昂一件:长三尺九寸四分,高一尺二寸,宽四寸。蚂蚱头后带麻叶头一件:长五尺一分六厘,高八寸,宽四寸。正心瓜栱一件:长二尺四寸八分,高八寸,宽四寸九分六厘。正心万栱一件:长三尺六寸八分,高八寸,宽四寸九分六厘。厢栱二件:各长二尺八寸八分,高五寸六分,宽四寸。撑头木并桁椀一件:长二尺四寸,高一尺四分,宽四寸。十八斗二个:各长七寸二分,高四寸,宽六寸。槽升子四个:各长五寸二分,高四寸,宽六寸九分六厘。三才升四个:各长五寸二分,高四寸,宽六寸。

[柱头科] 大斗一个:长一尺六寸,高八寸,宽一尺二寸。单昂后带翘一件:长三尺九寸四分,高一尺二寸,宽八寸。正心瓜栱一件:长二尺八寸八分,高八寸,宽四寸九分六厘。正心万栱一件:长三尺九寸二分,高八寸,宽四寸九分六厘。厢栱二件:各长二尺八寸八分,高五寸六分,宽四寸。单昂前桶子十八斗一个:长一尺五寸二分,高四寸,宽六寸。抱头梁下桶子十八斗一个:长一尺九寸二分,高四寸,宽六寸。单昂后平盘十八斗一个:长一尺四寸四分,高二寸四分,宽六寸。槽升子四个:各长五寸二分,高四寸,宽六寸九分六厘。三才升四个:各长五寸二分,高四寸,宽六寸。

[角科] 第一层:大斗一个:长一尺三寸六分,高八寸,宽一尺三寸六分。第二层:斜昂后带翘头一件:长五尺六寸五分七厘六毫,高一尺二寸,宽六寸。搭角正昂后带正心瓜栱二件:各长三尺七寸六分,高一尺二寸,宽四寸九分六厘。第三层:由昂后带麻叶头一件:长八尺九寸六分四毫,高一尺二寸,宽八寸六分。搭角正蚂蚱头带正心万栱二件:各长四尺二寸四分,高八寸,宽四寸九分六厘。搭角把臂厢栱二件:各长四尺五寸六分,高五寸六分,宽四寸。里连头合角厢栱二件:各长一尺四寸四分,高五寸六分,宽四寸。搭角正撑头木后带正心枋二件:各前长一尺二寸;后长至平身科,高八寸,宽四寸九分六厘。第四层:斜撑头木并桁椀一件:长三尺二寸四分九厘六毫,高一尺四寸四分,宽八寸六分。十八斗二个:各长七寸二分,高四寸,宽六寸。槽升子四个:各长五寸二分,高四寸,宽六寸九分六厘。三才升六个:各长五寸二分,高四寸,宽六寸。贴升耳共六个:斜昂四个:各长七寸九分二厘;由昂二个:各长一尺五分二厘。俱高二寸四分,宽九分六厘。

(八) 斗口单昂平身科、柱头科、角科斗口四寸五分各件尺寸开后

[平身科]　大斗一个:长一尺三寸五分,高九寸,宽一尺三寸五分。单昂一件,长四尺四寸三分二厘五毫,高一尺三寸五分,宽四寸五分。蚂蚱头后带麻叶头一件:长五尺六寸四分三厘,高九寸,宽四寸五分。正心瓜栱一件:长二尺七寸九分,高九寸,宽五寸五分八厘。正心万栱一件,长四尺一寸四分,高九寸,宽五寸五分八厘。厢栱二件:各长三尺二寸四分,高六寸三分,宽四寸五分。撑头木并桁椀一件:长二尺七寸,高一尺五寸七分五厘,宽四寸五分。十八斗二个:各长八寸一分,高四寸五分,宽六寸七分五厘。槽升子四个:各长五寸八分五厘,高四寸五分,宽七寸八分三厘。三才升四个:各长五寸八分五厘,高四寸五分,宽六寸七分五厘。

[柱头科]　大斗一个:长一尺八寸,高九寸,宽一尺三寸五分。单昂后带翘一件:长四尺四寸三分二厘五毫,高一尺三寸五分,宽九寸。正心瓜栱一件:长三尺二寸四分,高九寸,宽五寸五分八厘。正心万栱一件:长四尺四寸一分,高九寸,宽五寸五分八厘。厢栱二件:各长三尺二寸四分,高六寸三分,宽四寸五分。单昂前桶子十八斗一个:长一尺七寸一分,高四寸五分,宽六寸七分五厘。抱头梁下桶子十八斗一个:长二尺一寸六分,高四寸五分,宽六寸七分五厘。单昂后平盘十八斗一个:长一尺六寸二分,高二寸七分,宽六寸七分五厘。槽升子四个:各长五寸八分五厘,高四寸五分,宽七寸八分三厘。三才升四个:各长五寸八分五厘,高四寸五分,宽六寸七分五厘。

[角科]　第一层:大斗一个:长一尺五寸三分,高九寸,宽一尺五寸三分。第二层:斜昂后带翘头一件:长六尺三寸六分四厘八毫,高一尺三寸五分,宽六寸七分五厘。搭角正昂后带正心瓜栱二件:各长四尺二寸三分,高一尺三寸五分,宽五寸五分八厘。第三层:由昂后带麻叶头一件:长十尺八分四毫,高一尺三寸五分,宽九寸六分七厘五毫。搭角正蚂蚱头带正心万栱二件:各长四尺七寸七分,高九寸,宽五寸五分八厘。搭角把臂厢栱二件:各长五尺一寸三分,高六寸三分,宽四寸五分。里连头合角厢栱二件:各长一尺六寸二分,高六寸三分,宽四寸五分。搭角正撑头木后带正心枋二件:各前长一尺三寸五分;后长至平身科,高九寸,宽五寸五分八厘。第四层:斜撑头木并桁椀一件:长三尺六寸五分五厘八毫,高一尺五寸七分五厘,宽九寸六分七厘五毫。十八斗二个:各长八寸一分,高四寸五分,宽六寸七分五厘。槽升子四个:各长五寸八分五厘,高四寸五分,宽七寸八分三厘。三才升六个:各长五寸八分五厘,高四寸五分,宽六寸七分五厘。贴升耳共六个:斜昂四个:各长八寸九分一厘;由昂二个:各长一尺一寸八分三厘五毫。俱高二寸七分,宽一寸八厘。

(九) 斗口单昂平身科、柱头科、角科斗口五寸各件尺寸开后

[平身科]　大斗一个:长一尺五寸,高一尺,宽一尺五寸。单昂一件,长四尺九寸二分五厘,高一尺五寸,宽五寸。蚂蚱头后带麻叶头一件:长六尺二寸七分,高一尺,宽五寸。正心瓜栱一件:长三尺一寸,高一尺,宽六寸二分。正心万栱一件:长四尺六寸,高一尺,宽六寸二分。厢栱二件:各长三尺六寸,高七寸,宽五寸。撑头木并桁椀一件:长三尺,高一尺七寸五分,宽五寸。十八斗二个:各长九寸,高五寸,宽七寸五分。槽升子四个:各长六寸五分,高五寸,宽八寸七分。三才升四个:各长六寸五分,高五寸,宽七寸五分。

[柱头科] 大斗一个:长二尺,高一尺,宽一尺五寸。单昂后带翘一件:长四尺九寸二分五厘,高一尺五寸,宽一尺。正心瓜栱一件:长三尺六寸,高一尺,宽六寸二分。正心万栱一件:长四尺九寸,高一尺,宽六寸二分。厢栱二件:各长三尺六寸,高七寸,宽五寸。单昂前桶子十八斗一个:长一尺九寸,高五寸,宽七寸五分。抱头梁下桶子十八斗一个:长二尺四寸,高五寸,宽七寸五分。单昂后平盘十八斗一个:长一尺八寸,高三寸,宽七寸五分。槽升子四个:各长六寸五分,高五寸,宽八寸七分。三才升四个:各长六寸五分,高五寸,宽七寸五分。

[角科] 第一层:大斗一个:长一尺七寸,高一尺,宽一尺七寸。第二层:斜昂后带翘头一件:长七尺七分二厘,高一尺五寸,宽七寸五分。搭角正昂后带正心瓜栱二件:各长四尺七分,高一尺五寸,宽六寸二分。第三层:由昂后带麻叶头一件:长十一尺二寸五毫,高一尺五寸,宽一尺七分五厘。搭角正蚂蚱头带正心万栱二件:各长五尺三寸,高一尺,宽六寸二分。搭角把臂厢栱二件:各长五尺七寸,高七寸,宽五寸。里连头合角厢栱二件:各长一尺八寸,高七寸,宽五寸。搭角正撑头木后带正心枋二件:各前长一尺五寸;后长至平身科,高一尺,宽六寸二分。第四层:斜撑头木并桁椀一件:长四尺六分二厘,高一尺七寸五分,宽一尺七分五厘。十八斗二个:各长九寸,高五寸,宽七寸五分。槽升子四个:各长六寸五分,高五寸,宽八寸七分。三才升六个:各长六寸五分,高五寸,宽七寸五分。贴升耳共六个:斜昂四个:各长九寸九分;由昂二个:各长一尺三寸一分五厘。俱高三寸,宽一寸二分。

(十)斗口单昂平身科、柱头科、角科斗口五寸五分各件尺寸开后

[平身科] 大斗一个:长一尺六寸五分,高一尺一寸,宽一尺六寸五分。单昂一件:长五尺四寸一分七厘五毫,高一尺六寸五分,宽五寸五分。蚂蚱头后带麻叶头一件:长六尺八寸九分七厘,高一尺一寸,宽五寸五分。正心瓜栱一件:长三尺四寸一分,高一尺一寸,宽六寸八分二厘。正心万栱一件:长五尺六分,高一尺一寸,宽六寸八分二厘。厢栱二件:各长三尺九寸六分,高七寸七分,宽五寸五分。撑头木并桁椀一件:长三尺三寸,高一尺九寸二分五厘,宽五寸五分。十八斗二个:各长九寸九分,高五寸五分,宽八寸二分五厘。槽升子四个:各长七寸一分五厘,高五寸五分,宽九寸五分七厘。三才升四个:各长七寸一分五厘,高五寸五分,宽八寸二分五厘。

[柱头科] 大斗一个:长二尺二寸,高一尺一寸,宽一尺六寸五分。单昂后带翘一件:长五尺四寸一分七厘五毫,高一尺六寸五分,宽一尺一寸。正心瓜栱一件:长三尺九寸六分,高一尺一寸,宽六寸八分二厘。正心万栱一件:长五尺三寸九分,高一尺一寸,宽六寸八分二厘。厢栱二件:各长三尺九寸六分,高七寸七分,宽五寸五分。单昂前桶子十八斗一个:长二尺九寸,高五寸五分,宽八寸二分五厘。抱头梁下桶子十八斗一个:长二尺六寸四分,高五寸五分,宽八寸二分五厘。单昂后平盘十八斗一个:长一尺九寸八分,高三寸三分,宽八寸二分五厘。槽升子四个:各长七寸一分五厘,高五寸五分,宽九寸五分七厘。三才升四个:各长七寸一分五厘,高五寸五分,宽八寸二分五厘。

[角科] 第一层:大斗一个:长一尺八寸七分,高一尺一寸,宽一尺八寸七分。第二层:斜昂后带翘头一件:长七尺七寸七分九厘二毫,高一尺六寸五分,宽八寸二分五厘。搭角正昂后带正心瓜栱二件:各长五尺一寸七分,高一尺六寸五分,宽六寸八分二厘。第三层:由昂后带麻叶头

一件：长一十二尺三寸二分五毫，高一尺六寸五分，宽一尺一寸八分二厘五毫。搭角正蚂蚱头带正心万栱二件：各长五尺八寸三分，高一尺一寸，宽六寸八分二厘。搭角把臂厢栱二件：各长六尺二寸七分，高七寸七分，宽五寸五分。里连头合角厢栱二件：各长一尺九寸八分，高七寸七分，宽五寸五分。搭角正撑头木后带正心枋二件：各前长一尺六寸五分；后长至平身科，高一尺一寸，宽六寸八分二厘。**第四层：**斜撑头木并桁椀一件：长四尺四寸六分八厘二毫，高一尺九寸二分五厘，宽一尺一寸八分二厘五毫。十八斗二个：各长九寸九分，高五寸五分，宽八寸二分五厘。槽升子四个：各长七寸一分五厘，高五寸五分，宽九寸五分七厘。三才升六个：各长七寸一分五厘，高五寸五分，宽八寸二分五厘。贴升耳共六个：斜昂四个：各长一尺八分九厘；由昂二个：各长一尺四寸四分六厘五毫。俱高三寸三分，宽一寸三分二厘。

（十一）斗口单昂平身科、柱头科、角科斗口六寸各件尺寸开后

[平身科] 大斗一个：长一尺八寸，高一尺二寸，宽一尺八寸。单昂一件：长五尺九寸一分，高一尺八寸，宽六寸。蚂蚱头后带麻叶头一件：长七尺五寸二分四厘，高一尺二寸，宽六寸。正心瓜栱一件：长三尺七寸二分，高一尺二寸，宽七寸四分四厘。正心万栱一件：长五尺五寸二分，高一尺二寸，宽七寸四分四厘。厢栱二件：各长四尺三寸二分，高八寸四分，宽六寸。撑头木并桁椀一件：长三尺六寸，高二尺一寸，宽六寸。十八斗二个：各长一尺八分，高六寸，宽九寸。槽升子四个：各长七寸八分，高六寸，宽一尺四分四厘。三才升四个：各长七寸八分，高六寸，宽九寸。

[柱头科] 大斗一个：长二尺四寸，高一尺二寸，宽一尺八寸。单昂后带翘一件：长五尺九寸一分，高一尺八寸，宽一尺二寸。正心瓜栱一件：长四尺三寸二分，高一尺二寸，宽七寸四分四厘。正心万栱一件：长五尺八寸八分，高一尺二寸，宽七寸四分四厘。厢栱二件：各长四尺三寸二分，高八寸四分，宽六寸。单昂前桶子十八斗一个：长二尺二寸八分，高六寸，宽九寸。抱头梁下桶子十八斗一个：长二尺八寸八分，高六寸，宽九寸。单昂后平盘十八斗一个：长二尺一寸六分，高三寸六分，宽九寸。槽升子四个：各长七寸八分，高六寸，宽一尺四分四厘。三才升四个：各长七寸八分，高六寸，宽九寸。

[角科] 第一层：大斗一个：长二尺四分，高一尺二寸，宽二尺四分。**第二层：**斜昂后带翘头一件：长八尺四寸八分六厘四毫，高一尺八寸，宽九寸。搭角正昂后带正心瓜栱二件：各长五尺六寸四分，高一尺八寸，宽七寸四分四厘。**第三层：**由昂后带麻叶头一件：长一十三尺四寸四分六毫，高一尺八寸，宽一尺二寸九分。搭角正蚂蚱头带正心万栱二件：各长六尺三寸六分，高一尺二寸，宽七寸四分四厘。搭角把臂厢栱二件：各长六尺八寸四分，高八寸四分，宽六寸。里连头合角厢栱二件：各长二尺一寸六分，高八寸四分，宽六寸。搭角正撑头木后带正心枋二件：各前长一尺八寸；后长至平身科，高一尺二寸，宽七寸四分四厘。**第四层：**斜撑头木并桁椀一件：长四尺八寸七分四厘四毫，高二尺一寸，宽一尺二寸九分。十八斗二个：各长一尺八分，高六寸，宽九寸。槽升子四个：各长七寸八分，高六寸，宽一尺四分四厘。三才升六个：各长七寸八分，高六寸，宽九寸。贴升耳共六个：斜昂四个：各长一尺一寸八分八厘；由昂二个：各长一尺五寸七分八厘。俱高三寸六分，宽一寸四分四厘。

二、斗口单昂平身科图样七

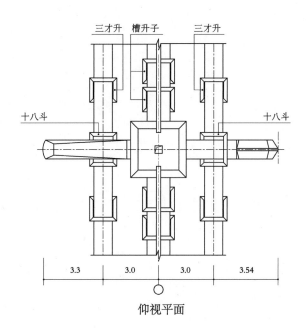

三才升　槽升子　三才升

十八斗　　　　　　　　　　十八斗

3.3　　　3.0　　　3.0　　　3.54

仰视平面

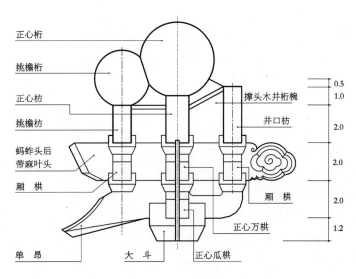

正心桁

挑檐桁

正心枋

挑檐枋

蚂蚱头后
带麻叶头

厢　栱

单　昂　　　大　斗　　正心瓜栱

撑头木并桁椀

井口枋

厢　栱

正心万栱

0.5
1.0

2.0

2.0

2.0

1.2

立　面

斗口单昂平身科图样七　分件图

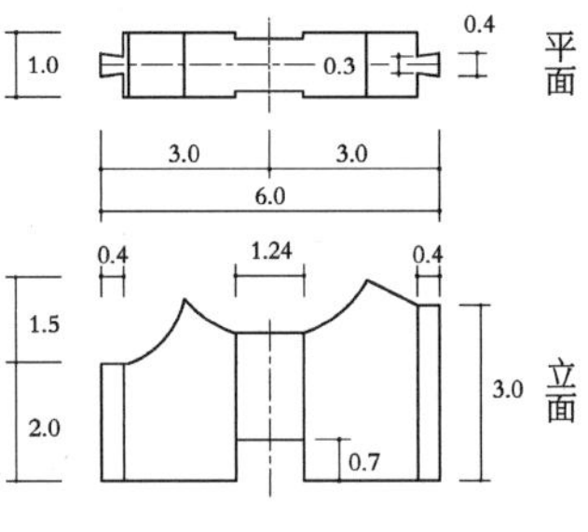

撑头木并桁椀

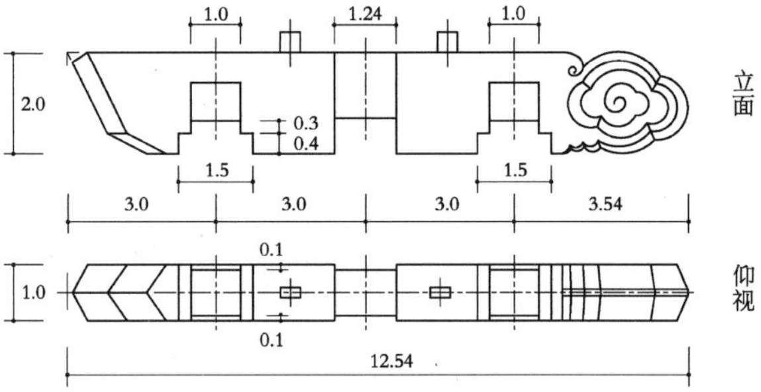

蚂蚱头后带麻叶头

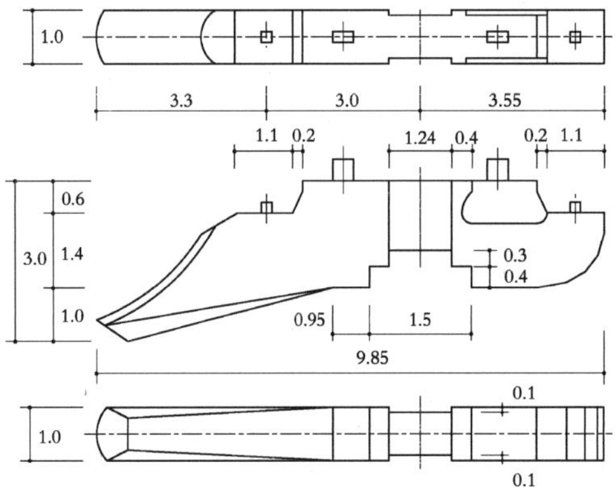

单　昂

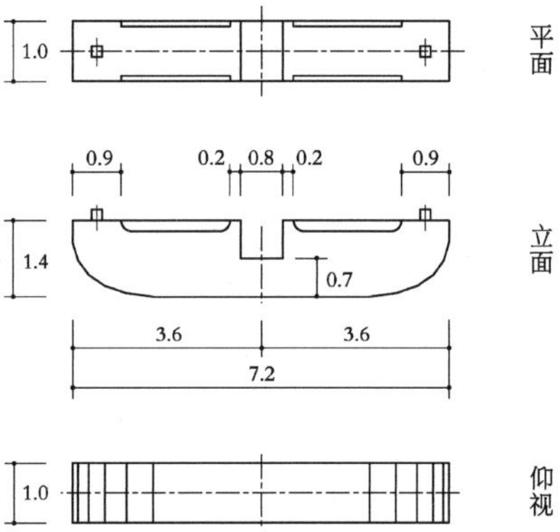

厢　栱

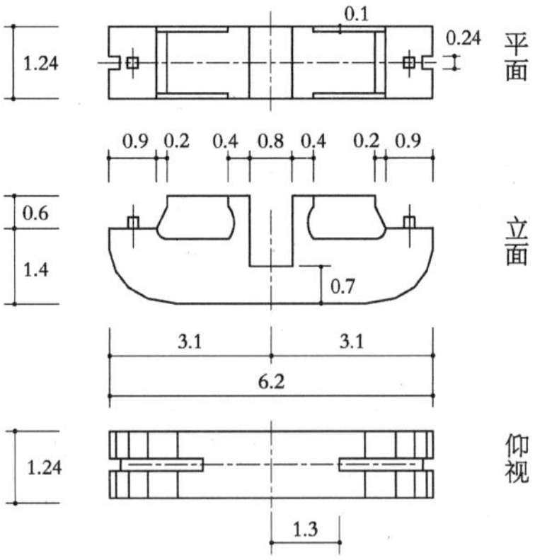

正心瓜栱

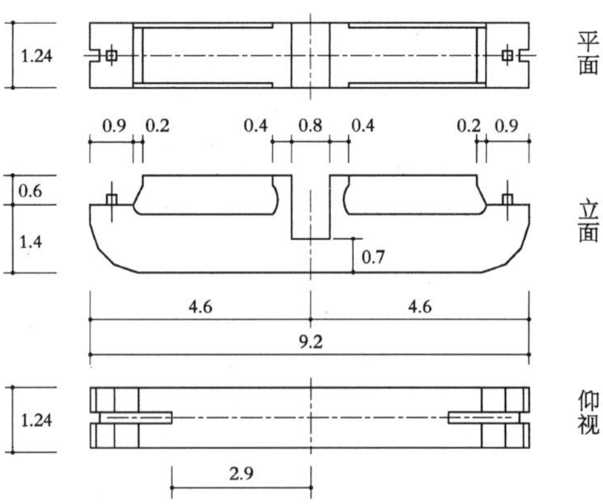

正心万栱

三、斗口单昂柱头科图样八

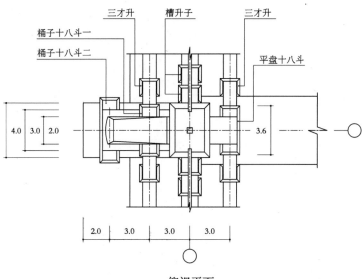

仰视平面

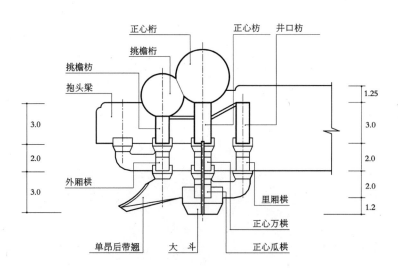

侧立面

斗口单昂柱头科图样八　分件一

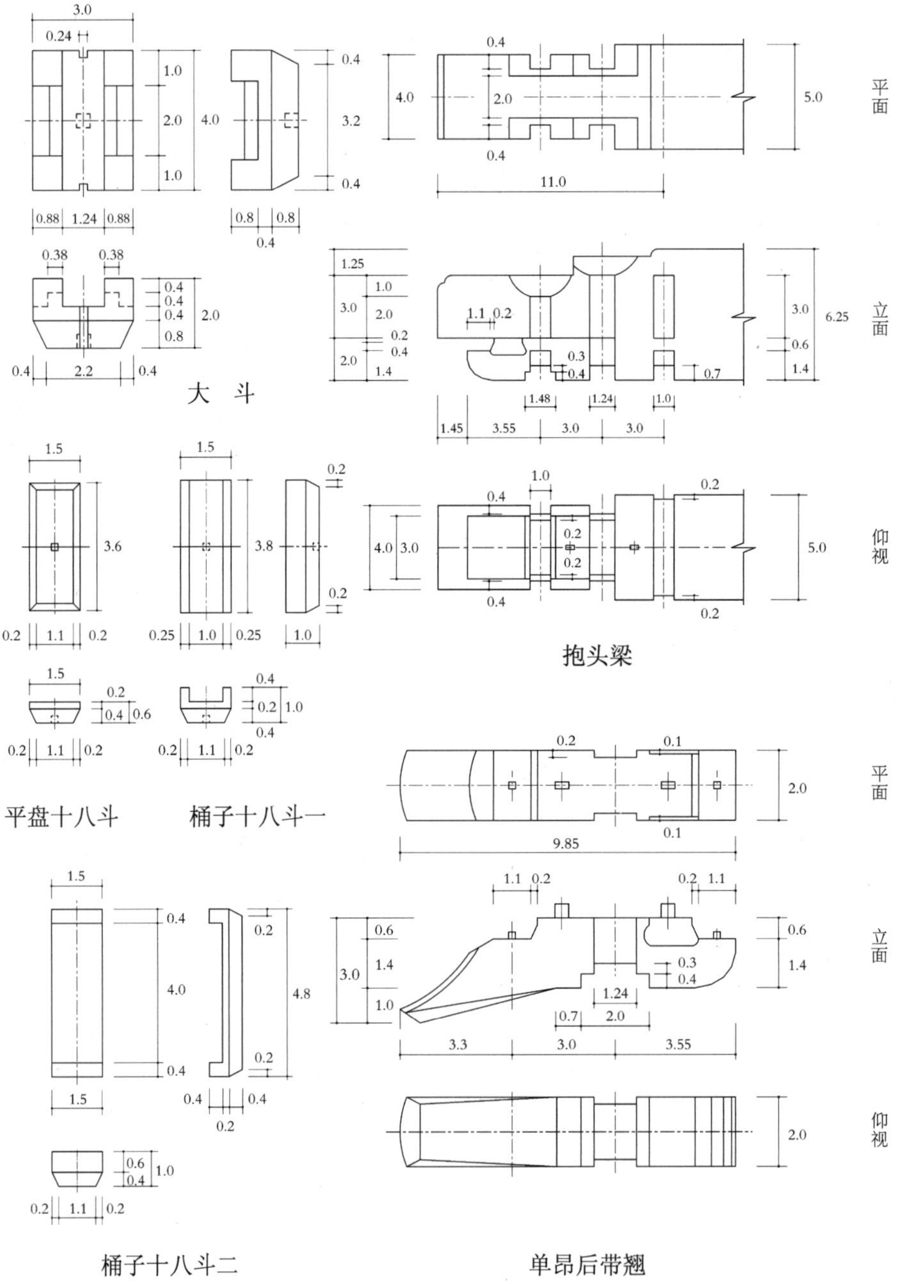

大　斗

平盘十八斗　　桶子十八斗一

桶子十八斗二

平面

立面

仰视

抱头梁

平面

立面

仰视

单昂后带翘

斗口单昂柱头科图样八　分件二

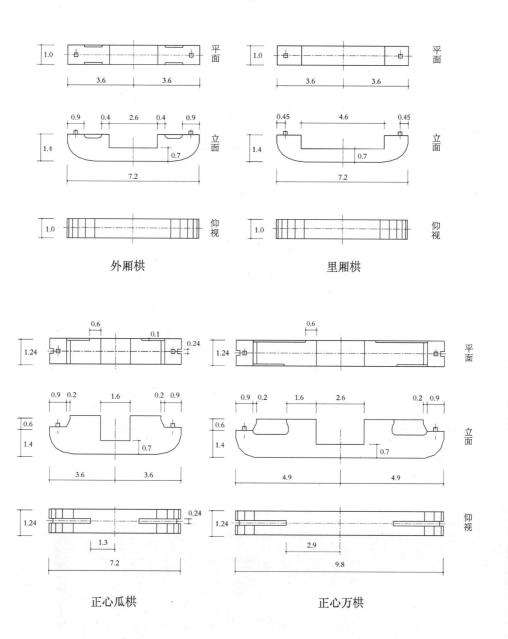

外厢栱　　　　　　　　里厢栱

正心瓜栱　　　　　　　正心万栱

四、斗口单昂角科图样九

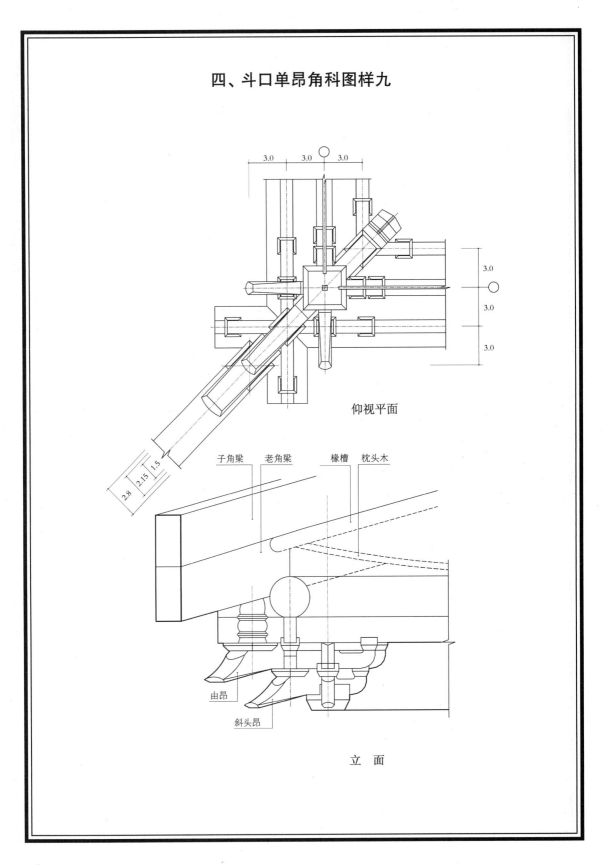

仰视平面

子角梁　老角梁　椽槽　枕头木

由昂

斜头昂

立 面

斗口单昂角科图样九　分件一

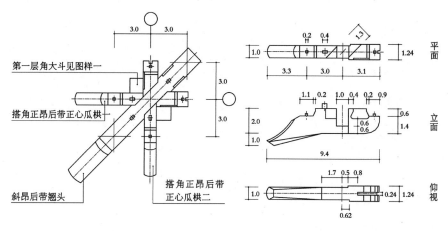

第一层角大斗见图样一

搭角正昂后带正心瓜栱一

斜昂后带翘头

搭角正昂后带
正心瓜栱二

第一、二层平面　　　　　搭角正昂后带正心瓜栱一

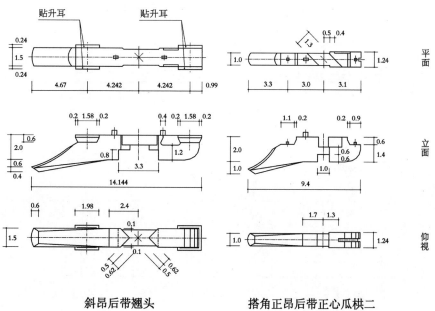

贴升耳　　　　贴升耳

斜昂后带翘头　　　　搭角正昂后带正心瓜栱二

第三章　清式斗栱 ／403

斗口单昂角科图样九 分件二

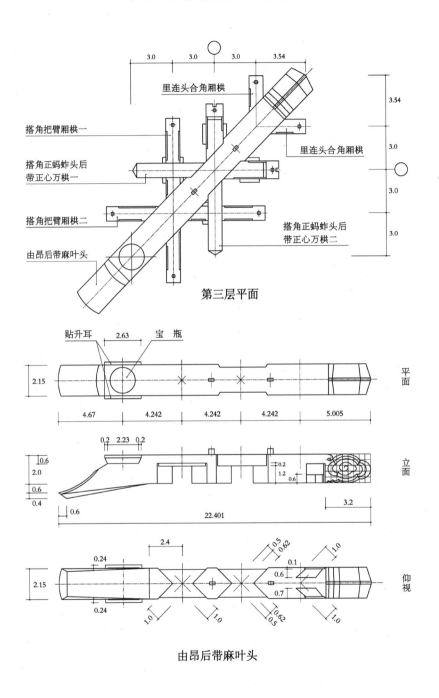

第三层平面

由昂后带麻叶头

斗口单昂角科图样九　分件三

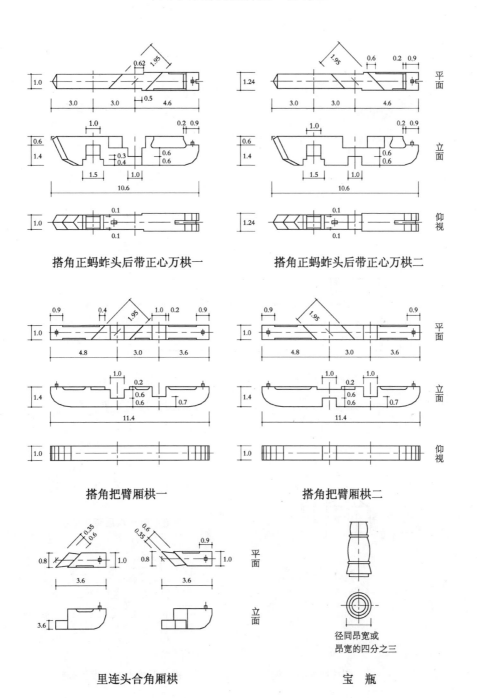

搭角正蚂蚱头后带正心万栱一

搭角正蚂蚱头后带正心万栱二

搭角把臂厢栱一

搭角把臂厢栱二

里连头合角厢栱

宝　瓶

径同昂宽或
昂宽的四分之三

斗口单昂角科图样九　分件四

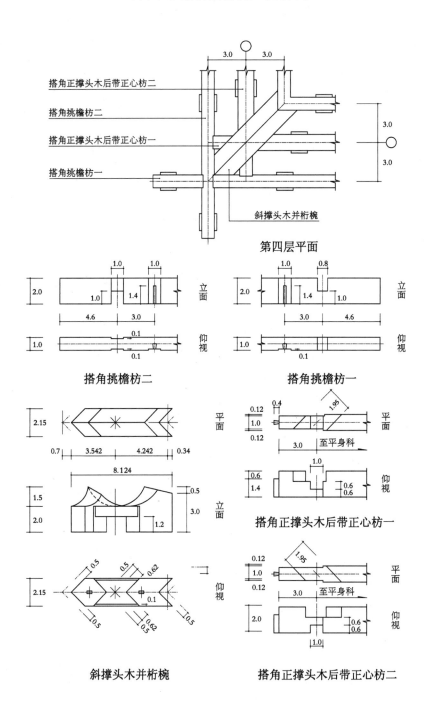

第四层平面

搭角挑檐枋二

搭角挑檐枋一

斜撑头木并桁椀

搭角正撑头木后带正心枋二

五、斗口单昂各件尺寸权衡表

单位：斗口

斗栱类别		构件名称	长	高	宽	件　数	备　注
平身科		大　斗	3.0	2.0	3.0	1	
		单　昂	9.85	3.0	1.0	1	
		蚂蚱头后带麻叶头	12.54	2.0	1.0	1	
		正心瓜栱	6.2	2.0	1.24	1	
		正心万栱	9.2	2.0	1.24	1	
		厢　栱	7.2	1.4	1.0	2	
		撑头木并桁椀	6.0	3.5	1.0	1	
		十八斗	1.8	1.0	1.5	2	
		槽升子	1.3	1.0	1.74	4	
		三才升	1.3	1.0	1.5	4	
柱头科		大　斗	4.0	2.0	3.0	1	
		单昂后带翘	9.85	3.0	2.0	1	
		正心瓜栱	7.2	2.0	1.24	1	
		正心万栱	9.8	2.0	1.24	1	
		厢　栱	7.2	1.4	1.0	2	
		单昂前桶子十八斗	3.8	1.0	1.5	1	
		抱头梁下桶子十八斗	4.8	1.0	1.5	2	
		单昂后平盘十八斗	3.6	0.6	1.5	1	
		槽升子	1.3	1.0	1.74	4	
		三才升	1.3	1.0	1.5	4	
角科	第一层	大　斗	3.4	2.0	3.4	1	
	第二层	斜昂后带翘头	14.144	3.0	1.5	1	
		搭角正昂后带正心瓜栱	9.4	3.0	1.24	2	
	第三层	由昂后带麻叶头	22.401	3.0	2.15	1	
		搭角正蚂蚱头后带正心万栱	10.6	2.0	1.24	2	
		搭角把臂厢栱	11.4	1.4	1.0	2	
		里连头合角厢栱	3.6	1.4	1.0	2	
		搭角正撑头木后带正心枋	前长3.0	2.0	1.24	2	后长至平身科
	第四层	斜撑头木并桁椀	8.124	3.5	2.15	1	
		十八斗	1.8	1.0	1.5	2	
		槽升子	1.3	1.0	1.74	4	
		三才升	1.3	1.0	1.5	6	
		斜昂贴升耳	1.98	0.6	0.24	4	
		由昂贴升耳	2.63	0.6	0.24	2	

第九节　斗口重昂

一、斗口重昂斗口一寸至六寸各件尺寸

(一) 斗口重昂平身科、柱头科、角科斗口一寸各件尺寸开后

[平身科] 大斗一个:长三寸,高二寸,宽三寸。头昂后带翘头一件:长九寸八分五厘,高三寸,宽一寸。二昂后带菊花头一件:长一尺五寸三分,高三寸,宽一寸。蚂蚱头后带六分头一件:长一尺六寸一分五厘,高二寸,宽一寸。撑头木后带麻叶头一件:长一尺五寸五分四厘,高二寸,宽一寸。正心瓜栱一件:长六寸二分,高二寸,宽一寸二分四厘。正心万栱一件:长九寸二分,高二寸,宽一寸二分四厘。单材瓜栱二件:各长六寸二分,高一寸四分,宽一寸。单材万栱二件:各长九寸二分,高一寸四分,宽一寸。厢栱二件:各长七寸二分,高一寸四分,宽一寸。桁椀一件:长一尺一寸五分,高三寸五分,宽一寸。十八斗四个:各长一寸八分,高一寸,宽一寸五分。槽升子四个:各长一寸三分,高一寸,宽一寸七分四厘。三才升十二个:各长一寸三分,高一寸,宽一寸五分。

[柱头科] 大斗一个:长四寸,高二寸,宽三寸。头昂后带翘头一件:长九寸八分五厘,高三寸,宽二寸。二昂后带雀替一件:长一尺八寸三分,高三寸,宽三寸。正心瓜栱一件:长六寸二分,高二寸,宽一寸二分四厘。正心万栱一件:长九寸二分,高二寸,宽一寸二分四厘。单材瓜栱二件:各长六寸二分,高一寸四分,宽一寸。单材万栱二件:各长九寸二分,高一寸四分,宽一寸。外厢栱一件:长七寸二分,高一寸四分,宽一寸。里厢栱一件:长八寸二分,高一寸四分,宽一寸。桶子十八斗共三个;头昂二个:各长三寸八分,高一寸,宽一寸五分。二昂一个:长四寸八分,高一寸,宽一寸五分。槽升子四个:各长一寸三分,高一寸,宽一寸七分四厘。三才升十二个:各长一寸三分,高一寸,宽一寸五分。

[角科] 第一层:大斗一个:长三寸四分,高二寸,宽三寸四分。第二层:斜头昂后带翘头一件:长一尺四寸一分四厘四毫,高三寸,宽一寸五分。搭角正头昂后带正心瓜栱二件:各长九寸四分,高三寸,宽一寸二分四厘。第三层:斜二昂后带菊花头一件:长二尺一寸六分三厘八毫,宽一寸九分三厘。搭角正二昂后带正心万栱二件:各长一尺三寸九分,高三寸,宽一寸二分四厘。搭角闹二昂后带单材瓜栱二件:各长一尺二寸四分,高三寸,宽一寸。里连头合角单材瓜栱二件:各长三寸一分,高一寸四分,宽一寸。第四层:由昂后带六分头一件:长二尺七寸七分,高三寸,宽二寸三分六厘。搭角正蚂蚱头后带正心枋二件:各前长九寸;后长至平身科,高二寸,宽一寸二分四厘。搭角闹蚂蚱头后带单材万栱二件:各长一尺三寸六分,高二寸,宽一寸。搭角把臂厢栱二件:各长一尺四寸四分,高一寸四分,宽一寸。里连头合角单材万栱二件:各长四寸六分,高一寸四分,宽一寸(或与平身科单材万栱连做)。第五层:斜撑头木后带麻叶头一件:长二尺一寸二分六厘一毫,高二寸,宽二寸三分六厘。搭角正撑头木后带正心枋二件:各前长六寸;后长至平身科,高二寸,宽一寸二分四厘。搭角闹撑头木后带拽枋二件:各前长六寸;后长至平身科,高二寸,宽一寸。里连头合角

厢栱二件:长三寸六分,高一寸四分,宽一寸(或与平身科厢栱连做)。**第六层**:斜桁椀一件:长一尺五寸五分五厘六毫,高三寸五分,宽二寸三分六厘。搭角正桁椀后带正心枋二件:各前长五寸五分;后长至平身科,高二寸二分,宽一寸二分四厘。贴升耳共十个:斜头昂四个,各长一寸九分八厘;斜二昂二个,各长二寸四分一厘;由昂四个,各长二寸八分四厘。俱高六分,宽二分四厘。十八斗六个:各长一寸八分,高一寸,宽一寸五分。槽升子四个:各长一寸三分,高一寸,宽一寸七分四厘。三才升十四个:各长一寸三分,高一寸,宽一寸五分。

(二)斗口重昂平身科、柱头科、角科斗口一寸五分各件尺寸开后

[平身科] 大斗一个:长四寸五分,高三寸,宽四寸五分。头昂后带翘头一件:长一尺四寸七分七厘五毫,高四寸五分,宽一寸五分。二昂后带菊花头一件:长二尺二寸九分五厘,高四寸五分,宽一寸五分。蚂蚱头后带六分头一件:长二尺四寸二分二厘五毫,高三寸,宽一寸五分。撑头木后带麻叶头一件:长二尺三寸三分一厘,高三寸,宽一寸五分。正心瓜栱一件:长九寸三分,高三寸,宽一寸八分六厘。正心万栱一件:长一尺三寸八分,高三寸,宽一寸八分六厘。单材瓜栱二件:各长九寸三分,高二寸一分,宽一寸五分。单材万栱二件:各长一尺三寸八分,高二寸一分,宽一寸五分。厢栱二件:各长一尺八分,高二寸一分,宽一寸五分。桁椀一件:长一尺七寸二分五厘,高五寸二分五厘,宽一寸五分。十八斗四个:各长二寸七分,高一寸五分,宽二寸二分五厘。槽升子四个:各长一寸九分五厘,高一寸五分,宽二寸六分一厘。三才升十二个:各长一寸九分五厘,高一寸五分,宽二寸二分五厘。

[柱头科] 大斗一个:长六寸,高三寸,宽四寸五分。头昂后带翘头一件:长一尺四寸七分七厘五毫,高四寸五分,宽三寸。二昂后带雀替一件:长二尺七寸四分五厘,高四寸五分,宽四寸五分。正心瓜栱一件:长九寸三分,高三寸,宽一寸八分六厘。正心万栱一件:长一尺三寸八分,高三寸,宽一寸八分六厘。单材瓜栱二件:各长九寸三分,高二寸一分,宽一寸五分。单材万栱二件:各长一尺三寸八分,高二寸一分,宽一寸五分。外厢栱一件:长一尺八分,高二寸一分,宽一寸五分。里厢栱一件:长一尺二寸三分,高二寸一分,宽一寸五分。桶子十八斗共三个:头昂二个,各长五寸七分,高一寸五分,宽二寸二分五厘;二昂一个,长七寸二分,高一寸五分,宽二寸二分五厘。槽升子四个:各长一寸九分五厘,高一寸五分,宽二寸六分一厘。三才升十二个:各长一寸九分五厘,高一寸五分,宽二寸二分五厘。

[角科] **第一层**:大斗一个:长五寸一分,高三寸,宽五寸一分。**第二层**:斜头昂后带翘头一件:长二尺一寸二分一厘六毫,高四寸五分,宽二寸二分五厘。搭角正头昂后带正心瓜栱二件:各长一尺四寸一分,高四寸五分,宽一寸八分六厘。**第三层**:斜二昂后带菊花头一件:长三尺二寸四分五厘七毫,高四寸五分,宽二寸八分九厘五毫。搭角正二昂后带正心万栱二件:各长二尺八寸五厘,高四寸五分,宽一寸八分六厘。搭角闹二昂后带单材瓜栱二件:各长一尺八寸六分,高四寸五分,宽一寸五分。里连头合角单材瓜栱二件:各长四寸六分五厘,高二寸一分,宽一寸五分。**第四层**:由昂后带六分头一件:长四尺一寸五分五厘,高四寸五分,宽三寸五分四厘。搭角正蚂蚱头后带正心枋二件:各前长一尺三寸五分;后长至平身科,高三寸,宽一寸八分六厘。搭角闹蚂蚱头后带单材万栱二件:各长二尺四分,高三寸,宽一寸五分。搭角把臂厢栱二件:各长二尺一寸六分,高二寸一分,宽一

寸五分。里连头合角单材万栱二件:各长六寸九分,高二寸一分,宽一寸五分(或与平身科单材万栱连做)。**第五层:**斜撑头木后带麻叶头一件:长三尺一寸八分九厘一毫,高三寸,宽三寸五分四厘。搭角正撑头木后带正心枋二件:各前长九寸;后长至平身科,高三寸,宽一寸八分六厘。搭角闹撑头木后带拽枋二件:各前长九寸;后长至平身科,高三寸,宽一寸五分。里连头合角厢栱二件:各长五寸四分,高二寸一分,宽一寸五分(或与平身科厢栱连做)。**第六层:**斜桁椀一件:长二尺三寸三分三厘四毫,高五寸二分五厘,宽三寸五分四厘。搭角正桁椀后带正心枋二件:各前长八寸二分五厘;后长至平身科,高三寸三分,宽一寸八分六厘。贴升耳共十个:斜头昂四个,各长二寸九分七厘;斜二昂二个,各长三寸六分一厘五毫;由昂四个,长四寸二分六厘。俱高九分,宽三分六厘。十八斗六个:各长二寸七分,高一寸五分,宽二寸二分五厘。槽升子四个:各长一寸九分五厘,高一寸五分,宽二寸六分一厘。三才升十四个:各长一寸九分五厘,高一寸五分,宽二寸二分五厘。

(三)斗口重昂平身科、柱头科、角科斗口二寸各件尺寸开后

[平身科] 大斗一个:长六寸,高四寸,宽六寸。头昂后带翘头一件:长一尺九寸七分,高六寸,宽二寸。二昂后带菊花头一件:长三尺六寸,高六寸,宽二寸。蚂蚱头后带六分头一件:长三尺二寸三分,高四寸,宽二寸。撑头木后带麻叶头一件:长三尺一寸八厘,高四寸,宽二寸。正心瓜栱一件:长一尺二寸四分,高四寸,宽二寸四分八厘。正心万栱一件:长一尺八寸四分,高四寸,宽二寸四分八厘。单材瓜栱二件:各长一尺二寸四分,高二寸八分,宽二寸。单材万栱二件:各长一尺八寸四分,高二寸八分,宽二寸。厢栱二件:各长一尺四寸四分,高二寸八分,宽二寸。桁椀一件:长二尺三寸,高七寸,宽二寸。十八斗四个:各长三寸六分,高二寸,宽三寸。槽升子四个:各长二寸六分,高二寸,宽三寸四分八厘。三才升十二个:各长二寸六分,高二寸,宽三寸。

[柱头科] 大斗一个:长八寸,高四寸,宽六寸。头昂后带翘头一件:长一尺九寸七分,高六寸,宽四寸。二昂后带雀替一件:长三尺六寸六分,高六寸,宽六寸。正心瓜栱一件:长一尺二寸四分,高四寸,宽二寸四分八厘。正心万栱一件:长一尺八寸四分,高四寸,宽二寸四分八厘。单材瓜栱二件:各长一尺二寸四分,高二寸八分,宽二寸。单材万栱二件:各长一尺八寸四分,高二寸八分,宽二寸。外厢栱一件:长一尺四寸四分,高二寸八分,宽二寸。里厢栱一件:长一尺六寸四分,高二寸八分,宽二寸。桶子十八斗共三个:头昂二个,各长七寸六分,高二寸,宽三寸;二昂一个,长九寸六分,高二寸,宽三寸。槽升子四个:各长二寸六分,高二寸,宽三寸四分八厘。三才升十二个:各长二寸六分,高二寸,宽三寸。

[角科] **第一层:**大斗一个:长六寸八分,高四寸,宽六寸八分。**第二层:**斜头昂后带翘头一件:长二尺八寸二分八厘八毫,高六寸,宽三寸。搭角正头昂后带正心瓜栱二件:各长一尺八寸八分,高六寸,宽二寸四分八厘。**第三层:**斜二昂后带菊花头一件:长四尺三寸二分七厘六毫,高六寸,宽三寸八分六厘。搭角正二昂后带正心万栱二件:各长二尺七寸八分,高六寸,宽二寸四分八厘。搭角闹二昂后带单材瓜栱二件:各长二尺四寸八分,高六寸,宽二寸。里连头合角单材瓜栱二件:各长六寸二分,高二寸八分,宽二寸。**第四层:**由昂后带六分头一件:长五尺五寸四分,高六寸,宽四寸七分二厘。搭角正蚂蚱头后带正心枋二件:各前长一尺八寸;后长至平身科,高四寸,宽二寸四分八厘。搭角闹蚂蚱头后带单材万栱二件:各长二尺七寸二分,高四寸,宽二寸。搭角把臂

厢栱二件:各长二尺八寸八分,高二寸八分,宽二寸。里连头合角单材万栱二件:各长九寸二分,高二寸八分,宽二寸(或与平身科单材万栱连做)。**第五层**:斜撑头木后带麻叶头一件:长四尺二寸五分二厘二毫,高四寸,宽四寸七分二厘。搭角正撑头木后带正心枋二件:各前长一尺二寸;后长至平身科,高四寸,宽二寸四分八厘。搭角闹撑头木后带拽枋二件:各前长一尺二寸;后长至平身科,高四寸,宽二寸。里连头合角厢栱二件:长七寸二分,高二寸八分,宽二寸(或与平身科厢栱连做)。**第六层**:斜桁椀一件:长三尺一寸一分一厘二毫,高七寸,宽四寸七分二厘。搭角正桁椀后带正心枋二件:各前长一尺一寸;后长至平身科,高四寸四分,宽二寸四分八厘。贴升耳共十个:斜头昂四个,各长三寸九分六厘;斜二昂二个,各长四寸八分二厘;由昂四个,各长五寸六分八厘。俱高一寸二分,宽四分八厘。十八斗六个:各长三寸六分,高二寸,宽三寸。槽升子四个:各长二寸六分,高二寸,宽三寸四分八厘。三才升十四个:各长二寸六分,高二寸,宽三寸。

(四)斗口重昂平身科、柱头科、角科斗口二寸五分各件尺寸开后

[**平身科**] 大斗一个:长七寸五分,高五寸,宽七寸五分。头昂后带翘头一件:长二尺四寸六分二厘五毫,高七寸五分,宽二寸五分。二昂后带菊花头一件:长三尺八寸二分五厘,高七寸五分,宽二寸五分。蚂蚱头后带六分头一件:长四尺三分七厘五毫,高五寸,宽二寸五分。撑头木后带麻叶头一件:长三尺八寸八分五厘,高五寸,宽二寸五分。正心瓜栱一件:长一尺五寸五分,高五寸,宽三寸一分。正心万栱一件:长二尺三寸,高五寸,宽三寸一分。单材瓜栱二件:各长一尺五寸五分,高三寸五分,宽二寸五分。单材万栱二件:各长二尺三寸,高三寸五分,宽二寸五分。厢栱二件:各长一尺八寸,高三寸五分,宽二寸五分。桁椀一件:长二尺八寸七分五厘,高八寸七分五厘,宽二寸五分。十八斗四个:各长四寸五分,高二寸五分,宽三寸七分五厘。槽升子四个:各长三寸二分五厘,高二寸五分,宽四寸三分五厘。三才升十二个:各长三寸二分五厘,高二寸五分,宽三寸七分五厘。

[**柱头科**] 大斗一个:长一尺,高五寸,宽七寸五分。头昂后带翘头一件:长二尺四寸六分二厘五毫,高七寸五分,宽五寸。二昂后带雀替一件:长四尺五寸七分五厘,高七寸五分,宽七寸五分。正心瓜栱一件:长一尺五寸五分,高五寸,宽三寸一分。正心万栱一件:长二尺三寸,高五寸,宽三寸一分。单材瓜栱二件:各长一尺五寸五分,高三寸五分,宽二寸五分。单材万栱二件:各长二尺三寸,高三寸五分,宽二寸五分。外厢栱一件:长一尺八寸,高三寸五分,宽二寸五分。里厢栱一件:长二尺五寸,高三寸五分,宽二寸五分。桶子十八斗共三个:头昂二个,各长九寸五分,高二寸五分,宽三寸七分五厘;二昂一个,长一尺二寸,高二寸五分,宽三寸七分五厘。槽升子四个:各长三寸二分五厘,高二寸五分,宽四寸三分五厘。三才升十二个:各长三寸二分五厘,高二寸五分,宽三寸七分五厘。

[**角科**] **第一层**:大斗一个:长八寸五分,高五寸,宽八寸五分。**第二层**:斜头昂后带翘头一件:长三尺五寸三分六厘,高七寸五分,宽三寸七分五厘。搭角正头昂后带正心瓜栱二件:各长二尺三寸五分,高七寸五分,宽三寸一分。**第三层**:斜二昂后带菊花头一件:长五尺四寸九厘五毫,高七寸五分,宽四寸八分二厘五毫。搭角正二昂后带正心万栱二件:各长三尺四寸七分五厘,高七寸五分,宽三寸一分。搭角闹二昂后带单材瓜栱二件:各长三尺一寸,高七寸五分,宽二寸五分。里连头合角单材瓜栱二件:各长七寸七分五厘,高三寸五分,宽二寸五分。**第四层**:由

昂后带六分头一件：长六尺九寸二分五厘，高七寸五分，宽五寸九分。搭角正蚂蚱头后带正心枋二件：各前长二尺二寸五分；后长至平身科，高五寸，宽三寸一分。搭角闹蚂蚱头后带单材万栱二件：各长三尺四寸，高五寸，宽二寸五分。搭角把臂厢栱二件：各长三尺六寸，高三寸五分，宽二寸五分。里连头合角单材万栱二件：各长一尺一寸五分，高三寸五分，宽二寸五分（或与平身科单材万栱连做）。**第五层**：斜撑头木后带麻叶头一件：长五尺三寸一分五厘二毫，高五寸，宽五寸九分。搭角正撑头木后带正心枋二件：各前长一尺五寸；后长至平身科，高五寸，宽三寸一分。搭角闹撑头木后带拽枋二件：各前长一尺五寸；后长至平身科，高五寸，宽二寸五分。里连头合角厢栱二件：各长九寸，高三寸五分，宽二寸五分（或与平身科厢栱连做）。**第六层**：斜桁椀一件：长三尺八寸八分九厘，高八寸七分五厘，宽五寸九分。搭角正桁椀后带正心枋二件：各前长一尺三寸七分五厘；后长至平身科，高五寸五分，宽三寸一分。贴升耳共十个：斜头昂四个，各长四寸九分五厘；斜二昂二个，各长六寸二厘五毫；由昂四个，长七寸一分。俱高一寸五分，宽六分。十八斗六个：各长四寸五分，高二寸五分，宽三寸七分五厘。槽升子四个：各长三寸二分五厘，高二寸五分，宽四寸三分五厘。三才升十四个：各长三寸二分五厘，高二寸五分，宽三寸七分五厘。

（五）斗口重昂平身科、柱头科、角科斗口三寸各件尺寸开后

[平身科] 大斗一个：长九寸，高六寸，宽九寸。头昂后带翘头一件：长二尺九寸五分五厘，高九寸，宽三寸。二昂后带菊花头一件：长四尺五寸九分，高九寸，宽三寸。蚂蚱头后带六分头一件：长四尺八寸四分五厘，高六寸，宽三寸。撑头木后带麻叶头一件：长四尺六寸六分二厘，高六寸，宽三寸。正心瓜栱一件：长一尺八寸六分，高六寸，宽三寸七分二厘。正心万栱一件：长二尺七寸六分，高六寸，宽三寸七分二厘。单材瓜栱二件：各长一尺八寸六分，高四寸二分，宽三寸。单材万栱二件：各长二尺七寸六分，高四寸二分，宽三寸。厢栱二件：各长二尺一寸六分，高四寸二分，宽三寸。桁椀一件：长三尺四寸五分，高一尺五寸，宽三寸。十八斗四个：各长五寸四分，高三寸，宽四寸五分。槽升子四个：各长三寸九分，高三寸，宽五寸二分二厘。三才升十二个：各长三寸九分，高三寸，宽四寸五分。

[柱头科] 大斗一个：长一尺二寸，高六寸，宽九寸。头昂后带翘头一件：长二尺九寸五分五厘，高九寸，宽六寸。二昂后带雀替一件：长五尺四寸九分，高九寸，宽九寸。正心瓜栱一件：长一尺八寸六分，高六寸，宽三寸七分二厘。正心万栱一件：长二尺七寸六分，高六寸，宽三寸七分二厘。单材瓜栱二件：各长一尺八寸六分，高四寸二分，宽三寸。单材万栱二件：各长二尺七寸六分，高四寸二分，宽三寸。外厢栱一件：长二尺一寸六分，高四寸二分，宽三寸。里厢栱一件：长二尺四寸六分，高四寸二分，宽三寸。桶子十八斗共三个：头昂二个，各长一尺一寸四分，高三寸，宽四寸五分；二昂一个，长一尺四寸四分，高三寸，宽四寸五分。槽升子四个：各长三寸九分，高三寸，宽五寸二分二厘。三才升十二个：各长四寸二分，高三寸，宽四寸五分。

[角科] 第一层：大斗一个：长一尺二分，高六寸，宽一尺二分。第二层：斜头昂后带翘头一件：长四尺二寸四分三厘二毫，高九寸，宽四寸五分。搭角正头昂后带正心瓜栱二件：各长二尺八寸二分，高九寸，宽三寸七分二厘。第三层：斜二昂后带菊花头一件：长六尺四寸九分一厘四毫，高九寸，宽五寸七分九厘。搭角正二昂后带正心万栱二件：各长四尺一寸七分，高九寸，宽三

寸七分二厘。搭角闹二昂后带单材瓜栱二件:各长三尺七寸二分,高九寸,宽三寸。里连头合角单材瓜栱二件:各长九寸三分,高四寸二分,宽三寸。**第四层:**由昂后带六分头一件:长八尺三寸一分,高九寸,宽七寸八厘。搭角正蚂蚱头后带正心枋二件:各前长二尺七寸;后长至平身科,高六寸,宽三寸七分二厘。搭角闹蚂蚱头后带单材万栱二件:各长四尺八分,高六寸,宽三寸。搭角把臂厢栱二件:各长四尺三寸二分,高四寸二分,宽三寸。里连头合角单材万栱二件:各长一尺三寸八分,高四寸二分,宽三寸(或与平身科单材万栱连做)。**第五层:**斜撑头木后带麻叶头一件:长六尺三寸七分八厘三毫,高六寸,宽七寸八厘。搭角正撑头木后带正心枋二件:各前长一尺八寸;后长至平身科,高六寸,宽三寸七分二厘。搭角闹撑头木后带搜枋二件:各前长一尺八寸;后长至平身科,高六寸,宽三寸。里连头合角厢栱二件:长一尺八分,高四寸二分,宽三寸(或与平身科厢栱连做)。**第六层:**斜桁椀一件:长四尺六寸六分六厘八毫,高一尺五分,宽七寸八厘。搭角正桁椀后带正心枋二件:各前长一尺六寸五分;后长至平身科,高六寸六分,宽三寸七分二厘。贴升耳共十个:斜头昂四个,各长五寸九分四厘;斜二昂二个,各长七寸二分三厘;由昂四个,各长八寸五分二厘。俱高一寸八分,宽七寸二厘。十八斗六个:各长五寸四分,高三寸,宽四寸五分。槽升子四个:各长三寸九分,高三寸,宽五寸二分二厘。三才升十四个:各长三寸九分,高三寸,宽四寸五分。

（六）斗口重昂平身科、柱头科、角科斗口三寸五分各件尺寸开后

[平身科] 大斗一个:长一尺五分,高七寸,宽一尺五分。头昂后带翘头一件:长三尺四寸四分七厘五毫,高一尺五分,宽三寸五分。二昂后带菊花头一件:长五尺三寸五分五厘,高一尺五分,宽三寸五分。蚂蚱头后带六分头一件:长五尺六寸五分二厘五毫,高七寸,宽三寸五分。撑头木后带麻叶头一件:长五尺四寸三分九厘,高七寸,宽三寸五分。正心瓜栱一件:长二尺一寸七分,高七寸,宽四寸三分四厘。正心万栱一件:长三尺二寸二分,高七寸,宽四寸三分四厘。单材瓜栱二件:各长二尺一寸七分,高四寸九分,宽三寸五分。单材万栱二件:各长三尺二寸二分,高四寸九分,宽三寸五分。厢栱二件:各长二尺五寸二分,高四寸九分,宽三寸五分。桁椀一件:长四尺二寸五厘,高一尺二寸二分五厘,宽三寸五分。十八斗四个:各长六寸三分,高三寸五分,宽五寸二分五厘。槽升子四个:各长四寸五分五厘,高三寸五分,宽六寸九厘。三才升十二个:各长四寸五分五厘,高三寸五分,宽五寸二分五厘。

[柱头科] 大斗一个:长一尺四寸,高七寸,宽一尺五分。头昂后带翘头一件:长三尺四寸四分七厘五毫,高一尺五分,宽七寸。二昂后带雀替一件:长六尺四寸五厘,高一尺五分,宽一尺五分。正心瓜栱一件:长二尺一寸七分,高七寸,宽四寸三分四厘。正心万栱一件:长三尺二寸二分,高七寸,宽四寸三分四厘。单材瓜栱二件:各长二尺一寸七分,高四寸九分,宽三寸五分。单材万栱二件:各长三尺二寸二分,高四寸九分,宽三寸五分。外厢栱一件:长二尺五寸二分,高四寸九分,宽三寸五分。里厢栱一件:长二尺八寸七分,高四寸九分,宽三寸五分。桶子十八斗共三个:头昂二个,各长一尺三寸三分,高三寸五分,宽五寸二分五厘;二昂一个,长一尺六寸八分,高三寸五分,宽五寸二分五厘。槽升子四个:各长四寸五分五厘,高三寸五分,宽六寸九厘。三才升十二个:各长四寸五分五厘,高三寸五分,宽五寸二分五厘。

[角科] 第一层:大斗一个:长一尺一寸九分,高七寸,宽一尺一寸九分。第二层:斜头昂后

带翘头一件:长四尺九寸五分四毫,高一尺五分,宽五寸二分五厘。搭角正头昂后带正心瓜栱二件:各长三尺二寸九分,高一尺五分,宽四寸三分四厘。**第三层:**斜二昂后带菊花头一件:长七尺五寸七分三厘三毫,高一尺五分,宽六寸七分五厘五毫。搭角正二昂后带正心万栱二件:各长四尺八寸六分五厘,高一尺五分,宽四寸三分四厘。搭角闹二昂后带单材瓜栱二件:各长四尺三寸四分,高一尺五分,宽三寸五分。里连头合角单材瓜栱二件:各长一尺八分五厘,高四寸九分,宽三寸五分。**第四层:**由昂后带六分头一件:长九尺七寸九分五厘,高一尺五分,宽八寸二分六厘。搭角正蚂蚱头后带正心枋二件:各前长三尺一寸五分;后长至平身科,高七寸,宽四寸三分四厘。搭角闹蚂蚱头后带单材万栱二件:各长四尺七寸六分,高七寸,宽三寸五分。搭角把臂厢栱二件:各长五尺四寸,高四寸九分,宽三寸五分。里连头合角单材万栱二件:各长一尺六寸一分,高四寸九分,宽三寸五分(或与平身科单材万栱连做)。**第五层:**斜撑头木后带麻叶头一件:长七尺四寸四分一厘三毫,高七寸,宽八寸二分六厘。搭角正撑头木后带正心枋二件:各前长二尺一寸;后长至平身科,高七寸,宽四寸三分四厘。搭角闹撑头木后带拽枋二件:各前长二尺一寸;后长至平身科,高七寸,宽三寸五分。里连头合角厢栱二件:各长一尺二寸六分,高四寸九分,宽三寸五分(或与平身科厢栱连做)。**第六层:**斜桁椀一件:长五尺四寸四分四厘六毫,高一尺二寸二分五厘,宽八寸二分六厘。搭角正桁椀后带正心枋二件:各前长一尺九寸二分五厘;后长至平身科,高七寸七分,宽四寸三分四厘。贴升耳共十个:斜头昂四个,各长六寸九分三厘;斜二昂二个,各长八寸四分三厘五毫;由昂四个,各长九寸九分四厘。俱高二寸一分,宽八分四厘。十八斗六个:各长六寸三分,高三寸五分,宽五寸二分五厘。槽升子四个:各长四寸五分五厘,高三寸五分,宽六寸九厘。三才升十四个:各长四寸五分五厘,高三寸五分,宽五寸二分五厘。

(七)斗口重昂平身科、柱头科、角科斗口四寸各件尺寸开后

[平身科] 大斗一个:长一尺二寸,高八寸,宽一尺二寸。头昂后带翘头一件:长三尺九寸四分,高一尺二寸,宽四寸。二昂后带菊花头一件:长六尺一寸二分,高一尺二寸,宽四寸。蚂蚱头后带六分头一件:长六尺四寸六分,高八寸,宽四寸。撑头木后带麻叶头一件:长六尺二寸一分六厘,高八寸,宽四寸。正心瓜栱一件:长二尺四寸八分,高八寸,宽四寸九分六厘。正心万栱一件:长三尺六寸八分,高八寸,宽四寸九分六厘。单材瓜栱二件:各长二尺四寸八分,高五寸六分,宽四寸。单材万栱二件:各长三尺六寸八分,高五寸六分,宽四寸。厢栱二件:各长二尺八寸八分,高五寸六分,宽四寸。桁椀一件:长四尺六寸,高一尺四寸,宽四寸。十八斗四个:各长七寸二分,高四寸,宽六寸。槽升子四个:各长五寸二分,高四寸,宽六寸九分六厘。三才升十二个:各长五寸二分,高四寸,宽六寸。

[柱头科] 大斗一个:长一尺六寸,高八寸,宽一尺二寸。头昂后带翘头一件:长三尺九寸四分,高一尺二寸,宽八寸。二昂后带雀替一件:长七尺三寸二分,高一尺二寸,宽一尺二寸。正心瓜栱一件:长二尺四寸八分,高八寸,宽四寸九分六厘。正心万栱一件:长三尺六寸八分,高八寸,宽四寸九分六厘。单材瓜栱二件:各长二尺四寸八分,高五寸六分,宽四寸。单材万栱二件:各长三尺六寸八分,高五寸六分,宽四寸。外厢栱一件:长二尺八寸八分,高五寸六分,宽四寸。里厢栱一件:长三尺二寸八分,高五寸六分,宽四寸。桶子十八斗共三个:头昂二个,各长一尺五

寸二分,高四寸,宽六寸;二昂一个,长一尺九寸二分,高四寸,宽六寸。槽升子四个:各长五寸二分,高四寸,宽六寸九分六厘。三才升十二个:各长五寸二分,高四寸,宽六寸。

[角科]　第一层:大斗一个:长一尺三寸六分,高八寸,宽一尺三寸六分。第二层:斜头昂后带翘头一件:长五尺六寸五分七厘六毫,高一尺二寸,宽六寸。搭角正头昂后带正心瓜栱二件:各长三尺七寸六分,高一尺二寸,宽四寸九分六厘。第三层:斜二昂后带菊花头一件:长八尺六寸五分五厘二毫,高一尺二寸,宽七寸七分二厘。搭角正二昂后带正心万栱二件:各长五尺五寸六分,高一尺二寸,宽四寸九分六厘。搭角闹二昂后带单材瓜栱二件:各长四尺九寸六分,高一尺二寸,宽四寸。里连头合角单材瓜栱二件:各长一尺二寸四分,高五寸六分,宽四寸。第四层:由昂后带六分头一件:长十一尺八分,高一尺二寸,宽九寸四分四厘。搭角正蚂蚱头后带正心枋二件:各前长三尺六寸;后长至平身科,高八寸,宽四寸九分六厘。搭角闹蚂蚱头后带单材万栱二件:各长五尺四寸四分,高八寸,宽四寸。搭角把臂厢栱二件:各长五尺七寸六分,高五寸六分,宽四寸。里连头合角单材万栱二件:各长一尺八寸四分,高五寸六分,宽四寸(或与平身科单材万栱连做)。第五层:斜撑头木后带麻叶头一件:长八尺五寸四厘四毫,高八寸,宽九寸四分四厘。搭角正撑头木后带正心枋二件:各前长二尺四寸;后长至平身科,高八寸,宽四寸九分六厘。搭角闹撑头木后带拽枋二件:各前长二尺四寸;后长至平身科,高八寸,宽四寸。里连头合角厢栱二件:各长一尺四寸四分,高五寸六分,宽四寸(或与平身科厢栱连做)。第六层:斜桁椀一件:长六尺二寸二分二厘四毫,高一尺四寸,宽九寸四分四厘。搭角正桁椀后带正心枋二件:各前长二尺二寸;后长至平身科,高八寸八分,宽四寸九分六厘。贴升耳共十个:斜头昂四个,各长七寸九分二厘;斜二昂二个,各长九寸六分四厘;由昂四个,各长一尺一寸三分六厘。俱高二寸四分,宽九分六厘。十八斗六个:各长七寸二分,高四寸,宽六寸。槽升子四个:各长五寸二分,高四寸,宽六寸九分六厘。三才升十四个:各长五寸二分,高四寸,宽六寸。

(八) 斗口重昂平身科、柱头科、角科斗口四寸五分各件尺寸开后

[平身科]　大斗一个:长一尺三寸五分,高九寸,宽一尺三寸五分。头昂后带翘头一件:长四尺四寸三分二厘五毫,高一尺三寸五分,宽四寸五分。二昂后带菊花头一件:长六尺八寸八分五厘,高一尺三寸五分,宽四寸五分。蚂蚱头后带六分头一件:长七尺二寸六分七厘五毫,高九寸,宽四寸五分。撑头木后带麻叶头一件:长六尺九寸九分三厘,高九寸,宽四寸五分。正心瓜栱一件:长二尺七寸九分,高九寸,宽五寸五分八厘。正心万栱一件:长四尺一寸四分,高九寸,宽五寸五分八厘。单材瓜栱二件:各长二尺七寸九分,高六寸三分,宽四寸五分。单材万栱二件:各长四尺一寸四分,高六寸三分,宽四寸五分。厢栱二件:各长三尺二寸四分,高六寸三分,宽四寸五分。桁椀一件:长五尺一寸七分五厘,高一尺五寸七分五厘,宽四寸五分。十八斗四个:各长八寸一分,高四寸五分,宽六寸七分五厘。槽升子四个:各长五寸八分五厘,高四寸五分,宽七寸八分三厘。三才升十二个:各长五寸八分五厘,高四寸五分,宽六寸七分五厘。

[柱头科]　大斗一个:长一尺八寸,高九寸,宽一尺三寸五分。头昂后带翘头一件:长四尺四寸三分二厘五毫,高一尺三寸五分,宽九寸。二昂后带雀替一件:长八尺二寸三分五厘,高一尺三寸五分,宽一尺三寸五分。正心瓜栱一件:长二尺七寸九分,高九寸,宽五寸五分八厘。正

心万栱一件:长四尺一寸四分,高九寸,宽五寸五分八厘。单材瓜栱二件:各长二尺七寸九分,高六寸三分,宽四寸五分。单材万栱二件:各长四尺一寸四分,高六寸三分,宽四寸五分。外厢栱一件:长三尺二寸四分,高六寸三分,宽四寸五分。里厢栱一件:长三尺六寸九分,高六寸三分,宽四寸五分。桶子十八斗共三个:头昂二个,各长一尺七寸一分,高四寸五分,宽六寸七分五厘;二昂一个,长二尺一寸六分,高四寸五分,宽六寸七分五厘。槽升子四个:各长五寸八分五厘,高四寸五分,宽七寸八分三厘。三才升十二个:各长五寸八分五厘,高四寸五分,宽六寸七分五厘。

[角科] 第一层:大斗一个:长一尺五寸三分,高九寸,宽一尺五寸三分。第二层:斜头昂后带翘头一件:长六尺三寸六分四厘八毫,高一尺三寸五分,宽六寸七分五厘。搭角正头昂后带正心瓜栱二件:各长四尺二寸三分,高一尺三寸五分,宽五寸五分八厘。第三层:斜二昂后带菊花头一件:长九尺七寸三分七厘一毫,高一尺三寸五分,宽八寸六分八厘五毫。搭角正二昂后带正心万栱二件:各长六尺二寸五分五厘,高一尺三寸五分,宽五寸五分八厘。搭角闹二昂后带单材瓜栱二件:各长五尺五寸八分,高一尺三寸五分,宽四寸五分。里连头合角单材瓜栱二件:各长一尺三寸九分五厘,高六寸三分,宽四寸五分。第四层:由昂后带六分头一件:长一十二尺四寸六分五厘,高一尺三寸五分,宽一尺六分二厘。搭角正蚂蚱头后带正心枋二件:各前长四尺五分;后长至平身科,高九寸,宽五寸五分八厘。搭角闹蚂蚱头后带单材万栱二件:各长六尺一寸二分,高九寸,宽四寸五分。搭角把臂厢栱二件:各长六尺四寸八分,高六寸三分,宽四寸五分。里连头合角单材万栱二件:各长二尺七寸,高六寸三分,宽四寸五分(或与平身科单材万栱连做)。第五层:斜撑头木后带麻叶头一件:长九尺五寸六分七厘四毫,高九寸,宽一尺六分二厘。搭角正撑头木后带正心枋二件:各前长二尺七寸;后长至平身科,高九寸,宽五寸五分八厘。搭角闹撑头木后带拽枋二件:各前长二尺七寸;后长至平身科,高九寸,宽四寸五分。里连头合角厢栱二件:各长一尺六寸二分,高六寸三分,宽四寸五分(或与平身科厢栱连做)。第六层:斜桁椀一件:长七尺二毫,高一尺五寸七分五厘,宽一尺六分二厘。搭角正桁椀后带正心枋二件:各前长二尺四寸七分五厘;后长至平身科,高九寸九分,宽五寸五分八厘。贴升耳共十个:斜头昂四个,各长八寸九分一厘;斜二昂二个,各长一尺八分四厘五毫;由昂四个,各长一尺二寸七分八厘。俱高二寸七分,宽一寸八厘。十八斗六个:各长八寸一分,高四寸五分,宽六寸七分五厘。槽升子四个:各长五寸八分五厘,高四寸五分,宽七寸八分三厘。三才升十四个:各长五寸八分五厘,高四寸五分,宽六寸七分五厘。

(九)斗口重昂平身科、柱头科、角科斗口五寸各件尺寸开后

[平身科] 大斗一个:长一尺五寸,高一尺,宽一尺五寸。头昂后带翘头一件:长四尺九寸二分五厘,高一尺五寸,宽五寸。二昂后带菊花头一件:长七尺六寸五分,高一尺五寸,宽五寸。蚂蚱头后带六分头一件:长八尺七寸五分,高一尺,宽五寸。撑头木后带麻叶头一件:长七尺七寸七分,高一尺,宽五寸。正心瓜栱一件:长三尺一寸,高一尺,宽六寸二分。正心万栱一件:长四尺六寸,高一尺,宽六寸二分。单材瓜栱二件:各长三尺一寸,高七寸,宽五寸。单材万栱二件:各长四尺六寸,高七寸,宽五寸。厢栱二件:各长三尺六寸,高七寸,宽五寸。桁椀一件:长五尺七寸五分,高一尺七寸五分,宽五寸。十八斗四个:各长九寸,高五寸,宽七寸五分。槽升子四个:各长六寸五分,高五寸,宽八寸七分。三才升十二个:各长六寸五分,高五寸,宽七寸五分。

[柱头科]　大斗一个:长二尺,高一尺,宽一尺五寸。头昂后带翘头一件:长四尺九寸二分五厘,高一尺五寸,宽一尺。二昂后带雀替一件:长九尺一寸五分,高一尺五寸,宽一尺五寸。正心瓜栱一件:长三尺一寸,高一尺,宽六寸二分。正心万栱一件:长四尺六寸,高一尺,宽六寸二分。单材瓜栱二件:各长三尺一寸,高七寸,宽五寸。单材万栱二件:各长四尺六寸,高七寸,宽五寸。外厢栱一件:长三尺六寸,高七寸,宽五寸。里厢栱一件:长四尺一寸,高七寸,宽五寸。桶子十八斗共三个:头昂二个,各长一尺九寸,高五寸,宽七寸五分;二昂一个,长二尺四寸,高五寸,宽七寸五分。槽升子四个:各长六寸五分,高五寸,宽八寸七分。三才升十二个:各长六寸五分,高五寸,宽七寸五分。

[角科]　第一层:大斗一个:长一尺七寸,高一尺,宽一尺七寸。第二层:斜头昂后带翘头一件:长七尺七分二厘,高一尺五寸,宽七寸五分。搭角正头昂后带正心瓜栱二件:各长四尺七寸,高一尺五寸,宽六寸二分。第三层:斜二昂后带菊花头一件:长十尺八寸一分九厘,高一尺五寸,宽九寸六分五厘。搭角正二昂后带正心万栱二件:各长六尺九寸五分,高一尺五寸,宽六寸二分。搭角闹二昂后带单材瓜栱二件:各长六尺二寸,高一尺五寸,宽五寸。里连头合角单材瓜栱二件:各长一尺五寸五分,高七寸,宽五寸。第四层:由昂后带六分头一件:长一十三尺八寸五分,高一尺五寸,宽一尺一寸八分。搭角正蚂蚱头后带正心枋二件:各前长四尺五寸;后长至平身科,高一尺,宽六寸二分。搭角闹蚂蚱头后带单材万栱二件:各长六尺八寸,高一尺,宽五寸。搭角把臂厢栱二件:各长七尺二寸,高七寸,宽五寸。里连头合角单材万栱二件:各长二尺三寸,高七寸,宽五寸(或与平身科单材万栱连做)。第五层:斜撑头木后带麻叶头一件:长十尺六寸三分五毫,高一尺,宽一尺一寸八分。搭角正撑头木后带正心枋二件:各前长三尺;后长至平身科,高一尺,宽六寸二分。搭角闹撑头木后带拽枋二件:各前长三尺;后长至平身科,高一尺,宽五寸。里连头合角厢栱二件:各长一尺八寸,高七寸,宽五寸(或与平身科厢栱连做)。第六层:斜桁椀一件:长七尺七寸七分八厘,高一尺七寸五分,宽一尺一寸八分。搭角正桁椀后带正心枋二件:各前长二尺七寸五分;后长至平身科,高一尺一寸,宽六寸二分。贴升耳共十个:斜头昂四个,各长九寸九分;斜二昂二个,各长一尺二寸五厘;由昂四个,各长一尺四寸二分。俱高三寸,宽一寸二分。十八斗六个:各长九寸,高五寸,宽七寸五厘。槽升子四个:各长六寸五分,高五寸,宽八寸七分。三才升十四个:各长六寸五分,高五寸,宽七寸五分。

(十)斗口重昂平身科、柱头科、角科斗口五寸五分各件尺寸开后

[平身科]　大斗一个:长一尺六寸五分,高一尺一寸,宽一尺六寸五分。头昂后带翘头一件:长五尺四寸一分七厘五毫,高一尺六寸五分,宽五寸五分。二昂后带菊花头一件:长八尺四寸一分五厘,高一尺六寸五分,宽五寸五分。蚂蚱头后带六分头一件:长八尺八寸八分二厘五毫,高一尺一寸,宽五寸五分。撑头木后带麻叶头一件:长八尺五寸四分七厘,高一尺一寸,宽五寸五分。正心瓜栱一件:长三尺四寸一分,高一尺一寸,宽六寸八分二厘。正心万栱一件:长五尺六寸,高一尺一寸,宽六寸八分二厘。单材瓜栱二件:各长三尺四寸一分,高七寸七分,宽五寸五分。单材万栱二件:各长五尺六寸,高七寸七分,宽五寸五分。厢栱二件:各长三尺九寸六分,高七寸七分,宽五寸五分。桁椀一件:长六尺三寸二分五厘,高一尺九寸二分五厘,宽五寸五分。

十八斗四个:各长九寸九分,高五寸五分,宽八寸二分五厘。槽升子四个:各长七寸一分五厘,高五寸五分,宽九寸五分七厘。三才升十二个:各长七寸一分五厘,高五寸五分,宽八寸二分五厘。

[柱头科] 大斗一个:长二尺二寸,高一尺一寸,宽一尺六寸五分。头昂后带翘头一件:长五尺四寸一分七厘五毫,高一尺六寸五分,宽一尺一寸。二昂后带雀替一件:长十尺六分五厘,高一尺六寸五分,宽一尺六寸五分。正心瓜栱一件:长三尺四寸一分,高一尺一寸,宽六寸八分二厘。正心万栱一件:长五尺六分,高一尺一寸,宽六寸八分二厘。单材瓜栱二件:各长三尺四寸一分,高七寸七分,宽五寸五分。单材万栱二件:各长五尺六分,高七寸七分,宽五寸五分。外厢栱一件:长三尺九寸六分,高七寸七分,宽五寸五分。里厢栱一件:长四尺五寸一分,高七寸七分,宽五寸五分。桶子十八斗共三个:头昂二个,各长二尺九分,高五寸五分,宽八寸二分五厘;二昂一个,长二尺六寸四分,高五寸五分,宽八寸二分五厘。槽升子四个:各长七寸一分五厘,高五寸五分,宽九寸五分七厘。三才升十二个:各长七寸一分五厘,高五寸五分,宽八寸二分五厘。

[角科] 第一层:大斗一个:长一尺八寸七分,高一尺一寸,宽一尺八寸七分。第二层:斜头昂后带翘头一件:长七尺七寸七分九厘二毫,高一尺六寸五分,宽八寸二分五厘。搭角正头昂后带正心瓜栱二件:各长五尺一寸七分,高一尺六寸五分,宽六寸八分二厘。第三层:斜二昂后带菊花头一件:长一十一尺九寸九毫,高一尺六寸五分,宽一尺六寸一厘五毫。搭角正二昂后带正心万栱二件:各长七尺六寸四分五厘,高一尺六寸五分,宽六寸八分二厘。搭角闹二昂后带单材瓜栱二件:各长六尺八寸二分,高一尺六寸五分,宽五寸五分。里连头合角单材瓜栱二件:各长一尺七寸五厘,高七寸七分,宽五寸五分。第四层:由昂后带六分头一件:长一十五尺二寸三分五厘,高一尺六寸五分,宽一尺二寸九分八厘。搭角正蚂蚱头后带正心枋二件:各前长四尺九寸五分;后长至平身科,高一尺一寸,宽六寸八分二厘。搭角闹蚂蚱头后带单材万栱二件:各长七尺四寸八分,高一尺一寸,宽五寸五分。搭角把臂厢栱二件:各长七尺九寸二分,高七寸七分,宽五寸五分。里连头合角单材万栱二件:各长二尺五寸三分,高七寸七分,宽五寸五分(或与平身科单材万栱连做)。第五层:斜撑头木后带麻叶头一件:长一十一尺六寸九分三厘五毫,高一尺一寸,宽一尺二寸九分八厘。搭角正撑头木后带正心枋二件:各前长三尺三寸;后长至平身科,高一尺一寸,宽六寸八分二厘。搭角闹撑头木后带拽枋二件:各前长三尺三寸;后长至平身科,高一尺一寸,宽五寸五分。里连头合角厢栱二件:各长一尺九寸八分,高七寸七分,宽五寸五分(或与平身科厢栱连做)。第六层:斜桁椀一件:长八尺五寸五分五厘八毫,高一尺九寸二分五厘,宽一尺二寸九分八厘。搭角正桁椀后带正心枋二件:各前长三尺二分五厘;后长至平身科,高一尺二寸一分,宽六寸八分二厘。贴升耳共十个:斜头昂四个,各长一尺八分九厘;斜二昂二个,各长一尺三寸二分五厘五毫;由昂四个,各长一尺五寸六分二厘。俱高三寸三分,宽一寸三分二厘。十八斗六个:各长九寸九分,高五寸五分,宽八寸二分五厘。槽升子四个:各长七寸一分五厘,高五寸五分,宽九寸五分七厘。三才升十四个:各长七寸一分五厘,高五寸五分,宽八寸二分五厘。

(十一) 斗口重昂平身科、柱头科、角科斗口六寸各件尺寸开后

[平身科] 大斗一个:长一尺八寸,高一尺二寸,宽一尺八寸。头昂后带翘头一件:长五尺九寸一分,高一尺八寸,宽六寸。二昂后带菊花头一件:长九尺一寸八分,高一尺八寸,宽六寸。

418 \ 斗栱

蚂蚱头后带六分头一件:长九尺六寸九分,高一尺二寸,宽六寸。撑头木后带麻叶头一件:长九尺三寸二分四厘,高一尺二寸,宽六寸。正心瓜栱一件:长三尺七寸二分,高一尺二寸,宽七寸四分四厘。正心万栱一件:长五尺五寸二分,高一尺二寸,宽七寸四分四厘。单材瓜栱二件:各长三尺七寸二分,高八寸四分,宽六寸。单材万栱二件:各长五尺五寸二分,高八寸四分,宽六寸。厢栱二件:各长四尺三寸二分,高八寸四分,宽六寸。桁椀一件:长六尺九寸,高二尺一寸,宽六寸。十八斗四个:各长一尺八分,高六寸,宽九寸。槽升子四个:各长七寸八分,高六寸,宽一尺四分四厘。三才升十二个:各长七寸八分,高六寸,宽九寸。

[柱头科] 大斗一个:长二尺四寸,高一尺二寸,宽一尺八寸。头昂后带翘头一件:长五尺九寸一分,高一尺八寸,宽一尺二寸。二昂后带雀替一件:长十尺九寸八分,高一尺八寸,宽一尺八寸。正心瓜栱一件:长三尺七寸二分,高一尺二寸,宽七寸四分四厘。正心万栱一件:长五尺五寸二分,高一尺二寸,宽七寸四分四厘。单材瓜栱二件:各长三尺七寸二分,高八寸四分,宽六寸。单材万栱二件:各长五尺五寸二分,高八寸四分,宽六寸。外厢栱一件:长四尺三寸二分,高八寸四分,宽六寸。里厢栱一件:长四尺九寸二分,高八寸四分,宽六寸。桶子十八斗共三个:头昂二个,各长二尺二寸八分,高六寸,宽九寸;二昂一个,长二尺八寸八分,高六寸,宽九寸。槽升子四个:各长七寸八分,高六寸,宽一尺四分四厘。三才升十二个:各长八寸四分,高六寸,宽九寸。

[角科] 第一层:大斗一个:长二尺四分,高一尺二寸,宽二尺四分。第二层:斜头昂后带翘头一件:长八尺四寸八分六厘四毫,高一尺八寸,宽九寸。搭角正头昂后带正心瓜栱二件:各长五尺六寸四分,高一尺八寸,宽七寸四分四厘。第三层:斜二昂后带菊花头一件:长一十二尺九寸八分二厘八毫,高一尺八寸,宽一尺一寸五分八厘。搭角正二昂后带正心万栱二件:各长八尺三寸四分,高一尺八寸,宽七寸四分四厘。搭角闹二昂后带单材瓜栱二件:各长七尺四寸四分,高一尺八寸,宽六寸。里连头合角单材瓜栱二件:各长一尺八寸六分,高八寸四分,宽六寸。第四层:由昂后带六分头一件:长一十六尺六寸二分,高一尺八寸,宽一尺四寸一分六厘。搭角正蚂蚱头后带正心枋二件:各前长五尺四寸;后长至平身科,高一尺二寸,宽七寸四分四厘。搭角闹蚂蚱头后带单材万栱二件:各长八尺一寸六分,高一尺二寸,宽六寸。搭角把臂厢栱二件:各长八尺六寸四分,高八寸四分,宽六寸。里连头合角单材万栱二件:各长二尺七寸六分,高八寸四分,宽六寸(或与平身科单材万栱连做)。第五层:斜撑头木后带麻叶头一件:长一十二尺七寸五分六厘六毫,高一尺二寸,宽一尺四寸一分六厘。搭角正撑头木后带正心枋二件:各前长三尺六寸;后长至平身科,高一尺二寸,宽七寸四分四厘。搭角闹撑头木后带拽枋二件:各前长三尺六寸;后长至平身科,高一尺二寸,宽六寸。里连头合角厢栱二件:各长二尺一寸六分,高八寸四分,宽六寸(或与平身科厢栱连做)。第六层:斜桁椀一件:长九尺三寸三分三厘六毫,高二尺一寸,宽一尺四寸一分六厘。搭角正桁椀后带正心枋二件:各前长三尺三寸;后长至平身科,高一尺三寸二分,宽七寸四分四厘。贴升耳共十个:斜头昂四个,各长一尺一寸八分八厘;斜二昂二个,各长一尺四寸四分六厘;由昂四个,各长一尺七寸四厘。俱高三寸六分,宽一寸四分四厘。十八斗六个:各长一尺八分,高六寸,宽九寸。槽升子四个:各长七寸八分,高六寸,宽一尺四分四厘。三才升十四个:各长七寸八分,高六寸,宽九寸。

二、斗口重昂平身科图样十

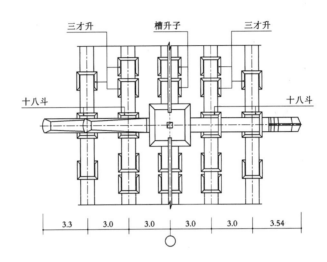

仰视平面

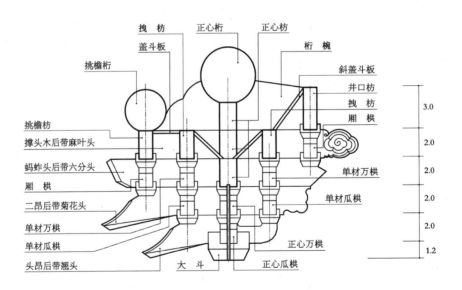

立面

斗口重昂平身科图样十　分件一

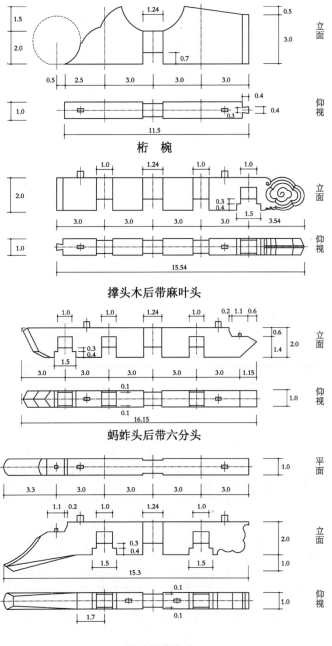

桁　椀

撑头木后带麻叶头

蚂蚱头后带六分头

二昂后带菊花头

斗口重昂平身科图样十　分件二

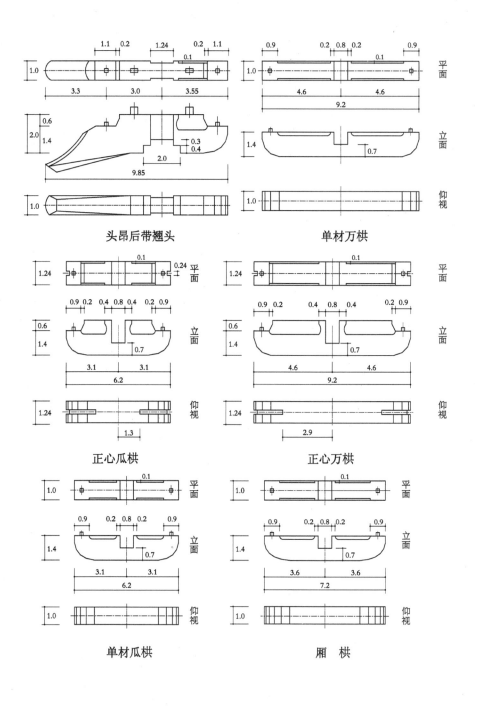

头昂后带翘头

单材万栱

正心瓜栱

正心万栱

单材瓜栱

厢　栱

三、斗口重昂柱头科图样十一

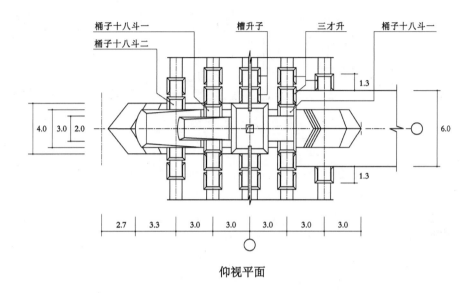

仰视平面

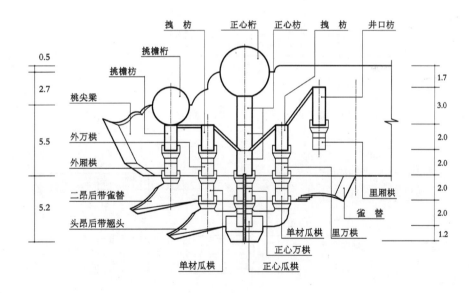

侧立面

斗口重昂柱头科图样十一　分件一

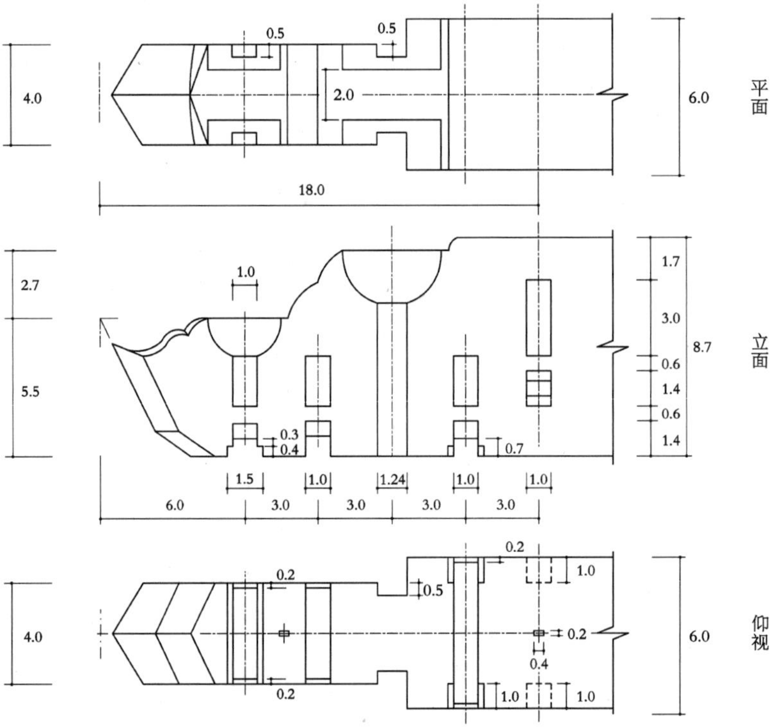

平面

立面

仰视

桃尖梁

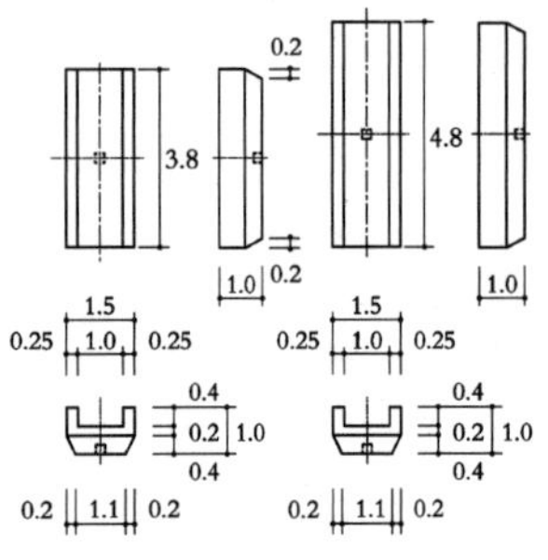

桶子十八斗一　桶子十八斗二

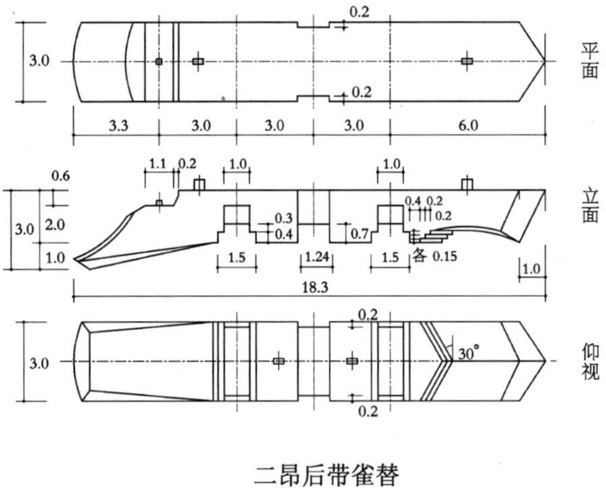

平面

立面

仰视

二昂后带雀替

斗口重昂柱头科图样十一　分件二

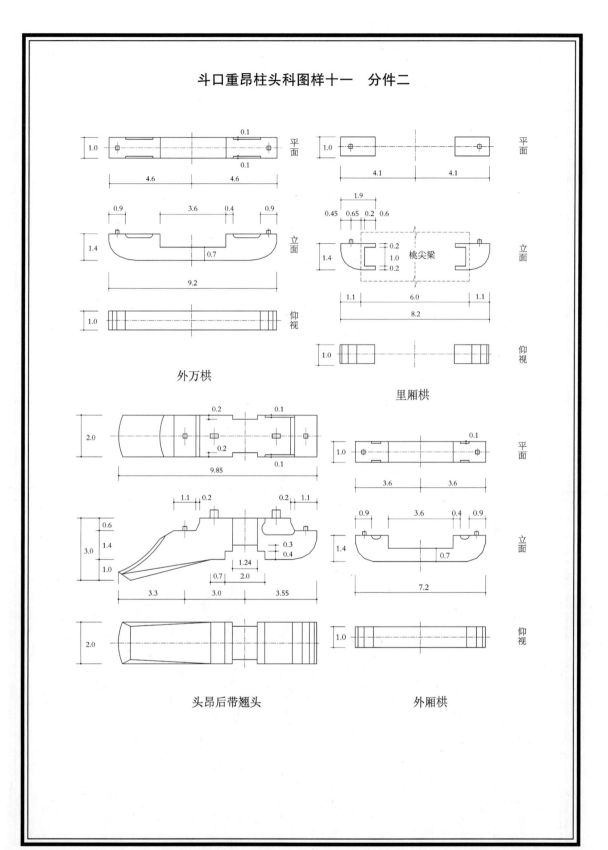

外万棋

里厢棋

头昂后带翘头

外厢棋

斗口重昂柱头科图样十一　分件三

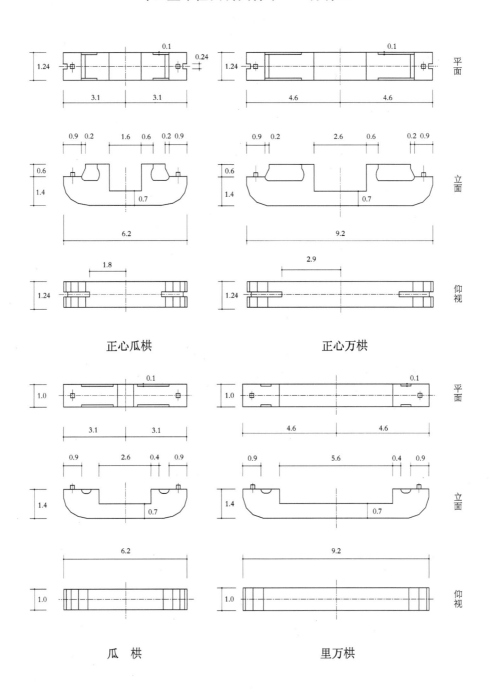

正心瓜栱

正心万栱

瓜　栱

里万栱

四、斗口重昂角科图样十二

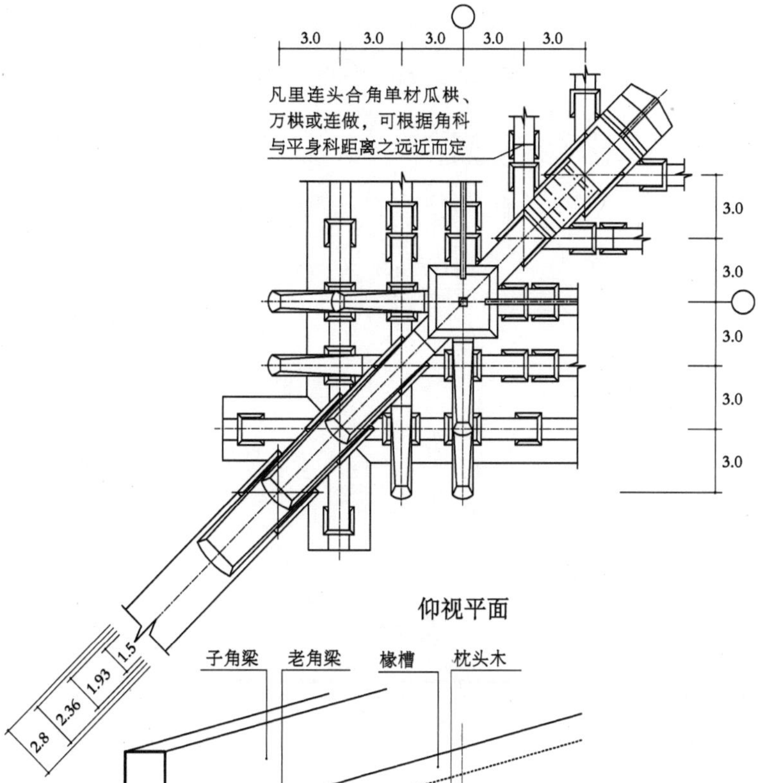

凡里连头合角单材瓜栱、
万栱或连做，可根据角科
与平身科距离之远近而定

3.0 3.0 3.0 3.0 3.0

3.0
3.0
3.0
3.0
3.0

2.8 2.36 1.93 1.5

仰视平面

子角梁 老角梁 椽槽 枕头木

由昂

斜二昂

斜头昂

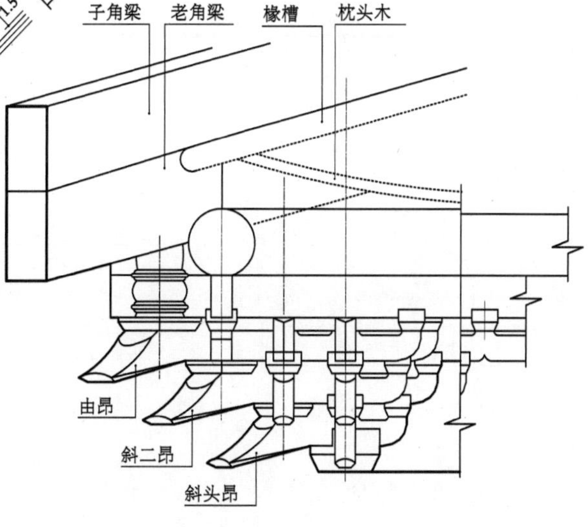

立 面

斗口重昂角科图样十二　分件一

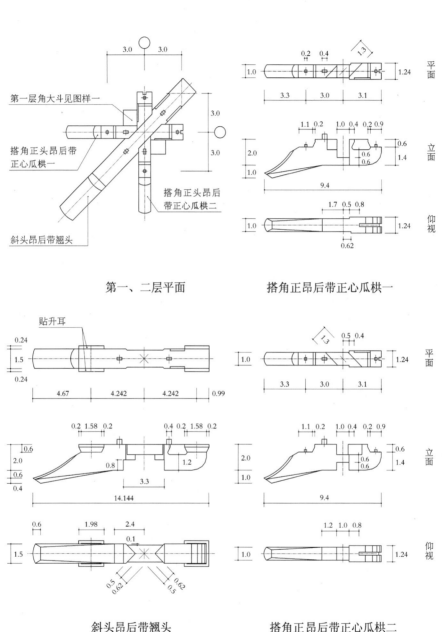

第一、二层平面

搭角正昂后带正心瓜栱一

斜头昂后带翘头

搭角正昂后带正心瓜栱二

斗口重昂角科图样十二 分件二

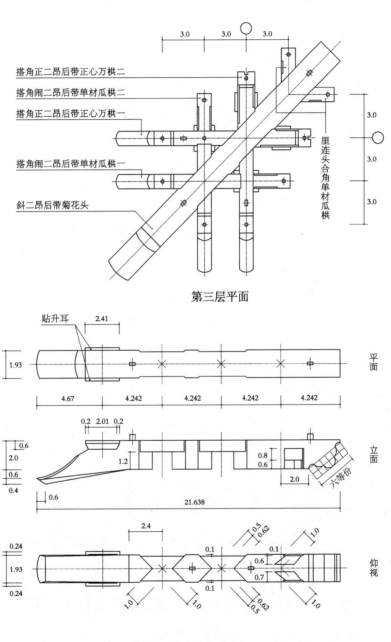

搭角正二昂后带正心万栱二

搭角闹二昂后带单材瓜栱二

搭角正二昂后带正心万栱一

搭角闹二昂后带单材瓜栱一

斜二昂后带菊花头

里连头合角单材瓜栱

第三层平面

贴升耳

斜二昂后带菊花头

斗口重昂角科图样十二 分件三

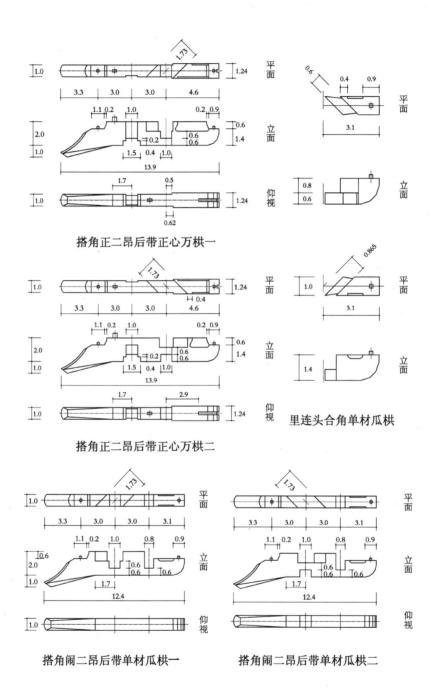

搭角正二昂后带正心万栱一

里连头合角单材瓜栱

搭角正二昂后带正心万栱二

搭角闹二昂后带单材瓜栱一

搭角闹二昂后带单材瓜栱二

斗口重昂角科图样十二 分件四

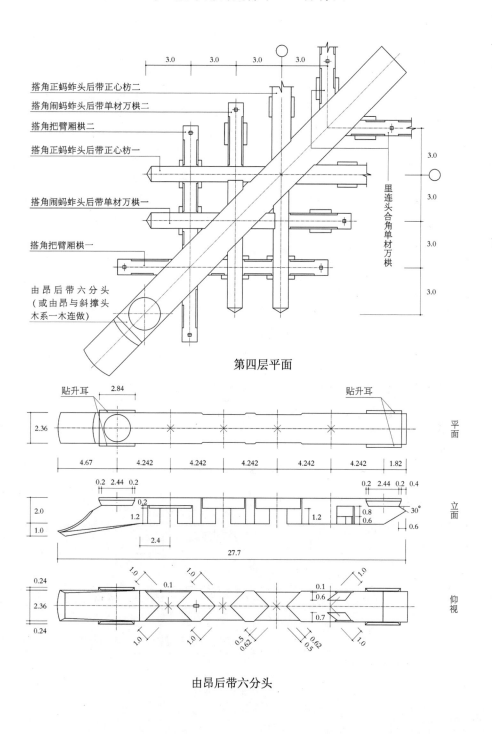

搭角正蚂蚱头后带正心枋二
搭角闹蚂蚱头后带单材万栱二
搭角把臂厢栱二
搭角正蚂蚱头后带正心枋一
搭角闹蚂蚱头后带单材万栱一
搭角把臂厢栱一
由昂后带六分头
（或由昂与斜撑头
木系一木连做）

里连头合角单材万栱

第四层平面

贴升耳　2.84　　贴升耳

平面

由昂后带六分头

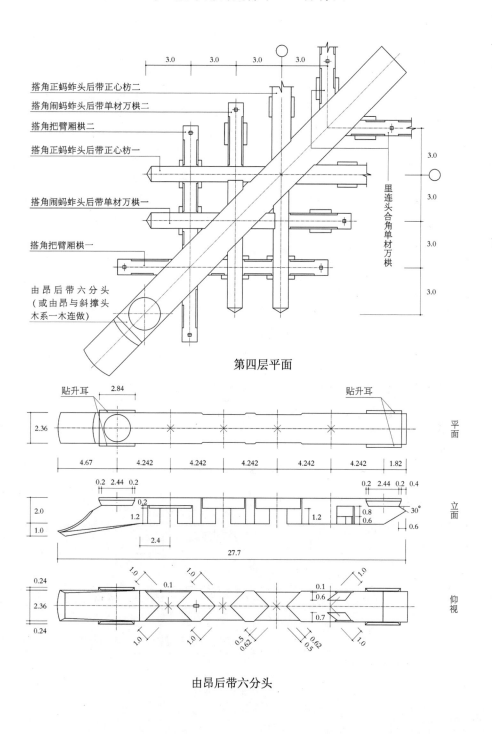

斗口重昂角科图样十二　分件五

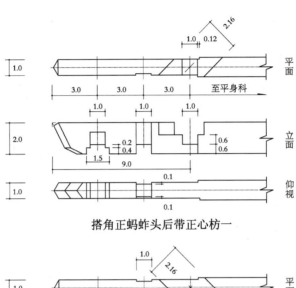

平面
立面
仰视

搭角正蚂蚱头后带正心枋一

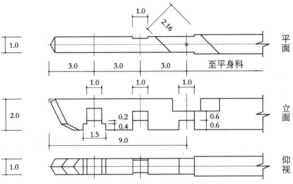

平面
立面
仰视

搭角正蚂蚱头后带正心枋二

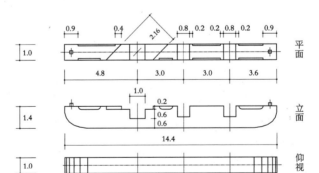

平面
立面
仰视

搭角把臂厢栱一

斗口重昂角科图样十二 分件六

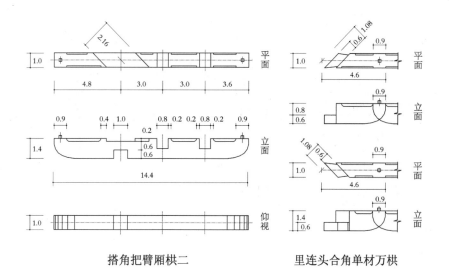

搭角把臂厢栱二   里连头合角单材万栱

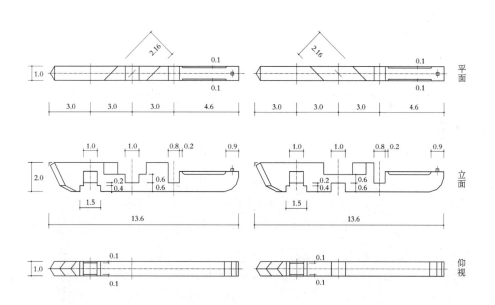

搭角闹蚂蚱头后带单材万栱一   搭角闹蚂蚱头后带单材万栱二

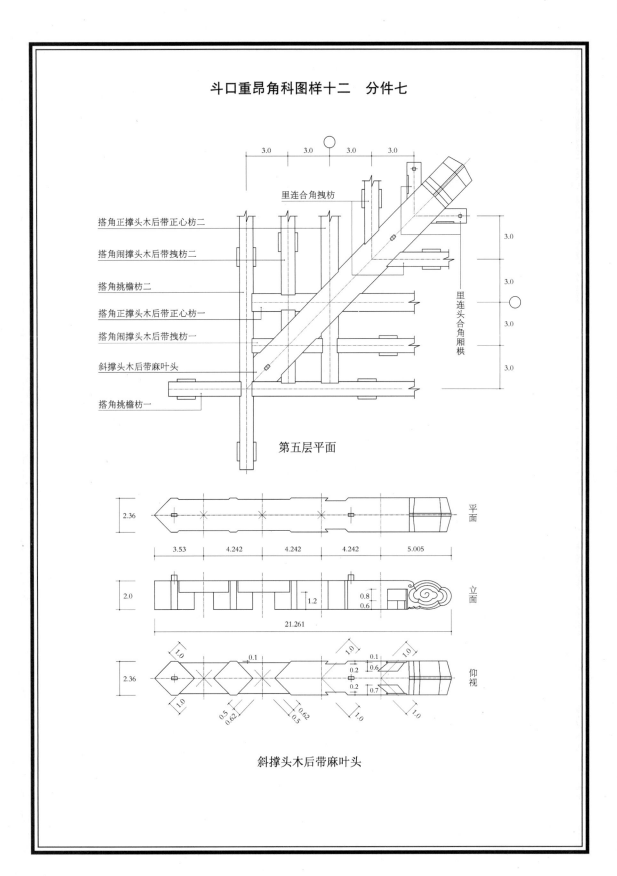

斗口重昂角科图样十二　分件七

里连合角拽枋

搭角正撑头木后带正心枋二

搭角闹撑头木后带拽枋二

搭角挑檐枋二

搭角正撑头木后带正心枋一

搭角闹撑头木后带拽枋一

斜撑头木后带麻叶头

搭角挑檐枋一

里连头合角厢栱

第五层平面

斜撑头木后带麻叶头

平面

立面

仰视

　斗栱

斗口重昂角科图样十二　分件八

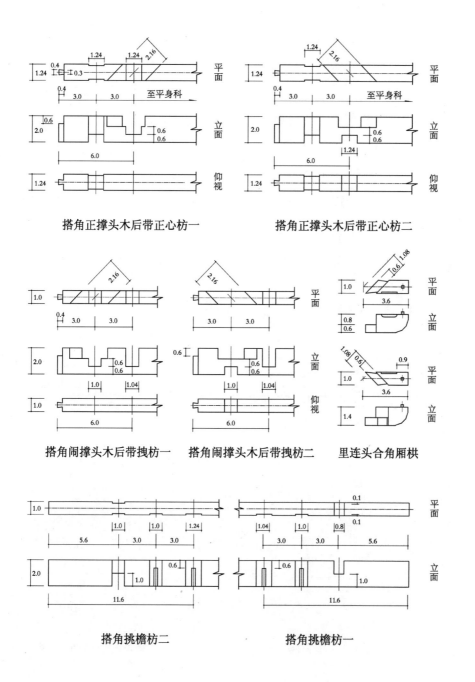

搭角正撑头木后带正心枋一　　　搭角正撑头木后带正心枋二

搭角闹撑头木后带拽枋一　搭角闹撑头木后带拽枋二　里连头合角厢栱

搭角挑檐枋二　　　　搭角挑檐枋一

斗口重昂角科图样十二　分件九

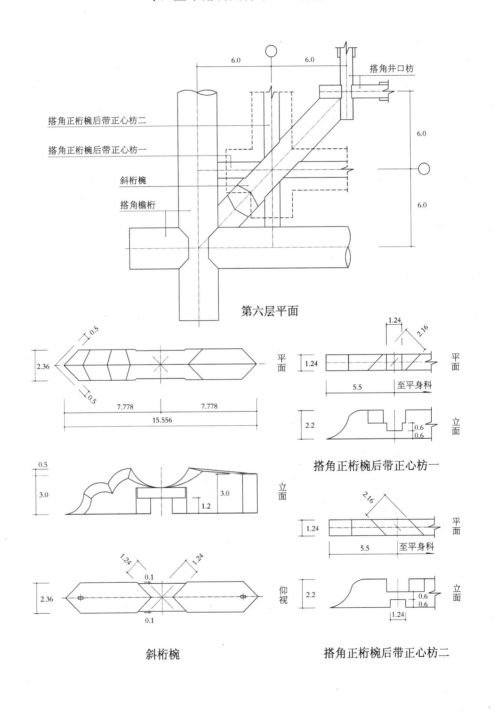

第六层平面

斜桁椀

搭角正桁椀后带正心枋一

搭角正桁椀后带正心枋二

五、斗口重昂各件尺寸权衡表

斗栱类别		构件名称	长	高	宽	件 数	备 注
平身科		大 斗	3.0	2.0	3.0	1	
		头昂后带翘头	9.85	3.0	1.0	1	
		二昂后带菊花头	15.3	3.0	1.0	1	
		蚂蚱头后带六分头	16.15	2.0	1.0	1	
		撑头木后带麻叶头	15.54	2.0	1.0	1	
		正心瓜栱	6.2	2.0	1.24	1	
		正心万栱	9.2	2.0	1.24	1	
		单材瓜栱	6.2	1.4	1.0	2	
		单材万栱	9.2	1.4	1.0	2	
		厢 栱	7.2	1.4	1.0	2	
		桁 椀	11.5	3.5	1.0	1	
		十八斗	1.8	1.0	1.5	4	
		槽升子	1.3	1.0	1.74	4	
		三才升	1.3	1.0	1.5	12	
柱头科		大 斗	4.0	2.0	3.0	1	
		头昂后带翘头	9.85	3.0	2.0	1	
		二昂后带雀替	18.3	3.0	3.0	1	
		正心瓜栱	6.2	2.0	1.24	1	
		正心万栱	9.2	2.0	1.24	1	
		单材瓜栱	6.2	1.4	1.0	2	
		单材万栱	9.2	1.4	1.0	2	
		外厢栱	7.2	1.4	1.0	1	
		里厢栱	1.9	1.4	1.0	2	两头栱共长8.2(中有桃尖梁)
		头昂桶子十八斗	3.8	1.0	1.5	2	
		二昂桶子十八斗	4.8	1.0	1.5	1	
		槽升子	1.3	1.0	1.74	4	
		三才升	1.3	1.0	1.5	12	
角科	第一层	大 斗	3.4	2.0	3.4	1	
	第二层	斜昂后带翘头	14.144	3.0	1.5	1	
		搭角正头昂后带正心瓜栱	9.4	3.0	1.24	2	

续表

斗栱类别		构件名称	长	高	宽	件数	备　注
角科	第三层	斜二昂后带菊花头	21.638	3.0	1.93	1	
		搭角正二昂后带正心万栱	13.9	3.0	1.24	2	
		搭角闹二昂后带单材瓜栱	12.4	3.0	1.0	2	
		里连头合角单材瓜栱	3.1	1.4	1.0	2	
	第四层	由昂后带六分头	27.7	3.0	2.36	1	
		搭角正蚂蚱头后带正心枋	前长9.0	2.0	1.24	2	后长至平身科或柱头科
		搭角闹蚂蚱头后带单材万栱	13.6	2.0	1.0	2	
		搭角把臂厢栱	14.4	1.4	1.0	2	
		里连头合角单材万栱	4.6	1.4	1.0	2	或与平身科单材万栱连做
	第五层	斜撑头木后带麻叶头	21.261	2.0	2.36	1	
		搭角正撑头木后带正心枋	前长6.0	2.0	1.24	2	后长至平身科或柱头科
		搭角闹撑头木后带拽枋	前长6.0	2.0	1.0	2	后长至平身科或柱头科
		里连头合角厢栱	3.6	1.4	1.0	2	或与平身科厢栱连做
	第六层	斜桁椀	15.556	3.5	2.36	1	
		搭角正桁椀后带正心枋	前长5.5	2.2	1.24	2	后长至平身科或柱头科
		斜头昂贴升耳	1.98	0.6	0.24	4	
		斜二昂贴升耳	2.41	0.6	0.24	2	
		由昂贴升耳	2.84	0.6	0.24	4	
		十八斗	1.8	1.0	1.5	6	
		槽升子	1.3	1.0	1.74	4	
		三才升	1.3	1.0	1.5	14	

第十节　单翘单昂

一、单翘单昂斗口一寸至六寸各件尺寸

（一）单翘单昂平身科、柱头科、角科斗口一寸各件尺寸开后

［平身科］　大斗一个：长三寸，高二寸，宽三寸。单翘一件：长七寸一分，高二寸，宽一寸。单昂后带菊花头一件：长一尺五寸三分，高三寸，宽一寸。蚂蚱头后带六分头一件：长一尺六寸一分五厘，高二寸，宽一寸。撑头木后带麻叶头一件：长一尺五寸五分四厘，高二寸，宽一寸。正心瓜栱一件：长六寸二分，高二寸，宽一寸二分四厘。正心万栱一件：长九寸二分，高二寸，宽一寸二分四厘。单材瓜栱二件：各长六寸二分，高一寸四分，宽一寸。单材万栱二件：各长九寸二分，高一寸四分，宽一寸。厢栱二件：各长七寸二分，高一寸四分，宽一寸。桁椀一件：长一尺一寸五分，高三寸五分，宽一寸。十八斗四个：各长一寸八分，高一寸，宽一寸五分。槽升子四个：各长一寸三分，高一寸，宽一寸七分四厘。三才升十二个：各长一寸三分，高一寸，宽一寸五分。

［柱头科］　大斗一个：长四寸，高二寸，宽三寸。单翘一件：长七寸一分，高二寸，宽二寸。单昂后带雀替一件：长一尺八寸三分，高三寸，宽三寸。正心瓜栱一件：长六寸二分，高二寸，宽一寸二分四厘。正心万栱一件：长九寸二分，高二寸，宽一寸二分四厘。单材瓜栱二件：各长六寸二分，高一寸四分，宽一寸。单材万栱二件：各长九寸二分，高一寸四分，宽一寸。外厢栱一件：长七寸二分，高一寸四分，宽一寸。里厢栱一件：长八寸二分，高一寸四分，宽一寸。桶子十八斗共三个：单翘二个，各长三寸八分，高一寸，宽一寸五分；单昂一个，长四寸八分，高一寸，宽一寸五分。槽升子四个：各长一寸三分，高一寸，宽一寸七分四厘。三才升十二个：各长一寸三分，高一寸，宽一寸五分。

［角科］　第一层：大斗一个：长三寸四分，高二寸，宽三寸四分。第二层：斜翘一件：长一尺四分六厘四毫，高二寸，宽一寸五分。搭角正翘后带正心瓜栱二件：各长六寸六分五厘，高二寸，宽一寸二分四厘。第三层：斜昂后带菊花头一件：长二尺一寸六分三厘八毫，高三寸，宽一寸九分三厘。搭角正昂后带正心万栱二件：各长一尺三寸九分，高三寸，宽一寸二分四厘。搭角闹昂后带单材瓜栱二件：各长一尺二寸四分，高三寸，宽一寸。里连头合角单材瓜栱二件：各长三寸一分，高一寸四分，宽一寸。第四层：由昂后带六分头一件：长二尺七寸七分，高三寸，宽二寸三分六厘。搭角正蚂蚱头后带正心枋二件：各前长九寸；后长至平身科，高二寸，宽一寸二分四厘。搭角闹蚂蚱头后带单材万栱二件：各长一尺三寸六分，高二寸，宽一寸。搭角把臂厢栱二件：各长一尺四寸四分，高一寸四分，宽一寸。里连头合角单材万栱二件：各长四寸六分，高一寸四分，宽一寸（或与平身科单材万栱连做）。第五层：斜撑头木后带麻叶头一件：长二尺一寸二分六厘一毫，高二寸，宽二寸三分六厘。搭角正撑头木后带正心枋二件：各前长六寸；后长至平身科，高二寸，宽一寸二分四厘。搭角闹撑头木后带拽枋二件：各前长六寸；后长至平身科，高二寸，宽一

寸。里连头合角厢栱二件：各长三寸六分，高一寸四分，宽一寸（或与平身科厢栱连做）。**第六层**：斜桁椀一件：长一尺五寸五分五厘六毫，高三寸五分，宽二寸三分六厘。搭角正桁椀后带正心枋二件：各前长五寸五分；后长至平身科，高二寸二分，宽一寸二分四厘。贴升耳共十个：斜头昂四个，各长一寸九分八厘；斜二昂二个，各长二寸四分一厘；由昂四个，各长二寸八分四厘。俱高六分，宽__分四厘。十八斗六个：各长一寸八分，高一寸，宽一寸五分。槽升子四个：各长一寸三分，高一寸，宽一寸七分四厘。三才升十四个：各长一寸三分，高一寸，宽一寸五分。

（二）单翘单昂平身科、柱头科、角科斗口一寸五分各件尺寸开后

[平身科]　大斗一个：长四寸五分，高三寸，宽四寸五分。单翘一件：长一尺六分五厘，高三寸，宽一寸五分。单昂后带菊花头一件：长二尺二寸九分五厘，高四寸五分，宽一寸五分。蚂蚱头后带六分头一件：长二尺四寸二分二厘五毫，高三寸，宽一寸五分。撑头木后带麻叶头一件：长二尺三寸三分一厘，高三寸，宽一寸五分。正心瓜栱一件：长九寸三分，高三寸，宽一寸八分六厘。正心万栱一件：长一尺三寸八分，高三寸，宽一寸八分六厘。单材瓜栱二件：各长九寸三分，高二寸一分，宽一寸五分。单材万栱二件：各长一尺三寸八分，高二寸一分，宽一寸五分。厢栱二件：各长一尺八分，高二寸一分，宽一寸五分。桁椀一件：长一尺七寸二分五厘，高五寸二分五厘，宽一寸五分。十八斗四个：各长二寸七分，高一寸五分，宽二寸二分五厘。槽升子四个：各长一寸九分五厘，高一寸五分，宽二寸六分一厘。三才升十二个：各长一寸九分五厘，高一寸五分，宽二寸二分五厘。

[柱头科]　大斗一个：长六寸，高三寸，宽四寸五分。单翘一件：长一尺六分五厘，高三寸，宽三寸。单昂后带雀替一件：长二尺七寸四分五厘，高四寸五分，宽四寸五分。正心瓜栱一件：长九寸三分，高三寸，宽一寸八分六厘。正心万栱一件：长一尺三寸八分，高三寸，宽一寸八分六厘。单材瓜栱二件：各长九寸三分，高二寸一分，宽一寸五分。单材万栱二件：各长一尺三寸八分，高二寸一分，宽一寸五分。外厢栱一件：长一尺八分，高二寸一分，宽一寸五分。里厢栱一件：长一尺二寸三分，高二寸一分，宽一寸五分。桶子十八斗共三个：单翘二个，各长五寸七分，高一寸五分，宽二寸二分五厘；单昂一个：长七寸二分，高一寸五分，宽二寸二分五厘。槽升子四个：各长一寸九分五厘，高一寸五分，宽二寸六分一厘。三才升十二个：各长一寸九分五厘，高一寸五分，宽二寸二分五厘。

[角科]　**第一层**：大斗一个：长五寸一分，高三寸，宽五寸一分。**第二层**：斜翘一件：长一尺五寸六分九厘六毫，高三寸，宽二寸二分五厘。搭角正翘后带正心瓜栱二件：各长一尺四寸一分，高四寸五分，宽一寸八分六厘。**第三层**：斜二昂后带菊花头一件：长三尺二寸四分五厘七毫，高四寸五分，宽二寸八分九厘五毫。搭角正二昂后带正心万栱二件：各长二尺八寸五分，高四寸五分，宽一寸八分六厘。搭角闹二昂后带单材瓜栱二件：各长一尺八寸六分，高四寸五分，宽一寸五分。里连头合角单材瓜栱二件：各长四寸六分五厘，高二寸一分，宽一寸五分。**第四层**：由昂后带六分头一件：长四尺一寸五分五厘，高四寸五分，宽三寸五分四厘。搭角正蚂蚱头后带正心枋二件：各前长一尺三寸五分；后长至平身科，高三寸，宽一寸八分六厘。搭角闹蚂蚱头后带单材万栱二件：各长二尺四分，高三寸，宽一寸五分。搭角把臂厢栱二件：各长二尺一寸六分，高

二寸一分,宽一寸五分。里连头合角单材万栱二件:各长六寸九分,高二寸一分,宽一寸五分(或与平身科单材万栱连做)。**第五层**:斜撑头木后带麻叶头一件:长三尺一寸八分九厘一毫,高三寸,宽三寸五分四厘。搭角正撑头木后带正心枋二件:各前长九寸;后长至平身科,高三寸,宽一寸八分六厘。搭角闹撑头木后带拽枋二件:各前长九寸;后长至平身科,高三寸,宽一寸五分。里连头合角厢栱二件:各长五寸四分,高二寸一分,宽一寸五分(或与平身科厢栱连做)。**第六层**:斜桁椀一件:长二尺三寸三分三厘四毫,高五寸二分五厘,宽三寸五分四厘。搭角正桁椀后带正心枋二件:各前长八寸二分五厘;后长至平身科,高三寸三分,宽一寸八分六厘。贴升耳共十个:斜头昂四个,各长二寸九分七厘;斜二昂二个,各长三寸六分一厘五毫;由昂四个,各长四寸二分六厘。俱高九分,宽三分六厘。十八斗六个:各长二寸七分,高一寸五分,宽二寸二分五厘。槽升子四个:各长一寸九分五厘,高一寸五分,宽二寸六分一厘。三才升十四个:各长一寸九分五厘,高一寸五分,宽二寸二分五厘。

(三) 单翘单昂平身科、柱头科、角科斗口二寸各件尺寸开后

[平身科]　大斗一个:长六寸,高四寸,宽六寸。单翘一件:长一尺四寸二分,高四寸,宽二寸。单昂后带菊花头一件:长三尺六分,高六寸,宽二寸。蚂蚱头后带六分头一件:长三尺二寸三分,高四寸,宽二寸。撑头木后带麻叶头一件:长三尺一寸八厘,高四寸,宽二寸。正心瓜栱一件:长一尺二寸四分,高四寸,宽二寸四分八厘。正心万栱一件:长一尺八寸四分,高四寸,宽二寸四分八厘。单材瓜栱二件:各长一尺二寸四分,高二寸八分,宽二寸。单材万栱二件:各长一尺八寸四分,高二寸八分,宽二寸。厢栱二件:各长一尺四寸四分,高二寸八分,宽二寸。桁椀一件:长二尺三寸,高七寸,宽二寸。十八斗四个:各长三寸六分,高二寸,宽三寸。槽升子四个:各长二寸六分,高二寸,宽三寸四分八厘。三才升十二个:各长二寸六分,高二寸,宽三寸。

[柱头科]　大斗一个:长八寸,高四寸,宽六寸。单翘一件:长一尺四寸二分,高四寸,宽四寸。单昂后带雀替一件:长三尺六寸六分,高六寸,宽六寸。正心瓜栱一件:长一尺二寸四分,高四寸,宽二寸四分八厘。正心万栱一件:长一尺八寸四分,高四寸,宽二寸四分八厘。单材瓜栱二件:各长一尺二寸四分,高二寸八分,宽二寸。单材万栱二件:各长一尺八寸四分,高二寸八分,宽二寸。外厢栱一件:长一尺四寸四分,高二寸八分,宽二寸。里厢栱一件:长一尺六寸四分,高二寸八分,宽二寸。桶子十八斗共三个:单翘二个,各长七寸六分,高二寸,宽三寸;单昂一个:长九寸六分,高二寸,宽三寸。槽升子四个:各长二寸六分,高二寸,宽三寸四分八厘。三才升十二个:各长二寸六分,高二寸,宽三寸。

[角科]　**第一层**:大斗一个:长六寸八分,高四寸,宽六寸八分。**第二层**:斜翘一件:长二尺九分二厘八毫,高四寸,宽三寸。搭角正翘后带正心瓜栱二件:各长一尺八寸八分,高六寸,宽二寸四分八厘。**第三层**:斜二昂后带菊花头一件:长四尺三寸二分七厘六毫,高六寸,宽三寸八分六厘。搭角正二昂后带正心万栱二件:各长二尺七寸八分,高六寸,宽二寸四分八厘。搭角闹二昂后带单材瓜栱二件:各长二尺四寸八分,高六寸,宽二寸。里连头合角单材瓜栱二件:各长六寸二分,高二寸八分,宽二寸。**第四层**:由昂后带六分头一件:长五尺五寸四分,高六寸,宽四寸七分二厘。搭角正蚂蚱头后带正心枋二件:各前长一尺八寸;后长至平身科,高四寸,宽二寸四

分八厘。搭角闹蚂蚱头后带单材万栱二件:各长二尺七寸二分,高四寸,宽二寸。搭角把臂厢栱二件:各长二尺八寸八分,高二寸八分,宽二寸。里连头合角单材万栱二件:各长九寸二分,高二寸八分,宽二寸(或与平身科单材万栱连做)。**第五层**:斜撑头木后带麻叶头一件:长四尺二寸五分二厘二毫,高四寸,宽四寸七分二厘。搭角正撑头木后带正心枋二件:各前长一尺二寸;后长至平身科,高四寸,宽二寸四分八厘。搭角闹撑头木后带搜枋二件:各前长一尺二寸;后长至平身科,高四寸,宽二寸。里连头合角厢栱二件:各长七寸二分,高二寸八分,宽二寸(或与平身科厢栱连做)。**第六层**:斜桁椀一件:长三尺一寸一分一厘二毫,高七寸,宽四寸七分二厘。搭角正桁椀后带正心枋二件:各前长一尺一寸;后长至平身科,高四寸四分,宽二寸四分八厘。贴升耳共十个:斜头昂四个,各长三寸九分六厘;斜二昂二个,各长四寸八分二厘;由昂四个,各长五寸六分八厘。俱高一寸二分,宽四分八厘。十八斗六个:各长三寸六分,高二寸,宽三寸。槽升子四个:各长二寸六分,高二寸,宽三寸四分八厘。三才升十四个:各长二寸六分,高二寸,宽三寸。

(四) 单翘单昂平身科、柱头科、角科斗口二寸五分各件尺寸开后

[平身科] 大斗一个:长七寸五分,高五寸,宽七寸五分。单翘一件:长一尺七寸七分五厘,高五寸,宽二寸五分。单昂后带菊花头一件:长三尺八寸二分五厘,高七寸五分,宽二寸五分。蚂蚱头后带六分头一件:长四尺三分七厘五毫,高五寸,宽二寸五分。撑头木后带麻叶头一件:长三尺八寸八分五厘,高五寸,宽二寸五分。正心瓜栱一件:长一尺五寸五分,高五寸,宽三寸一分。正心万栱一件:长二尺三寸,高五寸,宽三寸一分。单材瓜栱二件:各长一尺五寸五分,高三寸五分,宽二寸五分。单材万栱二件:各长二尺三寸,高三寸五分,宽二寸五分。厢栱二件:各长一尺八寸,高三寸五分,宽二寸五分。桁椀一件:长二尺八寸七分五厘,高八寸七分五厘,宽二寸五分。十八斗四个:各长四寸五分,高二寸五分,宽三寸七分五厘。槽升子四个:各长三寸二分五厘,高二寸五分,宽四寸三分五厘。三才升十二个:各长三寸二分五厘,高二寸五分,宽三寸七分五厘。

[柱头科] 大斗一个:长一尺,高五寸,宽七寸五分。单翘一件:长一尺七寸七分五厘,高五寸,宽五寸。单昂后带雀替一件:长四尺五寸七分五厘,高七寸五分,宽七寸五分。正心瓜栱一件:长一尺五寸五分,高五寸,宽三寸一分。正心万栱一件:长二尺三寸,高五寸,宽三寸一分。单材瓜栱二件:各长一尺五寸五分,高三寸五分,宽二寸五分。单材万栱二件:各长二尺三寸,高三寸五分,宽二寸五分。外厢栱一件:长一尺八寸,高三寸五分,宽二寸五分。里厢栱一件:长二尺五寸,高三寸五分,宽二寸五分。桶子十八斗共三个:单翘二个,各长九寸五分,高二寸五分,宽三寸七分五厘;单昂一个,长一尺二寸,高二寸五分,宽三寸七分五厘。槽升子四个:各长三寸二分五厘,高二寸五分,宽四寸三分五厘。三才升十二个:各长三寸二分五厘,高二寸五分,宽三寸七分五厘。

[角科] **第一层**:大斗一个:长八寸五分,高五寸,宽八寸五分。**第二层**:斜翘一件:长二尺六寸一分六厘,高五寸,宽三寸七分五厘。搭角正翘后带正心瓜栱二件:各长二尺三寸五分,高七寸五分,宽三寸一分。**第三层**:斜二昂后带菊花头一件:长五尺四寸九厘五毫,高七寸五分,宽四寸八分二厘五毫。搭角正二昂后带正心万栱二件:各长三尺四寸七分五厘,高七寸五分,宽三

寸一分。搭角闹二昂后带单材瓜栱二件：各长三尺一寸，高七寸五分，宽二寸五分。里连头合角单材瓜栱二件：各长七寸七分五厘，高三寸五分，宽二寸五分。**第四层**：由昂后带六分头一件：长六尺九寸二分五厘，高七寸五分，宽五寸九分。搭角正蚂蚱头后带正心枋二件：各前长二尺二寸五分；后长至平身科，高五寸，宽三寸一分。搭角闹蚂蚱头后带单材万栱二件：各长三尺四寸，高五寸，宽二寸五分。搭角把臂厢栱二件：各长三尺六寸，高三寸五分，宽二寸五分。里连头合角单材万栱二件：各长一尺一寸五分，高三寸五分，宽二寸五分（或与平身科单材万栱连做）。**第五层**：斜撑头木后带麻叶头一件：长五尺三寸一分五厘二毫，高五寸，宽五寸九分。搭角正撑头木后带正心枋二件：各前长一尺五寸；后长至平身科，高五寸，宽三寸一分。搭角闹撑头木后带拽枋二件：各前长一尺五寸；后长至平身科，高五寸，宽二寸五分。里连头合角厢栱二件：各长九寸，高三寸五分，宽二寸五分（或与平身科厢栱连做）。**第六层**：斜桁椀一件：长三尺八寸八分九厘，高八寸七分五厘，宽五寸九分。搭角正桁椀后带正心枋二件：各前长一尺三寸七分五厘；后长至平身科，高五寸五分，宽三寸一分。贴升耳共十个：斜头昂四个，各长四寸九分五厘；斜二昂二个，各长六寸二厘五毫；由昂四个，各长七寸一分。俱高一寸五分，宽六分。十八斗六个：各长四寸五分，高二寸五分，宽三寸七分五厘。槽升子四个：各长三寸二分五厘，高二寸五分，宽四寸三分五厘。三才升十四个：各长三寸二分五厘，高二寸五分，宽三寸七分五厘。

（五）单翘单昂平身科、柱头科、角科斗口三寸各件尺寸开后

[平身科]　大斗一个：长九寸，高六寸，宽九寸。单翘一件：长二尺一寸三分，高六寸，宽三寸。单昂后带菊花头一件：长四尺五寸九分，高九寸，宽三寸。蚂蚱头后带六分头一件：长四尺八寸四分五厘，高六寸，宽三寸。撑头木后带麻叶头一件：长四尺六寸六分二厘，高六寸，宽三寸。正心瓜栱一件：长一尺八寸六分，高六寸，宽三寸七分二厘。正心万栱一件：长二尺七寸六分，高六寸，宽三寸七分二厘。单材瓜栱二件：各长一尺八寸六分，高四寸二分，宽三寸。单材万栱二件：各长二尺七寸六分，高四寸二分，宽三寸。厢栱二件：各长二尺一寸六分，高四寸二分，宽三寸。桁椀一件：长三尺四寸五分，高一尺五寸，宽三寸。十八斗四个：各长五寸四分，高三寸，宽四寸五分。槽升子四个：各长三寸九分，高三寸，宽五寸二分二厘。三才升十二个：各长三寸九分，高三寸，宽四寸五分。

[柱头科]　大斗一个：长一尺二寸，高六寸，宽九寸。单翘一件：长二尺一寸三分，高六寸，宽六寸。单昂后带雀替一件：长五尺四寸九分，高九寸，宽九寸。正心瓜栱一件：长一尺八寸六分，高六寸，宽三寸七分二厘。正心万栱一件：长二尺七寸六分，高六寸，宽三寸七分二厘。单材瓜栱二件：各长一尺八寸六分，高四寸二分，宽三寸。单材万栱二件：各长二尺七寸六分，高四寸二分，宽三寸。外厢栱一件：长二尺一寸六分，高四寸二分，宽三寸。里厢栱一件：长二尺四寸六分，高四寸二分，宽三寸。桶子十八斗共三个：单翘二个，各长一尺一寸四分，高三寸，宽四寸五分；单昂一个，长一尺四寸四分，高三寸，宽四寸五分。槽升子四个：各长三寸九分，高三寸，宽五寸二分二厘。三才升十二个：各长四寸二分，高三寸，宽四寸五分。

[角科]　**第一层**：大斗一个：长一尺二寸，高六寸，宽一尺二寸。**第二层**：斜翘一件：长三尺一寸三分九厘二毫，高六寸，宽四寸五分。搭角正翘后带正心瓜栱二件：各长二尺八寸二分，高

九寸,宽三寸七分二厘。**第三层:**斜二昂后带菊花头一件:长六尺四寸九分一厘四毫,高九寸,宽五寸七分九厘。搭角正二昂后带正心万栱二件:各长四尺一寸七分,高九寸,宽三寸七分二厘。搭角闹二昂后带单材瓜栱二件:各长三尺七寸二分,高九寸,宽三寸。里连头合角单材瓜栱二件:各长九寸三分,高四寸二分,宽三寸。**第四层:**由昂后带六分头一件:长八尺三寸一分,高九寸,宽七寸八厘。搭角正蚂蚱头后带正心枋二件:各前长二尺七寸;后长至平身科,高八寸,宽三寸七分二厘。搭角闹蚂蚱头后带单材万栱二件:各长四尺八分,高六寸,宽三寸。搭角把臂厢栱二件:各长四尺三寸二分,高四寸二分,宽三寸。里连头合角单材万栱二件:各长一尺三寸八分,高四寸二分,宽三寸(或与平身科单材万栱连做)。**第五层:**斜撑头木后带麻叶头一件:长六尺三寸七分八厘三毫,高六寸,宽七寸八厘。搭角正撑头木后带正心枋二件:各前长一尺八寸;后长至平身科,高六寸,宽三寸七分二厘。搭角闹撑头木后带拽枋二件:各前长一尺八寸;后长至平身科,高六寸,宽三寸。里连头合角厢栱二件:各长一尺八分,高四寸二分,宽三寸(或与平身科厢栱连做)。**第六层:**斜桁椀一件:长四尺六寸六分六厘八毫,高一尺五分,宽七寸八厘。搭角正桁椀后带正心枋二件:各前长一尺六寸五分;后长至平身科,高六寸六分,宽三寸七分二厘。贴升耳共十个:斜头昂四个,各长五寸九分四厘;斜二昂二个,各长七寸二分三厘;由昂四个,各长八寸五分二厘。俱高一寸八分,宽七寸二厘。十八斗六个:各长五寸四分,高三寸,宽四寸五分。槽升子四个:各长三寸九分,高三寸,宽五寸二一分二厘。三才升十四个:各长三寸九分,高三寸,宽四寸五分。

(六) 单翘单昂平身科、柱头科、角科斗口三寸五分各件尺寸开后

[平身科] 大斗一个:长一尺五分,高七寸,宽一尺五分。单翘一件:长二尺四寸八分五厘,高七寸,宽三寸五分。单昂后带菊花头一件:长五尺三寸五分五厘,高一尺五分,宽三寸五分。蚂蚱头后带六分头一件:长五尺六寸五分二厘五毫,高七寸,宽三寸五分。撑头木后带麻叶头一件:长五尺四寸三分九厘,高七寸,宽三寸五分。正心瓜栱一件:长二尺一寸七分,高七寸,宽四寸三分四厘。正心万栱一件:长三尺二寸二分,高七寸,宽四寸三分四厘。单材瓜栱二件:各长二尺一寸七分,高四寸九分,宽三寸五分。单材万栱二件:各长三尺二寸二分,高四寸九分,宽三寸五分。厢栱二件:各长二尺五寸二分,高四寸九分,宽三寸五分。桁椀一件:长四尺二分五厘,高一尺二寸二分五厘,宽三寸五分。十八斗四个:各长六寸三分,高三寸五分,宽五寸二分五厘。槽升子四个:各长四寸五分五厘,高三寸五分,宽六寸九厘。三才升十二个:各长四寸五分五厘,高三寸五分,宽五寸二分五厘。

[柱头科] 大斗一个:长一尺四寸,高七寸,宽一尺五分。单翘一件:长二尺四寸八分五厘,高七寸,宽七寸。单昂后带雀替一件:长六尺四寸五厘,高一尺五分,宽一尺五分。正心瓜栱一件:长二尺一寸七分,高七寸,宽四寸三分四厘。正心万栱一件:长三尺二寸二分,高七寸,宽四寸三分四厘。单材瓜栱二件:各长二尺一寸七分,高四寸九分,宽三寸五分。单材万栱二件:各长三尺二寸二分,高四寸九分,宽三寸五分。外厢栱一件:长二尺五寸二分,高四寸九分,宽三寸五分。里厢栱一件:长二尺八寸七分,高四寸九分,宽三寸五分。桶子十八斗共三个:单翘二个,各长一尺三寸三分,高三寸五分,宽五寸二分五厘;单昂一个,长一尺六寸八分,高三寸五分,宽五寸二分五厘。槽升子四个:各长四寸五分五厘,高三寸五分,宽六寸九厘。三才升十二个:各长四寸五分五厘,高三寸五分,宽五寸二分五厘。

[角科]　第一层：大斗一个：长一尺一寸九分，高七寸，宽一尺一寸九分。第二层：斜翘一件：长三尺六寸六分二厘四毫，高七寸，宽五寸二分五厘。搭角正翘后带正心瓜栱二件：各长三尺二寸九分，高一尺五分，宽四寸三分四厘。第三层：斜二昂后带菊花头一件：长七尺五寸七分三厘三毫，高一尺五分，宽六寸七分五厘五毫。搭角正二昂后带正心万栱二件：各长四尺八寸六分五厘，高一尺五分，宽四寸三分四厘。搭角闹二昂后带单材瓜栱二件：各长四尺三寸四分，高一尺五分，宽三寸五分。里连头合角单材瓜栱二件：各长一尺八分五厘，高四寸九分，宽三寸五分。第四层：由昂后带六分头一件：长九尺七寸九分五厘，高一尺五分，宽八寸二分六厘。搭角正蚂蚱头后带正心枋二件：各前长三尺一寸五分；后长至平身科，高七寸，宽四寸三分四厘。搭角闹蚂蚱头后带单材万栱二件：各长四尺七寸六分，高七寸，宽三寸五分。搭角把臂厢栱二件：各长五尺四分，高四寸九分，宽三寸五分。里连头合角单材万栱二件：各长一尺六寸一分，高四寸九分，宽三寸五分(或与平身科单材万栱连做)。第五层：斜撑头木后带麻叶头一件：长七尺四寸四分一厘三毫，高七寸，宽八寸二分六厘。搭角正撑头木后带正心枋二件：各前长二尺一寸；后长至平身科，高七寸，宽四寸三分四厘。搭角闹撑头木后带拽枋二件：各前长二尺一寸；后长至平身科，高七寸，宽三寸五分。里连头合角厢栱二件：各长一尺二寸六分，高四寸九分，宽三寸五分(或与平身科厢栱连做)。第六层：斜桁椀一件：长五尺四寸四分四厘六毫，高一尺二寸二分五厘，宽八寸二分六厘。搭角正桁椀后带正心枋二件：各前长一尺九寸二分五厘；后长至平身科，高七寸七分，宽四寸三分四厘。贴升耳共十个：斜头昂四个，各长六寸九分三厘；斜二昂二个，各长八寸四分三厘五毫；由昂四个，各长九寸九分四厘。俱高二寸一分，宽八分四厘。十八斗六个：各长六寸三分，高三寸五分，宽五寸二分五厘。槽升子四个：各长四寸五分五厘，高三寸五分，宽六寸九厘。三才升十四个：各长四寸五分五厘，高三寸五分，宽五寸二分五厘。

（七）单翘单昂平身科、柱头科、角科斗口四寸各件尺寸开后

[平身科]　大斗一个：长一尺二寸，高八寸，宽一尺二寸。单翘一件：长二尺八寸四分，高八寸，宽四寸。单昂后带菊花头一件：长六尺一寸二分，高一尺二寸，宽四寸。蚂蚱头后带六分头一件：长六尺四寸六分，高八寸，宽四寸。撑头木后带麻叶头一件：长六尺二寸一分六厘，高八寸，宽四寸。正心瓜栱一件：长二尺四寸八分，高八寸，宽四寸九分六厘。正心万栱一件：长三尺六寸八分，高八寸，宽四寸九分六厘。单材瓜栱二件：各长二尺四寸八分，高五寸六分，宽四寸。单材万栱二件：各长三尺六寸八分，高五寸六分，宽四寸。厢栱二件：各长二尺八寸八分，高五寸六分，宽四寸。桁椀一件：长四尺六寸，高一尺四寸，宽四寸。十八斗四个：各长七寸二分，高四寸，宽六寸。槽升子四个：各长五寸二分，高四寸，宽六寸九分六厘。三才升十二个：各长五寸二分，高四寸，宽六寸。

[柱头科]　大斗一个：长一尺六寸，高八寸，宽一尺二寸。单翘一件：长二尺八寸四分，高八寸，宽八寸。单昂后带雀替一件：长七尺三寸二分，高一尺二寸，宽一尺二寸。正心瓜栱一件：长二尺四寸八分，高八寸，宽四寸九分六厘。正心万栱一件：长三尺六寸八分，高八寸，宽四寸九分六厘。单材瓜栱二件：各长二尺四寸八分，高五寸六分，宽四寸。单材万栱二件：各长三尺六寸八分，高五寸六分，宽四寸。外厢栱一件：长二尺八寸八分，高五寸六分，宽四寸。里厢栱一件：长三尺二寸八分，高五寸六分，宽四寸。桶子十八斗共三个：单翘二个，各长一尺五寸二分，高四

寸,宽六寸;单昂一个,长一尺九寸二分,高四寸,宽六寸。槽升子四个:各长五寸二分,高四寸,宽六寸九分六厘。三才升十二个:各长五寸二分,高四寸,宽六寸。

[角科] 第一层:大斗一个:长一尺三寸六分,高八寸,宽一尺三寸六分。第二层:斜翘一件:长四尺一寸八分五厘六毫,高八寸,宽六寸。搭角正翘后带正心瓜栱二件:各长三尺七寸六分,高一尺二寸,宽四寸九分六厘。第三层:斜二昂后带菊花头一件:长八尺六寸五分五厘二毫,高一尺二寸,宽七寸七分二厘。搭角正二昂后带正心万栱二件:各长五尺五寸六分,高一尺二寸,宽四寸九分六厘。搭角闹二昂后带单材瓜栱二件:各长四尺九寸六分,高一尺二寸,宽四寸。里连头合角单材瓜栱二件:各长一尺二寸四分,高五寸六分,宽四寸。第四层:由昂后带六分头一件:长一十一尺八分,高一尺二寸,宽九寸四分四厘。搭角正蚂蚱头后带正心枋二件:各前长三尺六寸;后长至平身科,高八寸,宽四寸九分六厘。搭角闹蚂蚱头后带单材万栱二件:各长五尺四寸四分,高八寸,宽四寸。搭角把臂厢栱二件:各长五尺七寸六分,高五寸六分,宽四寸。里连头合角单材万栱二件:各长一尺八寸四分,高五寸六分,宽四寸(或与平身科单材万栱连做)。第五层:斜撑头木后带麻叶头一件:长八尺五寸四厘四毫,高八寸,宽九寸四分四厘。搭角正撑头木后带正心枋二件:各前长二尺四寸;后长至平身科,高八寸,宽四寸九分六厘。搭角闹撑头木后带拽枋二件:各前长二尺四寸;后长至平身科,高八寸,宽四寸。里连头合角厢栱二件:各长一尺四寸四分,高五寸六分,宽四寸(或与平身科厢栱连做)。第六层:斜桁椀一件:长六尺二寸二分二厘四毫,高一尺四寸,宽九寸四分四厘。搭角正桁椀后带正心枋二件:各前长二尺二寸;后长至平身科,高八寸八分,宽四寸九分六厘。贴升耳共十个:斜头昂四个,各长七寸九分二厘;斜二昂二个,各长九寸六分四厘;由昂四个,各长一尺一寸三分六厘。俱高二寸四分,宽九分六厘。十八斗六个:各长七寸二分,高四寸,宽六寸。槽升子四个:各长五寸二分,高四寸,宽六寸九分六厘。三才升十四个:各长五寸二分,高四寸,宽六寸。

(八) 单翘单昂平身科、柱头科、角科斗口四寸五分各件尺寸开后

[平身科] 大斗一个:长一尺三寸五分,高九寸,宽一尺三寸五分。单翘一件:长三尺一寸九五厘,高九寸,宽四寸五分。单昂后带菊花头一件:长六尺八寸八分五厘,高一尺三寸五分,宽四寸五分。蚂蚱头后带六分头一件:长七尺二寸六分七厘五毫,高九寸,宽四寸五分。撑头木后带麻叶头一件:长六尺九寸九分三厘,高九寸,宽四寸五分。正心瓜栱一件:长二尺七寸九分,高九寸,宽五寸五分八厘。正心万栱一件:长四尺一寸四分,高九寸,宽五寸五分八厘。单材瓜栱二件:各长二尺七寸九分,高六寸三分,宽四寸五分。单材万栱二件:各长四尺一寸四分,高六寸三分,宽四寸五分。厢栱二件:各长三尺二寸四分,高六寸三分,宽四寸五分。桁椀一件:长五尺一寸七分五厘,高一尺五寸七分五厘,宽四寸五分。十八斗四个:各长八寸一分,高四寸五分,宽六寸七分五厘。槽升子四个:各长五寸八分五厘,高四寸五分,宽七寸八分三厘。三才升十二个:各长五寸八分五厘,高四寸五分,宽六寸七分五厘。

[柱头科] 大斗一个:长一尺八寸,高九寸,宽一尺三寸五分。单翘一件:长三尺一寸九分五厘,高九寸,宽九寸。单昂后带雀替一件:长八尺二寸三分五厘,高一尺三寸五分,宽一尺三寸五分。正心瓜栱一件:长二尺七寸九分,高九寸,宽五寸五分八厘。正心万栱一件:长四尺一寸

四分,高九寸,宽五寸五分八厘。单材瓜栱二件:各长二尺七寸九分,高六寸三分,宽四寸五分。单材万栱二件:各长四尺一寸四分,高六寸三分,宽四寸五分。外厢栱一件:长三尺二寸四分,高六寸三分,宽四寸五分。里厢栱一件:长三尺六寸九分,高六寸三分,宽四寸五分。桶子十八斗共三个:单翘二个,各长一尺七寸一分,高四寸五分,宽六寸七分五厘;单昂一个,长二尺一寸六分,高四寸五分,宽六寸七分五厘。槽升子四个:各长五寸八分五厘,高四寸五分,宽七寸八分三厘。三才升十二个:各长五寸八分五厘,高四寸五分,宽六寸七分五厘。

[角科] 第一层:大斗一个:长一尺五寸三分,高九寸,宽一尺五寸三分。第二层:斜翘一件:长四尺七寸八厘八毫,高九寸,宽六寸七分五厘。搭角正翘后带正心瓜栱二件:各长四尺二寸三分,高一尺三寸五分,宽五寸五分八厘。第三层:斜二昂后带菊花头一件:长九尺七寸三分七厘一毫,高一尺三寸五分,宽八寸六分八厘五毫。搭角正二昂后带正心万栱二件:各长六尺二寸五分五厘,高一尺三寸五分,宽五寸五分八厘。搭角闹二昂后带单材瓜栱二件:各长五尺五寸八分,高一尺三寸五分,宽四寸五分。里连头合角单材瓜栱二件:各长一尺三寸九分五厘,高六寸三分,宽四寸五分。第四层:由昂后带六分头一件:长一十二尺四寸六分五厘,高一尺三寸五分,宽一尺六分二厘。搭角正蚂蚱头后带正心枋二件:各前长四尺五分;后长至平身科,高九寸,宽五寸五分八厘。搭角闹蚂蚱头后带单材万栱二件:各长六尺一寸二分,高九寸,宽四寸五分。搭角把臂厢栱二件:各长六尺四寸八分,高六寸三分,宽四寸五分。里连头合角单材万栱二件:各长二尺七分,高六寸三分,宽四寸五分(或与平身科单材万栱连做)。第五层:斜撑头木后带麻叶头一件:长九尺五寸六分七厘四毫,高九寸,宽一尺六分二厘。搭角正撑头木后带正心枋二件:各前长二尺七寸;后长至平身科,高九寸,宽五寸五分八厘。搭角闹撑头木后带拽枋二件:各前长二尺七寸;后长至平身科,高九寸,宽四寸五分。里连头合角厢栱二件:各长一尺六寸二分,高六寸三分,宽四寸五分(或与平身科厢栱连做)。第六层:斜桁椀一件:长七尺二毫,高一尺五寸七分五厘,宽一尺六分二厘。搭角正桁椀后带正心枋二件:各前长二尺四寸七分五厘;后长至平身科,高九寸九分,宽五寸五分八厘。贴升耳共十个:斜头昂四个,各长八寸九分一厘;斜二昂二个,各长一尺八分四厘五毫;由昂四个,各长一尺二寸七分八厘。俱高二寸七分,宽一寸八厘。十八斗六个:各长八寸一分,高四寸五分,宽六寸七分五厘。槽升子四个:各长五寸八分五厘,高四寸五分,宽七寸八分三厘。三才升十四个:各长五寸八分五厘,高四寸五分,宽六寸七分五厘。

(九)单翘单昂平身科、柱头科、角科斗口五寸各件尺寸开后

[平身科] 大斗一个:长一尺五寸,高一尺,宽一尺五寸。单翘一件:长三尺五寸五分,高一尺,宽五寸。单昂后带菊花头一件:长七尺六寸五分,高一尺五寸,宽五寸。蚂蚱头后带六分头一件:长八尺七寸五厘,高一尺,宽五寸。撑头木后带麻叶头一件:长七尺七寸七分,高一尺,宽五寸。正心瓜栱一件:长三尺一寸,高一尺,宽六寸二分。正心万栱一件:长四尺六寸,高一尺,宽六寸二分。单材瓜栱二件:各长三尺一寸,高七寸,宽五寸。单材万栱二件:各长四尺六寸,高七寸,宽五寸。厢栱二件:各长三尺六寸,高七寸,宽五寸。桁椀一件:长五尺七寸五分,高一尺七寸五分,宽五寸。十八斗四个:各长九寸,高五寸,宽七寸五分。槽升子四个:各长六寸五分,高五寸,宽八寸七分。三才升十二个:各长六寸五分,高五寸,宽七寸五分。

[柱头科] 大斗一个：长二尺，高一尺，宽一尺五寸。单翘一件：长三尺五寸五分，高一尺，宽一尺。单昂后带雀替一件：长九尺一寸五分，高一尺五寸，宽一尺五寸。正心瓜栱一件：长三尺一寸，高一尺，宽六寸二分。正心万栱一件：长四尺六寸，高一尺，宽六寸二分。单材瓜栱二件：各长三尺一寸，高七寸，宽五寸。单材万栱二件：各长四尺六寸，高七寸，宽五寸。外厢栱一件：长三尺六寸，高七寸，宽五寸。里厢栱一件：长四尺一寸，高七寸，宽五寸。桶子十八斗共三个：单翘二个，各长一尺九寸，高五寸，宽七寸五分；单昂一个，长二尺四寸，高五寸，宽七寸五分。槽升子四个：各长六寸五分，高五寸，宽八寸七分。三才升十二个：各长六寸五分，高五寸，宽七寸五分。

[角科] 第一层：大斗一个：长一尺七寸，高一尺，宽一尺七寸。第二层：斜翘一件：长五尺二寸三分二厘，高一尺，宽七寸五分。搭角正翘后带正心瓜栱二件：各长四尺七寸，高一尺五寸，宽六寸二分。第三层：斜二昂后带菊花头一件：长十尺八寸一分九厘，高一尺五寸，宽九寸六分五厘。搭角正二昂后带正心万栱二件：各长六尺九寸五分，高一尺五寸，宽六寸二分。搭角闹二昂后带单材瓜栱二件：各长六尺二寸，高一尺五寸，宽五寸。里连头合角单材瓜栱二件：各长一尺五寸五分，高七寸，宽五寸。第四层：由昂后带六分头一件：长十三尺八寸五分，高一尺五寸，宽一尺一寸八分。搭角正蚂蚱头后带正心枋二件：各前长四尺五寸；后长至平身科，高一尺，宽六寸二分。搭角闹蚂蚱头后带单材万栱二件：各长六尺八寸，高一尺，宽五寸。搭角把臂厢栱二件：各长七尺二寸，高七寸，宽五寸。里连头合角单材万栱二件：各长二尺三寸，高七寸，宽五寸（或与平身科单材万栱连做）。第五层：斜撑头木后带麻叶头一件：长十尺六寸三分五毫，高一尺，宽一尺一寸八分。搭角正撑头木后带正心枋二件：各前长三尺；后长至平身科，高一尺，宽六寸二分。搭角闹撑头木后带拽枋二件：各前长三尺；后长至平身科，高一尺，宽五寸。里连头合角厢栱二件：各长一尺八寸，高七寸，宽五寸（或与平身科厢栱连做）。第六层：斜桁椀一件：长七尺七寸七分八厘，高一尺七寸五分，宽一尺一寸八分。搭角正桁椀后带正心枋二件：各前长二尺七寸五分；后长至平身科，高一尺一寸，宽六寸二分。贴升耳共十个：斜头昂四个，各长九寸九分；斜二昂二个，各长一尺二寸五厘；由昂四个，各长一尺四寸二分。俱高三寸，宽一寸二分。十八斗六个：各长九寸，高五寸，宽七寸五厘。槽升子四个：各长六寸五分，高五寸，宽八寸七分。三才升十四个：各长六寸五分，高五寸，宽七寸五分。

（十）单翘单昂平身科、柱头科、角科斗口五寸五分各件尺寸开后

[平身科] 大斗一个：长一尺六寸五分，高一尺一寸，宽一尺六寸五分。单翘一件：长三尺九寸五厘，高一尺一寸，宽五寸五分。单昂后带菊花头一件：长八尺四寸一分五厘，高一尺六寸五分，宽五寸五分。蚂蚱头后带六分头一件：长八尺八寸八分二厘五毫，高一尺一寸，宽五寸五分。撑头木后带麻叶头一件：长八尺五寸四分七厘，高一尺一寸，宽五寸五分。正心瓜栱一件：长三尺四寸一分，高一尺一寸，宽六寸八分二厘。正心万栱一件：长五尺六寸，高一尺一寸，宽六寸八分二厘。单材瓜栱二件：各长三尺四寸一分，高七寸七分，宽五寸五分。单材万栱二件：各长五尺六寸，高七寸七分，宽五寸五分。厢栱二件：各长三尺九寸六分，高七寸七分，宽五寸五分。桁椀一件：长六尺三寸二分五厘，高一尺九寸二分五厘，宽五寸五分。十八斗四个：各长九

寸九分,高五寸五分,宽八寸二分五厘。槽升子四个:各长七寸一分五厘,高五寸五分,宽九寸五分七厘。三才升十二个:各长七寸一分五厘,高五寸五分,宽八寸二分五厘。

[柱头科]　大斗一个:长二尺二寸,高一尺一寸,宽一尺六寸五分。单翘一件:长三尺九寸五厘,高一尺一寸,宽一尺一寸。单昂后带雀替一件:长十尺六分五厘,高一尺六寸五分,宽一尺六寸五分。正心瓜栱一件:长三尺四寸一分,高一尺一寸,宽六寸八分二厘。正心万栱一件:长五尺六寸,高一尺一寸,宽六寸八分二厘。单材瓜栱二件:各长三尺四寸一分,高七寸七分,宽五寸五分。单材万栱二件:各长五尺六寸,高七寸七分,宽五寸五分。外厢栱一件:长三尺九寸六分,高七寸七分,宽五寸五分。里厢栱一件:长四尺五寸一分,高七寸七分,宽五寸五分。桶子十八斗共三个:单翘二个,各长二尺九分,高五寸五分,宽八寸二分五厘;单昂一个,长二尺六寸四分,高五寸五分,宽八寸二分五厘。槽升子四个:各长七寸一分五厘,高五寸五分,宽九寸五分七厘。三才升十二个:各长七寸一分五厘,高五寸五分,宽八寸二分五厘。

[角科]　第一层:大斗一个:长一尺八寸七分,高一尺一寸,宽一尺八寸七分。第二层:斜翘一件:长五尺七寸五分五厘二毫,高一尺一寸,宽八寸二分五厘。搭角正翘后带正心瓜栱二件:各长五尺一寸七分,高一尺六寸五分,宽六寸八分二厘。第三层:斜二昂后带菊花头一件:长一十一尺九寸九毫,高一尺六寸五分,宽一尺六寸一厘五毫。搭角正二昂后带正心万栱二件:各长七尺六寸四分五厘,高一尺六寸五分,宽六寸八分二厘。搭角闹二昂后带单材瓜栱二件:各长六尺八寸二分,高一尺六寸五分,宽五寸五分。里连头合角单材瓜栱二件:各长一尺七寸五厘,高七寸七分,宽五寸五分。第四层:由昂后带六分头一件:长一十五尺二寸三分五厘,高一尺六寸五分,宽一尺二寸九分八厘。搭角正蚂蚱头后带正心枋二件:各前长四尺九寸五分;后长至平身科,高一尺一寸,宽六寸八分二厘。搭角闹蚂蚱头后带单材万栱二件:各长七尺四寸八分,高一尺一寸,宽五寸五分。搭角把臂厢栱二件:各长七尺九寸二分,高七寸七分,宽五寸五分。里连头合角单材万栱二件:各长二尺五寸三分,高七寸七分,宽五寸五分(或与平身科单材万栱连做)。第五层:斜撑头木后带麻叶头一件:长一十一尺六寸九分三厘五毫,高一尺一寸,宽一尺二寸九分八厘。搭角正撑头木后带正心枋二件:各前长三尺三寸;后长至平身科,高一尺一寸,宽六寸八分二厘。搭角闹撑头木后带拽枋二件:各前长三尺三寸;后长至平身科,高一尺一寸,宽五寸五分。里连头合角厢栱二件:各长一尺九寸八分,高七寸七分,宽五寸五分(或与平身科厢栱连做)。第六层:斜桁椀一件:长八尺五寸五分五厘八毫,高一尺九寸二分五厘,宽一尺二寸九分八厘。搭角正桁椀后带正心枋二件:各前长三尺二寸五厘;后长至平身科,高一尺二寸一分,宽六寸八分二厘。贴升耳共十个:斜头昂四个,各长一尺八分九斗厘;斜二昂二个,各长一尺三寸二分五厘五毫;由昂四个,各长一尺五寸六分二厘。俱高三寸三分,宽一寸三分二厘。十八斗六个:各长九寸九分,高五寸五分,宽八寸二分五厘。槽升子四个:各长七寸一分五厘,高五寸五分,宽九寸五分七厘。三才升十四个:各长七寸一分五厘,高五寸五分,宽八寸二分五厘。

(十一)单翘单昂平身科、柱头科、角科斗口六寸各件尺寸开后

[平身科]　大斗一个:长一尺八寸,高一尺二寸,宽一尺八寸。单翘一件:长四尺二寸六分,高一尺二寸,宽六寸。单昂后带菊花头一件:长九尺一寸八分,高一尺八寸,宽六寸。蚂蚱头后

带六分头一件：长九尺六寸九分,高一尺二寸,宽六寸。撑头木后带麻叶头一件：长九尺三寸二分四厘,高一尺二寸,宽六寸。正心瓜栱一件：长三尺七寸二分,高一尺二寸,宽七寸四分四厘。正心万栱一件：长五尺五寸二分,高一尺二寸,宽七寸四分四厘。单材瓜栱二件：各长三尺七寸二分,高八寸四分,宽六寸。单材万栱二件：各长五尺五寸二分,高八寸四分,宽六寸。厢栱二件：各长四尺二寸二分,高八寸四分,宽六寸。桁椀一件：长六尺九寸,高二尺一寸,宽六寸。十八斗四个：各长一尺八分,高六寸,宽九寸。槽升子四个：各长七寸八分,高六寸,宽一尺四分四厘。三才升十二个：各长七寸八分,高六寸,宽九寸。

[柱头科]　大斗一个：长二尺四寸,高一尺二寸,宽一尺八寸。单翘一件：长四尺二寸六分,高一尺二寸,宽一尺二寸。单昂后带雀替一件：长十尺九寸八分,高一尺八寸,宽一尺八寸。正心瓜栱一件：长三尺七寸二分,高一尺二寸,宽七寸四分四厘。正心万栱一件：长五尺五寸二分,高一尺二寸,宽七寸四分四厘。单材瓜栱二件：各长三尺七寸二分,高八寸四分,宽六寸。单材万栱二件：各长五尺五寸二分,高八寸四分,宽六寸。外厢栱一件：长四尺三寸二分,高八寸四分,宽六寸。里厢栱一件：长四尺九寸二分,高八寸四分,宽六寸。桶子十八斗共三个：单翘二个,各长二尺二寸八分,高六寸,宽九寸；单昂一个,长二尺八寸八分,高六寸,宽九寸。槽升子四个：各长七寸八分,高六寸,宽一尺四分四厘。三才升十二个：各长八寸四分,高六寸,宽九寸。

[角科]　第一层：大斗一个：长二尺四分,高一尺二寸,宽二尺四分。第二层：斜翘一件：长六尺二寸七分八厘四毫,高一尺二寸,宽九寸。搭角正翘后带正心瓜栱二件：各长五尺六寸四分,高一尺八寸,宽七寸四分四厘。第三层：斜二昂后带菊花头一件：长一十二尺九寸八分二厘八毫,高一尺八寸,宽一尺一寸五分八厘。搭角正二昂后带正心万栱二件：各长八尺三寸四分,高一尺八寸,宽七寸四分四厘。搭角闹二昂后带单材瓜栱二件：各长七尺四寸四分,高一尺八寸,宽六寸。里连头合角单材瓜栱二件：各长一尺八寸六分,高八寸四分,宽六寸。第四层：由昂后带六分头一件：长一十六尺六寸二分,高一尺八寸,宽一尺四寸一分六厘。搭角正蚂蚱头后带正心枋二件：各前长五尺四寸；后长至平身科,高一尺二寸,宽七寸四分四厘。搭角闹蚂蚱头后带单材万栱二件：各长八尺一寸六分,高一尺二寸,宽六寸。搭角把臂厢栱二件：各长八尺六寸四分,高八寸四分,宽六寸。里连头合角单材万栱二件：各长二尺七寸六分,高八寸四分,宽六寸(或与平身科单材万栱连做)。第五层：斜撑头木后带麻叶头一件：长一十二尺七寸五分六厘六毫,高一尺二寸,宽一尺四寸一分六厘。搭角正撑头木后带正心枋二件：各前长三尺六寸；后长至平身科,高一尺二寸,宽七寸四分四厘。搭角闹撑头木后带拽枋二件：各前长三尺六寸；后长至平身科,高一尺二寸,宽六寸。里连头合角厢栱二件：各长二尺一寸六分,高八寸四分,宽六寸(或与平身科厢栱连做)。第六层：斜桁椀一件：长九尺三寸三分三厘六毫,高二尺一寸,宽一尺四寸一分六厘。搭角正桁椀后带正心枋二件：各前长三尺三寸；后长至平身科,高一尺三寸二分,宽七寸四分四厘。贴升耳共十个：斜头昂四个,各长一尺一寸八分八厘；斜二昂二个,各长一尺四寸四分六厘；由昂四个,各长一尺七寸四厘。俱高三寸六分,宽一寸四分四厘。十八斗六个：各长一尺八分,高六寸,宽九寸。槽升子四个：各长七寸八分,高六寸,宽一尺四分四厘。三才升十四个：各长七寸八分,高六寸,宽九寸。

二、单翘单昂平身科图样十三

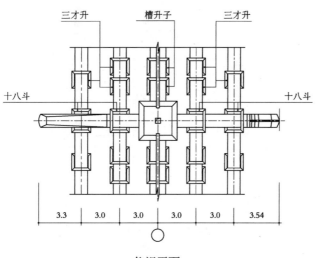

三才升　　　槽升子　　　三才升

十八斗　　　　　　　　　　　　　　　　　十八斗

3.3　　3.0　　3.0　　3.0　　3.0　　3.54

仰视平面

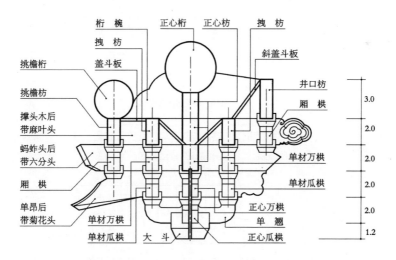

桁　椀　　　正心桁　正心枋　拽　枋

挑檐桁　　　　　　　　　　　　　斜盖斗板

挑檐枋

撑头木后　　　　　　　　　　　　　井口枋

盖斗板

　　　　　　　　　　　　　　　　　厢　栱

撑头木后
带麻叶头　　　　　　　　　　　　　　　　3.0

蚂蚱头后　　　　　　　　　　　　　　　　2.0
带六分头

　　　　　　　　　　　　　　　　单材万栱　2.0

厢　栱　　　　　　　　　　　　　　单材瓜栱　2.0

单昂后　　　　　　　　　　　　　正心万栱　2.0
带菊花头　单材万栱
　　　　　　　　　　　　　　　　单翘
单材瓜栱　大斗　　　　正心瓜栱　　　1.2

立　面

第三章　清式斗栱 / 451

单翘单昂平身科图样十三　分件一

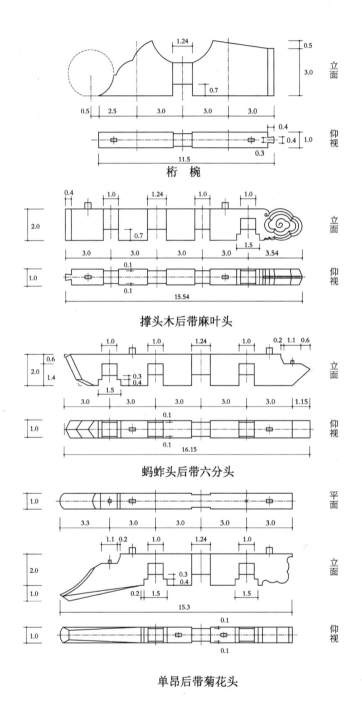

桁　椀

撑头木后带麻叶头

蚂蚱头后带六分头

单昂后带菊花头

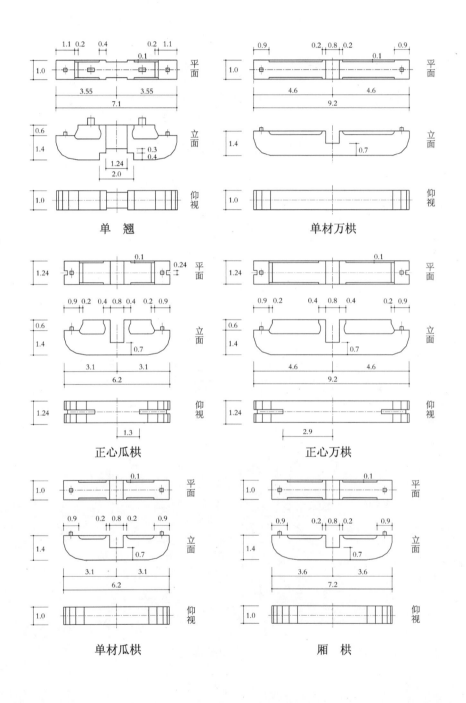

单翘

单材万栱

正心瓜栱

正心万栱

单材瓜栱

厢栱

三、单翘单昂柱头科图样十四

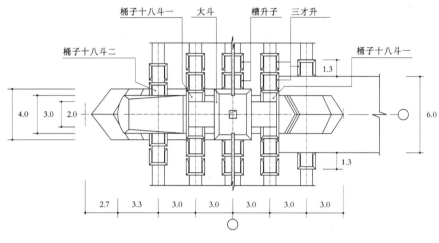

仰视平面

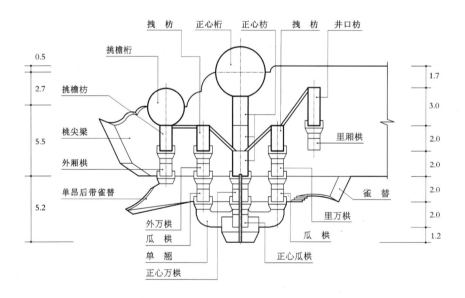

侧立面

单翘单昂柱头科图样十四　分件一

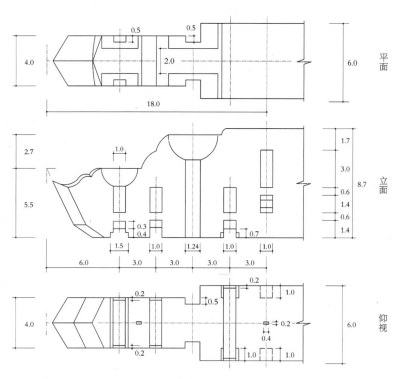

桃尖梁

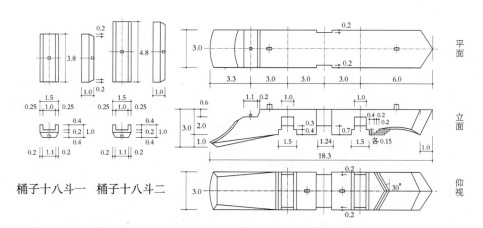

桶子十八斗一　桶子十八斗二

单昂后带雀替

单翘单昂柱头科图样十四　分件二

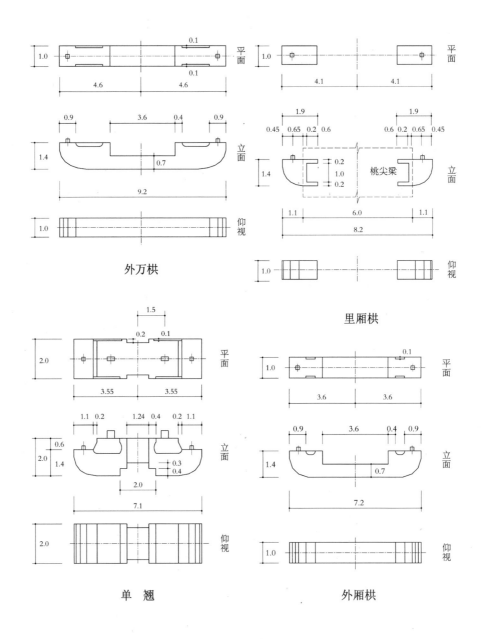

平面
立面
仰视

外万棋

桃尖梁

平面
立面
仰视

里厢棋

单　翘

外厢棋

单翘单昂柱头科图样十四　分件三

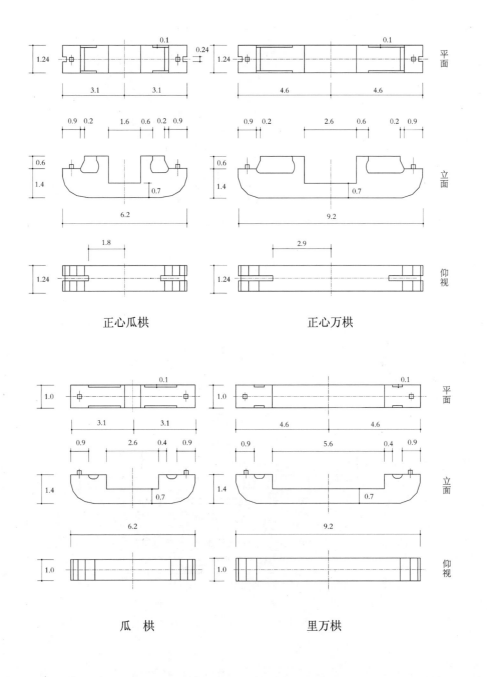

正心瓜栱　　　　　　　　　正心万栱

瓜　栱　　　　　　　　　里万栱

四、单翘单昂角科图样十五

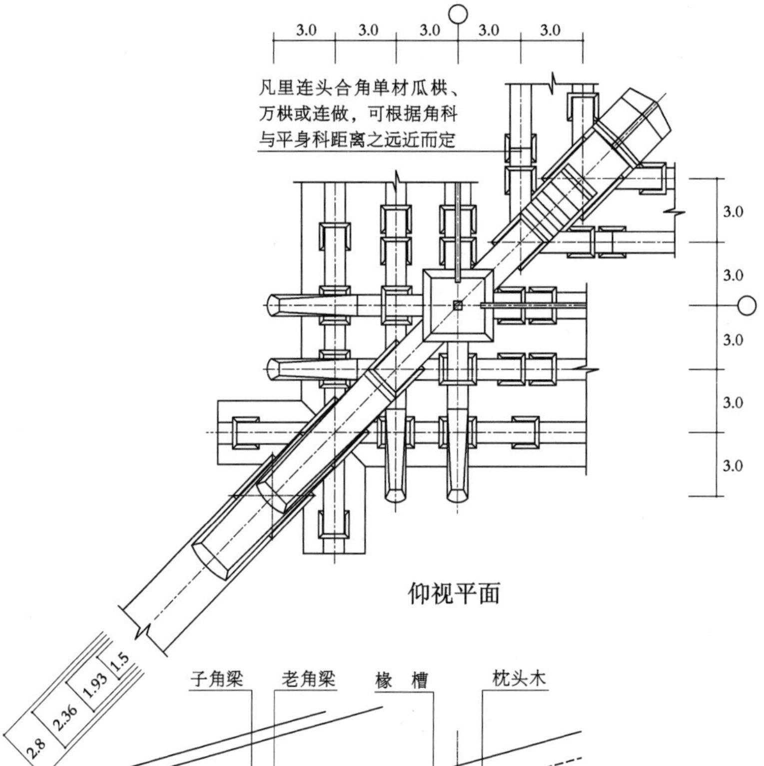

3.0 3.0 3.0 3.0 3.0

凡里连头合角单材瓜栱、
万栱或连做，可根据角科
与平身科距离之远近而定

3.0

3.0

3.0

3.0

3.0

仰视平面

2.8 2.36 1.93 1.5

子角梁 老角梁 椽槽 枕头木

由昂

斜昂

斜翘

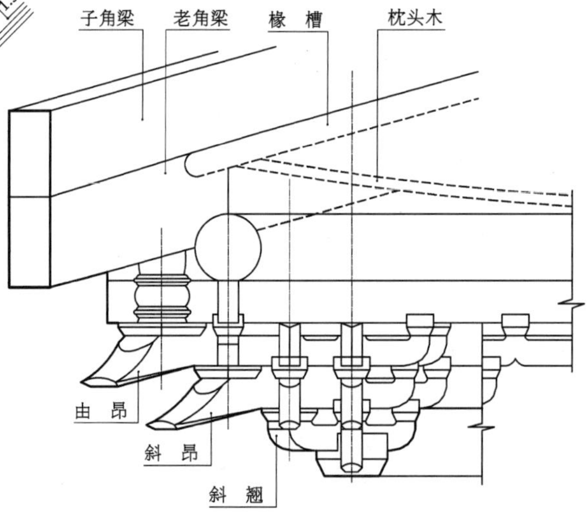

立　面

单翘单昂角科图样十五　分件一

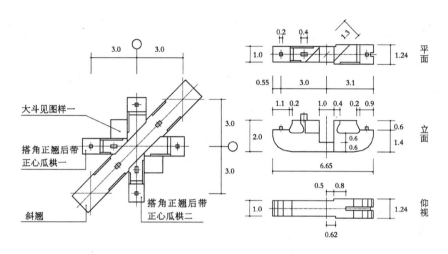

第一、二层平面

搭角正翘后带正心瓜栱一

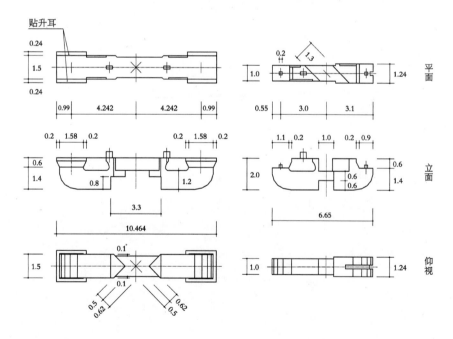

斜　翘

搭角正翘后带正心瓜栱二

单翘单昂角科图样十五　分件二

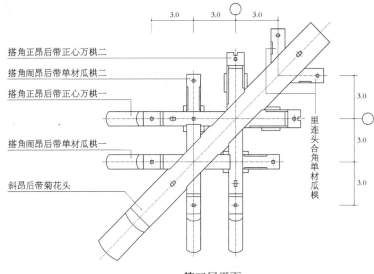

搭角正昂后带正心万栱二
搭角闹昂后带单材瓜栱二
搭角正昂后带正心万栱一
搭角闹昂后带单材瓜栱一
斜昂后带菊花头
里连头合角单材瓜栱

第三层平面

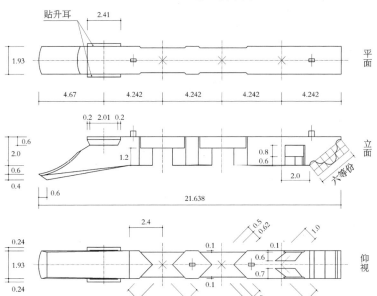

斜昂后带菊花头

单翘单昂角科图样十五　分件三

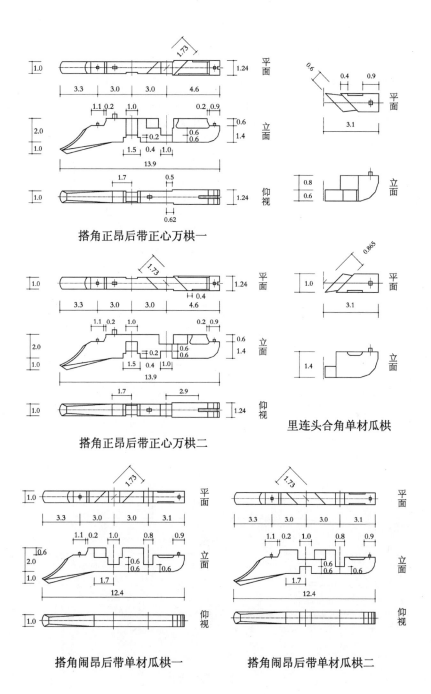

搭角正昂后带正心万栱一

里连头合角单材瓜栱

搭角正昂后带正心万栱二

搭角闹昂后带单材瓜栱一

搭角闹昂后带单材瓜栱二

单翘单昂角科图样十五 分件四

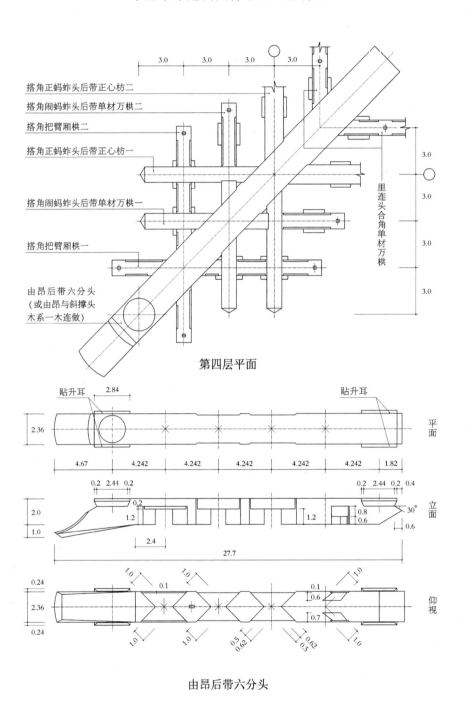

搭角正蚂蚱头后带正心枋二

搭角闹蚂蚱头后带单材万栱二

搭角把臂厢栱二

搭角正蚂蚱头后带正心枋一

搭角闹蚂蚱头后带单材万栱一

搭角把臂厢栱一

由昂后带六分头
（或由昂与斜撑头
木系一木连做）

里连头合角单材万栱

第四层平面

贴升耳　贴升耳

平面

立面

仰视

由昂后带六分头

单翘单昂角科图样十五　分件五

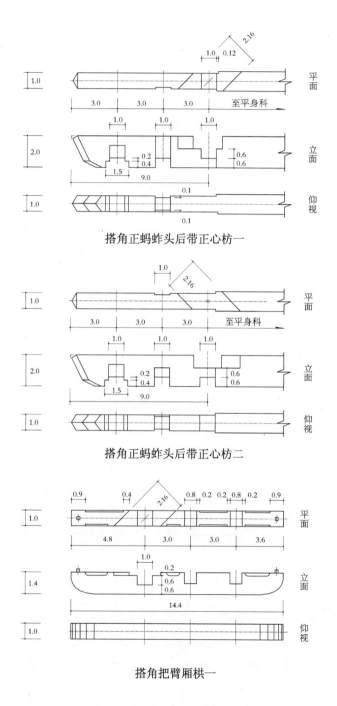

搭角正蚂蚱头后带正心枋一

搭角正蚂蚱头后带正心枋二

搭角把臂厢栱一

单翘单昂角科图样十五　分件六

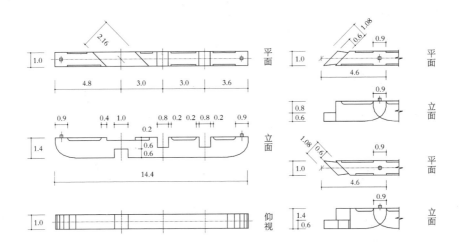

搭角把臂厢栱二

里连头合角单材万栱

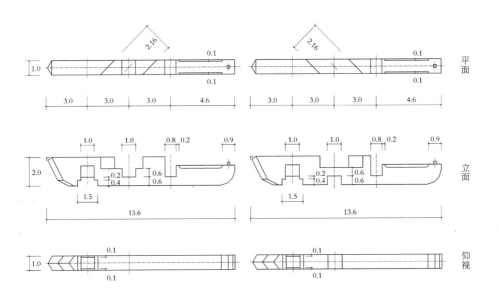

搭角闹蚂蚱头后带单材万栱一

搭角闹蚂蚱头后带单材万栱二

单翘单昂角科图样十五　分件七

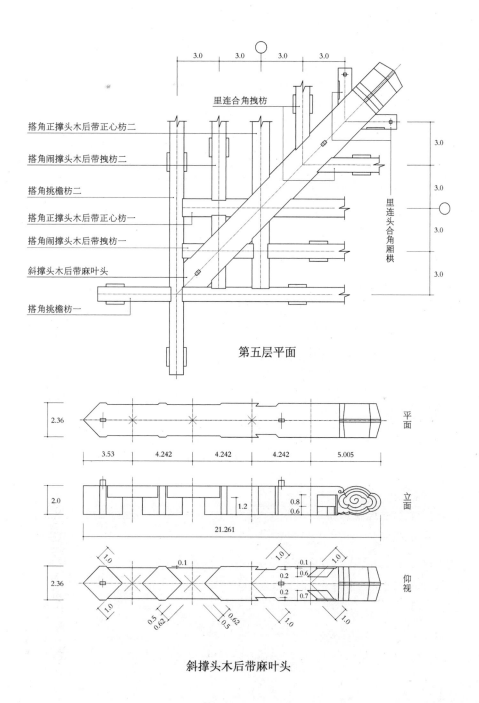

第五层平面

斜撑头木后带麻叶头

单翘单昂角科图样十五　分件八

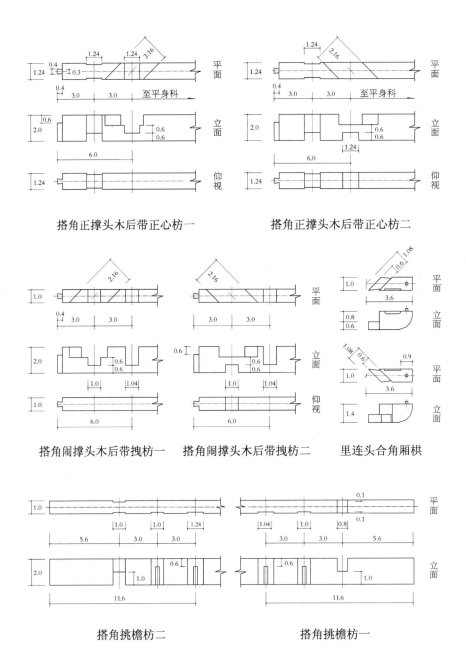

搭角正撑头木后带正心枋一　　　　搭角正撑头木后带正心枋二

搭角闹撑头木后带拽枋一　搭角闹撑头木后带拽枋二　　里连头合角厢栱

搭角挑檐枋二　　　　　　　　　　搭角挑檐枋一

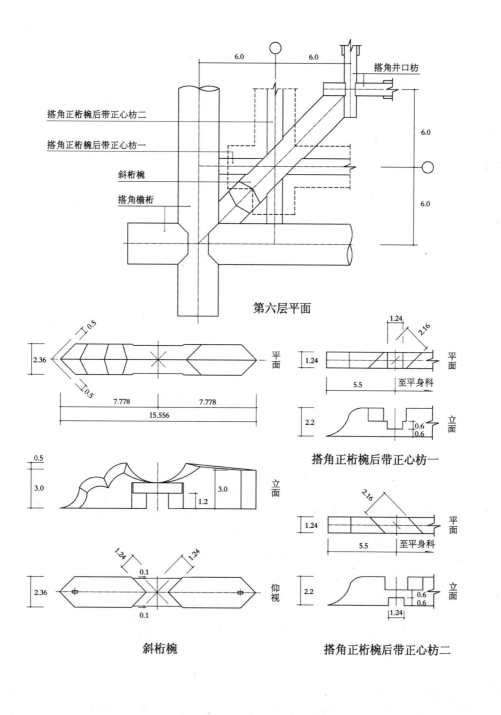

单翘单昂角科图样十五　分件九

搭角正桁椀后带正心枋二

搭角正桁椀后带正心枋一

斜桁椀

搭角檐桁

搭角井口枋

第六层平面

平面

立面

仰视

斜桁椀

平面

至平身科

立面

搭角正桁椀后带正心枋一

平面

至平身科

立面

搭角正桁椀后带正心枋二

五、单翘单昂各件尺寸权衡表

斗栱类别		构件名称	长	高	宽	件数	备注
平身科		大斗	3.0	2.0	3.0	1	
		单翘	7.1	2.0	1.0	1	
		单昂后带菊花头	15.3	3.0	1.0	1	
		蚂蚱头后带六分头	16.15	2.0	1.0	1	
		撑头木后带麻叶头	15.54	2.0	1.0	1	
		正心瓜栱	6.2	2.0	1.24	1	
		正心万栱	9.2	2.0	1.24	1	
		单材瓜栱	6.2	1.4	1.0	2	
		单材万栱	9.2	1.4	1.0	2	
		厢栱	7.2	1.4	1.0	2	
		桁椀	11.5	3.5	1.0	1	
		十八斗	1.8	1.0	1.5	4	
		槽升子	1.3	1.0	1.74	4	
		三才升	1.3	1.0	1.5	12	
柱头科		大斗	4.0	2.0	3.0	1	
		单翘	7.1	2.0	2.0	1	
		单昂后带雀替	18.3	3.0	3.0	1	
		正心瓜栱	6.2	2.0	1.24	1	
		正心万栱	9.2	2.0	1.24	1	
		单材瓜栱	6.2	1.4	1.0	2	
		单材万栱	9.2	1.4	1.0	2	
		外厢栱	7.2	1.4	1.0	1	
		里厢栱	1.9	1.4	1.0	2	两栱头共长8.2(中有桃尖梁)
		单翘桶子十八斗	3.8	1.0	1.5	2	
		单昂桶子十八斗	4.8	1.0	1.5	1	
		槽升子	1.3	1.0	1.74	4	
		三才升	1.3	1.0	1.5	12	
角科	第一层	大斗	3.4	2.0	3.4	1	
	第二层	斜翘	10.464	2.0	1.5	1	
		搭角正翘后带正心瓜栱	6.65	2.0	1.24	2	

续表

斗栱类别		构件名称	长	高	宽	件数	备注
角科	第三层	斜昂后带菊花头	21.638	3.0	1.93	1	
		搭角正昂后带正心万栱	13.9	3.0	1.24	2	
		搭角闹昂后带单材瓜栱	12.4	3.0	1.0	2	
		里连头合角单材瓜栱	3.1	1.4	1.0	2	
	第四层	由昂后带六分头	27.7	3.0	2.36	1	
		搭角正蚂蚱头后带正心枋	前长9.0	2.0	1.24	2	后长至平身科或柱头科
		搭角闹蚂蚱头后带单材万栱	13.6	2.0	1.0	2	
		搭角把臂厢栱	14.4	1.4	1.0	2	
		里连头合角单材万栱	4.6	1.4	1.0	2	或与平身科单材万栱连做
	第五层	斜撑头木后带麻叶头	21.261	2.0	2.36	1	
		搭角正撑头木后带正心枋	前长6.0	2.0	1.24	2	后长至平身科或柱头科
		搭角闹撑头木后带拽枋	前长6.0	2.0	1.0	2	后长至平身科或柱头科
		里连头合角厢栱	3.6	1.4	1.0	2	或与平身科厢栱连做
	第六层	斜桁椀	15.556	3.5	2.36	1	
		搭角正桁椀后带正心枋	前长5.5	2.2	1.24	2	后长至平身科或柱头科
		斜头贴升耳	1.98	0.6	0.24	4	
		斜昂贴升耳	2.41	0.6	0.24	2	
		由昂贴升耳	2.84	0.6	0.24	4	
		十八斗	1.8	1.0	1.5	6	
		槽升子	1.3	1.0	1.74	4	
		三才升	1.3	1.0	1.5	14	

第十一节　单翘重昂

一、单翘重昂斗口一寸至六寸各件尺寸

(一) 单翘重昂平身科、柱头科、角科斗口一寸各件尺寸开后

[平身科]　大斗一个：长三寸，高二寸，宽三寸。单翘一件：长七寸一分，高二寸，宽一寸。头昂后带翘头一件：长一尺五寸八分五厘，高三寸，宽一寸。二昂后带菊花头一件：长二尺一寸三分，高三寸，宽一寸。蚂蚱头后带六分头一件：长二尺二寸一分五厘，高二寸，宽一寸。撑头木后带麻叶头一件：长二尺一寸五分四厘，高二寸，宽一寸。正心瓜栱一件：长六寸二分，高二寸，宽一寸二分四厘。正心万栱一件：长九寸二分，高二寸，宽一寸二分四厘。单材瓜栱四件：各长六寸二分，高一寸四分，宽一寸。单材万栱四件：各长九寸二分，高一寸四分，宽一寸。厢栱二件：各长七寸二分，高一寸四分，宽一寸。桁椀一件：长一尺七寸五分，高五寸，宽一寸。十八斗六个：各长一寸八分，高一寸，宽一寸五分。槽升子四个：各长一寸三分，高一寸，宽一寸七分四厘。三才升二十个：各长一寸三分，高一寸，宽一寸五分。

[柱头科]　大斗一个：长四寸，高二寸，宽三寸。单翘一件：长七寸一分，高二寸，宽二寸。头昂后带翘头一件：长一尺五寸八分五厘，高三寸，宽二寸六分六厘。二昂后带雀替一件：长二尺四寸三分，高三寸，宽三寸三分三厘。正心瓜栱一件：长六寸二分，高二寸，宽一寸二分四厘。正心万栱一件：长九寸二分，高二寸，宽一寸二分四厘。单材瓜栱四件：各长六寸二分，高一寸四分，宽一寸。单材万栱四件：各长九寸二分，高一寸四分，宽一寸。外厢栱一件：长七寸二分，高一寸四分，宽一寸。里厢栱一件：长八寸二分，高一寸四分，宽一寸。桶子十八斗共五个：单翘二个，各长三寸四分六厘；头昂二个，各长四寸一分三厘；二昂一个，长四寸八分。俱高一寸，宽一寸五分。槽升子四个：各长一寸三分，高一寸，宽一寸七分四厘。三才升二十个：各长一寸三分，高一寸，宽一寸五分。

[角科]　第一层：大斗一个：长三寸四分，高二寸，宽三寸四分。第二层：斜翘一件：长一尺四分六厘四毫，高二寸，宽一寸五分。搭角正翘后带正心瓜栱二件：各长六寸六分五厘，高二寸，宽一寸二分四厘。第三层：斜头昂后带翘头一件：长二尺二寸七分八厘六毫，高三寸，宽一寸八分二厘。搭角正头昂后带正心万栱二件：各长一尺三寸九分，高三寸，宽一寸二分四厘。搭角闹头昂后带单材瓜栱二件：各长一尺二寸四分，高三寸，宽一寸。里连头合角单材瓜栱二件：各长三寸一分，高一寸四分，宽一寸。第四层：斜二昂后带菊花头一件：长三尺一分二厘二毫，高三寸，宽二寸一分五厘。搭角正二昂后带正心枋二件：各前长一尺二寸三分；后长至平身科，高三寸，宽一寸二分四厘。搭角闹二昂后带单材万栱二件：各长一尺六寸九分，高三寸，宽一寸。搭角闹二昂后带单材瓜栱二件：各长一尺五寸四分，高三寸，宽一寸。里连头合角单材万栱二件：各长四寸六分，高一寸四分，宽一寸（或与平身科单材万栱连做）。里连头合角单材瓜栱二件：各

长三寸一分,高一寸四分,宽一寸。**第五层**:由昂后带六分头一件:长三尺六寸二分三厘九毫,高三寸,宽二寸四分七厘。搭角正蚂蚱头后带正心枋二件:各前长一尺二寸;后长至平身科,高二寸,宽一寸二分四厘。搭角闹蚂蚱头后带拽枋二件:各前长一尺二寸;后长至平身科,高二寸,宽一寸。搭角闹蚂蚱头后带单材万栱二件:各长一尺六寸六分,高二寸,宽一寸。搭角把臂厢栱二件:各长一尺七寸四分,高一寸四分,宽一寸。里连头合角单材万栱二件:各长四寸六分,高一寸四分,宽一寸(或与平身科单材万栱连做)。**第六层**:斜撑头木后带麻叶头一件:长二尺九寸七分四厘五毫,高二寸,宽二寸四分七厘。搭角正撑头木后带正心枋二件:各前长九寸;后长至平身科,高二寸,宽一寸二分四厘。搭角闹撑头木后带拽枋二件:各前长九寸;后长至平身科,高二寸,宽一寸。里连头合角厢栱二件:各长三寸六分,高一寸四分,宽一寸(或与平身科厢栱连做)。**第七层**:斜桁椀一件:长二尺四寸四厘,高五寸,宽二寸四分七厘。搭角正桁椀后带正心枋二件:各前长八寸五分;后长至平身科,高三寸七分,宽一寸二分四厘。贴升耳共十四个:斜翘四个,各长一寸九分八厘;斜头昂四个,各长二寸三分;斜二昂二个,各长二寸六分三厘;由昂四个,各长二寸九分五厘。俱高六分,宽二分四厘。十八斗十二个:各长一寸八分,高一寸,宽一寸五分。槽升子四个:各长一寸三分,高一寸,宽一寸七分四厘。三才升二十二个:各长一寸三分,高一寸,宽一寸五分。

(二)单翘重昂平身科、柱头科、角科斗口一寸五分各件尺寸开后

[平身科]　大斗一个:长四寸五分,高三寸,宽四寸五分。单翘一件:长一尺六寸五分,高三寸,宽一寸五分。头昂后带翘头一件:长二尺三寸七分七厘五毫,高四寸五分,宽一寸五分。二昂后带菊花头一件:长三尺一寸九分五厘,高四寸五分,宽一寸五分。蚂蚱头后带六分头一件:长三尺三寸二分二厘五毫,高三寸,宽一寸五分。撑头木后带麻叶头一件:长三尺二寸三厘一毫,高三寸,宽一寸五分。正心瓜栱一件:长九寸三分,高三寸,宽一寸八分六厘。正心万栱一件:长一尺三寸八厘,高三寸,宽一寸八分六厘。单材瓜栱四件:各长九寸三分,高二寸一分,宽一寸五分。单材万栱四件:各长一尺三寸八分,高二寸一分,宽一寸五分。厢栱二件:各长一尺八分,高二寸一分,宽一寸五分。桁椀一件:长二尺六寸二分五厘,高七寸五分,宽一寸五分。十八斗六个:各长二寸七分,高一寸五分,宽二寸二分五厘。槽升子四个:各长一寸九分五厘,高一寸五分,宽二寸六分一厘。三才升二十个:各长一寸九分五厘,高一寸五分,宽二寸二分五厘。

[柱头科]　大斗一个:长六寸,高三寸,宽四寸五分。单翘一件:长一尺六分五厘,高三寸,宽三寸。头昂后带翘头一件:长二尺三寸七分七厘五毫,高四寸五分,宽三寸九分九厘。二昂后带雀替一件:长三尺六寸四分五厘,高四寸五分,宽四寸九分九厘五毫。正心瓜栱一件:长九寸三分,高三寸,宽一寸八分六厘。正心万栱一件:长一尺三寸八分,高三寸,宽一寸八分六厘。单材瓜栱四件:各长九寸三分,高二寸一分,宽一寸五分。单材万栱四件:各长一尺三寸八分,高二寸一分,宽一寸五分。外厢栱一件:长一尺八分,高二寸一分,宽一寸五分。里厢栱一件:长一尺二寸三分,高二寸一分,宽一寸五分。桶子十八斗共五个:单翘二个,各长五寸一分九厘;头昂二个,各长六寸一分九厘五毫;二昂一个,长七寸二分。俱高一寸五分,宽二寸二分五厘。槽升子四个:各长一寸九分五厘,高一寸五分,宽二寸六分一厘。三才升二十个:各长一寸九分五厘,高

一寸五分,宽二寸二分五厘。

[角科]　第一层:大斗一个:长五寸一分,高三寸,宽五寸一分。第二层:斜翘一件:长二尺一分九厘六毫,高三寸,宽二寸二分五厘。搭角正翘后带正心瓜栱二件:各长九寸九分七厘五毫,高三寸,宽一寸八分六厘。第三层:斜头昂后带翘头一件:长三尺四寸一分七厘九毫,高四寸五分,宽二寸七分三厘。搭角正头昂后带正心万栱二件:各长二尺八分五厘,高四寸五分,宽一寸八分六厘。搭角闹头昂后带单材瓜栱二件:各长一尺八寸六分,高四寸五分,宽一寸五分。里连头合角单材瓜栱二件:各长四寸六分五厘,高二寸一分,宽一寸五分。第四层:斜二昂后带菊花头一件:长四尺五寸一分八厘三毫,高四寸五分,宽三寸二分二厘五毫。搭角正二昂后带正心枋二件:各前长一尺八寸四分五厘;后长至平身科,高四寸五分,宽一寸八分六厘。搭角闹二昂后带单材万栱二件:各长二尺五寸三分五厘,高四寸五分,宽一寸五分。搭角闹二昂后带单材瓜栱二件:各长二尺三寸一分,高四寸五分,宽一寸五分。里连头合角单材万栱二件:各长六寸九分,高二寸一分,宽一寸五分(或与平身科单材万栱连做)。里连头合角单材瓜栱二件:各长四寸六分五厘,高二寸一分,宽一寸五分(或与平身科单材瓜栱连做)。第五层:由昂后带六分头一件:长五尺四寸三分五厘九毫,高四寸五分,宽三寸七分五毫。搭角正蚂蚱头后带正心枋二件:各前长一尺八寸;后长至平身科,高三寸,宽一寸八分六厘。搭角闹蚂蚱头后带拽枋二件:各前长一尺八寸;后长至平身科,高三寸,宽一寸五分。搭角闹蚂蚱头后带单材万栱二件:各长二尺四寸九分,高三寸,宽一寸五分。搭角把臂厢栱二件:各长二尺六寸一分,高二寸一分,宽一寸五分。里连头合角单材万栱二件:各长六寸九分,高二寸一分,宽一寸五分(或与平身科单材万栱连做)。第六层:斜撑头木后带麻叶头一件:长四尺四寸六分一厘七毫,高三寸,宽三寸七分五毫。搭角正撑头木后带正心枋二件:各前长一尺三寸五分;后长至平身科,高三寸,宽一寸八分六厘。搭角闹撑头木后带拽枋二件:各前长一尺三寸五分;后长至平身科,高三寸,宽一寸五分。里连头合角厢栱二件:各长五寸四分,高二寸一分,宽一寸五分(或与平身科厢栱连做)。第七层:斜桁椀一件:长三尺六寸六分,高七寸五分,宽三寸七分五毫。搭角正桁椀后带正心枋二件:各前长一尺二寸七分五毫;后长至平身科,高五寸五分五厘,宽一寸八分六厘。贴升耳共十四个:斜翘四个,各长二寸九分七厘;斜头昂四个,各长三寸四分五厘;斜二昂二个,各长三寸九分四厘五毫;由昂四个,各长四寸四分二厘五毫。俱高九分,宽三分六厘。十八斗十二个:各长二寸七分,高一寸五分,宽二寸二分五厘。槽升子四个:各长一寸九分五厘,高一寸五分,宽二寸六分一厘。三才升二十二个:各长一寸九分五厘,高一寸五分,宽二寸二分五厘。

(三)单翘重昂平身科、柱头科、角科斗口二寸各件尺寸开后

[平身科]　大斗一个:长六寸,高四寸,宽六寸。单翘一件:长一尺四寸二分,高四寸,宽二寸。头昂后带翘头一件:长三尺一寸七分,高六寸,宽二寸。二昂后带菊花头一件:长四尺二寸六分,高六寸,宽二寸。蚂蚱头后带六分头一件:长四尺四寸三分,高四寸,宽二寸。撑头木后带麻叶头一件:长四尺三寸八厘,高四寸,宽二寸。正心瓜栱一件:长一尺二寸四分,高四寸,宽二寸四分八厘。正心万栱一件:长一尺八寸四分,高四寸,宽二寸四分八厘。单材瓜栱四件:各长一尺二寸四分,高二寸八分,宽二寸。单材万栱四件:各长一尺八寸四分,高二寸八分,宽二寸。

厢栱二件：各长一尺四寸四分，高二寸八分，宽二寸。桁椀一件：长三尺五寸，高一尺，宽二寸。十八斗六个：各长三寸六分，高二寸，宽三寸。槽升子四个：各长二寸六分，高二寸，宽三寸四分八厘。三才升二十个：各长二寸六分，高二寸，宽三寸。

[柱头科] 大斗一个：长八寸，高四寸，宽六寸。单翘一件：长一尺四寸二分，高四寸，宽四寸。头昂后带翘头一件：长三尺一寸七分，高六寸，宽五寸三分二厘。二昂后带雀替一件：长四尺八寸六分，高六寸，宽六寸六分六厘。正心瓜栱一件：长一尺二寸四分，高四寸，宽二寸四分八厘。正心万栱一件：长一尺八寸四分，高四寸，宽二寸四分八厘。单材瓜栱四件：各长一尺二寸四分，高二寸八分，宽二寸。单材万栱四件：各长一尺八寸四分，高二寸八分，宽二寸。外厢一件：长一尺四寸四分，高二寸八分，宽二寸。里厢一件：长一尺六寸四分，高二寸八分，宽二寸。桶子十八斗共五个：单翘二个，各长六寸九分二厘；头昂二个，各长八寸二分六厘；二昂一个，长九寸六分。俱高二寸，宽三寸。槽升子四个：各长二寸六分，高二寸，宽三寸四分八厘。三才升二十个：各长二寸六分，高二寸，宽三寸。

[角科] 第一层：大斗一个：长六寸八分，高四寸，宽六寸八分。第二层：斜翘一件：长二尺九分二厘八毫，高四寸，宽三寸。搭角正翘后带正心瓜栱二件：各长一尺三寸三分，高四寸，宽二寸四分八厘。第三层：斜头昂后带翘头一件：长四尺五寸五分七厘二毫，高六寸，宽三寸六分四厘。搭角正头昂后带正心万栱二件：各长二尺七寸八分，高六寸，宽二寸四分八厘。搭角闹头昂后带单材瓜栱二件：各长二尺四寸八分，高六寸，宽二寸。里连头合角单材瓜栱二件：各长六寸二分，高二寸八分，宽二寸。第四层：斜二昂后带菊花头一件：长六尺二分四厘四毫，高六寸，宽四寸三分。搭角正二昂后带正心枋二件：各前长二尺四寸六分；后长至平身科，高六寸，宽二寸四分八厘。搭角闹二昂后带单材万栱二件：各长三尺三寸八分，高六寸，宽二寸。搭角闹二昂后带单材瓜栱二件：各长三尺八分，高六寸，宽二寸。里连头合角单材万栱二件：各长九寸二分，高二寸八分，宽二寸（或与平身科单材万栱连做）。里连头合角单材瓜栱二件：各长六寸二分，高二寸八分，宽二寸（或与平身科单材瓜栱连做）。第五层：由昂后带六分头一件：长七尺二寸四分七厘八毫，高六寸，宽四寸九分四厘。搭角正蚂蚱头后带正心枋二件：各前长二尺四寸；后长至平身科，高四寸，宽二寸四分八厘。搭角闹蚂蚱头后带拽枋二件：各前长二尺四寸；后长至平身科，高四寸，宽二寸。搭角闹蚂蚱头后带单材万栱二件：各长三尺三寸二分，高四寸，宽二寸。搭角把臂厢栱二件：各长三尺四寸八分，高二寸八分，宽二寸。里连头合角单材万栱二件：各长九寸二分，高二寸八分，宽二寸（或与平身科单材万栱连做）。第六层：斜撑头木后带麻叶头一件：长五尺九寸四分九厘，高四寸，宽四寸九分四厘。搭角正撑头木后带正心枋二件：各前长一尺八寸；后长至平身科，高四寸，宽二寸四分八厘。搭角闹撑头木后带拽枋二件：各前长一尺八寸；后长至平身科，高四寸，宽二寸。里连头合角厢栱二件：各长七寸二分，高二寸八分，宽二寸（或与平身科厢栱连做）。第七层：斜桁椀一件：长四尺八寸八厘，高一尺，宽四寸九分四厘。搭角正桁椀后带正心枋二件：各前长一尺七寸；后长至平身科，高七寸四分，宽二寸四分八厘。贴升耳共十四个：斜翘四个，各长三寸九分六厘；斜头昂四个，各长四寸六分；斜二昂二个，各长五寸二分六厘；由昂四个，各长五寸九分。俱高一寸二分，宽四分八厘。十八斗十二个：各长三寸六分，高

二寸,宽三寸。槽升子四个:各长二寸六分,高二寸,宽三寸四分八厘。三才升二十二个:各长二寸六分,高二寸,宽三寸。

(四) 单翘重昂平身科、柱头科、角科斗口二寸五分各件尺寸开后

[平身科] 大斗一个:长七寸五分,高五寸,宽七寸五分。单翘一件:长一尺七寸七分五厘,高五寸,宽二寸五分。头昂后带翘头一件:长三尺九寸六分二厘五毫,高七寸五分,宽二寸五分。二昂后带菊花头一件:长五尺三寸二分五厘,高七寸五分,宽二寸五分。蚂蚱头后带六分头一件:长五尺五寸三分七厘五毫,高五寸,宽二寸五分。撑头木后带麻叶头一件:长五尺三寸八分五厘,高五寸,宽二寸五分。正心瓜栱一件:长一尺五寸五分,高五寸,宽三寸一分。正心万栱一件:长二尺三寸,高五寸,宽三寸一分。单材瓜栱四件:各长一尺五寸五分,高三寸五分,宽二寸五分。单材万栱四件:各长二尺三寸,高三寸五分,宽二寸五分。厢栱二件:各长一尺八寸,高三寸五分,宽二寸五分。桁椀一件:长四尺三寸七分五厘,高一尺二寸五分,宽二寸五分。十八斗六个:各长四寸五分,高二寸五分,宽三寸七分五厘。槽升子四个:各长三寸二分五厘,高二寸五分,宽四寸三分五厘。三才升二十个:各长三寸二分五厘,高二寸五分,宽三寸七分五厘。

[柱头科] 大斗一个:长一尺,高五寸,宽七寸五分。单翘一件:长一尺七寸七分五厘,高五寸,宽五寸。头昂后带翘头一件:长三尺九寸六分二厘五毫,高七寸五分,宽六寸六分五厘。二昂后带雀替一件:长六尺七分五厘,高七寸五分,宽八寸三分二厘五毫。正心瓜栱一件:长一尺五寸五分,高五寸,宽三寸一分。正心万栱一件:长二尺三寸,高五寸,宽三寸一分。单材瓜栱四件:各长一尺五寸五分,高三寸五分,宽二寸五分。单材万栱四件:各长二尺三寸,高三寸五分,宽二寸五分。外厢栱一件:长一尺八寸,高三寸五分,宽二寸五分。里厢栱一件:长二尺五寸,高三寸五分,宽二寸五分。桶子十八斗共五个:单翘二个,各长八寸六分五厘;头昂二个,各长一尺三分二厘五毫;二昂一个,长一尺二寸。俱高二寸五分,宽三寸七分五厘。槽升子四个:各长三寸二分五厘,高二寸五分,宽四寸三分五厘。三才升二十个:各长三寸二分五厘,高二寸五分,宽三寸七分五厘。

[角科] 第一层:大斗一个:长八寸五分,高五寸,宽八寸五分。第二层:斜翘一件:长二尺六寸一分六厘,高五寸,宽三寸七分五厘。搭角正翘后带正心瓜栱二件:各长一尺六寸六分二厘五毫,高五寸,宽三寸一分。第三层:斜头昂后带翘头一件:长五尺六寸九分六厘五毫,高七寸五分,宽四寸五分五厘。搭角正头昂后带正心万栱二件:各长三尺四寸七分五厘,高七寸五分,宽三寸一分。搭角闹头昂后带单材瓜栱二件:各长三尺一寸,高七寸五分,宽二寸五分。里连头合角单材瓜栱二件:各长七寸七分五厘,高三寸五分,宽二寸五分。第四层:斜二昂后带菊花头一件:长七尺五寸三分五毫,高七寸五分,宽五寸三分七厘五毫。搭角正二昂后带正心枋二件:各前长三尺七分五厘;后长至平身科,高七寸五分,宽三寸一分。搭角闹二昂后带单材万栱二件:各长四尺二寸二分五厘,高七寸五分,宽二寸五分。搭角闹二昂后带单材瓜栱二件:各长三尺八寸五分,高七寸五分,宽二寸五分。里连头合角单材万栱二件:各长一尺一寸五分,高三寸五分,宽二寸五分(或与平身科单材万栱连做)。里连头合角单材瓜栱二件:各长七寸七分五厘,高三寸五分,宽二寸五分(或与平身科单材瓜栱连做)。第五层:由昂后带六分头一件:长九尺五寸九分九

厘七毫,高七寸五分,宽六寸一分七厘五毫。搭角正蚂蚱头后带正心枋二件:各前长三尺;后长至平身科,高五寸,宽三寸一分。搭角闹蚂蚱头后带拽枋二件:各前长三尺;后长至平身科,高五寸,宽二寸五分。搭角闹蚂蚱头后带单材万栱二件:各长四尺一寸五分,高五寸,宽二寸五分。搭角把臂厢栱二件:各长四尺三寸五分,高三寸五分,宽二寸五分。里连头合角单材万栱二件:各长一尺一寸五分,高三寸五分,宽二寸五分(或与平身科单材万栱连做)。**第六层**:斜撑头木后带麻叶头一件:长七尺四寸三分六厘二毫,高五寸,宽六寸一分七厘五毫。搭角正撑头木后带正心枋二件:各前长二尺二寸五分;后长至平身科,高五寸,宽三寸一分。搭角闹撑头木后带拽枋二件:各前长二尺二寸五分;后长至平身科,高五寸,宽二寸五分。里连头合角厢栱二件:各长九寸,高三寸五分,宽二寸五分(或与平身科厢栱连做)。**第七层**:斜桁椀一件:长六尺一分,高一尺二寸五分,宽六寸一分七厘五毫。搭角正桁椀后带正心枋二件:各前长二尺一寸二分五厘;后长至平身科,高九寸二分五厘,宽三寸一分。贴升耳共十四个:斜翘四个,各长四寸九分五厘;斜头昂四个,各长五寸七分五厘;斜二昂二个,各长六寸五分七厘五毫;由昂四个,各长七寸三分七厘五毫。俱高一寸五分,宽六分。十八斗十二个:各长四寸五分,高二寸五分,宽三寸七分五厘。槽升子四个:各长三寸二分五厘,高二寸五分,宽四寸三分五厘。三才升二十二个:各长三寸二分五厘,高二寸五分,宽三寸七分五厘。

(五)单翘重昂平身科、柱头科、角科斗口三寸各件尺寸开后

[平身科] 大斗一个:长九寸,高六寸,宽九寸。单翘一件:长二尺一寸三分,高六寸,宽三寸。头昂后带翘头一件:长四尺七寸五分五厘,高九寸,宽三寸。二昂后带菊花头一件:长六尺三寸九分,高九寸,宽三寸。蚂蚱头后带六分头一件:长六尺六寸四分五厘,高六寸,宽三寸。撑头木后带麻叶头一件:长六尺四寸六分二厘,高六寸,宽三寸。正心瓜栱一件:长一尺八寸六分,高六寸,宽三寸七分二厘。正心万栱一件:长二尺七寸六分,高六寸,宽三寸七分二厘。单材瓜栱四件:各长一尺八寸六分,高四寸二分,宽三寸。单材万栱四件:各长二尺七寸六分,高四寸二分,宽三寸。厢栱二件:各长二尺一寸六分,高四寸二分,宽三寸。桁椀一件:长五尺二寸五分,高一尺五寸。十八斗六个:各长五寸四分,高三寸,宽四寸五分。槽升子四个:各长三寸九分,高三寸,宽五寸二分二厘。三才升二十个:各长三寸九分,高三寸,宽四寸五分。

[柱头科] 大斗一个:长一尺二寸,高六寸,宽九寸。单翘一件:长二尺一寸三分,高六寸,宽六寸。头昂后带头翘一件:长四尺七寸五分五厘,高九寸,宽七寸九分八厘。二昂后带雀替一件:长七尺二寸九分,高九寸,宽九寸九分九厘。正心瓜栱一件:长一尺八寸六分,高六寸,宽三寸七分二厘。正心万栱一件:长二尺七寸六分,高六寸,宽三寸七分二厘。单材瓜栱四件:各长一尺八寸六分,高四寸二分,宽三寸。单材万栱四件:各长二尺七寸六分,高四寸二分,宽三寸。外厢栱一件:长二尺一寸六分,高四寸二分,宽三寸。里厢栱一件:长二尺四寸六分,高四寸二分,宽三寸。桶子十八斗共五个:单翘二个,各长一尺三分八厘;头昂二个,各长一尺二寸三分九厘;二昂一个,长一尺四寸四分。俱高三寸,宽四寸五分。槽升子四个:各长三寸九分,高三寸,宽五寸二分二厘。三才升二十个:各长三寸九分,高三寸,宽四寸五分。

[角科] **第一层**:大斗一个:长一尺二寸,高六寸,宽一尺二寸。**第二层**:斜翘一件:长三尺

一寸三分九厘二毫,高六寸,宽四寸五分。搭角正翘后带正心瓜栱二件:各长一尺九寸九分五厘,高六寸,宽三寸七分二厘。**第三层**:斜头昂后带翘头一件:长六尺八寸三分五厘八毫,高九寸,宽五寸四分六厘。搭角正头昂后带正心万栱二件:各长四尺一寸七分,高九寸,宽三寸七分二厘。搭角闹头昂后带单材瓜栱二件:各长三尺七寸二分,高九寸,宽三寸。里连头合角单材瓜栱二件:各长九寸三分,高四寸二分,宽三寸。**第四层**:斜二昂后带菊花头一件:长九尺三分六厘六毫,高九寸,宽六寸四分五厘。搭角正二昂后带正心枋二件:各前长三尺六寸九分;后长至平身科,高九寸,宽三寸七分二厘。搭角闹二昂后带单材万栱二件:各长五尺七分,高九寸,宽三寸。搭角闹二昂后带单材瓜栱二件:各长四尺六寸二分,高九寸,宽三寸。里连头合角单材万栱二件:各长一尺三寸八分,高四寸二分,宽三寸(或与平身科单材万栱连做)。里连头合角单材瓜栱二件:各长九寸三分,高四寸二分,宽三寸(或与平身科单材瓜栱连做)。**第五层**:由昂后带六分头一件:长十尺八寸七分一厘七毫,高九寸,宽七寸四分一厘。搭角正蚂蚱头后带正心枋二件:各前长三尺六寸;后长至平身科,高六寸,宽三寸七分二厘。搭角闹蚂蚱头后带拽枋二件:各前长三尺六寸;后长至平身科,高六寸,宽三寸。搭角闹蚂蚱头后带单材万栱二件:各长四尺九寸八分,高六寸,宽三寸。搭角把臂厢栱二件:各长五尺二寸二分,高四寸二分,宽三寸。里连头合角单材万栱二件:各长一尺三寸八分,高四寸二分,宽三寸(或与平身科单材万栱连做)。**第六层**:斜撑头木后带麻叶头一件:长八尺九寸二分三厘五毫,高六寸,宽七寸四分一厘。搭角正撑头木后带正心枋二件:各前长二尺七寸;后长至平身科,高六寸,宽三寸七分二厘。搭角闹撑头木后带拽枋二件:各前长二尺七寸;后长至平身科,高六寸,宽三寸。里连头合角厢栱二件:各长一尺八分,高四寸二分,宽三寸(或与平身科厢栱连做)。**第七层**:斜桁椀一件:长七尺二寸一分二厘,高一尺五寸,宽七寸四分一厘。搭角正桁椀后带正心枋二件:各前长二尺五寸五分;后长至平身科,高一尺一寸一分,宽三寸七分二厘。贴升耳共十四个:斜翘四个,各长五寸九分四厘;斜头昂四个,各长六寸九分;斜二昂二个,各长七寸八分九厘;由昂四个,各长八寸八分五厘。俱高一寸八分,宽七分二厘。十八斗十二个:各长五寸四分,高三寸,宽四寸五分。槽升子四个:各长三寸九分,高三寸,宽五寸二分二厘。三才升二十二个:各长三寸九分,高三寸,宽四寸五分。

(六)单翘重昂平身科、柱头科、角科斗口三寸五分各件尺寸开后

[平身科] 大斗一个:长一尺五分,高七寸,宽一尺五分。单翘一件:长二尺四寸八分五厘,高七寸,宽三寸五分。头昂后带翘头一件:长五尺五寸四分七厘五毫,高一尺五分,宽三寸五分。二昂后带菊花头一件:长七尺四寸五分五厘,高一尺五寸,宽三寸五分。蚂蚱头后带六分头一件:长七尺七寸五分二厘五毫,高七寸,宽三寸五分。撑头木后带麻叶头一件:长七尺五寸三分九厘,高七寸,宽三寸五分。正心瓜栱一件:长二尺一寸七分,高七寸,宽四寸三分四厘。正心万栱一件:长三尺二寸二分,高七寸,宽四寸三分四厘。单材瓜栱四件:各长二尺一寸七分,高四寸九分,宽三寸五分。单材万栱四件:各长三尺二寸二分,高四寸九分,宽三寸五分。厢栱二件:各长二尺五寸二分,高四寸九分,宽三寸五分。桁椀一件:长六尺一寸二分五厘,高一尺七寸五分,宽三寸五分。十八斗六个:各长六寸三分,高三寸,宽五寸二分五厘。槽升子四个:各长四寸五分五厘,高三寸五分,宽六寸九厘。三才升二十个:各长四寸五分五厘,高三寸五分,宽五寸

二分五厘。

　　[柱头科]　大斗一个：长一尺四寸,高七寸,宽一尺五分。单翘一件：长二尺四寸八分五厘,高七寸,宽七寸。头昂后带翘头一件：长五尺五寸四分七厘五毫,高一尺五分,宽九寸三分一厘。二昂后带雀替一件：长八尺五寸五厘,高一尺五分,宽一尺一寸六分五厘五毫。正心瓜栱一件：长二尺一寸七分,高七寸,宽四寸三分四厘。正心万栱一件：长三尺二寸二分,高七寸,宽四寸三分四厘。单材瓜栱四件：各长二尺一寸七分,高四寸九分,宽三寸五分。单材万栱四件：各长三尺二寸二分,高四寸九分,宽三寸五分。外厢栱一件：长二尺五寸二分,高四寸九分,宽三寸五分。里厢栱一件：长二尺八寸七分,高四寸九分,宽三寸五分。桶子十八斗共五个：单翘二个,各长一尺二寸一分一厘;头昂二个,各长一尺四寸四分五厘五毫;二昂一个,长一尺六寸八分。俱高三寸五分,宽五寸二分五厘。槽升子四个：各长四寸五分五厘,高三寸五分,宽六寸九厘。三才升二十个：各长四寸五分五厘,高三寸五分,宽五寸二分五厘。

　　[角科]　第一层：大斗一个：长一尺一寸九分,高七寸,宽一尺一寸九分。第二层：斜翘一件：长三尺六寸六分二厘四毫,高七寸,宽五寸二分五厘。搭角正翘后带正心瓜栱二件：各长二尺三寸二分七厘五毫,高七寸,宽四寸三分四厘。第三层：斜头昂后带翘头一件：长七尺九寸七分五厘一毫,高一尺五分,宽六寸三分七厘。搭角正头昂后带正心万栱二件：各长四尺八寸六分五厘,高一尺五分,宽四寸三分四厘。搭角闹头昂后带单材瓜栱二件：各长四尺三寸四分,高一尺五分,宽三寸五分。里连头合角单材瓜栱二件：各长一尺八分五厘,高四寸九分,宽三寸五分。第四层：斜二昂后带菊花头一件：长十尺五寸四分二厘七毫,高七寸,宽七寸五分二厘五毫。搭角正二昂后带正心枋二件：各前长四尺三寸五厘;后长至平身科,高一尺五分,宽四寸三分四厘。搭角闹二昂后带单材万栱二件：各长五尺九寸一分五厘,高一尺五分,宽三寸五分。搭角闹二昂后带单材瓜栱二件：各长五尺三寸九分,高一尺五分,宽三寸五分。里连头合角单材万栱二件：各长一尺六寸一分,高四寸九分,宽三寸五分(或与平身科单材万栱连做)。里连头合角单材瓜栱二件：各长一尺八分五厘,高四寸九分,宽三寸五分(或与平身科单材瓜栱连做)。第五层：由昂后带六分头一件：长一十二尺六寸八分三厘六毫,高一尺五分,宽八寸六分四厘五毫。搭角正蚂蚱头后带正心枋二件：各前长四尺二寸;后长至平身科,高七寸,宽四寸三分四厘。搭角闹蚂蚱头后带拽枋二件：各前长四尺二寸;后长至平身科,高七寸,宽三寸五分。搭角闹蚂蚱头后带单材万栱二件：各长五尺八寸一分,高七寸,宽三寸五分。搭角把臂厢栱二件：各长六尺九分,高四寸九分,宽三寸五分。里连头合角单材万栱二件：各长一尺六寸一分,高四寸九分,宽三寸五分(或与平身科单材万栱连做)。第六层：斜撑头木后带麻叶头一件：长十尺四寸一分七毫,高七寸,宽八寸六分四厘五毫。搭角正撑头木后带正心枋二件：各前长三尺一寸五分;后长至平身科,高七寸,宽四寸三分四厘。搭角闹撑头木后带拽枋二件：各前长三尺一寸五分;后长至平身科,高七寸,宽三寸五分。里连头合角厢栱二件：各长一尺二寸六分,高四寸九分,宽三寸五分(或与平身科厢栱连做)。第七层：斜桁椀一件：长八尺四寸一分四厘,高一尺七寸五分,宽八寸六分四厘五毫。搭角正桁椀后带正心枋二件：各前长二尺九寸七分五厘;后长至平身科,高一尺二寸九分五厘,宽四寸三分四厘。贴升耳共十四个：斜翘四个,各长六寸九分三厘;斜头昂四个,

各长八寸五厘;斜二昂二个,各长九寸二分五毫;由昂四个,各长一尺三分二厘五毫。俱高二寸一分,宽八分四厘。十八斗十二个:各长六寸三分,高三寸五分,宽五寸二分五厘。槽升子四个:各长四寸五分五厘,高三寸五分,宽六寸九厘。三才升二十二个:各长四寸五分五厘,高三寸五分,宽五寸二分五厘。

(七) 单翘重昂平身科、柱头科、角科斗口四寸各件尺寸开后

[平身科] 大斗一个:长一尺二寸,高八寸,宽一尺二寸。单翘一件:长二尺八寸四分,高八寸,宽四寸。头昂后带翘头一件:长六尺三寸四厘,高一尺二寸,宽四寸。二昂后带菊花头一件:长八尺五寸二分,高一尺二寸,宽四寸。蚂蚱头后带六分头一件:长八尺八寸六分,高八寸,宽四寸。撑头木后带麻叶头一件:长八尺六寸一分六厘,高八寸,宽四寸。正心瓜栱一件:长二尺四寸八分,高八寸,宽四寸九分六厘。正心万栱一件:长三尺六寸八分,高八寸,宽四寸九分六厘。单材瓜栱四件:各长二尺四寸八分,高五寸六分,宽四寸。单材万栱四件:各长三尺六寸八分,高五寸六分,宽四寸。厢栱二件:各长二尺八寸八分,高五寸六分,宽四寸。桁椀一件:长七尺,高二尺,宽四寸。十八斗六个:各长七寸二分,高四寸,宽六寸。槽升子四个:各长五寸二分,高四寸,宽六寸九分六厘。三才升二十个:各长五寸二分,高四寸,宽六寸。

[柱头科] 大斗一个:长一尺六寸,高八寸,宽一尺二寸。单翘一件:长二尺八寸四分,高八寸,宽八寸。头昂后带翘头一件:长六尺三寸四分,高一尺二寸,宽一尺六分四厘。二昂后带雀替一件:长九尺七寸二分,高一尺二寸,宽一尺三寸三分二厘。正心瓜栱一件:长二尺四寸八分,高八寸,宽四寸九分六厘。正心万栱一件:长三尺六寸八分,高八寸,宽四寸九分六厘。单材瓜栱四件:各长二尺四寸八分,高五寸六分,宽四寸。单材万栱四件:各长三尺六寸八分,高五寸六分,宽四寸。外厢栱一件:长二尺八寸八分,高五寸六分,宽四寸。里厢栱一件:长三尺二寸八分,高五寸六分,宽四寸。桶子十八斗共五个:单翘二个,各长一尺三寸八分四厘;头昂二个,各长一尺六寸五分二厘;二昂一个,长一尺九寸二分。俱高四寸,宽六寸。槽升子四个:各长五寸二分,高四寸,宽六寸九分六厘。三才升二十个:各长五寸二分,高四寸,宽六寸。

[角科] **第一层:** 大斗一个:长一尺三寸六分,高八寸,宽一尺三寸六分。**第二层:** 斜翘一件:长四尺一寸八分五厘六毫,高八寸,宽六寸。搭角正翘后带正心瓜栱二件:各长二尺六寸六分,高八寸,宽四寸九分六厘。**第三层:** 斜头昂后带翘头一件:长九尺一寸一分四厘四毫,高一尺二寸,宽七寸二分八厘。搭角正头昂后带正心万栱二件:各长五尺五寸六分,高一尺二寸,宽四寸九分六厘。搭角闹头昂后带单材瓜栱二件:各长四尺九寸六分,高一尺二寸,宽四寸。里连头合角单材瓜栱二件:各长一尺二寸四分,高五寸六分,宽四寸。**第四层:** 斜二昂后带菊花头一件:长一十二尺四分八厘八毫,高一尺二寸,宽八寸六分。搭角正二昂后带正心枋二件:各前长四尺九寸二分;后长至平身科,高一尺二寸,宽四寸九分六厘。搭角闹二昂后带单材万栱二件:各长六尺七寸六分,高一尺二寸,宽四寸。搭角闹二昂后带单材瓜栱二件:各长六尺一寸六分,高一尺二寸,宽四寸。里连头合角单材万栱二件:各长一尺八寸四分,高五寸六分,宽四寸(或与平身科单材万栱连做)。里连头合角单材瓜栱二件:各长一尺二寸四分,高五寸六分,宽四寸(或与平身科单材瓜栱连做)。**第五层:** 由昂后带六分头一件:长一十四尺四寸九分五厘六毫,高一尺二

寸，宽九寸八分八厘。搭角正蚂蚱头后带正心枋二件：各前长四尺八寸；后长至平身科，高八寸，宽四寸九分六厘。搭角闹蚂蚱头后带拽枋二件：各前长四尺八寸；后长至平身科，高八寸，宽四寸。搭角闹蚂蚱头后带单材万栱二件：各长六尺六寸四分，高八寸，宽四寸。搭角把臂厢栱二件：各长六尺九寸六分，高五寸六分，宽四寸。里连头合角单材万栱二件：各长一尺八寸四分，高五寸六分，宽四寸(或与平身科单材万栱连做)。**第六层**：斜撑头木后带麻叶头一件：长一十一尺八寸九分八厘，高八寸，宽九寸八分八厘。搭角正撑头木后带正心枋二件：各前长三尺六寸；后长至平身科，高八寸，宽四寸九分六厘。搭角闹撑头木后带拽枋二件：各前长三尺六寸；后长至平身科，高八寸，宽四寸。里连头合角厢栱二件：各长一尺四寸四分，高五寸六分，宽四寸(或与平身科厢栱连做)。**第七层**：斜桁椀一件：长九尺七寸六厘，高二尺，宽九寸八分八厘。搭角正桁椀后带正心枋二件：各前长三尺四寸；后长至平身科，高一尺四寸八分，宽四寸九分六厘。贴升耳共十四个：斜翘四个，各长七寸九分二厘；斜头昂四个，各长九寸二分；斜二昂二个，各长一尺五分二厘；由昂四个，各长一尺一寸八分。俱高二寸四分，宽九分六厘。十八斗十二个：各长七寸二分，高四寸，宽六寸。槽升子四个：各长五寸二分，高四寸，宽六寸九分六厘。三才升二十二个：各长五寸二分，高四寸，宽六寸。

（八）单翘重昂平身科、柱头科、角科斗口四寸五分各件尺寸开后

[平身科] 大斗一个：长一尺三寸五分，高九寸，宽一尺三寸五分。单翘一件：长三尺一寸九分五厘，高九寸，宽四寸五分。头昂后带翘头一件：长七尺一寸三分二厘五毫，高一尺三寸五分，宽四寸五分。二昂后带菊花头一件：长九尺五寸八分五厘，高一尺三寸五分，宽四寸五分。蚂蚱头后带六分头一件：长九尺九寸六分七厘五毫，高九寸，宽四寸五分。撑头木后带麻叶头一件：长九尺六寸九分三厘，高九寸，宽四寸五分。正心瓜栱一件：长二尺七寸九分，高九寸，宽五寸五分八厘。正心万栱一件：长四尺一寸四分，高九寸，宽五寸五分八厘。单材瓜栱四件：各长二尺七寸九分，高六寸三分，宽四寸五分。单材万栱四件：各长四尺一寸四分，高六寸三分，宽四寸五分。厢栱二件：各长三尺二寸四分，高六寸三分，宽四寸五分。桁椀一件：长七尺八寸七分五厘，高二尺二寸五分，宽四寸五分。十八斗六个：各长八寸一分，高四寸五分，宽六寸七分五厘。槽升子四个：各长五寸八分五厘，高四寸五分，宽七寸八分三厘。三才升二十个：各长五寸八分五厘，高四寸五分，宽六寸七分五厘。

[柱头科] 大斗一个：长一尺八寸，高九寸，宽一尺三寸五分。单翘一件：长三尺一寸九分五厘，高九寸，宽九寸。头昂后带翘头一件：长七尺一寸三分二厘五毫，高一尺三寸五分，宽一尺一寸九分七厘。二昂后带雀替一件：长十尺九寸三分五厘，高一尺三寸五分，宽一尺四寸九分八厘五毫。正心瓜栱一件：长二尺七寸九分，高九寸，宽五寸五分八厘。正心万栱一件：长四尺一寸四分，高九寸，宽五寸五分八厘。单材瓜栱四件：各长二尺七寸九分，高六寸三分，宽四寸五分。单材万栱四件：各长四尺一寸四分，高六寸三分，宽四寸五分。外厢栱一件：长三尺二寸四分，高六寸三分，宽四寸五分。里厢栱一件：长三尺六寸九分，高六寸三分，宽四寸五分。桶子十八斗共五个：单翘二个，各长一尺五寸五分七厘；头昂二个，各长一尺八寸五分八厘五毫；二昂一个，长二尺一寸六分。俱高四寸五分，宽六寸七分五厘。槽升子四个：各长五寸八分五厘，高四

寸五分,宽七寸八分三厘。三才升二十个:各长五寸八分五厘,高四寸五分,宽六寸七分五厘。

[角科] 第一层:大斗一个:长一尺五寸三分,高九寸,宽一尺五寸三分。第二层:斜翘一件:长四尺七寸八厘八毫,高九寸,宽六寸七分五厘。搭角正翘后带正心瓜栱二件:各长二尺九寸九分二厘五毫,高九寸,宽五寸五分八厘。第三层:斜头昂后带翘头一件:长十尺二寸五分三厘七毫,高一尺三寸五分,宽八寸一分九厘。搭角正头昂后带正心万栱二件:各长六尺二寸五分五厘,高一尺三寸五分,宽五尺五寸八分。搭角闹头昂后带单材瓜栱二件:各长五尺五寸八分,高一尺三寸五分,宽四寸五分。里连头合角单材瓜栱二件:各长一尺三寸九分五厘,高六寸三分,宽四寸五分。第四层:斜二昂后带菊花头一件:长一十三尺五寸五分四厘九毫,高一尺三寸五分,宽九寸六分七厘五毫。搭角正二昂后带正心枋二件:各前长五尺五寸三分五厘;后长至平身科,高一尺三寸五分,宽五寸五分八厘。搭角闹二昂后带单材万栱二件:各长七尺六寸五厘,高一尺三寸五分,宽四寸五分。搭角闹二昂后带单材瓜栱二件:各长六尺九寸三分,高一尺三寸五分,宽四寸五分。里连头合角单材万栱二件:各长二尺七分,高六寸三分,宽四寸五分(或与平身科单材万栱连做)。里连头合角单材瓜栱二件:各长一尺三寸九分五厘,高六寸三分,宽四寸五分(或与平身科单材瓜栱连做)。第五层:由昂后带六分头一件:长一十六尺三寸七厘五毫,高一尺三寸五分,宽一尺一寸一分一厘五毫。搭角正蚂蚱头后带正心枋二件:各前长五尺四寸;后长至平身科,高九寸,宽五寸五分八厘。搭角闹蚂蚱头后带拽枋二件:各前长五尺四寸;后长至平身科,高九寸,宽四寸五分。搭角闹蚂蚱头后带单材万栱二件:各长七尺四寸七分,高九寸,宽四寸五分。搭角把臂厢栱二件:各长七尺八寸三分,高六寸三分,宽四寸五分。里连头合角单材万栱二件:各长二尺七分,高六寸三分,宽四寸五分(或与平身科单材万栱连做)。第六层:斜撑头木后带麻叶头一件:长一十三尺三寸八分五厘二毫,高九寸,宽一尺一寸一分一厘五毫。搭角正撑头木后带正心枋二件:各前长四尺五分;后长至平身科,高九寸,宽五寸五分八厘。搭角闹撑头木后带拽枋二件:各前长四尺五分;后长至平身科,高九寸,宽四寸五分。里连头合角厢栱二件:各长一尺六寸二分,高六寸三分,宽四寸五分(或与平身科厢栱连做)。第七层:斜桁椀一件:长十尺八寸一分八厘,高二尺二寸五分,宽一尺一寸一分一厘五毫。搭角正桁椀后带正心枋二件:各前长三尺八寸二分五厘;后长至平身科,高一尺六寸六分五厘,宽五寸五分八厘。贴升耳共十四个:斜翘四个,各长八寸九分一厘;斜头昂四个,各长一尺三分五厘;斜二昂二个,各长一尺一寸八分三厘五毫;由昂四个,各长一尺三寸二分七厘五毫。俱高二寸七分,宽一寸八厘。十八斗十二个:各长八寸一分,高四寸五分,宽六寸七分五厘。槽升子四个:各长五寸八分五厘,高四寸五分,宽七寸八分三厘。三才升二十二个:各长五寸八分五厘,高四寸五分,宽六寸七分五厘。

(九) 单翘重昂平身科、柱头科、角科斗口五寸各件尺寸开后

[平身科] 大斗一个:长一尺五寸,高一尺,宽一尺五寸。单翘一件:长三尺五寸五分,高一尺,宽五寸。头昂后带翘头一件:长七尺九寸二分五厘,高一尺五寸,宽五寸。二昂后带菊花头一件:长十尺六寸五分,高一尺,宽五寸。蚂蚱头后带六分头一件:长一十一尺七分五厘,高一尺,宽五寸。撑头木后带麻叶头一件:长十尺七寸七分,高一尺,宽五寸。正心瓜栱一件:长三

尺一寸,高一尺,宽六寸二分。正心万栱一件:长四尺六寸,高一尺,宽六寸二分。单材瓜栱四件:各长三尺一寸,高七寸,宽五寸。单材万栱四件:各长四尺六寸,高七寸,宽五寸。厢栱二件:各长三尺六寸,高七寸,宽五寸。桁椀一件:长八尺七寸五分,高二尺五寸,宽五寸。十八斗六个:各长九寸,高五寸,宽七寸五分。槽升子四个:各长六寸五分,高五寸,宽八寸七分。三才升二十个:各长六寸五分,高五寸,宽七寸五分。

[柱头科] 大斗一个:长二尺,高一尺,宽一尺五寸。单翘一件:长三尺五寸五分,高一尺,宽一尺。头昂后带翘头一件:长七尺九寸二分五厘,高一尺五寸,宽一尺三寸三分。二昂后带雀替一件:长一十二尺一寸五分,高一尺五寸,宽一尺六寸六分五厘。正心瓜栱一件:长三尺一寸,高一尺,宽六寸二分。正心万栱一件:长四尺六寸,高一尺,宽六寸二分。单材瓜栱四件:各长三尺一寸,高七寸,宽五寸。单材万栱四件:各长四尺六寸,高七寸,宽五寸。外厢栱一件:长三尺六寸,高七寸,宽五寸。里厢栱一件:长四尺一寸,高七寸,宽五寸。桶子十八斗共五个:单翘二个,各长一尺七寸三分;头昂二个,各长二尺六分五厘;二昂一个,长二尺四寸。俱高五寸,宽七寸五分。槽升子四个:各长六寸五分,高五寸,宽八寸七分。三才升二十个:各长六寸五分,高五寸,宽七寸五分。

[角科] 第一层:大斗一个:长一尺七寸,高一尺,宽一尺七寸。第二层:斜翘一件:长五尺二寸三分二厘,高一尺,宽七寸五分。搭角正翘后带正心瓜栱二件:各长三尺三寸二分五厘,高一尺,宽六寸二分。第三层:斜头昂后带翘头一件:长一十一尺三寸九分三厘,高一尺五寸,宽九寸一分。搭角正头昂后带正心万栱二件:各长六尺九寸五分,高一尺五寸,宽六寸二分。搭角闹头昂后带单材瓜栱二件:各长六尺二寸,高一尺五寸,宽五寸。里连头合角单材瓜栱二件:各长一尺五寸五分,高七寸,宽五寸。第四层:斜二昂后带菊花头一件:长一十五尺六分一厘,高一尺五寸,宽一尺七分五厘。搭角正二昂后带正心枋二件:各前长六尺一寸五分;后长至平身科,高一尺五寸,宽六寸二分。搭角闹二昂后带单材万栱二件:各长八尺四寸五分,高一尺五寸,宽五寸。搭角闹二昂后带单材瓜栱二件:各长七尺七寸,高一尺五寸,宽五寸。里连头合角单材万栱二件:各长二尺三寸,高七寸,宽五寸(或与平身科单材万栱连做)。里连头合角单材瓜栱二件:各长一尺五寸五分,高七寸,宽五寸(或与平身科单材瓜栱连做)。第五层:由昂后带六分头一件:长一十八尺一寸一分九厘五毫,高一尺五寸,宽一尺二寸三分五厘。搭角正蚂蚱头后带正心枋二件:各前长六尺;后长至平身科,高一尺,宽六寸二分。搭角闹蚂蚱头后带拽枋二件:各前长六尺;后长至平身科,高一尺,宽五寸。搭角闹蚂蚱头后带单材万栱二件:各长八尺三寸,高一尺,宽五寸。搭角把臂厢栱二件:各长八尺七寸,高七寸,宽五寸。里连头合角单材万栱二件:各长二尺三寸,高七寸,宽五寸(或与平身科单材万栱连做)。第六层:斜撑头木后带麻叶头一件:长一十四尺八寸七分二厘五毫,高一尺,宽一尺二寸三分五厘。搭角正撑头木后带正心枋二件:各前长四尺五寸;后长至平身科,高一尺,宽六寸二分。搭角闹撑头木后带拽枋二件:各前长四尺五寸;后长至平身科,高一尺,宽五寸。里连头合角厢栱二件:各长一尺八寸,高七寸,宽五寸(或与平身科厢栱连做)。第七层:斜桁椀一件:长一十二尺二分,高二尺五寸,宽一尺二寸三分五厘。搭角正桁椀后带正心枋二件:各前长四尺二寸五分;后长至平身科,高一尺八寸五分,宽

六寸二分。贴升耳共十四个：斜翘四个，各长九寸九分；斜头昂四个，各长一尺一寸一五分；斜二昂二个，各长一尺三寸一分五厘；由昂四个，各长一尺四寸七分五厘。俱高三寸，宽一寸二分。十八斗十二个：各长九寸，高五寸，宽七寸五分。槽升子四个：各长六寸五分，高五寸，宽八寸七分。三才升二十二个：各长六寸五分，高五寸，宽七寸五分。

（十）单翘重昂平身科、柱头科、角科斗口五寸五分各件尺寸开后

[平身科]　大斗一个：长一尺六寸五分，高一尺一寸，宽一尺六寸五分。单翘一件：长三尺九寸五厘，高一尺一寸，宽五寸五分。头昂后带翘头一件：长八尺七寸一分七厘五毫，高一尺六寸五分，宽五寸五分。二昂后带菊花头一件：长十一尺七寸一分五厘，高一尺六寸五分，宽五寸五分。蚂蚱头后带六分头一件：长十二尺一寸八分二厘五毫，高一尺一寸，宽五寸五分。撑头木后带麻叶头一件：长十一尺八寸四分七厘，高一尺一寸，宽五寸五分。正心瓜栱一件：长三尺四寸一分，高一尺一寸，宽六寸八分二厘。正心万栱一件：长五尺六分，高一尺一，宽六寸八分二厘。单材瓜栱四件：各长三尺四寸一分，高七寸七分，宽五寸五分。单材万栱四件：各长五尺六分，高七寸七分，宽五寸五分。厢栱二件：各长三尺九寸六分，高七寸七分，宽五寸五分。桁椀一件：长九尺六寸二分五厘，高二尺七寸五分，宽五寸五分。十八斗六个：各长九寸九分，高五寸五分，宽八寸二分五厘。槽升子四个：各长七寸一分五厘，高五寸五分，宽九寸五分七厘。三才升二十个：各长七寸一分五厘，高五寸五分，宽八寸二分五厘。

[柱头科]　大斗一个：长二尺二寸，高一尺一寸，宽一尺六寸五分。单翘一件：长三尺九寸五厘，高一尺一寸，宽一尺一寸。头昂后带翘头一件：长八尺七寸一分七厘五毫，高一尺六寸五分，宽一尺四寸六分三厘。二昂后带雀替一件：长十三尺三寸六分五厘，高一尺六寸五分，宽一尺八寸三分一厘五毫。正心瓜栱一件：长三尺四寸一分，高一尺一寸，宽六寸八分二厘。正心万栱一件：长五尺六分，高一尺一寸，宽六寸八分二厘。单材瓜栱四件：各长三尺四寸一分，高七寸七分，宽五寸五分。单材万栱四件：各长五尺六分，高七寸七分，宽五寸五分。外厢栱一件：长三尺九寸六分，高七寸七分，宽五寸五分。里厢栱一件：长四尺五寸一分，高七寸七分，宽五寸五分。桶子十八斗共五个：单翘二个，各长一尺九寸三厘；头昂二个，各长二尺二寸七分一厘五毫；二昂一个，长二尺六寸四分。俱高五寸五分，宽八寸二分五厘。槽升子四个：各长七寸一分五厘，高五寸五分，宽九寸五分七厘。三才升二十个：各长七寸一分五厘，高五寸五分，宽八寸二分五厘。

[角科]　第一层：大斗一个：长一尺八寸七分，高一尺一寸，宽一尺八寸七分。第二层：斜翘一件：长五尺七寸五分五厘二毫，高一尺一寸，宽八寸二分五厘。搭角正翘后带正心瓜栱二件：各长三尺六寸五分七厘五毫，高一尺一寸，宽六寸八分二厘。第三层：斜头昂后带翘头一件：长十二尺五寸三分二厘三毫，高一尺六寸五分，宽一尺一厘。搭角正头昂后带正心万栱二件：各长七尺六寸四分五厘，高一尺六寸五分，宽六寸八分二厘。搭角闹头昂后带单材瓜栱二件：各长六尺八寸二分，高一尺六寸五分，宽五寸五分。里连头合角单材瓜栱二件：各长一尺七寸五厘，高七寸七分，宽五寸五分。第四层：斜二昂后带菊花头一件：长十六尺五寸六分七厘一毫，高一尺六寸五分，宽一尺一寸八分二厘五毫。搭角正二昂后带正心枋二件：各前长六尺七寸六分五

厘;后长至平身科,高一尺六寸五分,宽六寸八分二厘。搭角闹二昂后带单材万栱二件:各长九尺二寸九分五厘,高一尺六寸五分,宽五寸五分。搭角闹二昂后带单材瓜栱二件:各长八尺四寸七分,高一尺六寸五分,宽五寸五分。里连头合角单材万栱二件:各长二尺五寸三分,高七寸七分,宽五寸五分(或与平身科单材万栱连做)。里连头合角单材瓜栱二件:各长一尺七寸五厘,高七寸七分,宽五寸五分(或与平身科单材瓜栱连做)。第五层:由昂后带六分头一件:长一十九尺九寸三分一厘五毫,高一尺六寸五分,宽一尺三寸五分八厘五毫。搭角正蚂蚱头后带正心枋二件:各前长六尺六寸;后长至平身科,高一尺一寸,宽六寸八分二厘。搭角闹蚂蚱头后带拽枋二件:各前长六尺六寸;后长至平身科,高一尺一寸,宽五寸五分。搭角闹蚂蚱头后带单材万栱二件:各长九尺一寸三分,高一尺一寸,宽五寸五分。搭角把臂厢栱二件:各长九尺五寸七分,高七寸七分,宽五寸五分。里连头合角单材万栱二件:各长二尺五寸三分,高七寸七分,宽五寸五分(或与平身科单材万栱连做)。第六层:斜撑头木后带麻叶头一件:长一十六尺三寸五分九厘七毫,高一尺一寸,宽一尺三寸五分八厘五毫。搭角正撑头木后带正心枋二件:各前长四尺九寸五分;后长至平身科,高一尺一寸,宽六寸八分二厘。搭角闹撑头木后带拽枋二件:前长四尺九寸五分;后长至平身科,高一尺一寸,宽五寸五分。里连头合角厢栱二件:各长一尺九寸八分,高七寸七分,宽五寸五分(或与平身科厢栱连做)。第七层:斜桁椀一件:长一十三尺二寸二分二厘,高二尺七寸五分,宽一尺三寸五分八厘五毫。搭角正桁椀后带正心枋二件:各前长四尺六寸七分五厘;后长至平身科,高二尺三分五厘,宽六寸八分二厘。贴升耳共十四个:斜翘四个,各长一尺八分九厘;斜头昂四个,各长一尺二寸六分五厘;斜二昂二个,各长一尺四寸四分六厘五毫;由昂四个,各长一尺六寸二分二厘五毫。俱高三寸三分,宽一寸三分二厘。十八斗十二个:各长九寸九分,高五寸五分,宽八寸二分五厘。槽升子四个:各长七寸一分五厘,高五寸五分,宽九寸五分七厘。三才升二十二个:各长七寸一分五厘,高五寸五分,宽八寸二分五厘。

(十一)单翘重昂平身科、柱头科、角科斗口六寸各件尺寸开后

[平身科] 大斗一个:长一尺八寸,高一尺二寸,宽一尺八寸。单翘一件:长四尺二寸六分,高一尺二寸,宽六寸。头昂后带翘头一件:长九尺五寸一分,高一尺八寸,宽六寸。二昂后带菊花头一件:长一十二尺七寸八分,高一尺八寸,宽六寸。蚂蚱头后带六分头一件:长一十三尺二寸九分,高一尺二寸,宽六寸。撑头木后带麻叶头一件:长十二尺九寸二分四厘,高一尺二寸,宽六寸。正心瓜栱一件:长三尺七寸二分,高一尺二寸,宽七寸四分四厘。正心万栱一件:长五尺五寸二分,高一尺二寸,宽七寸四分四厘。单材瓜栱四件:各长三尺七寸二分,高八寸四分,宽六寸。单材万栱四件:各长五尺五寸二分,高八寸四分,宽六寸。厢栱二件:各长四尺三寸二分,高八寸四分,宽六寸。桁椀一件:长十尺五寸,高三尺,宽六寸。十八斗六个:各长一尺八分,高六寸,宽九寸。槽升子四个:各长七寸八分,高六寸,宽一尺四分四厘。三才升二十个:各长七寸八分,高六寸,宽九寸。

[柱头科] 大斗一个:长二尺四寸,高一尺二寸,宽一尺八寸。单翘一件:长四尺二寸六分,高一尺二寸,宽一尺二寸。头昂后带翘头一件:长九尺五寸一分,高一尺八寸,宽一尺五寸九分六厘。二昂后带雀替一件:长一十四尺五寸八分,高一尺八寸,宽一尺九寸九分八厘。正心瓜栱

一件:长三尺七寸二分,高一尺二寸,宽七寸四分四厘。正心万栱一件:长五尺五寸二分,高一尺二寸,宽七寸四分四厘。单材瓜栱四件:各长三尺七寸二分,高八寸四分,宽六寸。单材万栱四件:各长五尺五寸二分,高八寸四分,宽六寸。外厢栱一件:长四尺三寸二分,高八寸四分,宽六寸。里厢栱一件:长四尺九寸二分,高八寸四分,宽六寸。桶子十八斗共五个:单翘二个,各长二尺七分六厘;头昂二个,各长二尺四寸七分八厘;二昂一个,长二尺八寸八分。俱高六寸,宽九寸。槽升子四个:各长七寸八分,高六寸,宽一尺四分四厘。三才升二十个:各长七寸八分,高六寸,宽九寸。

[角科] 第一层:大斗一个:长二尺四分,高一尺二寸,宽二尺四分。第二层:斜翘一件:长六尺二寸七分八厘四毫,高一尺二寸,宽九寸。搭角正翘后带正心瓜栱二件:各长三尺九寸九分,高一尺二寸,宽七寸四分四厘。第三层:斜头昂后带翘头一件:长一十三尺六寸七分一厘六毫,高一尺八寸,宽一尺九分二厘。搭角正头昂后带正心万栱二件:各长八尺三寸四分,高一尺八寸,宽七寸四分四厘。搭角闹头昂后带单材瓜栱二件:各长七尺四寸四分,高一尺八寸,宽六寸。里连头合角单材瓜栱二件:各长一尺八寸六分,高八寸四分,宽六寸。第四层:斜二昂后带菊花头一件:长一十八尺七分三厘二毫,高一尺八寸,宽一尺二寸九分。搭角正二昂后带正心枋二件:各前长七尺三寸八分;后长至平身科,高一尺八寸,宽七寸四分四厘。搭角闹二昂后带单材万栱二件:各长十尺一寸四分,高一尺八寸,宽六寸。搭角闹二昂后带单材瓜栱二件:各长九尺二寸四分,高一尺八寸,宽六寸。里连头合角单材万栱二件:各长二尺七寸六分,高八寸四分,宽六寸(或与平身科单材万栱连做)。里连头合角单材瓜栱二件:各长一尺八寸六分,高八寸四分,宽六寸(或与平身科单材瓜栱连做)。第五层:由昂后带六分头一件:长二十一尺七寸四分三厘四毫,高一尺八寸,宽一尺四寸八分二厘。搭角正蚂蚱头后带正心枋二件:各前长七尺二寸;后长至平身科,高一尺二寸,宽七寸四分四厘。搭角闹蚂蚱头后带拽枋二件:各前长七尺二寸;后长至平身科,高一尺二寸,宽六寸。搭角闹蚂蚱头后带单材万栱二件:各长九尺九寸六分,高一尺二寸,宽六寸。搭角把臂厢栱二件:各长十尺四寸四分,高八寸四分,宽六寸。里连头合角单材万栱二件:各长二尺七寸六分,高八寸四分,宽六寸(或与平身科单材万栱连做)。第六层:斜撑头木后带麻叶头一件:长一十七尺八寸四分七厘,高一尺二寸,宽一尺四寸八分二厘。搭角正撑头木后带正心枋二件:各前长五尺四寸;后长至平身科,高一尺二寸,宽七寸四分四厘。搭角闹撑头木后带拽枋二件:各前长五尺四寸;后长至平身科,高一尺二寸,宽六寸。里连头合角厢栱二件:各长二尺一寸六分,高八寸四分,宽六寸(或与平身科厢栱连做)。第七层:斜桁椀一件:长一十四尺四寸二分四厘,高三尺,宽一尺四寸八分二厘。搭角正桁椀后带正心枋二件:各前长五尺一寸;后长至平身科,高二尺二寸二分,宽七寸四分四厘。贴升耳共十四个:斜翘四个,各长一尺一寸八分八厘;斜头昂四个,各长一尺三寸八分;斜二昂二个,各长一尺五寸七分八厘;由昂四个,各长一尺七寸七。俱高三寸六分,宽一寸四分四厘。十八斗十二个:各长一尺八寸,高六寸,宽九寸。槽升子四个:各长七寸八分,高六寸,宽一尺四分四厘。三才升二十二个:各长七寸八分,高六寸,宽九寸。

二、单翘重昂平身科图样十六

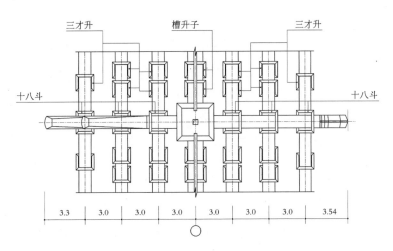

三才升　　槽升子　　三才升

十八斗　　　　　　　　　　　　十八斗

| 3.3 | 3.0 | 3.0 | 3.0 | 3.0 | 3.0 | 3.54 |

仰视平面

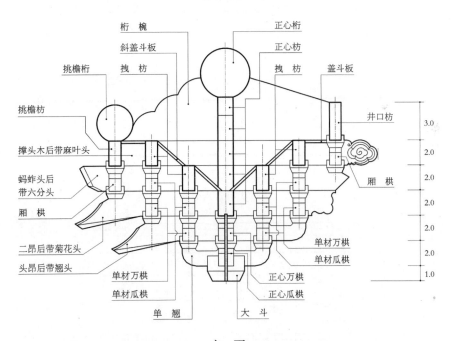

桁椀　　　　正心桁
斜盖斗板　　正心枋
挑檐桁　拽枋　　拽枋　盖斗板
挑檐枋
撑头木后带麻叶头
蚂蚱头后带六分头
厢栱
二昂后带菊花头
头昂后带翘头　单材万栱
单材瓜栱
单翘　大斗
井口枋

3.0
2.0
厢栱
2.0

2.0

单材万栱
单材瓜栱
正心万栱
正心瓜栱

2.0

2.0

1.0

立　面

单翘重昂平身科图样十六　分件一

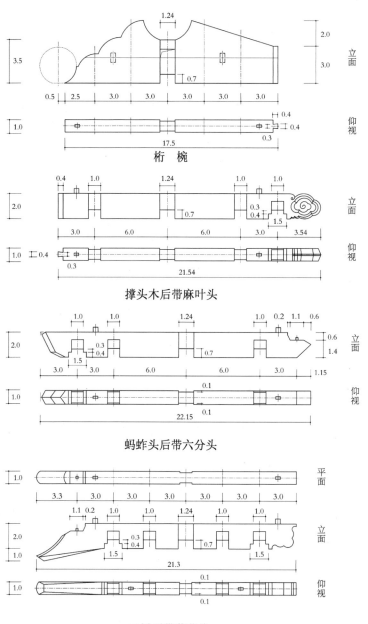

桁　椀

撑头木后带麻叶头

蚂蚱头后带六分头

二昂后带菊花头

单翘重昂平身科图样十六　分件二

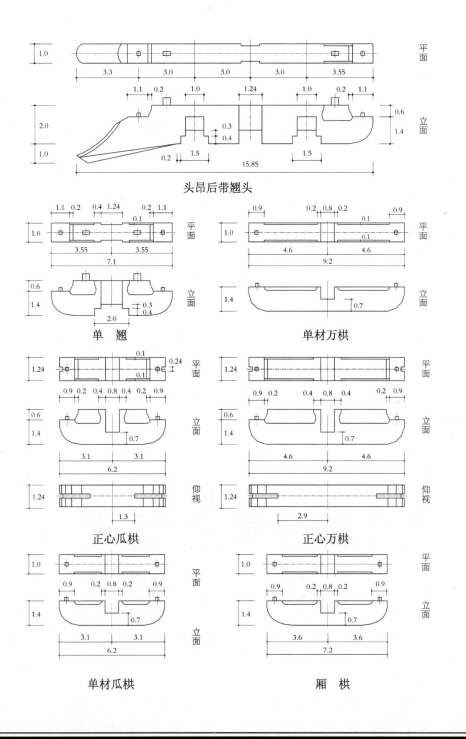

头昂后带翘头

单　翘

单材万栱

正心瓜栱

正心万栱

单材瓜栱

厢　栱

三、单翘重昂柱头科图样十七

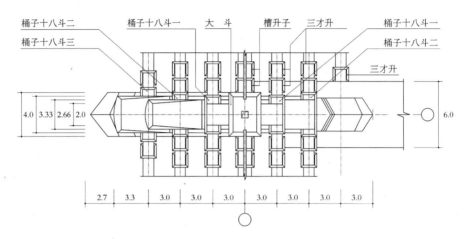

仰视平面

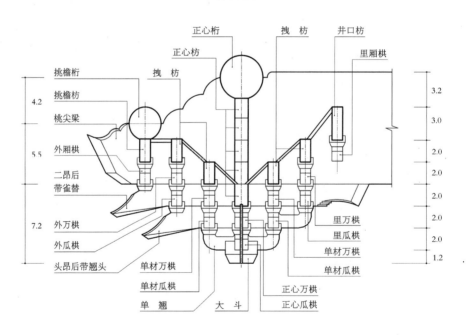

侧立面

单翘重昂柱头科图样十七　分件一

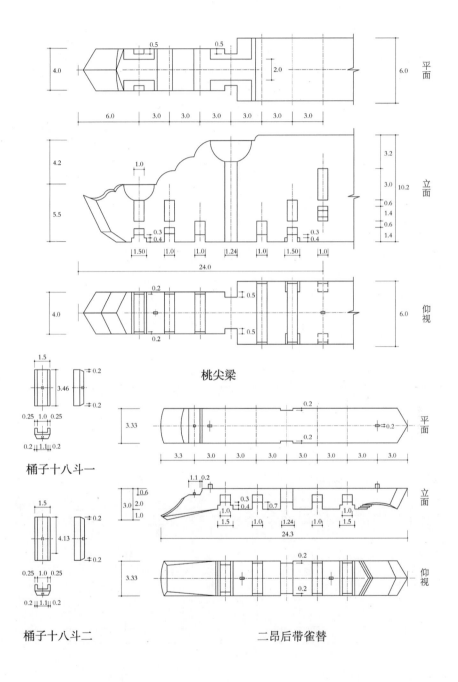

桃尖梁

桶子十八斗一

桶子十八斗二

二昂后带雀替

单翘重昂柱头科图样十七　分件二

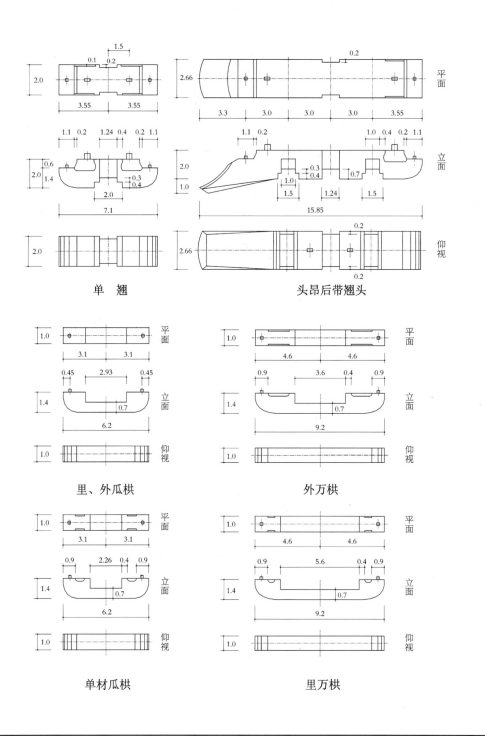

单　翘

头昂后带翘头

里、外瓜栱

外万栱

单材瓜栱

里万栱

单翘重昂柱头科图样十七　分件三

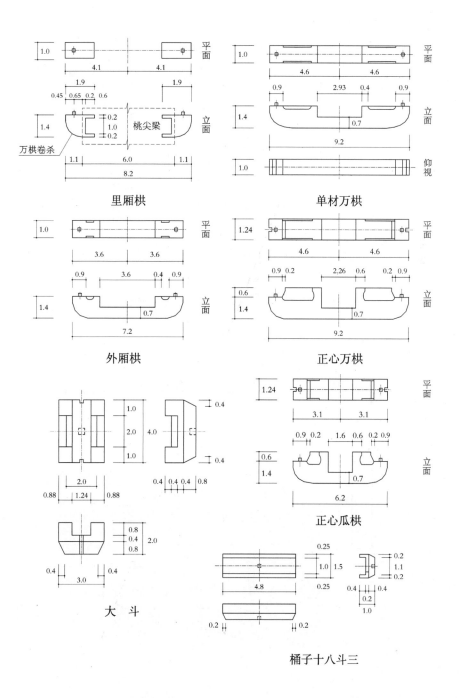

里厢棋

单材万棋

外厢棋

正心万棋

大　斗

正心瓜棋

桶子十八斗三

四、单翘重昂角科图样十八

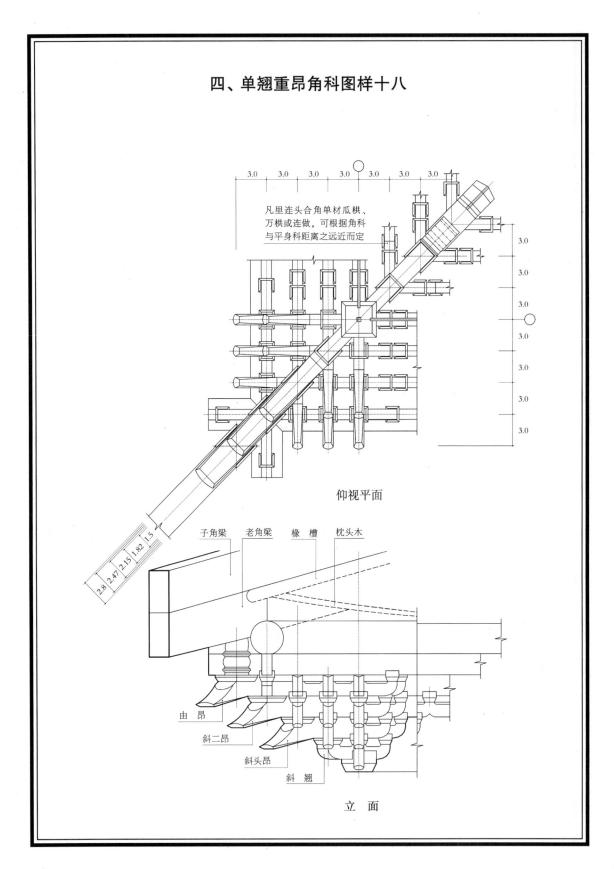

凡里连头合角单材瓜栱、
万栱或连做，可根据角科
与平身科距离之远近而定

仰视平面

子角梁　老角梁　橡　槽　枕头木

由昂

斜二昂

斜头昂

斜翘

立　面

单翘重昂角科图样十八 分件一

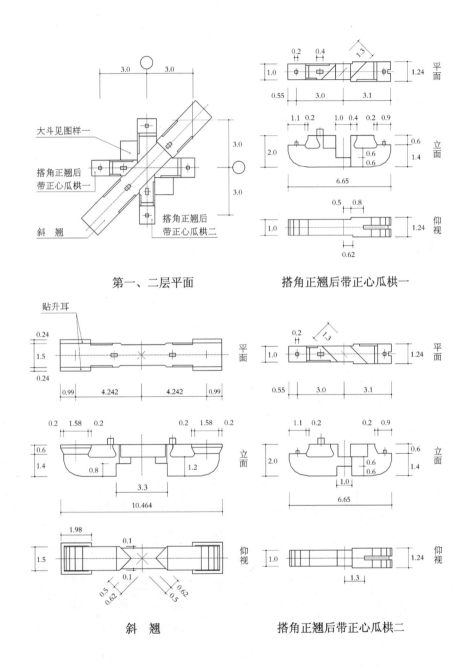

第一、二层平面

搭角正翘后带正心瓜栱一

斜翘

搭角正翘后带正心瓜栱二

单翘重昂角科图样十八　分件二

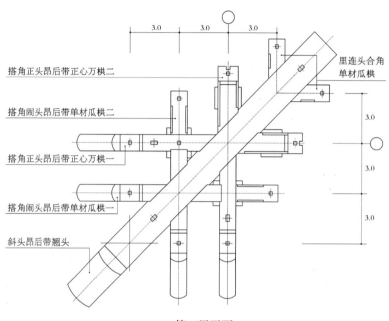

第三层平面

搭角正头昂后带正心万栱二
搭角闹头昂后带单材瓜栱二
搭角正头昂后带正心万栱一
搭角闹头昂后带单材瓜栱一
斜头昂后带翘头
里连头合角单材瓜栱

3.0 3.0 3.0
3.0
3.0
3.0

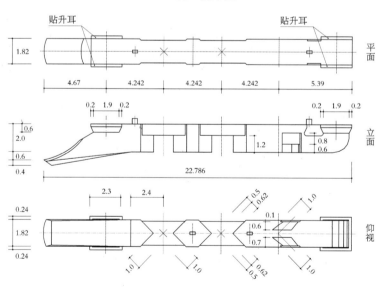

斜头昂后带翘头

贴升耳 贴升耳
平面
1.82
4.67 4.242 4.242 4.242 5.39
0.2 1.9 0.2 0.2 1.9 0.2
立面
0.6 2.0 0.6 0.4
1.2 0.8 0.6
22.786
仰视
0.24 1.82 0.24
2.3 2.4
0.5 0.62 1.0
0.1 0.6 0.7
1.0 1.0 0.62 0.5 1.0

单翘重昂角科图样十八　分件三

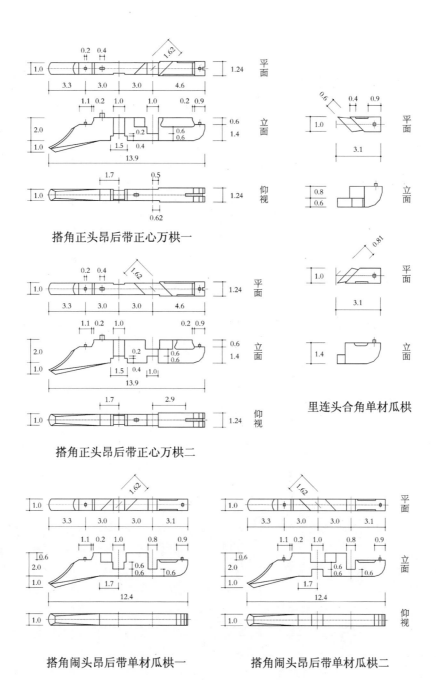

搭角正头昂后带正心万栱一

里连头合角单材瓜栱

搭角正头昂后带正心万栱二

搭角闹头昂后带单材瓜栱一

搭角闹头昂后带单材瓜栱二

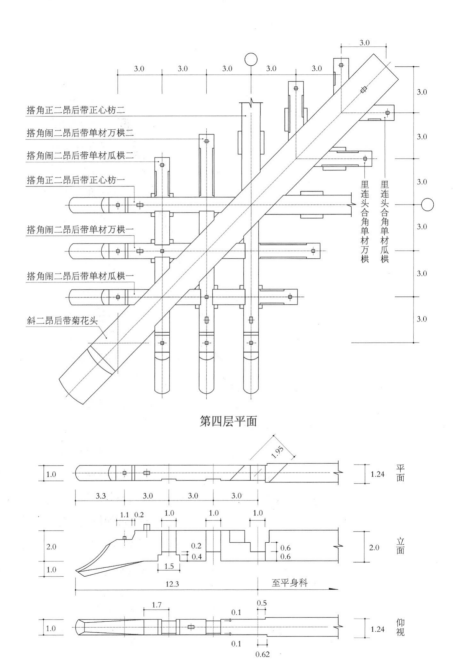

单翘重昂角科图样十八　分件四

搭角正二昂后带正心枋二

搭角闹二昂后带单材万栱二

搭角闹二昂后带单材瓜栱二

搭角正二昂后带正心枋一

搭角闹二昂后带单材万栱一

搭角闹二昂后带单材瓜栱一

斜二昂后带菊花头

里连头合角单材万栱

里连头合角单材瓜栱

3.0　3.0　3.0　3.0　3.0

3.0

3.0

3.0

3.0

3.0

3.0

3.0

第四层平面

1.0　1.24　平面

3.3　3.0　3.0　3.0

1.95

1.1　0.2　1.0　1.0　1.0

2.0　0.2　0.4　0.6　0.6　2.0

1.0　1.5

12.3　至平身科

1.0　1.7　0.5　0.1　1.24　仰视

0.1

0.62

搭角正二昂后带正心枋一

单翘重昂角科图样十八　分件五

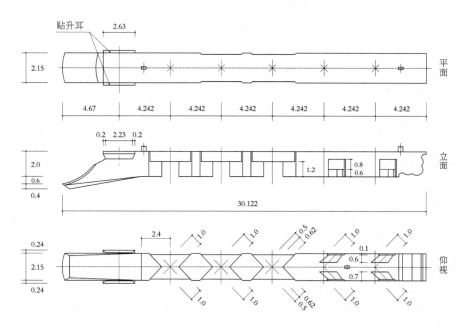

斜二昂后带菊花头

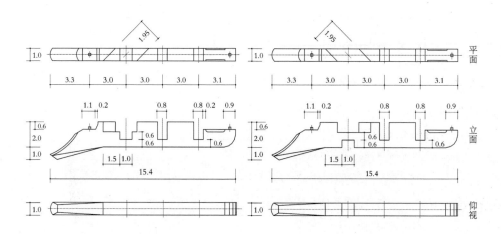

搭角闹二昂后带单材瓜栱一　　　　搭角闹二昂后带单材瓜栱二

单翘重昂角科图样十八　分件六

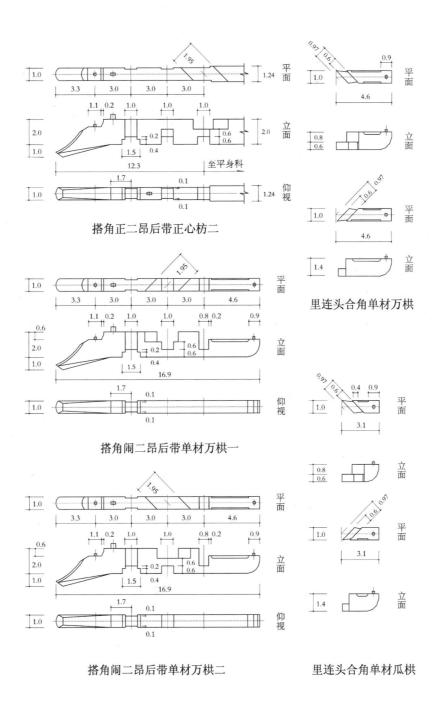

搭角正二昂后带正心枋二

搭角闹二昂后带单材万栱一

搭角闹二昂后带单材万栱二

里连头合角单材万栱

里连头合角单材瓜栱

单翘重昂角科图样十八　分件七

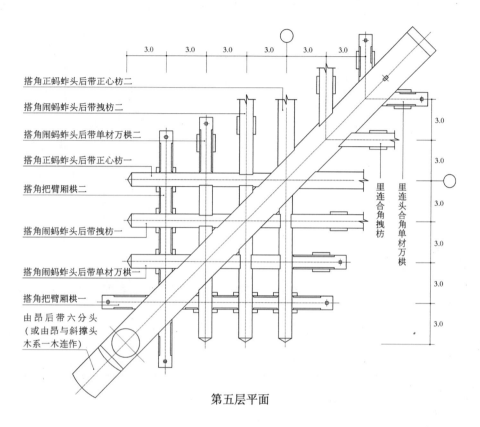

搭角正蚂蚱头后带正心枋二

搭角闹蚂蚱头后带拽枋二

搭角闹蚂蚱头后带单材万栱二

搭角正蚂蚱头后带正心枋一

搭角把臂厢栱二

搭角闹蚂蚱头后带拽枋一

搭角闹蚂蚱头后带单材万栱一

搭角把臂厢栱一

由昂后带六分头
（或由昂与斜撑头
木系一木连作）

里连合角拽枋

里连头合角单材万栱

第五层平面

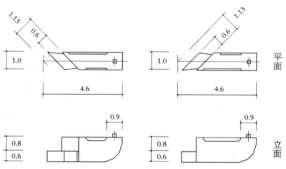

里连头合角单材万栱（捉对）

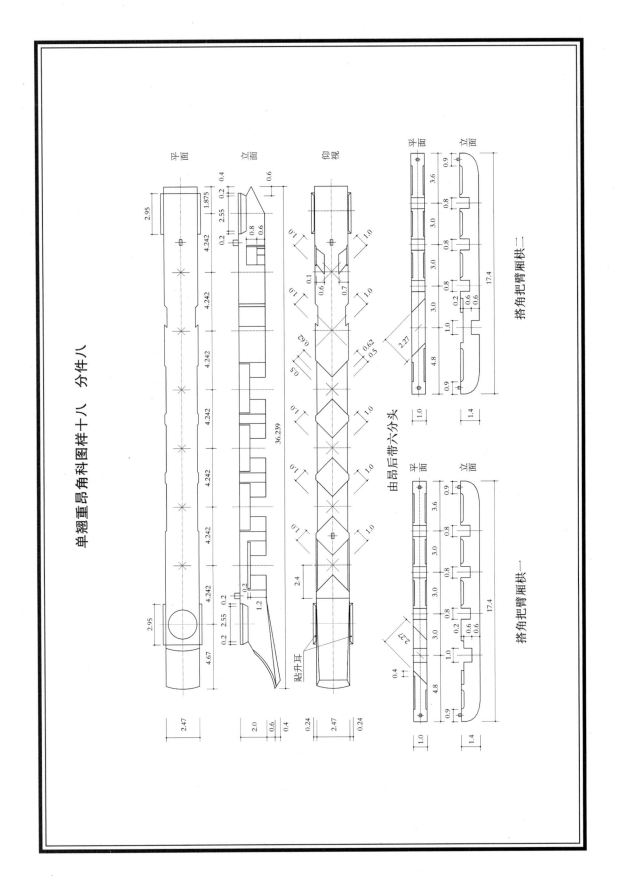

单翘重昂角科图样十八　分件八

搭角把臂厢栱二

搭角把臂厢栱一

由昂后带六分头

贴升耳

单翘重昂角科图样十八　分件九

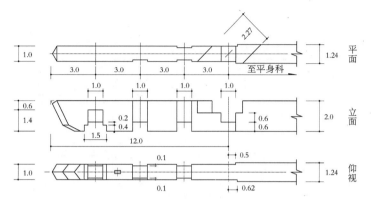

搭角正蚂蚱头后带正心枋一

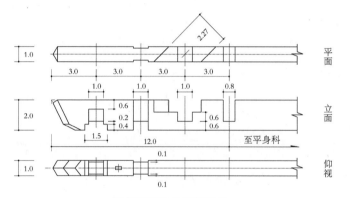

搭角闹蚂蚱头后带拽枋一

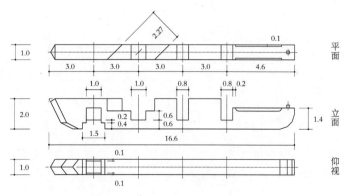

搭角闹蚂蚱头后带单材万栱一

单翘重昂角科图样十八　分件十

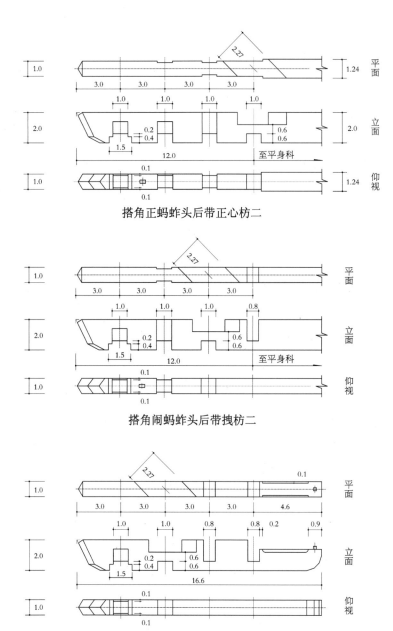

搭角正蚂蚱头后带正心枋二

搭角闹蚂蚱头后带拽枋二

搭角闹蚂蚱头后带单材万栱二

单翘重昂角科图样十八　分件十一

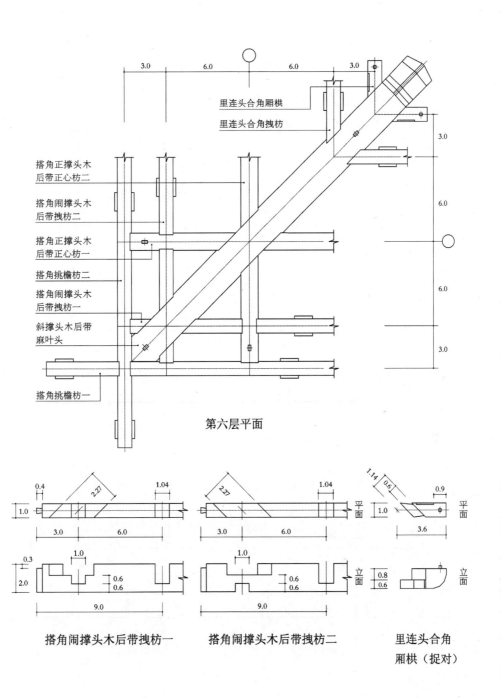

第六层平面

搭角闹撑头木后带拽枋一　　搭角闹撑头木后带拽枋二　　里连头合角
厢栱（捉对）

单翘重昂角科图样十八　分件十二

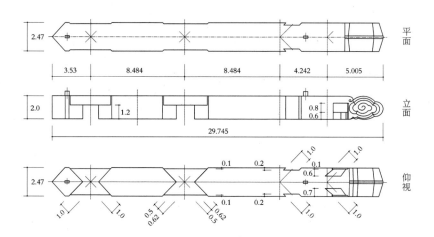

斜撑头木后带麻叶头

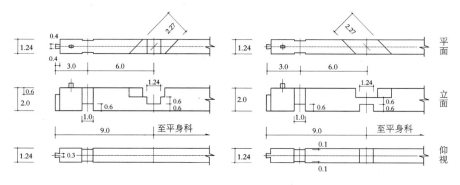

搭角正撑头木后带正心枋一　　　　搭角正撑头木后带正心枋二

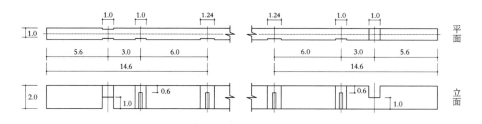

搭角挑檐枋二　　　　　　　　搭角挑檐枋一

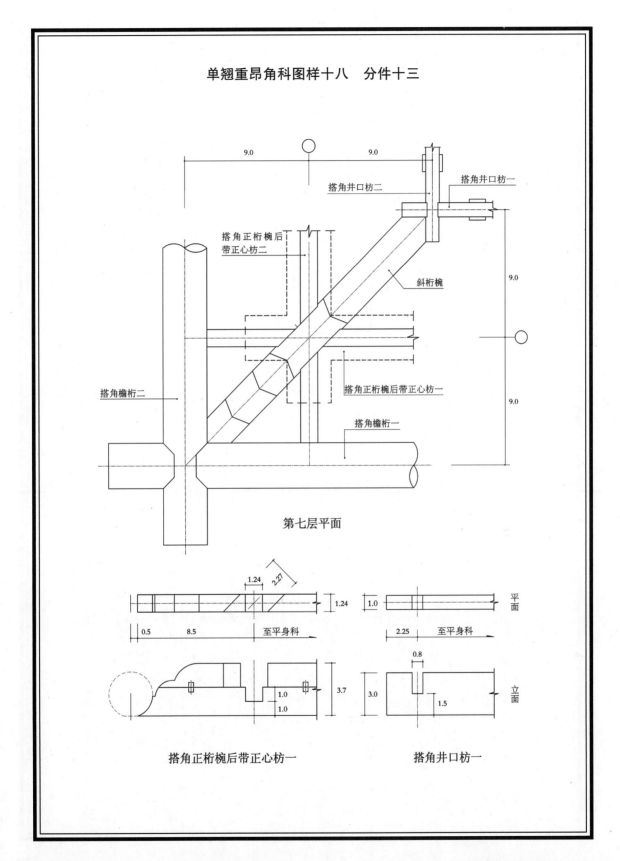

单翘重昂角科图样十八　分件十三

第七层平面

搭角正桁椀后带正心枋一

搭角井口枋一

单翘重昂角科图样十八 分件十四

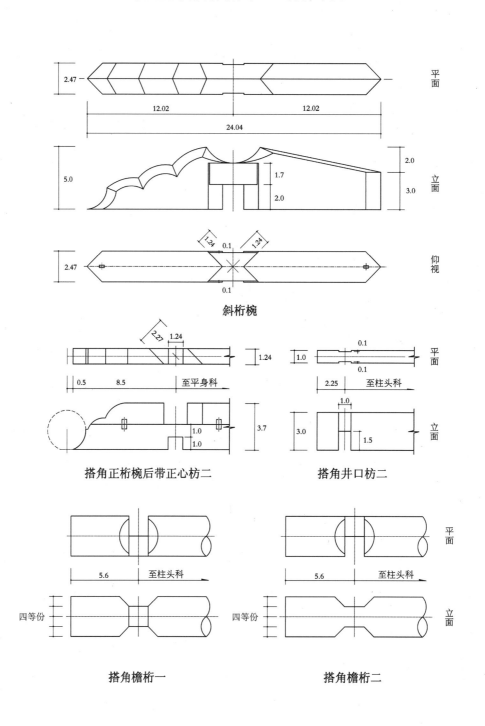

斜桁椀

搭角正桁椀后带正心枋二

搭角井口枋二

搭角檐桁一

搭角檐桁二

五、单翘重昂各件尺寸权衡表

半栱类别			构件名称	长	高	宽	件 数	备 注
平身科			大 斗	3.0	2.0	3.0	1	
			单 翘	7.1	2.0	1.0	1	
			头昂后带翘头	15.85	3.0	1.0	1	
			二昂后带菊花头	21.3	3.0	1.0	1	
			蚂蚱头后带六分头	22.15	2.0	1.0	1	
			撑头木后带麻叶头	21.54	2.0	1.0	1	
			正心瓜栱	6.2	2.0	1.24	1	
			正心万栱	9.2	2.0	1.24	1	
			单材瓜栱	6.2	1.4	1.0	4	
			单材万栱	9.2	1.4	1.0	4	
			厢 栱	7.2	1.4	1.0	2	
			桁 椀	17.5	5.0	1.0	1	
			十八斗	1.8	1.0	1.5	6	
			槽升子	1.3	1.0	1.74	4	
			三才升	1.3	1.0	1.5	20	
柱头科			大 斗	4.0	2.0	3.0	1	
			单 翘	7.1	2.0	2.0	1	
			头昂后带翘头	15.85	3.0	2.66	1	
			二昂后带雀替	24.3	3.0	3.33	1	
			正心瓜栱	6.2	2.0	1.24	1	
			正心万栱	9.2	2.0	1.24	1	
			单材瓜栱	6.2	1.4	1.0	4	
			单材万栱	9.2	1.4	1.0	4	
			外厢栱	7.2	1.4	1.0	1	
			里厢栱	1.9	1.4	1.0	2	两栱头共长8.2(中有桃尖梁)
			单翘桶子十八斗	3.46	1.0	1.5	2	
			头昂桶子十八斗	4.13	1.0	1.5	2	
			二昂桶子十八斗	4.8	1.0	1.5	1	
			槽升子	1.3	1.0	1.74	4	
			三才升	1.3	1.0	1.5	20	
角科	第一层		大 斗	3.4	2.0	3.4	1	
	第二层		斜 翘	10.464	2.0	1.5	1	
			搭角正翘后带正心瓜栱	6.65	2.0	1.24	2	

续表

半栱类别		构件名称	长	高	宽	件数	备注
角科	第三层	斜头昂后带翘头	22.786	3.0	1.82	1	
		搭角正头昂后带正心万栱	13.9	3.0	1.24	2	
		搭角闹头昂后带单材瓜栱	12.4	3.0	1.0	2	
		里连头合角单材瓜栱	3.1	1.4	1.0	2	
	第四层	斜二昂后带菊花头	30.122	3.0	2.15	1	
		搭角正二昂后带正心枋	前长12.3	3.0	1.24	2	后长至平身科或柱头科
		搭角闹二昂后带单材万栱	16.9	3.0	1.0	2	
		搭角闹二昂后带单材瓜栱	15.4	3.0	1.0	2	
		里连头合角单材万栱	4.6	1.4	1.0	2	或与平身科单材万栱连做
		里连头合角单材瓜栱	3.1	1.4	1.0	2	
	第五层	由昂后带六分头	36.239	3.0	2.47	1	
		搭角正蚂蚱头后带正心枋	前长12.0	2.0	1.24	2	后长至平身科或柱头科
		搭角闹蚂蚱头后带拽枋	前长12.0	2.0	1.0	2	后长至平身科或柱头科
		搭角闹蚂蚱头后带单材万栱	16.6	2.0	1.0	2	
		搭角把臂厢栱	17.4	1.4	1.0	2	
		里连头合角单材万栱	4.6	1.4	1.0	2	或与平身科单材万栱连做
	第六层	斜撑头木后带麻叶头	29.745	2.0	2.47	1	
		搭角正撑头木后带正心枋	前长9.0	2.0	1.24	2	后长至平身科或柱头科
		搭角闹撑头木后带拽枋	前长9.0	2.0	1.0	2	后长至平身科或柱头科
		里连头合角厢栱	3.6	1.4	1.0	2	或与平身科厢栱连做
	第七层	斜桁椀	24.04	5.0	2.47	1	
		搭角正桁椀后带正心枋	前长8.5	3.7	1.24	2	后长至平身科或柱头科
		斜翘贴升耳	1.98	0.6	0.24	4	
		斜头昂贴升耳	2.3	0.6	0.24	4	
		斜二昂贴升耳	2.63	0.6	0.24	2	
		由昂贴升耳	2.95	0.6	0.24	4	
		十八斗	1.8	1.0	1.5	12	
		槽升子	1.3	1.0	1.74	4	
		三才升	1.3	1.0	1.5	22	

第十二节　重翘重昂

一、重翘重昂斗口一寸至六寸各件尺寸

(一) 重翘重昂平身科、柱头科、角科斗口一寸各件尺寸开后

[平身科]　大斗一个:长三寸,高二寸,宽三寸。头翘一件:长七寸一分,高二寸,宽一寸。二翘一件:长一尺三寸一分,高二寸,宽一寸。头昂后带翘头一件:长二尺一寸八分五厘,高三寸,宽一寸。二昂后带菊花头一件:长二尺七寸三分,高三寸,宽一寸。蚂蚱头后带六分头一件:长二尺八分一寸五厘,高二寸,宽一寸。撑头木后带麻叶头一件:长二尺七寸五分四厘,高二寸,宽一寸。正心瓜栱一件:长六寸二分,高二寸,宽一寸二分四厘。正心万栱一件:长九寸二分,高二寸,宽一寸二分四厘。单材瓜栱六件:各长六寸二分,高一寸四分,宽一寸。单材万栱六件:各长九寸二分,高一寸四分,宽一寸。厢栱二件:各长七寸二分,高一寸四分,宽一寸。桁椀一件:长二尺三寸五分,高六寸五分,宽一寸。十八斗八个:各长一寸八分,高一寸,宽一寸五分。槽升子四个:各长一寸三分,高一寸,宽一寸七分四厘。三才升二十八个:各长一寸三分,高一寸,宽一寸五分。

[柱头科]　大斗一个:长四寸,高二寸,宽三寸。头翘一件:长七寸一分,高二寸,宽二寸。二翘一件:长一尺三寸一分,高二寸,宽二寸五分。头昂后带翘头一件:长二尺一寸八分五厘,高三寸,宽三寸。二昂后带雀替一件:长三尺三寸,高三寸,宽三寸五分。正心瓜栱一件:长六寸二分,高二寸,宽一寸二分四厘。正心万栱一件:长九寸二分,高二寸,宽一寸二分四厘。单材瓜栱六件:各长六寸二分,高一寸四分,宽一寸。单材万栱六件:各长九寸二分,高一寸四分,宽一寸。外厢栱一件:长七寸二分,高一寸四分,宽一寸。里厢栱一件:长八寸二分,高一寸四分,宽一寸。桶子十八斗共七个:头翘二个,各长三寸三分;二翘二个,各长三寸八分;头昂二个,各长四寸三分;二昂一个,长四寸八分。俱高一寸,宽一寸五分。槽升子四个:各长一寸三分,高一寸,宽一寸七分四厘。三才升二十八个:各长一寸三分,高一寸,宽一寸五分。

[角科]　第一层:大斗一个:长三寸四分,高二寸,宽三寸四分。第二层:斜头翘一件:长一尺四寸四分六厘四毫,高二寸,宽一寸五分。搭角正头翘后带正心瓜栱二件:各长六寸六分五厘,高二寸,宽一寸二分四厘。第三层:斜二翘一件:长一尺九寸二分八毫,高二寸,宽一寸七分六厘。搭角正二翘后带正心万栱二件:各长一尺一寸一分五厘,高二寸,宽一寸二分四厘。搭角闹二翘后带单材瓜栱二件:各长九寸六分五厘,高二寸,宽一寸。里连头合角单材瓜栱二件:各长三寸一分,高一寸四分,宽一寸。第四层:斜头昂后带翘头一件:长三尺一寸三分七厘二毫,高三寸,宽二寸二厘。搭角正头昂后带正心枋二件:各前长一尺二寸三分;后长至平身科,高三寸,宽一寸二分四厘。搭角闹头昂后带单材万栱二件:各长一尺六寸九分,高三寸,宽一寸。搭角闹头昂后带单材瓜栱二件:各长一尺五寸四分,高三寸,宽一寸。里连头合角单材万栱二件:各长四寸六分,高一寸四分,宽一寸(或与平身科单材万栱连做)。里连头合角单材瓜栱二件:各长三寸一分,高一寸四分,宽一寸。第五层:斜二昂后带菊花头一件:长三尺八寸六分六毫,高三寸,宽二

寸二分八厘。搭角正二昂后带正心枋二件：各前长一尺五寸三分；后长至平身科，高三寸，宽一寸二分四厘。搭角闹二昂后带拽枋二件：各前长一尺五寸三分；后长至平身科，高三寸，宽一寸。搭角闹二昂后带单材万栱二件：各长一尺九寸九分，高三寸，宽一寸。搭角闹二昂后带单材瓜栱二件：各长一尺八寸四分，高三寸，宽一寸。里连头合角单材万栱二件：各长四寸六分，高一寸四分，宽一寸（或与平身科单材万栱连做）。里连头合角单材瓜栱二件：各长三寸一分，高一寸四分，宽一寸。**第六层**：由昂后带六分头一件：长四尺四寸七分五厘八毫，高三寸，宽二寸五分四厘。搭角正蚂蚱头后带正心枋二件：各前长一尺五寸；后长至平身科，高二寸，宽一寸二分四厘。搭角闹蚂蚱头二件：各长一尺五寸，高二寸，宽一寸。搭角闹蚂蚱头后带拽枋二件：各前长一尺五寸；后长至平身科，高二寸，宽一寸。搭角闹蚂蚱头后带单材万栱二件：各长一尺九寸六分，高二寸，宽一寸。搭角把臂厢栱二件：各长二尺四分，高一寸四分，宽一寸。里连头合角单材万栱二件：各长四寸六分，高一寸四分，宽一寸（或与平身科单材万栱连做）。**第七层**：斜撑头木后带麻叶头一件：长三尺八寸二分二厘九毫，高二寸，宽二寸五分四厘。搭角正撑头木后带正心枋二件：各前长一尺二寸；后长至平身科，高二寸，宽一寸二分四厘。搭角闹撑头木后带拽枋二件：各前长一尺二寸；后长至平身科，高二寸，宽一寸。里连头合角单材厢栱二件：各长三寸六分，高一寸四分，宽一寸。**第八层**：斜桁椀一件：长三尺三寸七分九厘二毫，高六寸五分，宽二寸五分四厘。搭角正桁椀后带正心枋二件：各前长一尺一寸五分；后长至平身科，高五寸二分，宽一寸二分四厘。贴升耳共十八个：斜头翘四个，各长一寸九分八厘；斜二翘四个，各长二寸二分四厘；斜头昂四个，各长二寸五分；斜二昂二个，各长二寸七分六厘；由昂四个，各长三寸二厘。俱高六分，宽二分四厘。十八斗二十个：各长一寸八分，高一寸，宽一寸五分。槽升子四个：各长一寸三分，高一寸，宽一寸七分四厘。三才升三十个：各长一寸三分，高一寸，宽一寸五分。

（二）重翘重昂平身科、柱头科、角科斗口一寸五分各件尺寸开后

[平身科] 大斗一个：长四寸五分，高三寸，宽四寸五分。头翘一件：长一尺六分五厘，高三寸，宽一寸五分。二翘一件：长一尺九寸六分五厘，高三寸，宽一寸五分。头昂后带翘头一件：长三尺二寸七分七厘五毫，高四寸五分，宽一寸五分。二昂后带菊花头一件：长四尺九分五厘，高四寸五分，宽一寸五分。蚂蚱头后带六分头一件：长四尺二寸二分二厘五毫，高三寸，宽一寸五分。撑头木后带麻叶头一件：长四尺一寸三分一厘，高三寸，宽一寸五分。正心瓜栱一件：长九寸三分，高三寸，宽一寸八分六厘。正心万栱一件：长一尺三寸八分，高三寸，宽一寸八分六厘。单材瓜栱六件：各长九寸三分，高二寸一分，宽一寸五分。单材万栱六件：各长一尺三寸八分，高二寸一分，宽一寸五分。厢栱二件：各长一尺八分，高二寸一分，宽一寸五分。桁椀一件：长三尺五寸二分五厘，高九寸七分五厘，宽一寸五分。十八斗八个：各长二寸七分，高一寸五分，宽二寸二分五厘。槽升子四个：各长一寸九分五厘，高一寸五分，宽二寸六分一厘。三才升二十八个：各长一寸九分五厘，高一寸五分，宽二寸二分五厘。

[柱头科] 大斗一个：长六寸，高三寸，宽四寸五分。头翘一件：长一尺六分五厘，高三寸，宽三寸。二翘一件：长一尺九寸六分五厘，高三寸，宽三寸七分五厘。头昂后带翘头一件：长三尺二寸七分七厘五毫，高四寸五分，宽四寸五分。二昂后带雀替一件：长四尺五寸四分五厘，高四寸五分，宽五寸二分五厘。正心瓜栱一件：长九寸三分，高三寸，宽一寸八分六厘。正心万栱一件：长一尺三

寸八分,高三寸,宽一寸八分六厘。单材瓜栱六件:各长九寸三分,高二寸一分,宽一寸五分。单材万栱六件:各长一尺三寸八分,高二寸一分,宽一寸五分。外厢栱一件:长一尺八分,高二寸一分,宽一寸五分。里厢栱一件:长一尺二寸三分,高二寸一分,宽一寸五分。桶子十八斗共七个:头翘二个,各长四寸九分五厘;二翘二个,各长五寸七分;头昂二个,各长六寸四分五厘;二昂一个,长七寸二分。俱高一寸五分,宽二寸二分五厘。槽升子四个:各长一寸九分五厘,高一寸五分,宽二寸六分一厘。三才升二十八个:各长一寸九分五厘,高一寸五分,宽二寸二分五厘。

[角科] 第一层:大斗一个:长五寸一分,高三寸,宽五寸一分。第二层:斜头翘一件:长一尺五寸六分九厘六毫,高三寸,宽二寸二分五厘。搭角正头翘后带正心瓜栱二件:各长九寸九分七厘五毫,高三寸,宽一寸八分六厘。第三层:斜二翘一件:长二尺八寸八分一厘二毫,高三寸,宽二寸六分四厘。搭角正二翘后带正心万栱二件:各长一尺六寸七分二厘五毫,高三寸,宽一寸八分六厘。搭角闹二翘后带单材瓜栱二件:各长一尺四寸四分七厘五毫,高三寸,宽一寸五分。里连头合角单材瓜栱二件:各长四寸六分五厘,高二寸一分,宽一寸五分。第四层:斜头昂后带翘头一件:长四尺七寸五厘八毫,高四寸五分,宽三寸三厘。搭角正头昂后带正心枋二件:各前长一尺八寸四分五厘;后长至平身科,高四寸五分,宽一寸八分六厘。搭角闹头昂后带单材万栱二件:各长二尺五寸三分五厘,高四寸五分,宽一寸五分。搭角闹头昂后带单材瓜栱二件:各长二尺三寸一分,高四寸五分,宽一寸五分。里连头合角单材万栱二件:各长六寸九分,高二寸一分,宽一寸五分(或与平身科单材万栱连做)。里连头合角单材瓜栱二件:各长四寸六分五厘,高二寸一分,宽一寸五分(或与平身科单材瓜栱连做)。第五层:斜二昂后带菊花头一件:长五尺七寸九分九毫,高四寸五分,宽三寸四分二厘。搭角正二昂后带正心枋二件:各前长二尺二寸九分五厘;后长至平身科,高四寸五分,宽一寸八分六厘。搭角闹二昂后带拽枋二件:各前长二尺二寸九分五厘;后长至平身科,高四寸五分,宽一寸五分。搭角闹二昂后带单材万栱二件:各长二尺九寸八分五厘,高四寸五分,宽一寸五分。搭角闹二昂后带单材瓜栱二件:各长二尺七寸六分,高四寸五分,宽一寸五分。里连头合角单材万栱二件:各长六寸九分,高二寸一分,宽一寸五分(或与平身科单材万栱连做)。里连头合角单材瓜栱二件:各长四寸六分五厘,高二寸一分,宽一寸五分(或与平身科单材瓜栱连做)。第六层:由昂后带六分头一件:长六尺七寸一分三厘七毫,高四寸五分,宽三寸八分一厘。搭角正蚂蚱头后带正心枋二件:各前长二尺二寸五分;后长至平身科,高三寸,宽一寸八分六厘。搭角闹蚂蚱头二件:各长二尺二寸五分,高三寸,宽一寸五分。搭角闹蚂蚱头后带拽枋二件:各前长二尺二寸五分;后长至平身科,高三寸,宽一寸五分。搭角闹蚂蚱头后带单材万栱二件:各长二尺九寸四分,高三寸,宽一寸五分。搭角把臂厢栱二件:各长三尺六寸,高二寸一分,宽一寸五分。里连头合角单材万栱二件:各长六寸九分,高二寸一分,宽一寸五分(或与平身科单材万栱连做)。

第七层:斜撑头木后带麻叶头一件:长五尺七寸三分四厘三毫,高三寸,宽三寸八分一厘。搭角正撑头木后带正心枋二件:各前长一尺八寸;后长至平身科,高三寸,宽一寸八分六厘。搭角闹撑头木后带拽枋二件:各前长一尺八寸;后长至平身科,高三寸,宽一寸五分。里连头合角单材厢栱二件:各长五寸四分,高二寸一分,宽一寸五分。第八层:斜桁椀一件:长五尺六寸八分八厘八毫,高九寸七分五厘,宽三寸八分一厘。搭角正桁椀后带正心枋二件:各前长一尺七寸二分五厘;后长至平身科,高七寸八分,宽一寸八分六厘。贴升耳共十八个:斜头翘四个,各长二寸九分七厘;斜二翘四个,各长三寸三分六厘;斜头昂四个,各长三寸七分五厘;斜二昂二个,各长四寸一分四厘;由昂四个,各长四寸四分二厘五毫。俱高九分,宽三分六厘。十八斗二十个:各长二寸七分,高一寸五分,宽二寸二分五厘。槽升子四个:各长一寸九分五厘,高一寸五分,宽二寸六分一厘。三才升三十个:各长一寸九分五厘,高一寸五分,宽二寸二分五厘。

(三)重翘重昂平身科、柱头科、角科斗口二寸各件尺寸开后

[平身科] 大斗一个:长六寸,高四寸,宽六寸。头翘一件:长一尺四寸二分,高四寸,宽二寸。二翘一件:长二尺六寸二分,高四寸,宽二寸。头昂后带翘头一件:长四尺三寸七分,高六寸,宽二寸。二昂后带菊花头一件:长五尺四寸六分,高六寸,宽二寸。蚂蚱头后带六分头一件:长五尺六寸三分,高四寸,宽二寸。撑头木后带麻叶头一件:长五尺五寸八厘,高四寸,宽二寸。正心瓜栱一件:长一尺二寸四分,高四寸,宽二寸四分八厘。正心万栱一件:长一尺八寸四分,高四寸,宽二寸四分八厘。单材瓜栱六件:各长一尺二寸四分,高二寸八分,宽二寸。单材万栱六件:各长一尺八寸四分,高二寸八分,宽二寸。厢栱二件:各长一尺四寸四分,高二寸八分,宽二寸。桁椀一件:长四尺七寸,高一尺三寸,宽二寸。十八斗八个:各长三寸六分,高二寸,宽三寸。槽升子四个:各长二寸六分,高二寸,宽三寸四分八厘。三才升二十八个:各长二寸六分,高二寸,宽三寸。

[柱头科] 大斗一个:长八寸,高四寸,宽六寸。头翘一件:长一尺四寸二分,高四寸,宽四寸。二翘一件:长二尺六寸二分,高四寸,宽五寸。头昂后带翘头一件:长四尺三寸七分,高六寸,宽六寸。二昂后带雀替一件:长六尺六寸,高六寸,宽七寸。正心瓜栱一件:长一尺二寸四分,高四寸,宽二寸四分八厘。正心万栱一件:长一尺八寸四分,高四寸,宽二寸四分八厘。单材瓜栱六件:各长一尺二寸四分,高二寸八分,宽二寸。单材万栱六件:各长一尺八寸四分,高二寸八分,宽二寸。外厢栱一件:长一尺四寸四分,高二寸八分,宽二寸。里厢栱一件:长一尺六寸四分,高二寸八分,宽二寸。桶子十八斗共七个:头翘二个,各长六寸六分;二翘二个,各长七寸六分;头昂二个,各长八寸六分;二昂一个,长九寸六分。俱高二寸,宽三寸。槽升子四个:各长二寸六分,高二寸,宽三寸四分八厘。三才升二十八个:各长二寸六分,高二寸,宽三寸。

[角科] 第一层:大斗一个:长六寸八分,高四寸,宽六寸八分。第二层:斜头翘一件:长二尺九分二厘八毫,高四寸,宽三寸。搭角正头翘后带正心瓜栱二件:各长一尺三寸三分,高四寸,宽二寸四分八厘。第三层:斜二翘一件:长三尺八寸四分一厘六毫,高四寸,宽三寸五分二厘。搭角正二翘后带正心万栱二件:各长二尺二寸三分,高四寸,宽二寸四分八厘。搭角闹二翘后带单材瓜栱二件:各长一尺九寸三分,高四寸,宽二寸。里连头合角单材瓜栱二件:各长六寸二分,高二寸八分,宽二寸。第四层:斜头昂后带翘头一件:长六尺二寸七分四厘四毫,高六寸,宽四寸四厘。搭角正头昂后带正心枋二件:各前长二尺四寸六分;后长至平身科,高六寸,宽二寸四分八厘。搭角闹头昂后带单材万栱二件:各长三尺三寸八分,高六寸,宽二寸。搭角闹头昂后带单材瓜栱二件:各长三尺八寸,高六寸,宽二寸。里连头合角单材万栱二件:各长九寸二分,高二寸八分,宽二寸(或与平身科单材万栱连做)。里连头合角单材瓜栱二件:各长六寸二分,高二寸八分,宽二寸(或与平身科单材瓜栱连做)。第五层:斜二昂后带菊花头一件:长七尺七寸二分一厘二毫,高六寸,宽四寸五分六厘。搭角正二昂后带正心枋二件:各前长三尺六寸;后长至平身科,高六寸,宽二寸四分八厘。搭角闹二昂后带拽枋二件:各前长三尺六寸;后长至平身科,高六寸,

宽二寸。搭角闹二昂后带单材万栱二件：各长三尺九寸八分，高六寸，宽二寸。搭角闹二昂后带单材瓜栱二件：各长三尺六寸八分，高六寸，宽二寸。里连头合角单材万栱二件：各长九寸二分，高二寸八分，宽二寸（或与平身科单材万栱连做）。里连头合角单材瓜栱二件：各长六寸二分，高二寸八分，宽二寸（或与平身科单材瓜栱连做）。**第六层：**由昂后带六分头一件：长八尺九寸五分一厘六毫，高六寸，宽五寸八厘。搭角正蚂蚱头后带正心枋二件：各前长三尺；后长至平身科，高四寸，宽二寸四分八厘。搭角闹蚂蚱头二件：各长三尺，高四寸，宽二寸。搭角闹蚂蚱头后带拽枋二件：各前长三尺；后长至平身科，高四寸，宽二寸。搭角闹蚂蚱头后带单材万栱二件：各长三尺九寸二分，高四寸，宽二寸。搭角把臂厢栱二件：各长四尺八寸，高二寸八分，宽二寸。里连头合角单材万栱二件：各长九寸二分，高二寸八分，宽二寸（或与平身科单材万栱连做）。**第七层：**斜撑头木后带麻叶头一件：长七尺六寸四分五厘八毫，高四寸，宽五寸八厘。搭角正撑头木后带正心枋二件：各前长二尺四寸；后长至平身科，高四寸，宽二寸四分八厘。搭角闹撑头木后带拽枋二件：各前长二尺四寸；后长至平身科，高四寸，宽二寸。里连头合角单材厢栱二件：各长七寸二分，高二寸八分，宽二寸。**第八层：**斜桁椀一件：长六尺七寸五分八厘四毫，高一尺三寸，宽五寸八厘。搭角正桁椀后带正心枋二件：各前长二尺三寸；后长至平身科，高一尺四分，宽二寸四分八厘。贴升耳共十八个：斜头翘四个，各长三寸九分六厘；斜二翘四个，各长四寸四分八厘；斜头昂四个，各长五寸；斜二昂二个，各长五寸五分二厘；由昂四个，各长六寸四厘。俱高一寸二分，宽四分八厘。十八斗二十个：各长三寸六分，高二寸，宽三寸。槽升子四个：各长二寸六分，高二寸，宽三寸四分八厘。三才升三十个：各长二寸六分，高二寸，宽三寸。

（四）重翘重昂平身科、柱头科、角科斗口二寸五分各件尺寸开后

[平身科]　大斗一个：长七寸五分，高五寸，宽七寸五分。头翘一件：长一尺七寸七分五厘，高五寸，宽二寸五分。二翘一件：长三尺二寸七分五厘，高五寸，宽二寸五分。头昂后带翘头一件：长五尺四寸六分二厘五毫，高七寸五分，宽二寸五分。二昂后带菊花头一件：长六尺八寸二分五厘，高七寸五分，宽二寸五分。蚂蚱头后带六分头一件：长七尺三分七厘五毫，高五寸，宽二寸五分。撑头木后带麻叶头一件：长六尺八寸八分五厘，高五寸，宽二寸五分。正心瓜栱一件：长一尺五寸五分，高五寸，宽三寸一分。正心万栱一件：长二尺三寸，高五寸，宽三寸一分。单材瓜栱六件：各长一尺五寸五分，高三寸五分，宽二寸五分。单材万栱六件：各长二尺三寸，高三寸五分，宽二寸五分。厢栱二件：各长一尺八寸，高三寸五分，宽二寸五分。桁椀一件：长五尺八寸七分五厘，高一尺六寸二分五厘，宽二寸五分。十八斗八个：各长四寸七分，高二寸五分，宽三寸七分五厘。槽升子四个：各长三寸二分五厘，高二寸五分，宽四寸三分五厘。三才升二十八个：各长三寸二分五厘，高二寸五分，宽三寸七分五厘。

[柱头科]　大斗一个：长一尺，高五寸，宽七寸五分。头翘一件：长一尺七寸七分五厘，高五寸，宽五寸。二翘一件：长三尺二寸七分五厘，高五寸，宽六寸二分五厘。头昂后带翘头一件：长五尺四寸六分二厘五毫，高七寸五分，宽七寸五分。二昂后带雀替一件：长七尺五寸七分五厘，高七寸五分，宽八寸七分五厘。正心瓜栱一件：长一尺五寸五分，高五寸，宽三寸一分。正心万栱一件：长二尺三寸，高五寸，宽三寸一分。单材瓜栱六件：各长一尺五寸五分，高三寸五分，宽二寸五分。单材万栱六件：各长二尺三寸，高三寸五分，宽二寸五分。外厢栱一件：长一尺八寸，

高三寸五分,宽二寸五分。里厢栱一件:长二尺五分,高三寸五分,宽二寸五分。桶子十八斗共七个:头翘二个,各长八寸二分五厘;二翘二个,各长九寸五分;头昂二个,各长一尺七分五厘;二昂一个,长一尺二寸。俱高二寸五分,宽三寸七分五厘。槽升子四个:各长三寸二分五厘,高二寸五分,宽四寸三分五厘。三才升二十八个:各长三寸二分五厘,高二寸五分,宽三寸七分五厘。

[角科] 第一层:大斗一个,长八寸五分,高五寸,宽八寸五分。第二层:斜头翘一件:长二尺六寸一分六厘,高五寸,宽三寸七分五厘。搭角正头翘后带正心瓜栱二件:各长一尺六寸六分二厘五毫,高五寸,宽三寸一分。第三层:斜二翘一件:长四尺八寸二厘,高五寸,宽四寸四分。搭角正二翘后带正心万栱二件:各长二尺七寸八分七厘五毫,高五寸,宽三寸一分。搭角闹二翘后带单材瓜栱二件:各长二尺四寸一分二厘五毫,高五寸,宽二寸五分。里连头合角单材瓜栱二件:各长七寸七分五厘,高三寸五分,宽二寸五分。第四层:斜头昂后带翘头一件:长七尺八寸四分三厘,高七寸五分,宽五寸五分。搭角正头昂后带正心枋二件:各前长三尺七分五厘;后长至平身科,高七寸五分,宽三寸一分。搭角闹头昂后带单材万栱二件:各长四尺二寸二分五厘,高七寸五分,宽二寸五分。搭角闹头昂后带单材瓜栱二件:各长三尺八寸五分,高七寸五分,宽二寸五分。里连头合角单材万栱二件:各长一尺一寸五分,高三寸五分,宽二寸五分(或与平身科单材万栱连做)。里连头合角单材瓜栱二件:各长七寸七分五厘,高三寸五分,宽二寸五分(或与平身科单材瓜栱连做)。第五层:斜二昂后带菊花头一件:长九尺六寸五分一厘五毫,高七寸五分,宽五寸七分。搭角正二昂后带正心枋二件:各前长三尺八寸二分五厘;后长至平身科,高七寸五分,宽三寸一分。搭角闹二昂后带拽枋二件:各前长三尺八寸二分五厘;后长至平身科,高七寸五分,宽二寸五分。搭角闹二昂后带单材万栱二件:各长四尺九寸七分五厘,高七寸五分,宽二寸五分。搭角闹二昂后带单材瓜栱二件:各长四尺六寸,高七寸五分,宽二寸五分。里连头合角单材万栱二件:各长一尺一寸五分,高三寸五分,宽二寸五分(或与平身科单材万栱连做)。里连头合角单材瓜栱二件:各长七寸七分五厘,高三寸五分,宽二寸五分(或与平身科单材瓜栱连做)。第六层:由昂后带六分头一件:长一十一尺一寸八分九厘五毫,高七寸五分,宽六寸三分五厘。搭角正蚂蚱头后带正心枋二件:各前长三尺七分五分;后长至平身科,高五寸,宽三寸一分。搭角闹蚂蚱头二件:各长三尺七寸五分,高五寸,宽二寸五分。搭角闹蚂蚱头后带拽枋二件:各前长三尺七寸五分;后长至平身科,高五寸,宽二寸五分。搭角闹蚂蚱头后带单材万栱二件:各长四尺九寸,高五寸,宽二寸五分。搭角把臂厢栱二件:各长五尺一寸,高三寸五分,宽二寸五分。里连头合角单材万栱二件:各长一尺一寸五分,高三寸五分,宽二寸五分(或与平身科单材万栱连做)。第七层:斜撑头木后带麻叶头一件:长九尺五寸五分七厘二毫,高五寸,宽六寸三分五厘。搭角正撑头木后带正心枋二件:各前长三尺;后长至平身科,高五寸,宽三寸一分。搭角闹撑头木后带拽枋二件:各前长三尺;后长至平身科,高五寸,宽二寸五分。里连头合角单材厢栱二件:各长九寸,高三寸五分,宽二寸五分。第八层:斜桁椀一件:长八尺四寸四分八厘,高一尺六寸二分五厘,宽六寸三分五厘。搭角正桁椀后带正心枋二件:各前长二尺八寸七分五厘;后长至平身科,高一尺三寸,宽三寸一分。贴升耳共十八个:斜头翘四个,各长四寸九分五厘;斜二翘四个,各长五寸六分;斜头昂四个,各长六寸二分五厘;斜二昂二个,各长六寸九分;由昂四个,各长七寸五分五厘。俱高一寸五分,宽六分。十八斗二十个:各长四寸五分,高二寸五分

分,宽三寸七分五厘。槽升子四个:各长三寸二分五厘,高二寸五分,宽四寸三分五厘。三才升三十个:各长三寸二分五厘,高二寸五分,宽三寸七分五厘。

(五)重翘重昂平身科、柱头科、角科斗口三寸各件尺寸开后

[平身科] 大斗一个:长九寸,高六寸,宽九寸。头翘一件:长二尺一寸三分,高六寸,宽三寸。二翘一件:长三尺九寸三分,高六寸,宽三寸。头昂后带翘头一件:长六尺五寸五分五厘,高九寸,宽三寸。二昂后带菊花头一件:长八尺一寸九分,高九寸,宽三寸。蚂蚱头后带六分头一件:长八尺四寸四分五厘,高六寸,宽三寸。撑头木后带麻叶头一件:长八尺二寸六分二厘,高六寸,宽三寸。正心瓜栱一件:长一尺八寸六分,高六寸,宽三寸七分二厘。正心万栱一件:长二尺七寸六分,高六寸,宽三寸七分二厘。单材瓜栱六件:各长一尺八寸六分,高四寸二分,宽三寸。单材万栱六件:各长二尺七寸六分,高四寸二分,宽三寸。厢栱二件:各长二尺一寸六分,高四寸二分,宽三寸。桁椀一件:长七尺五分,高一尺九寸五分,宽三寸。十八斗八个:各长五寸四分,高三寸,宽四寸五分。槽升子四个:各长三寸九分,高三寸,宽五寸二分二厘。三才升二十八个:各长三寸九分,高三寸,宽四寸五分。

[柱头科] 大斗一个:长一尺二寸,高六寸,宽九寸。头翘一件:长二尺一寸三分,高六寸,宽六寸。二翘一件:长三尺九寸三分,高六寸,宽七寸五分。头昂后带翘头一件:长六尺五寸五分五厘,高九寸,宽九寸。二昂后带雀替一件:长九尺九寸九分,高九寸,宽一尺五分。正心瓜栱一件:长一尺八寸六分,高六寸,宽三寸七分二厘。正心万栱一件:长二尺七寸六分,高六寸,宽三寸七分二厘。单材瓜栱六件:各长一尺八寸六分,高四寸二分,宽三寸。单材万栱六件:各长二尺七寸六分,高四寸二分,宽三寸。外厢栱一件:长二尺一寸六分,高四寸二分,宽三寸。里厢栱一件:长二尺四寸六分,高四寸二分,宽三寸。桶子十八斗共七个:头翘二个,各长九寸九分;二翘二个,各长一尺一寸四分;头昂二个,各长一尺二寸九分;二昂一个,长一尺四寸四分。俱高三寸,宽四寸五分。槽升子四个:各长三寸九分,高三寸,宽五寸二分二厘。三才升二十八个:各长三寸九分,高三寸,宽四寸五分。

[角科] 第一层:大斗一个:长一尺二分,高六寸,宽一尺二分。第二层:斜头翘一件:长三尺一寸三分九厘二毫,高六寸,宽四寸五分。搭角正头翘后带正心瓜栱二件:各长一尺九寸九分五厘,高六寸,宽三寸七分二厘。第三层:斜二翘一件:长五尺七寸六分二厘四毫,高六寸,宽五寸二分八厘。搭角正二翘后带正心万栱二件:各长三尺三寸四分五厘,高六寸,宽三寸七分二厘。搭角闹二翘后带单材瓜栱二件:各长二尺八寸九分五厘,高六寸,宽三寸。里连头合角单材瓜栱二件:各长九寸三分,高四寸二分,宽三寸。第四层:斜头昂后带翘头一件:长九尺四寸一分一厘六毫,高九寸,宽六寸六厘。搭角正头昂后带正心枋二件:各前长三尺六寸九分;后长至平身科,高九寸,宽三寸七分二厘。搭角闹头昂后带单材万栱二件:各长五尺七寸,高九寸,宽三寸。搭角闹头昂后带单材瓜栱二件:各长四尺六寸二分,高九寸,宽三寸。里连头合角单材万栱二件:各长一尺三寸八分,高四寸二分,宽三寸(或与平身科单材万栱连做)。里连头合角单材瓜栱二件:各长九寸三分,高四寸二分,宽三寸(或与平身科单材瓜栱连做)。第五层:斜二昂后带菊花头一件:长十一尺五寸八分一厘八毫,高九寸,宽六寸八分四厘。搭角正二昂后带正心枋二件:各前长四尺五寸九分;后长至平身科,高九寸,宽三寸七分二厘。搭角闹二昂后带拽枋二件:各前长四尺五寸九分;后长至平身科,高九寸,宽三寸。搭角闹二昂后带单材万栱二件:各长

五尺九寸七分,高九寸,宽三寸。搭角闹二昂后带单材瓜栱二件:各长五尺五寸二分,高九寸,宽三寸。里连头合角单材万栱二件:各长一尺三寸八分,高四寸二分,宽三寸(或与平身科单材万栱连做)。里连头合角单材瓜栱二件:各长九寸三分,高四寸二分,宽三寸(或与平身科单材瓜栱连做)。**第六层**:由昂后带六分头一件:长一十三尺四寸二分七厘四毫,高九寸,宽七寸六分二厘。搭角正蚂蚱头后带正心枋二件:各前长四尺五寸;后长至平身科,高六寸,宽三寸七分二厘。搭角闹蚂蚱头二件:各长四尺五寸,高六寸,宽三寸。搭角闹蚂蚱头后带拽枋二件:各前长四尺五寸;后长至平身科,高六寸,宽三寸。搭角闹蚂蚱头后带单材万栱二件:各长五尺八寸八分,高六寸,宽三寸。搭角把臂厢栱二件:各长六尺一寸二分,高四寸二分,宽三寸。里连头合角单材万栱二件:各长一尺三寸八分,高四寸二分,宽三寸(或与平身科单材万栱连做)。**第七层**:斜撑头木后带麻叶头一件:长一十一尺四寸六分八厘七毫,高六寸,宽七寸六分二厘。搭角正撑头木后带正心枋二件:各前长三尺六寸;后长至平身科,高六寸,宽三寸七分二厘。搭角闹撑头木后带拽枋二件:各前长三尺六寸;后长至平身科,高六寸,宽三寸。里连头合角单材厢栱二件:各长一尺八分,高四寸二分,宽三寸。**第八层**:斜桁椀一件:长十尺一寸三分七厘六毫,高一尺九寸五分,宽七寸六分二厘。搭角正桁椀后带正心枋二件:各前长三尺四寸五分;后长至平身科,高一尺五寸六分,宽三寸七分二厘。贴升耳共十八个:斜头翘四个,各长五寸九分四厘;斜二翘四个,各长六寸七分二厘;斜头昂四个,各长七寸五分;斜二昂二个,各长八寸二分八厘;由昂四个,各长九寸六厘。俱高一寸八分,宽七分二厘。十八斗二十个:各长五寸四分,高三寸,宽四寸五分。槽升子四个:各长三寸九分,高三寸,宽五寸二分二厘。三才升三十个:各长三寸九分,高三寸,宽四寸五分。

(六) 重翘重昂平身科、柱头科、角科斗口三寸五分各件尺寸开后

[平身科] 大斗一个:长一尺五分,高七寸,宽一尺五分。头翘一件:长二尺四寸八分五厘,高七寸,宽三寸五分。二翘一件:长四尺五寸八分五厘,高七寸,宽三寸五分。头昂后带翘头一件:长七尺六寸四分七厘五毫,高一尺五分,宽三寸五分。二昂后带菊花头一件:长九尺五寸五分五厘,高一尺五分,宽三寸五分。蚂蚱头后带六分头一件:长九尺八寸五分二厘五毫,高七寸,宽三寸五分。撑头木后带麻叶头一件:长九尺六寸三分九厘,高七寸,宽三寸五分。正心瓜栱一件:长二尺一寸七分,高七寸,宽四寸三分四厘。正心万栱一件:长三尺二寸二分,高七寸,宽四寸三分四厘。单材瓜栱六件:各长二尺一寸七分,高四寸九分,宽三寸五分。单材万栱六件:各长三尺二寸二分,高四寸九分,宽三寸五分。厢栱二件:各长二尺五寸二分,高四寸九分,宽三寸五分。桁椀一件:长八尺二寸二分五厘,高二尺二寸七分五厘,宽三寸五分。十八斗八个:各长六寸三分,高三寸五分,宽五寸二分五厘。槽升子四个:各长四寸五分五厘,高三寸五分,宽六寸九厘。三才升二十八个:各长四寸五分五厘,高三寸五分,宽五寸二分五厘。

[柱头科] 大斗一个:长一尺四寸,高七寸,宽一尺五分。头翘一件:长二尺四寸八分五厘,高七寸,宽七寸。二翘一件:长四尺五寸八分五厘,高七寸,宽八寸七分五厘。头昂后带翘头一件:长七尺六寸四分七厘五毫,高一尺五分,宽一尺五分。二昂后带雀替一件:长十尺六寸五厘,高一尺五分,宽一尺二寸二分五厘。正心瓜栱一件:长二尺一寸七分,高七寸,宽四寸三分四厘。正心万栱一件:长三尺二寸二分,高七寸,宽四寸三分四厘。单材瓜栱六件:各长二尺一寸七分,高四寸九分,宽三寸五分。单材万栱六件:各长三尺二寸二分,高四寸九分,宽三寸五分。外厢

栱一件:长二尺五寸二分,高四寸九分,宽三寸五分。里厢栱一件:长二尺八寸七分,高四寸九分,宽三寸五分。桶子十八斗共七个:头翘二个,各长一尺一寸五分五厘;二翘二个,各长一尺三寸三分;头昂二个,各长一尺五寸五厘;二昂一个,长一尺六寸八分。俱高三寸五分,宽五寸二分五厘。槽升子四个:各长四寸五分五厘,高三寸五分,宽六寸九厘。三才升二十八个:各长四寸五分五厘,高三寸五分,宽五寸二分五厘。

[角科] 第一层:大斗一个:长一尺一寸九分,高七寸,宽一尺一寸九分。第二层:斜头翘一件:长三尺六寸六分二厘四毫,高七寸,宽五寸二分五厘。搭角正头翘后带正心瓜栱二件:各长二尺三寸二分七厘五毫,高七寸,宽四寸三分四厘。第三层:斜二翘一件:长六尺七寸二分二厘八毫,高七寸,宽六寸一分六厘。搭角正二翘后带正心万栱二件:各长三尺九寸二厘五毫,高七寸,宽四寸三分四厘。搭角闹二翘后带单材瓜栱二件:各长三尺三寸七分七厘五毫,高七寸,宽三寸五分。里连头合角单材瓜栱二件:各长一尺八分五厘,高四寸九分,宽三寸五分。第四层:斜头昂后带翘头一件:长十尺九寸八分二毫,高一尺五分,宽七寸七厘。搭角正头昂后带正心枋二件:各前长四尺三寸五厘;后长至平身科,高一尺五分,宽四寸三分四厘。搭角闹头昂后带单材万栱二件:各长五尺九寸一分五厘,高一尺五分,宽三寸五分。搭角闹头昂后带单材瓜栱二件:各长五尺三寸九分,高一尺五分,宽三寸五分。里连头合角单材万栱二件:各长一尺六寸一分,高四寸九分,宽三寸五分(或与平身科单材万栱连做)。里连头合角单材瓜栱二件:各长一尺八分五厘,高四寸九分,宽三寸五分(或与平身科单材瓜栱连做)。第五层:斜二昂后带菊花头一件:长一十三尺五寸一分二厘一毫,高一尺五分,宽七寸九分八厘。搭角正二昂后带正心枋二件:各前长五尺三寸五分五厘;后长至平身科,高一尺五分,宽四寸三分五厘。搭角闹二昂后带拽枋二件:各前长五尺三寸五分五厘;后长至平身科,高一尺五分,宽三寸五分。搭角闹二昂后带单材万栱二件:各长六尺九寸六分五厘,高一尺五分,宽三寸五分。搭角闹二昂后带单材瓜栱二件:各长六尺四寸四分,高一尺五分,宽三寸五分。里连头合角单材万栱二件:各长一尺六寸一分,高四寸九分,宽三寸五分(或与平身科单材万栱连做)。里连头合角单材瓜栱二件:各长一尺八分五厘,高四寸九分,宽三寸五分(或与平身科单材瓜栱连做)。第六层:由昂后带六分头一件:长一十五尺六寸六分五厘三毫,高一尺五分,宽八寸八分九厘。搭角正蚂蚱头后带正心枋二件:各前长五尺二寸五分;后长至平身科,高七寸,宽四寸三分四厘。搭角闹蚂蚱头二件:各长五尺二寸五分,高七寸,宽三寸五分。搭角闹蚂蚱头后带拽枋二件:各前长五尺二寸五分;后长至平身科,高七寸,宽三寸五分。搭角闹蚂蚱头后带单材万栱二件:各长六尺八寸六分,高七寸,宽三寸五分。搭角把臂厢栱二件:各长七尺一寸四分,高四寸九分,宽三寸五分。里连头合角单材万栱二件:各长一尺六寸一分,高四寸九分,宽三寸五分(或与平身科单材万栱连做)。第七层:斜撑头木后带麻叶头一件:长一十三尺三寸八分一毫,高七寸,宽八寸八分九厘。搭角正撑头木后带正心枋二件:各前长四尺二寸;后长至平身科,高七寸,宽四寸三分四厘。搭角闹撑头木后带拽枋二件:各前长四尺二寸;后长至平身科,高七寸,宽三寸五分。里连头合角单材厢栱二件:各长一尺二寸六分,高四寸九分,宽三寸五分。第八层:斜桁椀一件:长一十一尺八寸二分七厘二毫,高二尺二寸七分五厘,宽八寸八分九厘。搭角正桁椀后带正心枋二件:各前长四尺二分五厘;后长至平身科,高一尺八寸二分,宽四寸三分四厘。贴升耳共十八个:斜头翘四个,各长六寸

九分三厘;斜二翘四个,各长七寸八分四厘;斜头昂四个,各长八寸七分五厘;斜二昂二个,各长九寸六分六厘;由昂四个,各长一尺五分七厘。俱高二寸一分,宽八分四厘。十八斗二十个:各长六寸三分,高三寸五分,宽五寸二分五厘。槽升子四个:各长四寸五分五厘,高三寸五分,宽六寸九厘。三才升三十个:各长四寸五分五厘,高三寸五分,宽五寸二分五厘。

(七)重翘重昂平身科、柱头科、角科斗口四寸各件尺寸开后

[平身科] 大斗一个:长一尺二寸,高八寸,宽一尺二寸。头翘一件:长二尺八寸四分,高八寸,宽四寸。二翘一件:长五尺二寸四分,高八寸,宽四寸。头昂后带翘头一件:长八尺七寸四分,高一尺二寸,宽四寸。二昂后带菊花头一件:长十尺九寸二分,高一尺二寸,宽四寸。蚂蚱头后带六分头一件:长一十一尺二寸六分,高八寸,宽四寸。撑头木后带麻叶头一件:长一十一尺一分六厘,高八寸,宽四寸。正心瓜栱一件:长二尺四寸八分,高四寸,宽四寸九分六厘。正心万栱一件:长三尺六寸八分,高八寸,宽四寸九分六厘。单材瓜栱六件:各长二尺四寸八分,高五寸六分,宽四寸。单材万栱六件:各长三尺六寸八分,高五寸六分,宽四寸。厢栱二件:各长二尺八寸八分,高五寸六分,宽四寸。桁椀一件:长九尺四寸,高二尺六寸,宽四寸。十八斗八个:各长七寸二分,高四寸,宽六寸。槽升子四个:各长五寸二分,高四寸,宽六寸九分六厘。三才升二十八个:各长五寸二分,高四寸,宽六寸。

[柱头科] 大斗一个:长一尺六寸,高八寸,宽一尺二寸。头翘一件:长二尺八寸四分,高八寸,宽八寸。二翘一件:长五尺二寸四分,高八寸,宽一尺。头昂后带翘头一件:长八尺七寸四分,高一尺二寸,宽一尺二寸。二昂后带雀替一件:长一十二尺一寸二分,高一尺二寸,宽一尺四寸。正心瓜栱一件:长二尺四寸八分,高八寸,宽四寸九分六厘。正心万栱一件:长三尺六寸八分,高八寸,宽四寸九分六厘。单材瓜栱六件:各长二尺四寸八分,高五寸六分,宽四寸。单材万栱六件:各长三尺六寸八分,高五寸六分,宽四寸。外厢栱一件:长二尺八寸八分,高五寸六分,宽四寸。里厢栱一件:长三尺二寸八分,高五寸六分,宽四寸。桶子十八斗共七个:头翘二个:各长一尺三寸二分;二翘二个:各长一尺五寸二分;头昂二个:各长一尺七寸二分;二昂一个:长一尺九寸二分。俱高四寸,宽六寸。槽升子四个:各长五寸二分,高四寸,宽六寸九分六厘。三才升二十八个:各长五寸二分,高四寸,宽六寸。

[角科] 第一层:大斗一个:长一尺三寸六分,高八寸,宽一尺三寸六分。第二层:斜头翘一件:长四尺一寸八分五厘六毫,高八寸,宽六寸。搭角正头翘后带正心瓜栱二件:各长二尺六寸六分,高八寸,宽四寸九分六厘。第三层:斜二翘一件:长七尺六寸八分三厘二毫,高八寸,宽七寸四厘。搭角正二翘后带正心万栱二件:各长四尺四寸六分,高八寸,宽四寸九分六厘。搭角闹二翘后带单材瓜栱二件:各长三尺八寸六分,高八寸,宽四寸。里连头合角单材瓜栱二件:各长一尺二寸四分,高五寸六分,宽四寸。第四层:斜头昂后带翘头一件:长一十二尺五寸四分八厘八毫,高一尺二寸,宽八寸八厘。搭角正头昂后带正心枋二件:各前长四尺九寸二分;后长至平身科,高一尺二寸,宽四寸九分六厘。搭角闹头昂后带单材万栱二件:各长六尺七寸六分,高一尺二寸,宽四寸。搭角闹头昂后带单材瓜栱二件:各长六尺一寸六分,高一尺二寸,宽四寸。里连头合角单材万栱二件:各长一尺八寸四分,高五寸六分,宽四寸(或与平身科单材万栱连做)。里连头合角单材瓜栱二件:各长一尺二寸四分,高四寸六分,宽四寸(或与平身科单材瓜栱连做)。

第五层：斜二昂后带菊花头一件：长一十五尺四寸四分二厘四毫，高一尺二寸，宽九寸一分二厘。搭角正二昂后带正心枋二件：各前长六尺一寸二分；后长至平身科，高一尺二寸，宽四寸九分六厘。搭角闹二昂后带拽枋二件：各前长六尺一寸二分；后长至平身科，高一尺二寸，宽四寸。搭角闹二昂后带单材万栱二件：各长七尺九寸六分，高一尺二寸，宽四寸。搭角闹二昂后带单材瓜栱二件：各长七尺三寸六分，高一尺二寸，宽四寸。里连头合角单材万栱二件：各长一尺八寸四分，高五寸六分，宽四寸(或与平身科单材万栱连做)。里连头合角单材瓜栱二件：各长一尺二寸四分，高五寸六分，宽四寸(或与平身科单材瓜栱连做)。**第六层**：由昂后带六分头一件：长一十七尺九寸三厘二毫，高一尺二寸，宽一尺一分六厘。搭角正蚂蚱头后带正心枋二件：各前长六尺；后长至平身科，高八寸，宽四寸九分六厘。搭角闹蚂蚱头二件：各长六尺，高八寸，宽四寸。搭角闹蚂蚱头后带拽枋二件：各前长六尺；后长至平身科，高八寸，宽四寸。搭角闹蚂蚱头后带单材万栱二件：各长七尺八寸四分，高八寸，宽四寸。搭角把臂厢栱二件：各长八尺一寸六分，高五寸六分，宽四寸。里连头合角单材万栱二件：各长一尺八寸四分，高五寸六分，宽四寸(或与平身科单材万栱连做)。**第七层**：斜撑头木后带麻叶头一件：长一十五尺二寸九分一厘六毫，高八寸，宽一尺一分六厘。搭角正撑头木后带正心枋二件：各前长四尺八寸；后长至平身科，高八寸，宽四寸九分六厘。搭角闹撑头木后带拽枋二件：各前长四尺八寸；后长至平身科，高八寸，宽四寸。里连头合角单材厢栱二件：各长一尺四寸四分，高五寸六分，宽四寸。**第八层**：斜桁椀一件：长一十三尺五寸一分六厘八毫，高二尺六寸，宽一尺一分六厘。搭角正桁椀后带正心枋二件：各前长四尺六寸；后长至平身科，高二尺八分，宽四寸九分六厘。贴升耳共十八个：斜头翘四个，各长七寸九分二厘；斜二翘四个，各长八寸九分六厘；斜头昂四个，各长一尺；斜二昂二个，各长一尺一寸四厘；由昂四个，各长一尺二寸八厘。俱高二寸四分，宽九分六厘。十八斗二十个：各长七寸二分，高四寸，宽六寸。槽升子四个：各长五寸二分，高四寸，宽六寸九分六厘。三才升三十个：各长五寸二分，高四寸，宽六寸。

（八）重翘重昂平身科、柱头科、角科斗口四寸五分各件尺寸开后

[平身科]　大斗一个：长一尺三寸五分，高九寸，宽一尺三寸五分。头翘一件：长三尺一寸九分五厘，高九寸，宽四寸五分。二翘一件：长五尺八寸九分五厘，高九寸，宽四寸五分。头昂后带翘头一件：长九尺八寸三分二厘五毫，高一尺三寸五分，宽四寸五分。二昂后带菊花头一件：长一十二尺二寸八分五厘，高一尺三寸五分，宽四寸五分。蚂蚱头后带六分头一件：长一十二尺六寸六分七厘五毫，高九寸，宽四寸五分。撑头木后带麻叶头一件：长一十二尺三寸九分三厘，高九寸，宽四寸五分。正心瓜栱一件：长二尺七寸九分，高九寸，宽五寸五分八厘。正心万栱一件：长四尺一寸四分，高九寸，宽五寸五分八厘。单材瓜栱六件：各长二尺七寸九分，高六寸三分，宽四寸五分。单材万栱六件：各长四尺一寸四分，高六寸三分，宽四寸五分。厢栱二件：各长三尺二寸四分，高六寸三分，宽四寸五分。桁椀一件：长十尺五寸七分五厘，高二尺九寸二分五厘，宽四寸五分。十八斗八个：各长八寸一分，高四寸五分，宽六寸七分五厘。槽升子四个：各长五寸八分五厘，高四寸五分，宽七寸八分三厘。三才升二十八个：各长五寸八分五厘，高四寸五分，宽六寸七分五厘。

[柱头科]　大斗一个：长一尺八寸，高九寸，宽一尺三寸五分。头翘一件：长三尺一寸九分五厘，高九寸，宽九寸。二翘一件：长五尺八寸九分五厘，高九寸，宽一尺一寸二分五厘。头昂后带翘头一件：长九尺八寸三分二厘五毫，高一尺三寸五分，宽一尺三寸五分。二昂后带雀替一

件:长一十三尺六寸三分五厘,高一尺三寸五分,宽一尺五寸七分五厘。正心瓜栱一件:长二尺七寸九分,高九寸,宽五寸五分八厘。正心万栱一件:长四尺一寸四分,高九寸,宽五寸五分八厘。单材瓜栱六件:各长二尺七寸九分,高六寸三分,宽四寸五分。单材万栱六件:各长四尺一寸四分,高六寸三分,宽四寸五分。外厢栱一件:长三尺二寸四分,高六寸三分,宽四寸五分。里厢栱一件:长三尺六寸九分,高六寸三分,宽四寸五分。桶子十八斗共七个:头翘二个,各长一尺四寸八分五厘;二翘二个,各长一尺七寸一分;头昂二个,各长一尺九寸三分五厘;二昂一个,长二尺一寸六分。俱高四寸五分,宽六寸七分五厘。槽升子四个:各长五寸八分五厘,高四寸五分,宽七寸八分三厘。三才升二十八个:各长五寸八分五厘,高四寸五分,宽六寸七分五厘。

[角科] 第一层:大斗一个:长一尺五寸三分,高九寸,宽一尺五寸三分。第二层:斜头翘一件:长四尺七寸八厘八毫,高九寸,宽六寸七分五厘。搭角正头翘后带正心瓜栱二件:各长二尺九寸九分二厘五毫,高九寸,宽五寸五分八厘。第三层:斜二翘一件:长八尺六寸四分三厘六毫,高九寸,宽七寸九分二厘。搭角正二翘后带正心万栱二件:各长五尺一分七厘五毫,高九寸,宽五寸五分八厘。搭角闹二翘后带单材瓜栱二件:各长四尺三寸四分二厘五毫,高九寸,宽四寸五分。里连头合角单材瓜栱二件:各长一尺三寸九分五厘,高六尺三寸,宽四寸五分。第四层:斜头昂后带翘头一件:长一十四尺一寸一分七厘四毫,高一尺三寸五分,宽九寸九厘。搭角正头昂后带正心枋二件:各前长五尺五寸三分五厘;后长至平身科,高一尺三寸五分,宽五寸五分八厘。搭角闹头昂后带单材万栱二件:各长七尺六寸五厘,高一尺三寸五分,宽四寸五分。搭角闹头昂后带单材瓜栱二件:各长六尺九寸三分,高一尺三寸五分,宽四寸五分。里连头合角单材万栱二件:各长二尺七寸,高六寸三分,宽四寸五分(或与平身科单材万栱连做)。里连头合角单材瓜栱二件:各长一尺三寸九分五厘,高六寸三分,宽四寸五分(或与平身科单材瓜栱连做)。第五层:斜二昂后带菊花头一件:长一十七尺三寸七分二厘七毫,高一尺三寸五分,宽一尺二分六厘。搭角正二昂后带正心枋二件:各前长六尺八寸八分五厘;后长至平身科,高一尺三寸五分,宽五寸五分八厘。搭角闹二昂后带拽枋二件:各前长六尺八寸八分五厘;后长至平身科,高一尺三寸五分,宽四寸五分。搭角闹二昂后带单材万栱二件:各长八尺九寸五分五厘,高一尺三寸五分,宽四寸五分。搭角闹二昂后带单材瓜栱二件:各长八尺二寸八分,高一尺三寸五分,宽四寸五分。里连头合角单材万栱二件:各长二尺七寸,高六寸三分,宽四寸五分(或与平身科单材万栱连做)。里连头合角单材瓜栱二件:各长一尺三寸九分五厘,高六寸三分,宽四寸五分(或与平身科单材瓜栱连做)。第六层:由昂后带六分头一件:长二十尺一寸四分一厘一毫,高一尺三寸五分,宽一尺一寸四分三厘。搭角正蚂蚱头后带正心枋二件:各前长六尺七寸五分;后长至平身科,高九寸,宽五寸五分八厘。搭角闹蚂蚱头二件:各长六尺七寸五分,高九寸,宽四寸五分。搭角闹蚂蚱头后带拽枋二件:各前长六尺七寸五分;后长至平身科,高九寸,宽四寸五分。搭角闹蚂蚱头后带单材万栱二件:各长八尺八寸二分,高九寸,宽四寸五分。搭角把臂厢栱二件:各长九尺一寸八分,高六寸三分,宽四寸五分。里连头合角单材万栱二件:各长二尺七寸,高六寸三分,宽四寸五分(或与平身科单材万栱连做)。第七层:斜撑头木后带麻叶头一件:长一十七尺二寸二厘三毫,高九寸,宽一尺一寸四分三厘。搭角正撑头木后带正心枋二件:各前长五尺四寸;后长至平身科,高九寸,宽五寸五分八厘。搭角闹撑头木后带拽枋二件:各前长五尺四寸;后长至平身科,高九寸,宽四寸五分。里连头合角单材厢栱二件:各长一

尺六寸二分,高六寸三分,宽四寸五分。**第八层:**斜桁椀一件:长一十五尺二寸六厘四毫,高二尺九寸二分五厘,宽一尺一寸四分三厘。搭角正桁椀后带正心枋二件:各前长五尺一寸七分五厘;后长至平身科,高二尺三寸四分,宽五寸五分八厘。贴升耳共十八个:斜翘四个,各长八寸九分一厘;斜二翘四个,各长一尺八厘;斜头昂四个,各长一尺一寸二分五厘;斜二昂二个,各长一尺二寸四分二厘;由昂四个,各长一尺三寸五分九厘。俱高二寸七分,宽一寸八厘。十八斗二十个:各长八寸一分,高四寸五分,宽六寸七分五厘。槽升子四个:各长五寸八分五厘,高四寸五分,宽七寸八分三厘。三才升三十个:各长五寸八分五厘,高四寸五分,宽六寸七分五厘。

(九) 重翘重昂平身科、柱头科、角科斗口五寸各件尺寸开后

[平身科] 大斗一个:长一尺五寸,高一尺,宽一尺五寸。头翘一件:长三尺五寸五分,高一尺,宽五寸。二翘一件:长六尺五寸五分,高一尺,宽五寸。头昂后带翘头一件:长十尺九寸二分五厘,高一尺五寸,宽五寸。二昂后带菊花头一件:长十三尺六寸五分,高一尺五寸,宽五寸。蚂蚱头后带六分头一件:长十四尺七分五厘,高一尺,宽五寸。撑头木后带麻叶头一件:长十三尺七寸七分,高一尺,宽五寸。正心瓜栱一件:长三尺一寸,高一尺,宽六寸二分。正心万栱一件:长四尺六寸,高一尺,宽六寸二分。单材瓜栱六件:各长三尺一寸,高七寸,宽五寸。单材万栱六件:各长四尺六寸,高七寸,宽五寸。厢栱二件:各长三尺六寸,高七寸,宽五寸。桁椀一件:长一十一尺七寸五分,高三尺二寸五分,宽五寸。十八斗八个:各长九寸,高五寸,宽七寸五分。槽升子四个:各长六寸五分,高五寸,宽八寸七分。三才升二十八个:各长六寸五分,高五寸,宽七寸五分。

[柱头科] 大斗一个:长二尺,高一尺,宽一尺五寸。头翘一件:长三尺五寸五分,高一尺,宽一尺。二翘一件:长六尺五寸五分,高一尺,宽一尺二寸五分。头昂后带翘头一件:长十尺九寸二分五厘,高一尺五寸,宽一尺五寸。二昂后带雀替一件:长一尺五寸一分五厘,高一尺五寸,宽一尺七寸五分。正心瓜栱一件:长三尺一寸,高一尺,宽六寸二分。正心万栱一件:长四尺六寸,高一尺,宽六寸二分。单材瓜栱六件:各长三尺一寸,高七寸,宽五寸。单材万栱六件:各长四尺六寸,高七寸,宽五寸。外厢栱一件:长三尺六寸,高七寸,宽五寸。里厢栱一件:长四尺六寸,高七寸,宽五寸。桶子十八斗共七个:头翘二个,各长一尺六寸五分;二翘二个,各长一尺九寸;头昂二个,各长二尺一寸五分;二昂一个,长二尺四寸。俱高五寸,宽七寸五分。槽升子四个:各长六寸五分,高五寸,宽八寸七分。三才升二十八个:各长六寸五分,高五寸,宽七寸五分。

[角科] 第一层:大斗一个:长一尺七寸,高一尺,宽一尺七寸。**第二层:**斜头翘一件:长五尺二寸三分二厘,高一尺,宽七寸五分。搭角正头翘后带正心瓜栱二件:各长三尺三寸二分五厘,高一尺,宽六寸二分。**第三层:**斜二翘一件:长九尺六寸四厘,高一尺,宽八寸八分。搭角正二翘后带正心万栱二件:各长五尺五寸七分五厘,高一尺,宽六寸二分。搭角闹二翘后带单材瓜栱二件:各长四尺八寸二分五厘,高一尺,宽五寸。里连头合角单材瓜栱二件:各长一尺五寸五分,高七寸,宽五寸。**第四层:**斜头昂后带翘头一件:长一十五尺六寸八分六厘,高一尺五寸,宽一尺一分。搭角正头昂后带正心枋二件:各前长六尺一寸五分;后长至平身科,高一尺五寸,宽六寸二分。搭角闹头昂后带单材万栱二件:各长八尺四寸五分,高一尺五寸,宽五寸。搭角闹头昂后带单材瓜栱二件:各长七尺七寸,高一尺五寸,宽五寸。里连头合角单材万栱二件:各长二尺三寸,高七寸,宽五寸(或与平身科单

材万栱连做)。里连头合角单材瓜栱二件:各长一尺五寸五分,高七寸,宽五寸(或与平身科单材瓜栱连做)。**第五层:**斜二昂后带菊花头一件:长一十九尺三寸三厘,高一尺五寸,宽一尺一寸四分。搭角正二昂后带正心枋二件:各前长七尺六寸五分;后长至平身科,高一尺五寸,宽六寸二分。搭角闹二昂后带拽枋二件:各前长七尺六寸五分;后长至平身科,高一尺五寸,宽五寸。搭角闹二昂后带单材万栱二件:各长九尺九寸五分,高一尺五寸,宽五寸。搭角闹二昂后带单材瓜栱二件:各长九尺二寸,高一尺五寸,宽五寸。里连头合角单材万栱二件:各长二尺三寸,高七寸,宽五寸(或与平身科单材万栱连做)。里连头合角单材瓜栱二件:各长一尺五寸五分,高七寸,宽五寸(或与平身科单材瓜栱连做)。**第六层:**由昂后带六分头一件:长二十二尺三寸七分九厘,高一尺五寸,宽一尺二寸七分。搭角正蚂蚱头后带正心枋二件:各前长七尺五寸;后长至平身科,高一尺,宽六寸二分。搭角闹蚂蚱头二件:各长七尺五寸,高一尺,宽五寸。搭角闹蚂蚱头后带拽枋二件:各前长七尺五寸;后长至平身科,高一尺,宽五寸。搭角闹蚂蚱头后带单材万栱二件:各长九尺八寸,高一尺,宽五寸。搭角把臂厢栱二件:各长十尺二寸,高七寸,宽五寸。里连头合角单材万栱二件:各长二尺三寸,高七寸,宽五寸(或与平身科单材万栱连做)。**第七层:**斜撑头木后带麻叶头一件:长一十九尺一寸一分四厘五毫,高一尺,宽一尺二寸七分。搭角正撑头木后带正心枋二件:各前长六尺;后长至平身科,高一尺,宽六寸二分。搭角闹撑头木后带拽枋二件:各前长六尺;后长至平身科,高一尺,宽五寸。里连头合角单材厢栱二件:各长一尺八寸,高七寸,宽五寸。**第八层:**斜桁椀一件:长一十六尺八寸九分六厘,高三尺二寸五分,宽一尺二寸七分。搭角正桁椀后带正心枋二件:各前长五尺七寸五分;后长至平身科,高二尺六寸,宽六寸二分。贴升耳共十八个:斜头翘四个,各长九寸九分;斜二翘四个,各长一尺一寸二分;斜头昂四个,各长一尺二寸五分;斜二昂二个,各长一尺三寸八分;由昂四个,各长一尺五寸一分。俱高三寸,宽一寸二分。十八斗二十个:各长九寸,高五寸,宽七寸五分。槽升子四个:各长六寸五分,高五寸,宽八寸七分。三才升三十个:各长六寸五分,高五寸,宽七寸五分。

(十) 重翘重昂平身科、柱头科、角科斗口五寸五分各件尺寸开后

[平身科]　大斗一个:长一尺六寸五分,高一尺一寸,宽一尺六寸五分。头翘一件:长三尺九寸五厘,高一尺一寸,宽五寸五分。二翘一件:长七尺二寸五厘,高一尺一寸,宽五寸五分。头昂后带翘头一件:长一十二尺一分七厘五毫,高一尺六寸五分,宽五寸五分。二昂后带菊花头一件:长一十五尺一分五厘,高一尺六寸五分,宽五寸五分。蚂蚱头后带六分头一件:长一十五尺四寸八分二厘五毫,高一尺一寸,宽五寸五分。撑头木后带麻叶头一件:长一十五尺一寸四分七厘,高一尺一寸,宽五寸五分。正心瓜栱一件:长三尺四寸一分,高一尺一寸,宽六寸八分二厘。正心万栱一件:长五尺六寸,高一尺一寸,宽六寸八分二厘。单材瓜栱六件:各长三尺四寸一分,高七寸七分,宽五寸五分。单材万栱六件:各长五尺六寸,高七寸七分,宽五寸五分。厢栱二件:各长三尺九寸六分,高七寸七分,宽五寸五分。桁椀一件:长一十二尺九寸二分五厘,高三尺五寸七分五厘,宽五寸五分。十八斗八个:各长九寸九分,高五寸五分,宽八寸二分五厘。槽升子四个:各长七寸一分五厘,高五寸五分,宽九寸五分七厘。三才升二十八个:各长七寸一分五厘,高五寸五分,宽八寸二分五厘。

[柱头科]　大斗一个:长二尺二寸,高一尺一寸,宽一尺六寸五分。头翘一件:长三尺九寸五厘,高一尺一寸,宽一尺一寸。二翘一件:长七尺二寸五厘,高一尺一寸,宽一尺三寸七分五

厘。头昂后带翘头一件:长一十二尺一分七厘五毫,高一尺六寸五分,宽一尺六寸五分。二昂后带雀替一件:长一十六尺六寸六分五厘,高一尺六寸五分,宽一尺九寸二分五厘。正心瓜栱一件:长三尺四寸一分,高一尺一寸,宽六寸八分二厘。正心万栱一件:长五尺六分,高一尺一寸,宽六寸八分二厘。单材瓜栱六件:各长三尺四寸一分,高七寸七分,宽五寸五分。单材万栱六件:各长五尺六分,高七寸七分,宽五寸五分。外厢栱一件:长三尺九寸六分,高七寸七分,宽五寸五分。里厢栱一件:长四尺五寸一分,高七寸七分,宽五寸五分。桶子十八斗共七个:头翘二个:各长一尺八寸一分五厘;二翘二个:各长二尺九分;头昂二个:各长二尺三寸六分五厘;二昂一个:长二尺六寸四分。俱高五寸五分,宽八寸二分五厘。槽升子四个:各长七寸一分五厘,高五寸五分,宽九寸五分七厘。三才升二十八个:各长七寸一分五厘,高五寸五分,宽八寸二分五厘。

[角科] 第一层:大斗一个:长一尺八寸七分,高一尺一寸,宽一尺八寸七分。第二层:斜头翘一件:长五尺七寸五分五厘二毫,高一尺一寸,宽八寸二分五厘。搭角正头翘后带正心瓜栱二件:各长三尺六寸五分七厘五毫,高一尺一寸,宽六寸八分二厘。第三层:斜二翘一件:长十尺五寸六分四厘四毫,高一尺一寸,宽九寸六分八厘。搭角正二翘后带正心万栱二件:各长六尺一寸三分二厘五毫,高一尺一寸,宽六寸八分二厘。搭角闹二翘后带单材瓜栱二件:各长五尺三寸七厘五毫,高一尺一寸,宽五寸五分。里连头合角单材瓜栱二件:各长一尺七寸五厘,高七寸七分,宽五寸五分。第四层:斜头昂后带翘头一件:长一十七尺二寸五分四厘六毫,高一尺六寸五分,宽一尺一寸一分一厘。搭角正头昂后带正心枋二件:各前长六尺七寸六分五厘;后长至平身科,高一尺六寸五分,宽六寸八分二厘。搭角闹头昂后带单材万栱二件:各长九尺二寸九分五厘,高一尺六寸五分,宽五寸五分。搭角闹头昂后带单材瓜栱二件:各长八尺四寸七分,高一尺六寸五分,宽五寸五分。里连头合角单材万栱二件:各长二尺五寸三分,高七寸七分,宽五寸五分(或与平身科单材万栱连做)。里连头合角单材瓜栱二件:各长一尺七寸五厘,高七寸七分,宽五寸五分(或与平身科单材瓜栱连做)。第五层:斜二昂后带菊花头一件:长二十一尺二寸三分三厘三毫,高一尺六寸五分,宽一尺二寸五分四厘。搭角正二昂后带正心枋二件:各前长八尺四寸一分五厘;后长至平身科,高一尺六寸五分,宽六寸八分二厘。搭角闹二昂后带拽枋二件:各前长八尺四寸一分五厘;后长至平身科,高一尺六寸五分,宽五寸五分。搭角闹二昂后带单材万栱二件:各长十尺九寸四分五厘,高一尺六寸五分,宽五寸五分。搭角闹二昂后带单材瓜栱二件:各长十尺一寸二分,高一尺六寸五分,宽五寸五分。里连头合角单材万栱二件:各长二尺五寸三分,高七寸七分,宽五寸五分(或与平身科单材万栱连做)。里连头合角单材瓜栱二件:各长一尺七寸五厘,高七寸七分,宽五寸五分(或与平身科单材瓜栱连做)。第六层:由昂后带六分头一件:长二十四尺六寸一分六厘九毫,高一尺六寸五分,宽一尺三寸九分七厘。搭角正蚂蚱头后带正心枋二件:各前长八尺二寸五分;后长至平身科,高一尺一寸,宽六寸八分二厘。搭角闹蚂蚱头二件:各长八尺二寸五分,高一尺一寸,宽五寸五分。搭角闹蚂蚱头后带拽枋二件:各前长八尺二寸五分;后长至平身科,高一尺一寸,宽五寸五分。搭角闹蚂蚱头后带单材万栱二件:各长十尺七寸八分,高一尺一寸,宽五寸五分。搭角把臂厢栱二件:各长一十一尺二寸二分,高七寸七分,宽五寸五分。里连头合角单材万栱二件:各长二尺五寸三分,高七寸七分,宽五寸五分(或

与平身科单材万栱连做）。**第七层：**斜撑头木后带麻叶头一件：长二十一尺二分五厘九毫，高一尺一寸，宽一尺三寸九分七厘。搭角正撑头木后带正心枋二件：各前长六尺六寸；后长至平身科，高一尺一寸，宽六寸八分二厘。搭角闹撑头木后带拽枋二件：各前长六尺六寸；后长至平身科，高一尺一寸，宽五寸五分。里连头合角单材厢栱二件：各长一尺九寸八分，高七寸七分，宽五寸五分。**第八层：**斜桁椀一件：长一十八尺五寸八分五厘六毫，高三尺五寸七分五厘，宽一尺三寸九分七厘。搭角正桁椀后带正心枋二件：各前长六尺三寸二分五厘；后长至平身科，高二尺八寸六分，宽六寸八分二厘。贴升耳共十八个：斜头翘四个，各长一尺八分九厘；斜二翘四个，各长一尺二寸三分二厘；斜头昂四个，各长一尺三寸七分五厘；斜二昂二个，各长一尺五寸一分八厘；由昂四个，各长一尺七寸六分。俱高三寸三分，宽一寸三分二厘。十八斗二十个：各长九寸九分，高五寸五分，宽八寸二分五厘。槽升子四个：各长七寸一分五厘，高五寸五分，宽九寸五分七厘。三才升三十个：各长七寸一分五厘，高五寸五分，宽八寸二分五厘。

（十一）重翘重昂平身科、柱头科、角科斗口六寸各件尺寸开后

　　[平身科]　大斗一个：长一尺八寸，高一尺二寸，宽一尺八寸。头翘一件：长四尺二寸六分，高一尺二寸，宽六寸。二翘一件：长七尺八寸六分，高一尺二寸，宽六寸。头昂后带翘头一件：长一十三尺一寸一分，高一尺八寸，宽六寸。二昂后带菊花头一件：长一十六尺三寸八分，高一尺八寸，宽六寸。蚂蚱头后带六分头一件：长一十六尺八寸九分，高一尺二寸，宽六寸。撑头木后带麻叶头一件：长一十六尺五寸二分四厘，高一尺二寸，宽六寸。正心瓜栱一件：长三尺七寸二分，高一尺二寸，宽七寸四分四厘。正心万栱一件：长五尺五寸二分，高一尺二寸，宽七寸四分四厘。单材瓜栱六件：各长三尺七寸二分，高八寸四分，宽六寸。单材万栱六件：各长五尺五寸二分，高八寸四分，宽六寸。厢栱二件：各长四尺三寸二分，高八寸四分，宽六寸。桁椀一件：长一十四尺一寸，高三尺九寸，宽六寸。十八斗八个：各长一尺八分，高六寸，宽九寸。槽升子四个：各长七寸八分，高六寸，宽一尺四分四厘。三才升二十八个：各长七寸八分，高六寸，宽九寸。

　　[柱头科]　大斗一个：长二尺四寸，高一尺二寸，宽一尺八寸。头翘一件：长四尺二寸六分，高一尺二寸，宽一尺二寸。二翘一件：长七尺八寸六分，高一尺二寸，宽一尺五寸。头昂后带翘头一件：长一十三尺一寸一分，高一尺八寸，宽一尺八寸。二昂后带雀替一件：长一十八尺一寸八分，高一尺八寸，宽二尺一寸。正心瓜栱一件：长三尺七寸二分，高一尺二寸，宽七寸四分四厘。正心万栱一件：长五尺五寸二分，高一尺二寸，宽七寸四分四厘。单材瓜栱六件：各长三尺七寸二分，高八寸四分，宽六寸。单材万栱六件：各长五尺五寸二分，高八寸四分，宽六寸。外厢栱一件：长四尺三寸二分，高八寸四分，宽六寸。里厢栱一件：长四尺九寸二分，高八寸四分，宽六寸。桶子十八斗共七个：头翘二个，各长一尺九寸八分；二翘二个，各长二尺二寸八分；头昂二个，各长二尺五寸八分；二昂一个，长二尺八寸八分。俱高六寸，宽九寸。槽升子四个：各长七寸八分，高六寸，宽一尺四分四厘。三才升二十八个：各长七寸八分，高六寸，宽九寸。

　　[角科]　**第一层：**大斗一个：长二尺四分，高一尺二寸，宽二尺四分。**第二层：**斜头翘一件：长六尺二寸七分八厘四毫，高一尺二寸，宽九寸。搭角正头翘后带正心瓜栱二件：各长三尺九寸九分，高一尺二寸，宽七寸四分四厘。**第三层：**斜二翘一件：长一十一尺五寸二分四厘八毫，高一

尺二寸,宽一尺五分六厘。搭角正二翘后带正心万栱二件:各长六尺六寸九分,高一尺二寸,宽七寸四分四厘。搭角闹二翘后带单材瓜栱二件:各长五尺七寸九分,高一尺二寸,宽六寸。里连头合角单材瓜栱二件:各长一尺八寸六分,高八寸四分,宽六寸。**第四层**:斜头昂后带翘头一件:长一十八尺八寸二分三厘二毫,高一尺八寸,宽一尺二寸一分二厘。搭角正头昂后带正心枋二件:各前长七尺三寸八分,后长至平身科,高一尺八寸,宽七寸四分四厘。搭角闹头昂后带单材万栱二件:各长十尺一寸四分,高一尺八寸,宽六寸。搭角闹头昂后带单材瓜栱二件:各长九尺二寸四分,高一尺八寸,宽六寸。里连头合角单材万栱二件:各长二尺七寸六分,高八寸四分,宽六寸(或与平身科单材万栱连做)。里连头合角单材瓜栱二件:各长一尺八寸六分,高八寸四分,宽六寸(或与平身科单材瓜栱连做)。**第五层**:斜二昂后带菊花头一件:长二十三尺一寸六分三厘六毫,高一尺八寸,宽一尺三寸六分八厘。搭角正二昂后带正心枋二件:各前长九尺一寸八分;后长至平身科,高一尺八寸,宽七寸四分四厘。搭角闹二昂后带拽枋二件:各前长九尺一寸八分;后长至平身科,高一尺八寸,宽六寸。搭角闹二昂后带单材万栱二件:各长一十一尺九寸四分,高一尺八寸,宽六寸。搭角闹二昂后带单材瓜栱二件:各长一十一尺四分,高一尺八寸,宽六寸。里连头合角单材万栱二件:各长二尺七寸六分,高八寸四分,宽六寸(或与平身科单材万栱连做)。里连头合角单材瓜栱二件:各长一尺八寸六分,高八寸四分,宽六寸(或与平身科单材瓜栱连做)。**第六层**:由昂后带六分头一件:长二十六尺八寸五分四厘八毫,高一尺八寸,宽一尺五寸二分四厘。搭角正蚂蚱头后带正心枋二件:各前长九尺;后长至平身科,高一尺二寸,宽七寸四分四厘。搭角闹蚂蚱头二件:各长九尺,高一尺二寸,宽六寸。搭角闹蚂蚱头后带拽枋二件:各前长九尺;后长至平身科,高一尺二寸,宽六寸。搭角闹蚂蚱头后带单材万栱二件:各长十尺七寸六分,高一尺二寸,宽六寸。搭角把臂厢栱二件:各长一十二尺二寸四分,高八寸四分,宽六寸。里连头合角单材万栱二件:各长二尺七寸六分,高八寸四分,宽六寸(或与平身科单材万栱连做)。**第七层**:斜撑头木后带麻叶头一件:长二十二尺九寸三分七厘四毫,高一尺二寸,宽一尺五寸二分四厘。搭角正撑头木后带正心枋二件:各前长七尺二寸;后长至平身科,高一尺二寸,宽七寸四分四厘。搭角闹撑头木后带拽枋二件:各前长七尺二寸;后长至平身科,高一尺二寸,宽六寸。里连头合角单材厢栱二件:各长二尺一寸六分,高八寸四分,宽六寸。**第八层**:斜桁椀一件:长二十尺二寸七分五厘二毫,高三尺九寸,宽一尺五寸二分四厘。搭角正桁椀后带正心枋二件:各前长六尺九寸;后长至平身科,高三尺一寸二分,宽七寸四分四厘。贴升耳共十八个:斜头翘四个,各长一尺一寸八分八厘;斜二翘四个,各长一尺三寸四分四厘;斜头昂四个,各长一尺五寸;斜二昂二个,各长一尺六寸五分六厘;由昂四个,各长一尺八寸一分二厘。俱高三寸六分,宽一寸四分四厘。十八斗二十个:各长一尺八寸,高六寸,宽九寸。槽升子四个:各长七寸八分,高六寸,宽一尺四分四厘。三才升三十个:各长七寸八分,高六寸,宽九寸。

二、重翘重昂平身科图样十九

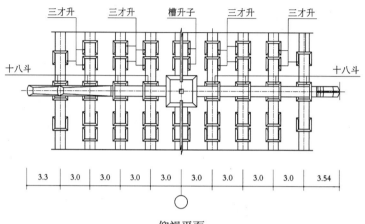

三才升　三才升　槽升子　三才升　三才升

十八斗　　　　　　　　　　　　　　　　　十八斗

| 3.3 | 3.0 | 3.0 | 3.0 | 3.0 | 3.0 | 3.0 | 3.0 | 3.0 | 3.54 |

仰视平面

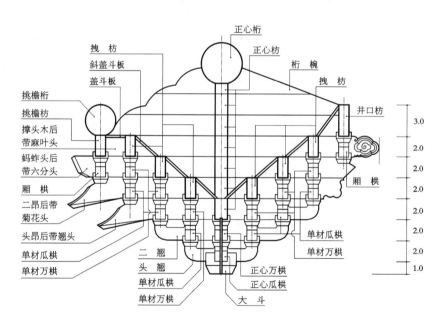

挑檐桁
挑檐枋
撑头木后带麻叶头
蚂蚱头后带六分头
厢栱
二昂后带菊花头
头昂后带翘头
单材瓜栱
单材万栱

拽枋
斜盖斗板
盖斗板

正心桁
正心枋
桁椀
拽枋
井口枋
厢栱
单材瓜栱
单材万栱

二翘
头翘
单材瓜栱
单材万栱
正心万栱
正心瓜栱
大斗

3.0
2.0
2.0
2.0
2.0
2.0
2.0
1.0

立　面

重翘重昂平身科图样十九　分件一

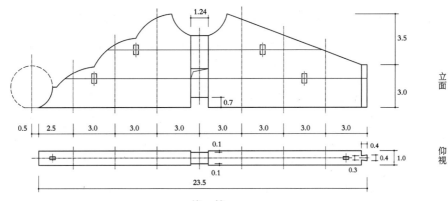

桁　椀

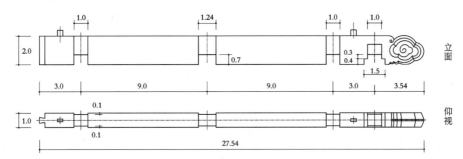

撑头木后带麻叶头

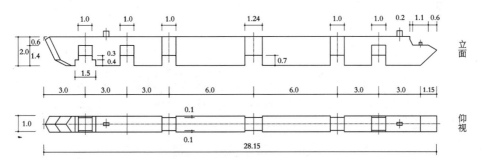

蚂蚱头后带六分头

重翘重昂平身科图样十九 分件二

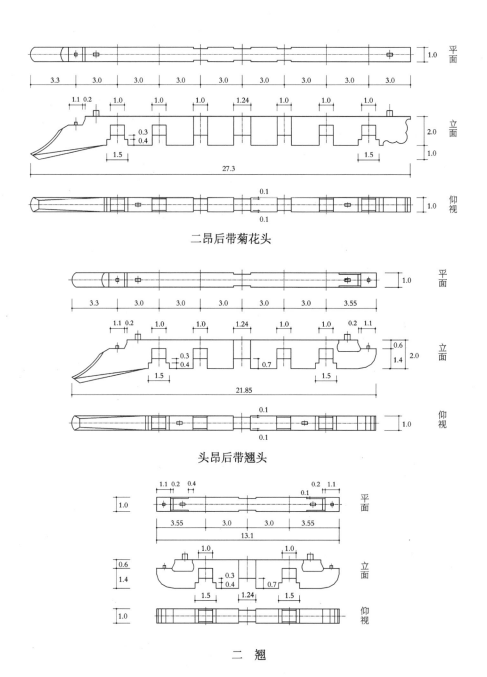

二昂后带菊花头

头昂后带翘头

二　翘

重翘重昂平身科图样十九　分件三

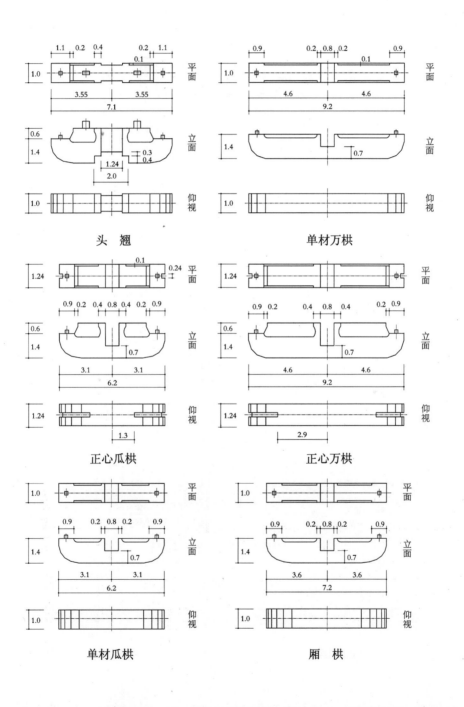

头　翘

单材万栱

正心瓜栱

正心万栱

单材瓜栱

厢　栱

三、重翘重昂柱头科图样二十

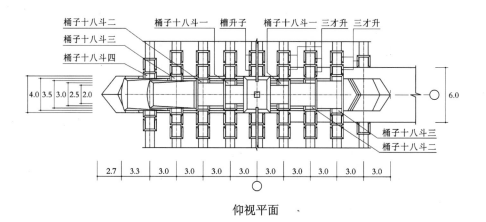

桶子十八斗二　桶子十八斗一　槽升子　桶子十八斗一　三才升　三才升

桶子十八斗三
桶子十八斗四

4.0 3.5 3.0 2.5 2.0

6.0

桶子十八斗三
桶子十八斗二

2.7 | 3.3 | 3.0 | 3.0 | 3.0 | 3.0 | 3.0 | 3.0 | 3.0 | 3.0 | 3.0

仰视平面

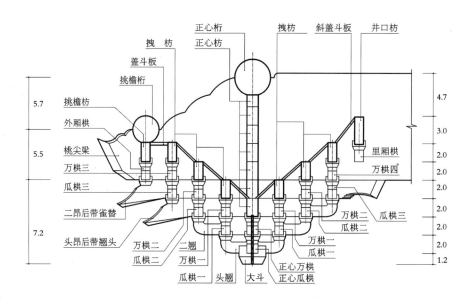

正心桁　　拽枋　　斜盖斗板　井口枋

拽枋　　正心枋

盖斗板

挑檐桁

5.7

挑檐枋

外厢栱

4.7

3.0

里厢栱

万栱四

桃尖梁

万栱三

5.5

瓜栱三

二昂后带雀替

万栱二　瓜栱三

瓜栱二

头昂后带翘头　万栱二

2.0

2.0

2.0

2.0

7.2

二翘

瓜栱二　万栱一

瓜栱一　头翘　大斗

正心万栱

正心瓜栱

万栱一

瓜栱一

2.0

2.0

1.2

侧立面

530　斗栱

重翘重昂柱头科图样二十　分件一

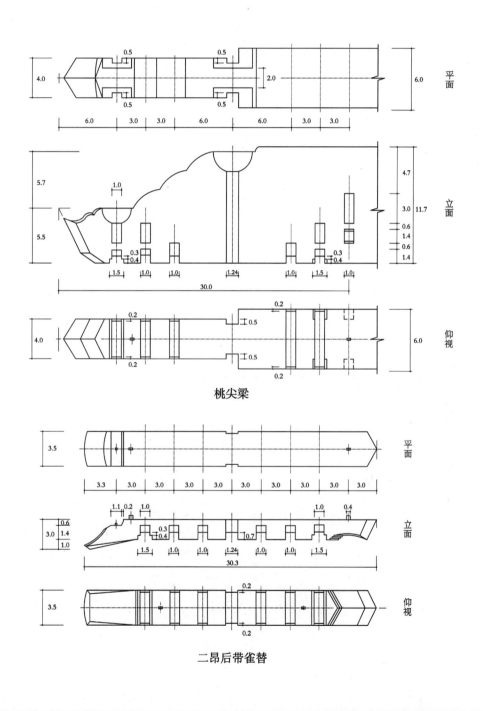

桃尖梁

二昂后带雀替

重翘重昂柱头科图样二十　分件二

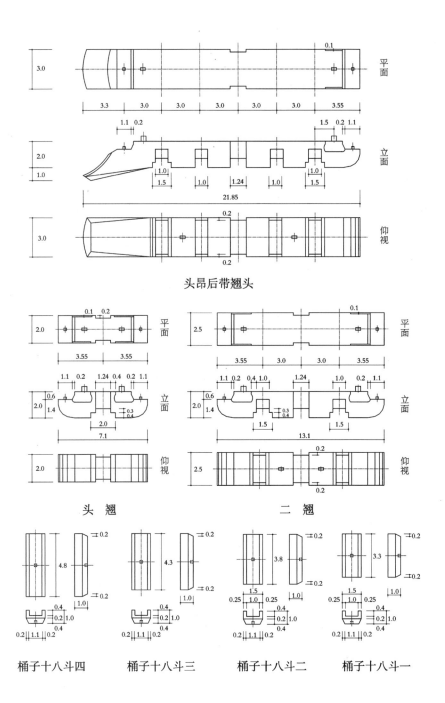

头昂后带翘头

头　翘　　　　　二　翘

桶子十八斗四　　桶子十八斗三　　桶子十八斗二　　桶子十八斗一

重翘重昂柱头科图样二十　分件三

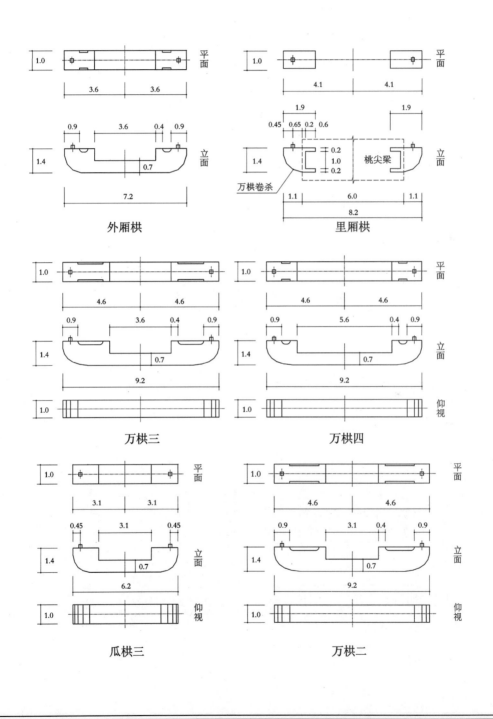

外厢棋

里厢棋

桃尖梁

万棋卷杀

万棋三

万棋四

瓜棋三

万棋二

重翘重昂柱头科图样二十　分件四

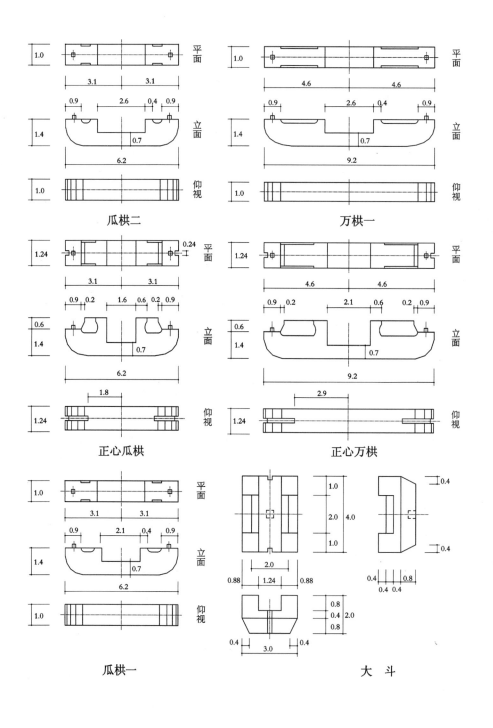

瓜栱二

万栱一

正心瓜栱

正心万栱

瓜栱一

大　斗

四、重翘重昂角科图样二十一

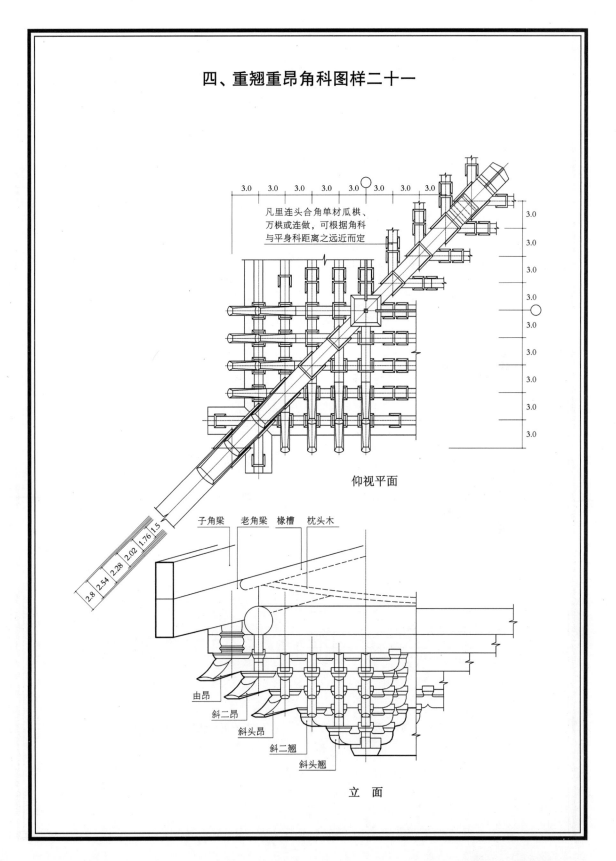

凡里连头合角单材瓜栱、
万栱或连做，可根据角科
与平身科距离之远近而定

仰视平面

子角梁　老角梁　椽槽　枕头木

由昂
斜二昂
斜头昂
斜二翘
斜头翘

立　面

重翘重昂角科图样二十一　分件一

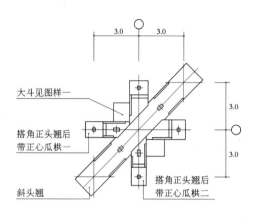

第一、二层平面

搭角正头翘后带正心瓜栱一

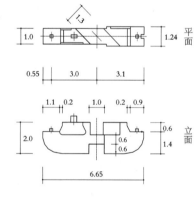

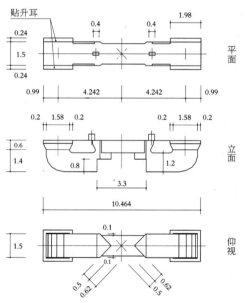

斜头翘

搭角正头翘后带正心瓜栱二

重翘重昂角科图样二十一 分件二

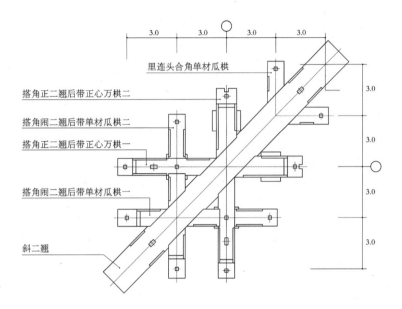

第三层平面

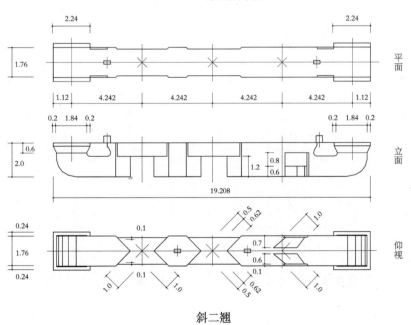

斜二翘

重翘重昂角科图样二十一　分件三

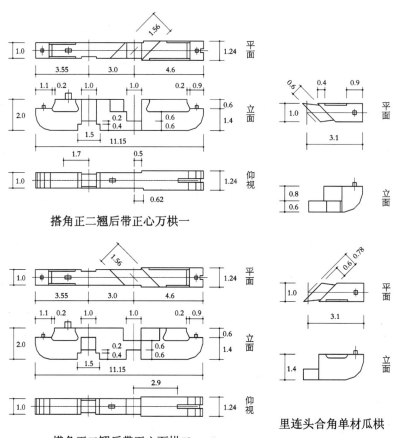

搭角正二翘后带正心万栱一

搭角正二翘后带正心万栱二

里连头合角单材瓜栱

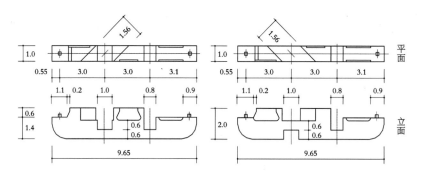

搭角闹二翘后带单材瓜栱一　　　　搭角闹二翘后带单材瓜栱二

重翘重昂角科图样二十一　分件四

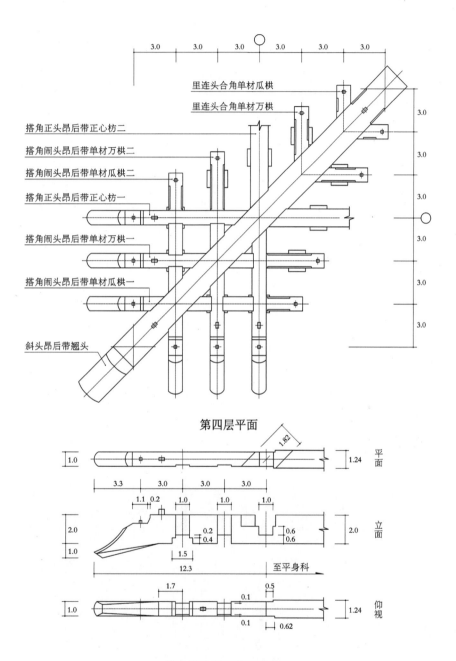

里连头合角单材瓜栱
里连头合角单材万栱
搭角正头昂后带正心枋二
搭角闹头昂后带单材万栱二
搭角闹头昂后带单材瓜栱二
搭角正头昂后带正心枋一
搭角闹头昂后带单材万栱一
搭角闹头昂后带单材瓜栱一
斜头昂后带翘头

第四层平面

平面
立面
仰视

搭角正头昂后带正心枋一

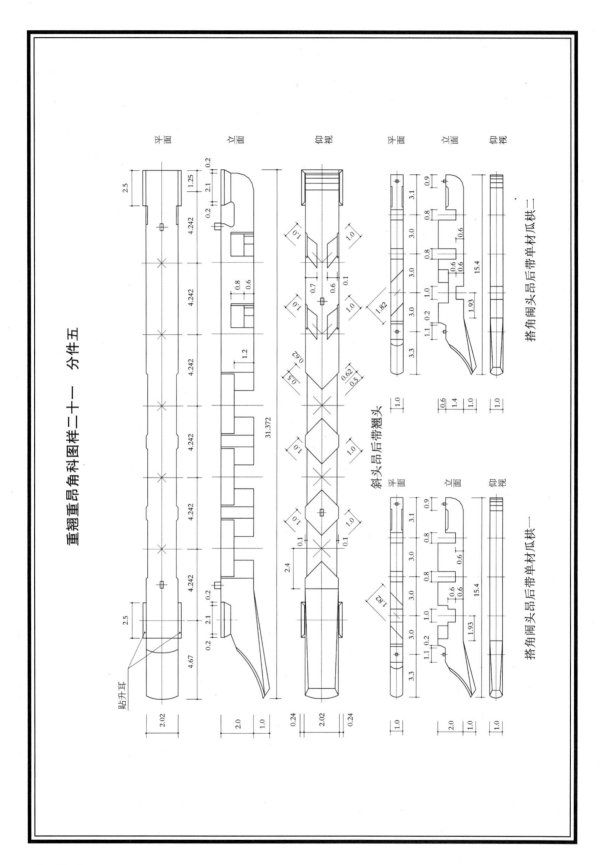

重翘重昂角科图样二十一　分件五

平面　　立面　　仰视　　平面　　立面　　仰视

斜头昂后带翘头

搭角闹头昂后带单材瓜栱二

平面　　立面　　仰视

搭角闹头昂后带单材瓜栱一

贴升耳

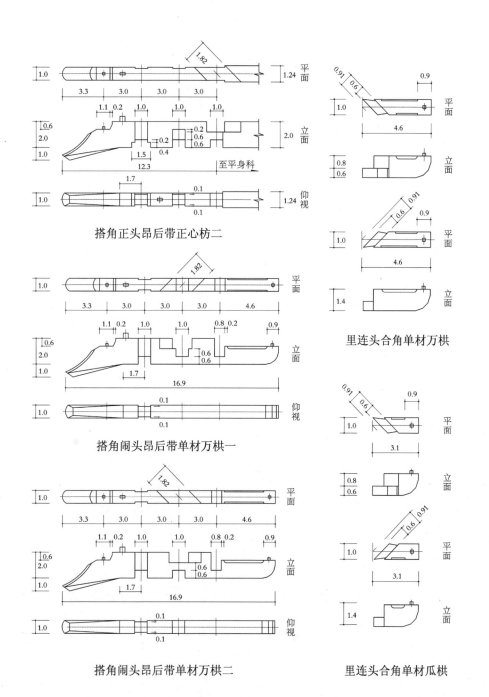

重翘重昂角科图样二十一 分件六

搭角正头昂后带正心枋二

搭角闹头昂后带单材万栱一

搭角闹头昂后带单材万栱二

里连头合角单材万栱

里连头合角单材瓜栱

重翘重昂角科图样二十一　分件七

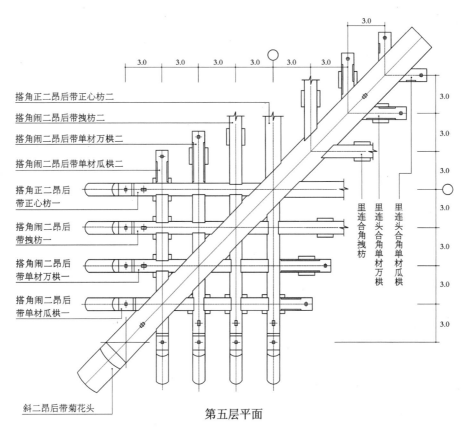

搭角正二昂后带正心枋二

搭角闹二昂后带拽枋二

搭角闹二昂后带单材万栱二

搭角闹二昂后带单材瓜栱二

搭角正二昂后带正心枋一

搭角闹二昂后带拽枋一

搭角闹二昂后带单材万栱一

搭角闹二昂后带单材瓜栱一

里连合角拽枋

里连头合角单材万栱

里连头合角单材瓜栱

斜二昂后带菊花头

第五层平面

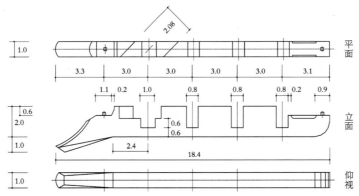

平面

立面

仰视

搭角闹二昂后带单材瓜栱一

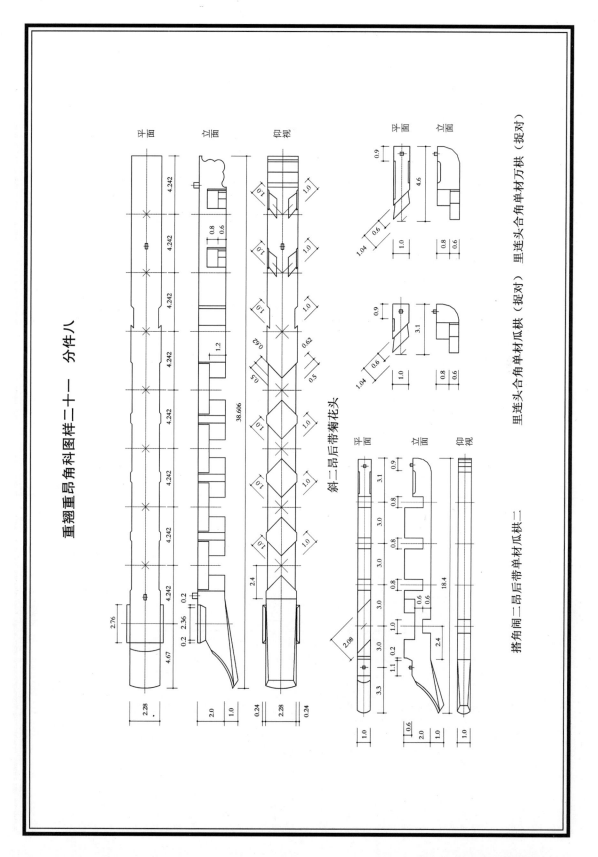

重翘重昂角科图样二十一　分件八

斜二昂后带菊花头

搭角闹二昂后带单材瓜栱二

里连头合角单材瓜栱（捉对）　里连头合角单材万栱（捉对）

重翘重昂角科图样二十一　分件九

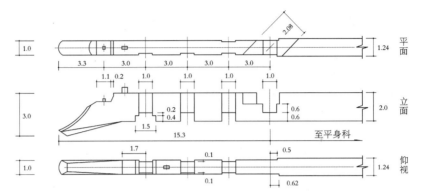

搭角正二昂后带正心枋一

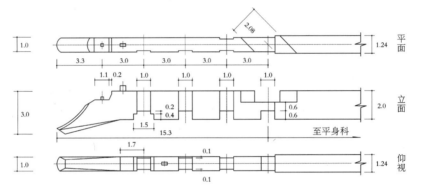

搭角正二昂后带正心枋二

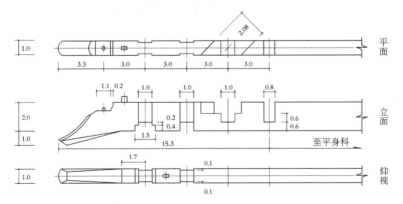

搭角闹二昂后带拽枋一

重翘重昂角科图样二十一　分件十

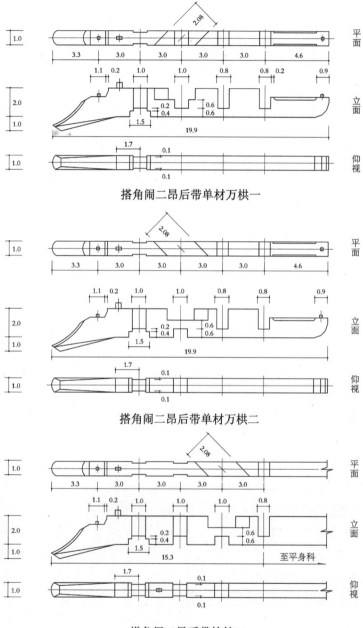

搭角闹二昂后带单材万栱一

搭角闹二昂后带单材万栱二

搭角闹二昂后带拽枋二

重翘重昂角科图样二十一　分件十一

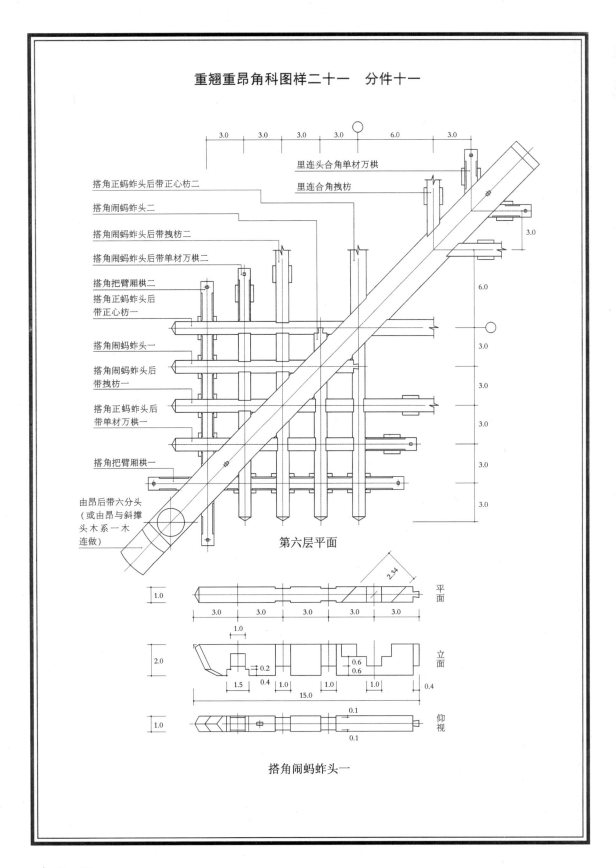

里连头合角单材万栱

里连合角拽枋

搭角正蚂蚱头后带正心枋二

搭角闹蚂蚱头二

搭角闹蚂蚱头后带拽枋二

搭角闹蚂蚱头后带单材万栱二

搭角把臂厢栱二

搭角正蚂蚱头后带正心枋一

搭角闹蚂蚱头一

搭角闹蚂蚱头后带拽枋一

搭角正蚂蚱头后带单材万栱一

搭角把臂厢栱一

由昂后带六分头
（或由昂与斜撑
头木系一木
连做）

第六层平面

平面

立面

仰视

搭角闹蚂蚱头一

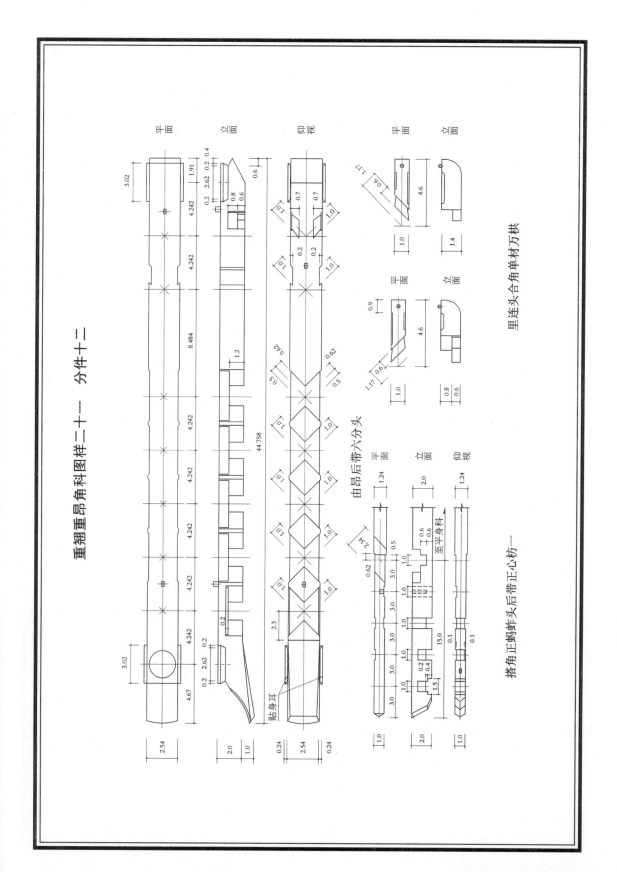

重翘重昂角科图样二十一　分件十二

里连头合角单材万栱

由昂后带六分头

搭角正蚂蚱头后带正心枋

重翘重昂角科图样二十一　分件十三

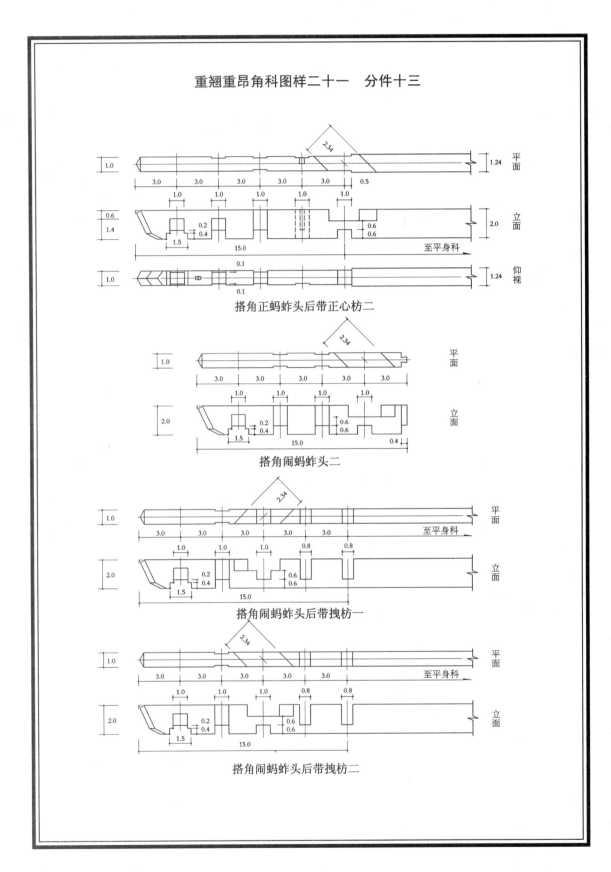

搭角正蚂蚱头后带正心枋二

搭角闹蚂蚱头二

搭角闹蚂蚱头后带拽枋一

搭角闹蚂蚱头后带拽枋二

重翘重昂角科图样二十一　分件十四

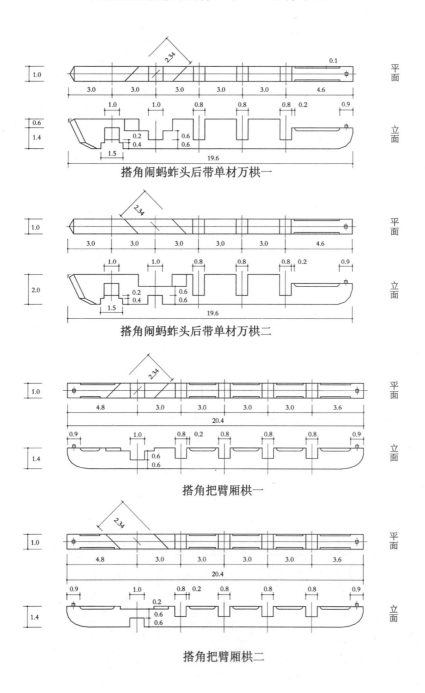

搭角闹蚂蚱头后带单材万栱一

搭角闹蚂蚱头后带单材万栱二

搭角把臂厢栱一

搭角把臂厢栱二

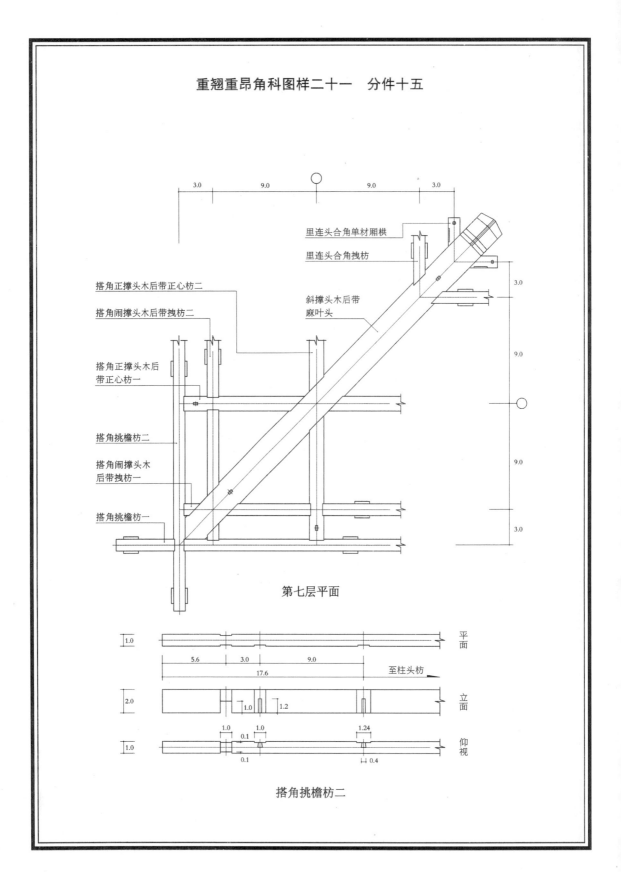

重翘重昂角科图样二十一　分件十五

里连头合角单材厢栱
里连头合角拽枋
搭角正撑头木后带正心枋二
搭角闹撑头木后带拽枋二
斜撑头木后带麻叶头
搭角正撑头木后带正心枋一
搭角挑檐枋二
搭角闹撑头木后带拽枋一
搭角挑檐枋一

第七层平面

平面
立面
仰视

至柱头枋

搭角挑檐枋二

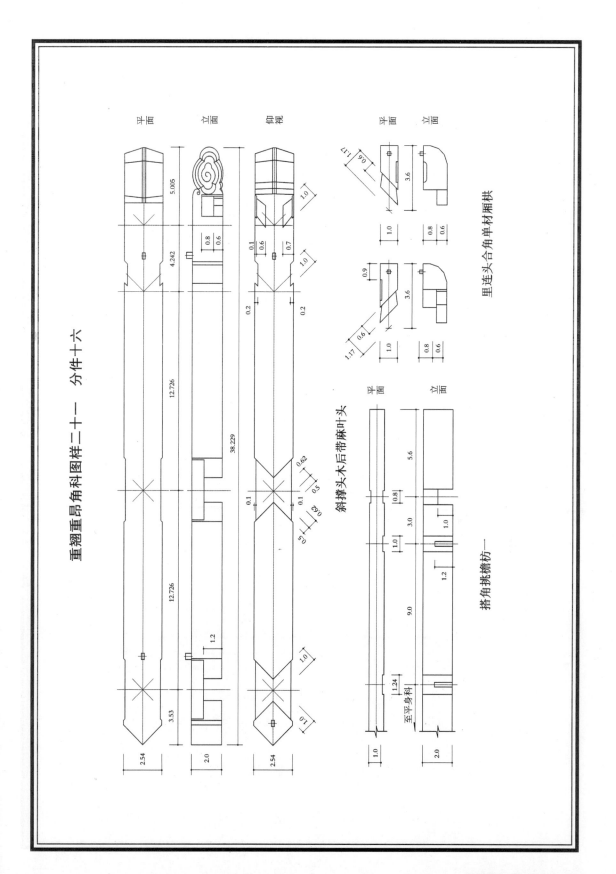

重翘重昂角科图样二十一　分件十六

里连头合角单材厢栱

斜撑头木后带麻叶头

搭角挑檐枋一

重翘重昂角科图样二十一 分件十七

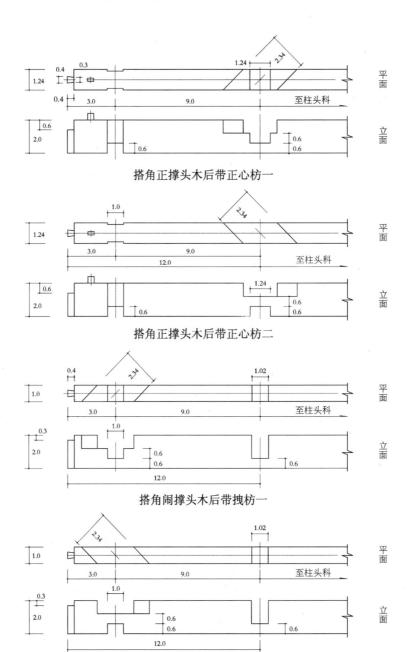

搭角正撑头木后带正心枋一

搭角正撑头木后带正心枋二

搭角闹撑头木后带拽枋一

搭角闹撑头木后带拽枋二

重翘重昂角科图样二十一　分件十八

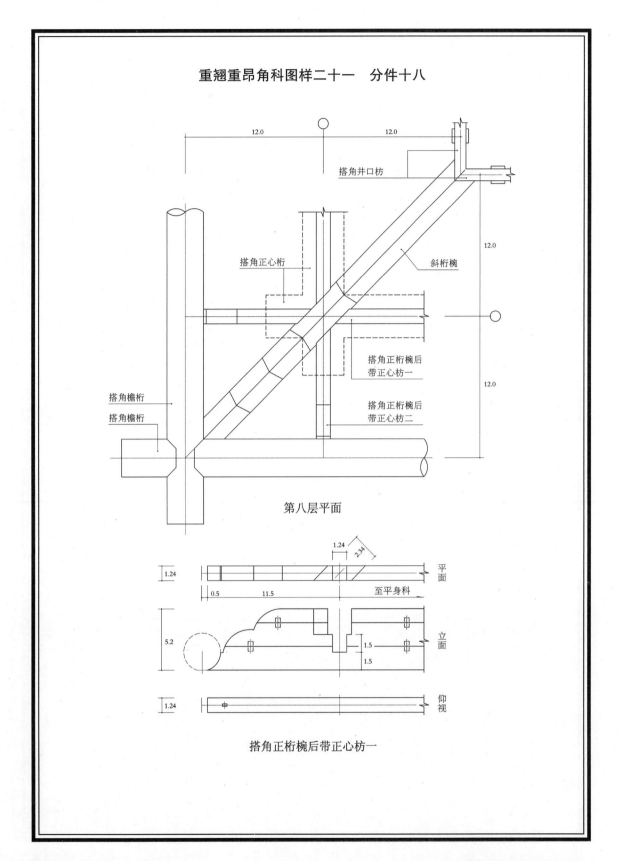

第八层平面

搭角正桁椀后带正心枋一

重翘重昂角科图样二十一　分件十九

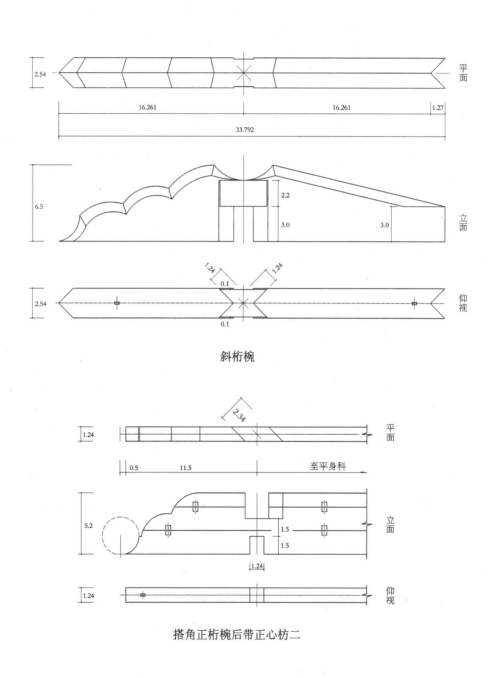

斜桁椀

搭角正桁椀后带正心枋二

五、重翘重昂各件尺寸权衡表

斗栱类别		构件名称	长	高	宽	件 数	备 注
平身科		大 斗	3.0	2.0	3.0	1	
		头 翘	7.1	2.0	1.0	1	
		二 翘	13.1	2.0	1.0	1	
		头昂后带翘头	21.85	3.0	1.0	1	
		二昂后带菊花头	27.3	3.0	1.0	1	
		蚂蚱头后带六分头	28.15	2.0	1.0	1	
		撑头木后带麻叶头	27.54	2.0	1.0	1	
		正心瓜栱	6.2	2.0	1.24	1	
		正心万栱	9.2	2.0	1.24	1	
		单材瓜栱	6.2	1.4	1.0	6	
		单材万栱	9.2	1.4	1.0	6	
		厢 栱	7.2	1.4	1.0	2	
		桁 椀	23.5	6.5	1.0	1	
		十八斗	1.8	1.0	1.5	8	
		槽升子	1.3	1.0	1.74	4	
		三才升	1.3	1.0	1.5	28	
柱头科		大 斗	4.0	2.0	3.0	1	
		头 翘	7.1	2.0	2.0	1	
		二 翘	13.1	2.0	2.5	1	
		头昂后带翘头	21.85	3.0	3.0	1	
		二昂后带雀替	30.3	3.0	3.5	1	
		正心瓜栱	6.2	2.0	1.24	1	
		正心万栱	9.2	2.0	1.24	1	
		单材瓜栱	6.2	1.4	1.0	6	
		单材万栱	9.2	1.4	1.0	6	
		外厢栱	7.2	1.4	1.0	1	
		里厢栱	1.9	1.4	1.0	2	两栱头共长8.2(中有桃尖梁)
		头翘桶子十八斗	3.3	1.0	1.5	2	
		二翘桶子十八斗	3.8	1.0	1.5	2	
		头昂桶子十八斗	4.3	1.0	1.5	2	
		二昂桶子十八斗	4.8	1.0	1.5	1	
		槽升子	1.3	1.0	1.74	4	
		三才升	1.3	1.0	1.5	28	
角科	第一层	大 斗	3.4	2.0	3.4	1	
	第二层	斜头翘	10.464	2.0	1.5	1	
		搭角正头翘后带正心瓜栱	6.65	2.0	1.24	2	

斗栱类别		构件名称	长	高	宽	件数	备 注
角科	第三层	斜二翘	19.28	2.0	1.76	1	
		搭角正二翘后带正心万栱	11.15	2.0	1.24	2	
		搭角闹二翘后带单材瓜栱	9.65	2.0	1.0	2	
		里连头合角单材瓜栱	3.1	1.4	1.0	2	
	第四层	斜头昂后带翘头	31.372	3.0	2.02	1	
		搭角正头昂后带正心枋	前长12.3	3.0	1.24	2	后长至平身科或柱头科
		搭角闹头昂后带单材万栱	16.9	3.0	1.0	2	
		搭角闹头昂后带单材瓜栱	15.4	3.0	1.0	2	
		里连头合角单材万栱	4.6	1.4	1.0	2	或与平身科单材万栱连做
		里连头合角单材瓜栱	3.1	1.4	1.0	2	
	第五层	斜二昂后带菊花头	38.606	3.0	2.28	1	
		搭角正二昂后带正心枋	前长15.3	3.0	1.24	2	后长至平身科或柱头科
		搭角闹二昂后带拽枋	前长15.3	3.0	1.0	2	后长至平身科或柱头科
		搭角闹二昂后带单材万栱	19.9	3.0	1.0	2	
		搭角闹二昂后带单材瓜栱	18.4	3.0	1.0	2	
		里连头合角单材万栱	4.6	1.4	1.0	2	或与平身科单材万栱连做
		里连头合角单材瓜栱	3.1	1.4	1.0	2	
	第六层	由昂后带六分头	44.758	3.0	2.54	1	
		搭角正蚂蚱头后带正心枋	前长15.0	2.0	1.24	2	后长至平身科或柱头科
		搭角闹蚂蚱头	15.0	2.0	1.0	2	
		搭角闹蚂蚱头后带拽枋	前长15.0	2.0	1.0	2	后长至平身科或柱头科
		搭角闹蚂蚱头后带单材万栱	19.6	2.0	1.0	2	
		搭角把臂厢栱	20.4	1.4	1.0	2	
		里连头合角单材万栱	4.6	1.4	1.0	2	或与平身科单材万栱连做
	第七层	斜撑头木后带麻叶头	38.229	2.0	2.54	1	
		搭角正撑头木后带正心枋	前长12.0	2.0	1.24	2	后长至平身科或柱头科
		搭角闹撑头木后带拽枋	前长12.0	2.0	1.0	2	后长至平身科或柱头科
		里连头合角厢栱	3.6	1.4	1.0	2	
	第八层	斜桁椀	33.792	6.5	2.54	1	
		搭角正桁椀后带正心枋	前长11.5	5.2	1.24	2	后长至平身科或柱头科
		斜头翘贴升耳	1.98	0.6	0.24	4	
		斜二翘贴升耳	2.24	0.6	0.24	4	
		斜头昂贴升耳	2.5	0.6	0.24	4	
		斜二昂贴升耳	2.76	0.6	0.24	2	
		由昂贴升耳	3.02	0.6	0.24	4	
		十八斗	1.8	1.0	1.5	20	
		槽升子	1.3	1.0	1.74	4	
		三才升	1.3	1.0	1.5	30	

第十三节　重翘三昂

一、重翘三昂斗口一寸至六寸各件尺寸

(一) 重翘三昂平身科、柱头科、角科斗口一寸各件尺寸开后

[平身科]　大斗一个:长三寸,高二寸,宽三寸。头翘一件:长七寸一分,高二寸,宽一寸。二翘一件:长一尺三寸一分,高二寸,宽一寸。头昂后带翘头一件:长二尺一寸八分五厘,高三寸,宽一寸。二昂后带翘头一件:长二尺七寸八分五厘,高三寸,宽一寸。三昂后带菊花头一件:长三尺三寸三分,高三寸,宽一寸。蚂蚱头后带六分头一件:长三尺四寸一分五厘,高二寸,宽一寸。撑头木后带麻叶头一件:长三尺三寸五分四厘,高二寸,宽一寸。正心瓜栱一件:长六寸二分,高二寸,宽一寸二分四厘。正心万栱一件:长九寸二分,高二寸,宽一寸二分四厘。单材瓜栱八件:各长六寸二分,高一寸四分,宽一寸。单材万栱八件:各长九寸二分,高一寸四分,宽一寸。厢栱二件:各长七寸二分,高一寸四分,宽一寸。桁椀一件:长二尺九寸五分,高八寸,宽一寸。十八斗十个:各长一寸八分,高一寸,宽一寸五分。槽升子四个:各长一寸三分,高一寸,宽一寸七分四厘。三才升三十六个:各长一寸三分,高一寸,宽一寸五分。

[柱头科]　大斗一个:长四寸,高二寸,宽三寸。头翘一件:长七寸一分,高二寸,宽二寸。二翘一件:长一尺三寸一分,高二寸,宽二寸四分。头昂后带翘头一件:长二尺一寸八分五厘,高三寸,宽二寸八分。二昂后带翘头一件:长二尺七寸八分五厘,高三寸,宽三寸二分。三昂后带雀替一件:长三尺六寸三分,高三寸,宽三寸六分。正心瓜栱一件:长六寸二分,高二寸,宽一寸二分四厘。正心万栱一件:长九寸二分,高二寸,宽一寸二分四厘。单材瓜栱八件:各长六寸二分,高一寸四分,宽一寸。单材万栱八件:各长九寸二分,高一寸四分,宽一寸。外厢栱一件:长七寸二分,高一寸四分,宽一寸。里厢栱一件:长八寸二分,高一寸四分,宽一寸。桶子十八斗共九个:头翘二个,各长三寸二分;二翘二个,各长三寸六分;头昂二个,各长四寸;二昂二个,各长四寸四分;三昂一个,长四寸八分。俱高一寸,宽一寸五分。槽升子四个:各长一寸三分,高一寸,宽一寸七分四厘。三才升三十六个:各长一寸三分,高一寸,宽一寸五分。

[角科]　第一层:大斗一个:长三寸四分,高二寸,宽三寸四分。第二层:斜头翘一件:长一尺四分六厘四毫,高二寸,宽一寸五分。搭角正头翘后带正心瓜栱二件:各长六寸六分五厘,高二寸,宽一寸二分四厘。第三层:斜二翘一件:长一尺九寸一分六厘八毫,高二寸,宽一寸七分二厘。搭角正二翘后带正心万栱二件:各长一尺一寸一分五厘,高二寸,宽一寸二分四厘。搭角闹二翘后带单材瓜栱二件:各长九寸六分五厘,高二寸,宽一寸。里连头合角单材瓜栱二件:各长三寸一分,高一寸四分,宽一寸。第四层:斜头昂后带翘头一件:长三尺一寸三分二厘七毫,高三寸,宽一寸九分三厘。搭角正头昂后带正心枋二件:各前长一尺二寸三分;后长至平身科,高三寸,宽一寸二分四厘。搭角闹头昂后带单材万栱二件:各长一尺六寸九分,高三寸,宽一寸。搭角闹头昂后带单材瓜栱二件:各长一尺五寸四分,高三寸,宽一寸。里连头合角单材万栱二件:

各长四寸六分,高一寸四分,宽一寸(或与平身科单材万栱连做)。里连头合角单材瓜栱二件:各长三寸一分,高一寸四分,宽一寸。**第五层:**斜二昂后带翘头一件:长三尺九寸九分二厘一毫,高三寸,宽二寸一分五厘。搭角正二昂后带正心枋二件:各前长一尺五寸三分;后长至平身科,高三寸,宽一寸二分四厘。搭角闹二昂后带拽枋二件:各前长一尺五寸三分;后长至平身科,高三寸,宽一寸。搭角闹二昂后带单材万栱二件:各长一尺九寸九分,高三寸,宽一寸。搭角闹二昂后带单材瓜栱二件:各长一尺八寸四分,高三寸,宽一寸。里连头合角单材万栱二件:各长四寸六分,高一寸四分,宽一寸(或与平身科单材万栱连做)。里连头合角单材瓜栱二件:各长三寸一分,高一寸四分,宽一寸。**第六层:**斜三昂后带菊花头一件:长四尺七寸九厘,高三寸,宽二寸三分六厘。搭角正三昂后带正心枋二件:各前长一尺八寸三分;后长至平身科,高三寸,宽一寸二分四厘。搭角闹三昂二件:各长一尺八寸三分,高三寸,宽一寸。搭角闹三昂后带拽枋二件:各前长一尺八寸三分;后长至平身科,高三寸,宽一寸。搭角闹三昂后带单材万栱二件:各长二尺二寸九分,高三寸,宽一寸。搭角闹三昂后带单材瓜栱二件:各长二尺一寸四分,高三寸,宽一寸。里连头合角单材万栱二件:各长四寸六分,高一寸四分,宽一寸(或与平身科单材万栱连做)。里连头合角单材瓜栱二件:各长三寸一分,高一寸四分,宽一寸。**第七层:**由昂后带六分头一件:长五尺三寸二分六厘二毫,高三寸,宽二寸五分八厘。搭角正蚂蚱头后带正心枋二件:各前长一尺八寸;后长至平身科,高二寸,宽一寸二分四厘。搭角闹蚂蚱头四件:各长一尺八寸,高二寸,宽一寸。搭角闹蚂蚱头后带拽枋二件:各前长一尺八寸;后长至平身科,高二寸,宽一寸。搭角闹蚂蚱头后带单材万栱二件:各长二尺二寸六分,高二寸,宽一寸。搭角把臂厢栱二件:各长二尺三寸四分,高一寸四分,宽一寸。里连头合角单材万栱二件:各长四寸六分,高一寸四分,宽一寸(或与柱头科单材万栱连做)。**第八层:**斜撑头木后带麻叶头一件:长四尺六寸九分八毫,高二寸,宽二寸五分八厘。搭角正撑头木后带正心枋二件:各前长一尺五寸;后长至平身科,高二寸,宽一寸二分四厘。搭角闹撑头木后带拽枋二件:各前长一尺五寸;后长至平身科,高二寸,宽一寸。里连头合角厢栱二件:各长三寸六分,高一寸四分,宽一寸(或与柱头科厢栱连做)。**第九层:**斜桁椀一件:长四尺二寸二分七厘,高八寸七分,宽二寸五分八厘。搭角正桁椀后带正心枋二件:各前长一尺四分五厘;后长至平身科,高六寸七分,宽一寸二分四厘。贴升耳共二十二个;斜头翘四个,各长一寸九分八厘;斜二翘四个,各长二寸二分;斜头昂四个,各长二寸四分一厘;斜二昂四个,各长二寸六分三厘;斜三昂二个,各长二寸八分四厘;由昂四个,长三寸六厘。俱高六分,宽二分四厘。十八斗一十个:各长一寸八分,高一寸,宽一寸五分。槽升子四个:各长一寸三分,高一寸,宽一寸七分四厘。三才升三十八个:各长一寸三分,高一寸,宽一寸五分。

(二)重翘三昂平身科、柱头科、角科斗口一寸五分各件尺寸开后

[平身科] 大斗一个:长四寸五分,高三寸,宽四寸五分。头翘一件:长一尺六分五厘,高三寸,宽一寸五分。二翘一件:长一尺九寸六分五厘,高三寸,宽一寸五分。头昂后带翘头一件:长三尺二寸七分七厘五毫,高四寸五分,宽一寸五分。二昂后带翘头一件:长四尺一寸七分七厘五毫,高四寸五分,宽一寸五分。三昂后带菊花头一件:长四尺九寸九分五厘,高四寸五分,宽一寸五分。蚂蚱头后带六分头一件:长五尺一寸二分二厘五毫,高三寸,宽一寸五分。撑头木后带麻叶头一件:长五尺三寸一厘,高三寸,宽一寸五分。正心瓜栱一件:长九寸三分,高三寸,宽一寸八分六厘。正心

万栱一件:长一尺三寸八分,高三寸,宽一寸八分六厘。单材瓜栱八件:各长九寸三分,高二寸一分,宽一寸五分。单材万栱八件:各长一尺三寸八分,高二寸一分,宽一寸五分。厢栱二件:各长一尺八分,高二寸一分,宽一寸五分。桁椀一件:长四尺四寸二分五厘,高一尺二寸,宽一寸五分。十八斗十个:各长二寸七分,高一寸五分,宽二寸二分五厘。槽升子四个:各长一寸九分五厘,高一寸五分,宽二寸六分一厘。三才升三十六个:各长一寸九分五厘,高一寸五分,宽二寸二分五厘。

[柱头科] 大斗一个:长六寸,高三寸,宽四寸五分。头翘一件:长一尺六分五厘,高三寸,宽三寸。二翘一件:长一尺九寸六分五厘,高三寸,宽三寸六分。头昂后带翘头一件:长三尺二寸七分七厘五毫,高四寸五分,宽四寸二分。二昂后带翘头一件:长四尺一寸七分七厘五毫,高四寸五分,宽四寸八分。三昂后带雀替一件:长五尺四寸四分五厘,高四寸五分,宽五寸四分。正心瓜栱一件:长九寸三分,高三寸,宽一寸八分六厘。正心万栱一件:长一尺三寸八分,高三寸,宽一寸八分六厘。单材瓜栱八件:各长九寸三分,高二寸一分,宽一寸五分。单材万栱八件:各长一尺三寸八分,高二寸一分,宽一寸五分。外厢栱一件:长一尺八分,高二寸一分,宽一寸五分。里厢栱一件:长一尺二寸三分,高二寸一分,宽一寸五分。桶子十八斗共九个:头翘二个,各长四寸八分;二翘二个,各长五寸四分;头昂二个,各长六寸;二昂二个,各长六寸六分;三昂一个,长七寸二分。俱高一寸五分,宽二寸二分五厘。槽升子四个:各长一寸九分五厘,高一寸五分,宽二寸六分一厘。三才升三十六个:各长一寸九分五厘,高一寸五分,宽二寸二分五厘。

[角科] 第一层:大斗一个:长五寸一分,高三寸,宽五寸一分。第二层:斜头翘一件:长一尺五寸六分九厘六毫,高三寸,宽二寸二分五厘。搭角正头翘后带正心瓜栱二件:各长九寸九分七厘五毫,高三寸,宽一寸八分六厘。第三层:斜二翘一件:长二尺八寸七分五厘二毫,宽二寸五分八厘。搭角正二翘后带正心万栱二件:各长一尺六寸七分二厘五毫,高三寸,宽一寸八分六厘。搭角闹二翘后带单材瓜栱二件:各长一尺四寸四分七厘五毫,高三寸,宽一寸五分。里连头合角单材瓜栱二件:各长四寸六分五厘,高二寸一分,宽一寸五分。第四层:斜头昂后带翘头一件:长四尺六寸九分九厘,高四寸五分,宽二寸八分九厘五毫。搭角正头昂后带正心枋二件:各前长一尺八寸四分五厘;后长至平身科,高四寸五分,宽一寸八分六厘。搭角闹头昂后带单材万栱二件:各长二尺五寸三分五厘,高四寸五分,宽一寸五分。搭角闹头昂后带单材瓜栱二件:各长二尺三寸一分,高四寸五分,宽一寸五分。里连头合角单材万栱二件:各长六寸九分,高二寸一分,宽一寸五分(或与平身科单材万栱连做)。里连头合角单材瓜栱二件:各长四寸六分五厘,高二寸一分,宽一寸五分(或与平身科单材瓜栱连做)。第五层:斜二昂后带翘头一件:长五尺九寸八分八厘二毫,高四寸五分,宽三寸二分二厘五毫。搭角正二昂后带正心枋二件:各前长二尺二寸九分五厘;后长至平身科,高四寸五分,宽一寸八分六厘。搭角闹二昂后带拽枋二件:各前长二尺二寸九分五厘;后长至平身科,高四寸五分,宽一寸五分。搭角闹二昂后带单材万栱二件:各长二尺九寸八分五厘,高四寸五分,宽一寸五分。搭角闹二昂后带单材瓜栱二件:各长二尺七寸六分,高四寸五分,宽一寸五分。里连头合角单材万栱二件:各长六寸九分,高二寸一分,宽一寸五分(或与平身科单材万栱连做)。里连头合角单材瓜栱二件:各长四寸六分五厘,高二寸一分,宽一寸五分(或与平身科单材瓜栱连做)。第六层:斜三昂后带菊花头一件:长七尺六寸三厘五毫,高四寸五分,宽三寸五分四厘。搭角正三昂后带正心枋二件:各前长二尺七

寸四分五厘;后长至平身科,高四寸五分,宽一寸八分六厘。搭角闹三昂二件:各长二尺七寸四分五厘,高四寸五分,宽一寸五分。搭角闹三昂后带拽枋二件:各前长二尺七寸四分五厘;后长至平身科,高四寸五分,宽一寸五分。搭角闹三昂后带单材万栱二件:各长三尺四寸三分五厘,高四寸五分,宽一寸五分。搭角闹三昂后带单材瓜栱二件:各长三尺二寸一分,高四寸五分,宽一寸五分。里连头合角单材万栱二件:各长六寸九分,高二寸一分,宽一寸五分(或与平身科单材万栱连做)。里连头合角单材瓜栱二件:各长四寸六分五厘,高二寸一分,宽一寸五分。**第七层**:由昂后带六分头一件:长七尺九寸八分九厘三毫,高四寸五分,宽三寸八分七厘。搭角正蚂蚱头后带正心枋二件:各前长二尺七寸;后长至平身科,高三寸,宽一寸八分六厘。搭角闹蚂蚱头四件:各长二尺七寸,高三寸,宽一寸五分。搭角闹蚂蚱头后带拽枋二件:各前长二尺七寸;后长至平身科,高三寸,宽一寸五分。搭角闹蚂蚱头后带单材万栱二件:各长三尺三寸九分,高三寸,宽一寸五分。搭角把臂厢栱二件:各长三尺五寸一分,高二寸一分,宽一寸五分。里连头合角单材万栱二件:各长六寸九分,高二寸一分,宽一寸五分(或与平身科单材万栱连做)。**第八层**:斜撑头木后带麻叶头一件:长七尺三分六厘二毫,高三寸,宽三寸八分七厘。搭角正撑头木后带正心枋二件:各前长二尺二寸五分;后长至平身科,高三寸,宽一寸八分六厘。搭角闹撑头木后带拽枋二件:各前长二尺二寸五分;后长至平身科,高三寸,宽一寸五分。里连头合角厢栱二件:各长五寸四分,高二寸一分,宽一寸五分(或与柱头科厢栱连做)。**第九层**:斜桁椀一件:长六尺三寸四分五毫,高一尺三寸五厘,宽三寸八分七厘。搭角正桁椀后带正心枋二件:各前长一尺五寸六分七厘五毫;后长至平身科,高一尺五厘,宽一寸八分六厘。贴升耳共二十二个:斜头翘四个,各长二寸九分七厘;斜二翘四个,各长三寸三分;斜头昂四个,各长三寸六分一厘五毫;斜二昂四个,各长三寸九分四厘五毫;斜三昂二个,各长四寸二分六厘;由昂四个,各长五寸四分。俱高九分,宽三分六厘。十八斗十个:各长二寸七分,高一寸五分,宽二寸二分五厘。槽升子四个:各长一寸九分五厘,高一寸五分,宽二寸六分一厘。三才升三十八个:各长一寸九分五厘,高一寸五分,宽二寸二分五厘。

(三)重翘三昂平身科、柱头科、角科斗口二寸各件尺寸开后

[**平身科**] 大斗一个:长六寸,高四寸,宽六寸。头翘一件:长一尺四寸二分,高四寸,宽二寸。二翘一件:长二尺六寸二分,高四寸,宽二寸。头昂后带翘头一件:长四尺三寸七分,高六寸,宽二寸。二昂后带翘头一件:长五尺五寸七分,高六寸,宽二寸。三昂后带菊花头一件:长六尺六寸六分,高六寸,宽二寸。蚂蚱头后带六分头一件:长六尺八寸三分,高四寸,宽二寸。撑头木后带麻叶头一件:长六尺七寸八厘,高四寸,宽二寸。正心瓜栱一件:长一尺二寸四分,高四寸,宽二寸四分八厘。正心万栱一件:长一尺八寸四分,高四寸,宽二寸四分八厘。单材瓜栱八件:各长一尺二寸四分,高二寸八分,宽二寸。单材万栱八件:各长一尺八寸四分,高二寸八分,宽二寸。厢栱二件:各长一尺四寸四分,高二寸八分,宽二寸。桁椀一件:长五尺九寸,高一尺六寸,宽二寸。十八斗十个:各长三寸六分,高二寸,宽三寸。槽升子四个:各长二寸六分,高二寸,宽三寸四分八厘。三才升三十六个:各长二寸六分,高二寸,宽三寸。

[**柱头科**] 大斗一个:长八寸,高四寸,宽六寸。头翘一件:长一尺四寸二分,高四寸,宽四寸。二翘一件:长二尺六寸二分,高四寸,宽四寸八分。头昂后带翘头一件:长四尺三寸七分,高六寸,宽五寸六分。二昂后带翘头一件:长五尺五寸七分,高六寸,宽六寸四分。三昂后带雀替

一件:长七尺二寸六分,高六寸,宽七寸二分。正心瓜栱一件:长一尺二寸四分,高四寸,宽二寸四分八厘。正心万栱一件:长一尺八寸四分,高四寸,宽二寸四分八厘。单材瓜栱八件:各长一尺二寸四分,高二寸八分,宽二寸。单材万栱八件:各长一尺八寸四分,高二寸八分,宽二寸。外厢栱一件:长一尺四寸四分,高二寸八分,宽二寸。里厢栱一件:长一尺六寸四分,高二寸八分,宽二寸。桶子十八斗共九个:头翘二个,各长六寸四分;二翘二个,各长七寸二分;头昂二个,各长八寸;二昂二个,各长八寸八分;三昂一个,长九寸六分。俱高二寸,宽三寸。槽升子四个:各长二寸六分,高二寸,宽三寸四分八厘。三才升三十六个:各长二寸六分,高二寸,宽三寸。

[角科] 第一层:大斗一个:长六寸八分,高四寸,宽六寸八分。第二层:斜头翘一件:长二尺九寸二分八厘,高四寸,宽三寸。搭角正头翘后带正心瓜栱二件:各长一尺三寸三分,高四寸,宽二寸四分八厘。第三层:斜二翘一件:长三尺八寸三分三厘六毫,高四寸,宽三寸四分四厘。搭角正二翘后带正心万栱二件:各长二尺二寸三分,高四寸,宽二寸四分八厘。搭角闹二翘后带单材瓜栱二件:各长一尺九寸三分,高四寸,宽二寸。里连头合角单材瓜栱二件:各长六寸二分,高二寸八分,宽二寸。第四层:斜头昂后带翘头一件:长六尺二寸六分五厘四毫,高六寸,宽三寸八分六厘。搭角正头昂后带正心枋二件:各前长二尺四寸六分;后长至平身科,高六寸,宽二寸四分八厘。搭角闹头昂后带单材万栱二件:各长三尺三寸八分,高六寸,宽二寸。搭角闹头昂后带单材瓜栱二件:各长三尺八寸,高六寸,宽二寸。里连头合角单材万栱二件:各长九寸二分,高二寸八分,宽二寸(或与平身科单材万栱连做)。里连头合角单材瓜栱二件:各长六寸二分,高二寸八分,宽二寸(或与平身科单材瓜栱连做)。第五层:斜二昂后带翘头一件:长七尺九寸八分四厘二毫,高六寸,宽四寸三分。搭角正二昂后带正心枋二件:各前长三尺六分;后长至平身科,高六寸,宽二寸四分八厘。搭角闹二昂后带拽枋二件:各前长三尺六分;后长至平身科,高六寸,宽二寸。搭角闹二昂后带单材万栱二件:各长三尺九寸八分,高六寸,宽二寸。搭角闹二昂后带单材瓜栱二件:各长三尺六寸八分,高六寸,宽二寸。里连头合角单材万栱二件:各长九寸二分,高二寸八分,宽二寸(或与平身科单材万栱连做)。里连头合角单材瓜栱二件:各长六寸二分,高二寸八分,宽二寸(或与平身科单材瓜栱连做)。第六层:斜三昂后带菊花头一件:长九尺四寸一分八厘,高六寸,宽四寸七分二厘。搭角正三昂后带正心枋二件:各前长三尺六寸六分;后长至平身科,高六寸,宽二寸四分八厘。搭角闹三昂二件:各长三尺六寸六分,高六寸,宽二寸。搭角闹三昂后带拽枋二件:各前长三尺六寸六分;后长至平身科,高六寸,宽二寸。搭角闹三昂后带单材万栱二件:各长四尺五寸八分,高六寸,宽二寸。搭角闹三昂后带单材瓜栱二件:各长四尺二寸八分,高六寸,宽二寸。里连头合角单材万栱二件:各长九寸二分,高二寸八分,宽二寸(或与平身科单材万栱连做)。里连头合角单材瓜栱二件:各长六寸二分,高二寸八分,宽二寸。第七层:由昂后带六分头一件:长十尺六寸五分二厘四毫,高六寸,宽五寸一分六厘。搭角正蚂蚱头后带正心枋二件:各前长三尺六寸;后长至平身科,高四寸,宽二寸四分八厘。搭角闹蚂蚱头四件:各长三尺六寸,高四寸,宽二寸。搭角闹蚂蚱头后带拽枋二件:各前长三尺六寸;后长至平身科,高四寸,宽二寸。搭角闹蚂蚱头后带单材万栱二件:各长四尺五寸二分,高四寸,宽二寸。搭角把臂厢栱二件:各长四尺六寸八分,高二寸八分,宽二寸。里连头合角单材万栱二件:各长九寸二分,高二寸八分,宽二寸(或与平身科单材万栱连做)。第八层:斜撑头木后带麻叶头一件:

长九尺三寸八分一厘六毫,高四寸,宽五寸一分六厘。搭角正撑头木后带正心枋二件:各前长三尺;后长至平身科,高四寸,宽二寸四分八厘。搭角闹撑头木后带拽枋二件:各前长三尺;后长至平身科,高四寸,宽二寸。里连头合角厢栱二件:各长七寸二分,高二寸八分,宽二寸(或与柱头科厢栱连做)。**第九层:**斜桁椀一件:长八尺四寸五分四厘,高一尺七寸四分,宽五寸一分六厘。搭角正桁椀后带正心枋二件:各前长二尺九分;后长至平身科,高一尺三寸四分,宽二寸四分八厘。贴升耳共二十二个:斜头翘四个,各长三寸九分六厘;斜二翘四个,各长四寸四分;斜头昂四个,各长四寸八分二厘;斜二昂四个,各长五寸二分六厘;斜三昂二个,各长五寸六分八厘;由昂四个,各长六寸一分二厘。俱高一寸二分,宽四分八厘。十八斗十个:各长三寸六分,高二寸,宽三寸。槽升子四个:各长二寸六分,高二寸,宽三寸四分八厘。三才升三十八个:各长二寸六分,高二寸,宽三寸。

(四) 重翘三昂平身科、柱头科、角科斗口二寸五分各件尺寸开后

[平身科] 大斗一个:长七寸五分,高五寸,宽七寸五分。头翘一件:长一尺七寸七分五厘,高五寸,宽二寸五分。二翘一件:长三尺二寸七分五厘,高五寸,宽二寸五分。头昂后带翘头一件:长五尺四寸六分二厘五毫,高七寸五分,宽二寸五分。二昂后带翘头一件:长六尺九寸六分二厘五毫,高七寸五分,宽二寸五分。三昂后带菊花头一件:长八尺三寸二分五厘,高七寸五分,宽二寸五分。蚂蚱头后带六分头一件:长八尺五寸三分七厘五毫,高五寸,宽二寸五分。撑头木后带麻叶头一件:长八尺三寸八分五厘,高五寸,宽二寸五分。正心瓜栱一件:长一尺五寸五分,高五寸,宽三寸一分。正心万栱一件:长二尺三寸,高五寸,宽三寸一分。单材瓜栱八件:各长一尺五寸五分,高三寸五分,宽二寸五分。单材万栱八件:各长二尺三寸,高三寸五分,宽二寸五分。厢栱二件:各长一尺八寸,高三寸五分,宽二寸五分。桁椀一件:长七尺三寸七分五厘,高二尺,宽二寸五分。十八斗十个:各长四寸五分,高二寸五分,宽三寸七分五厘。槽升子四个:各长三寸二分五厘,高二寸五分,宽四寸三分五厘。三才升三十六个:各长三寸二分五厘,高二寸五分,宽三寸七分五厘。

[柱头科] 大斗一个:长一尺,高五寸,宽七寸五分。头翘一件:长一尺七寸七分五厘,高五寸,宽五寸。二翘一件:长三尺二寸七分五厘,高五寸,宽六寸。头昂后带翘头一件:长五尺四寸六分二厘五毫,高七寸五分,宽七寸。二昂后带翘头一件:长六尺九寸六分二厘五毫,高七寸五分,宽八寸。三昂后带雀替一件:长九尺七寸五厘,高七寸五分,宽九寸。正心瓜栱一件:长一尺五寸五分,高五寸,宽三寸一分。正心万栱一件:长二尺三寸,高五寸,宽三寸一分。单材瓜栱八件:各长一尺五寸五分,高三寸五分,宽二寸五分。单材万栱八件:各长二尺三寸,高三寸五分,宽二寸五分。外厢栱一件:长一尺八寸,高三寸五分,宽二寸五分。里厢栱一件:长二尺五寸,高三寸五分,宽二寸五分。桶子十八斗共九个:头翘二个,各长八寸;二翘二个,各长九寸;头昂二个,各长一尺;二昂二个,各长一尺一寸;三昂一个,长一尺二寸。俱高二寸五分,宽三寸七分五厘。槽升子四个:各长三寸二分五厘,高二寸五分,宽四寸三分五厘。三才升三十六个:各长三寸二分五厘,高二寸五分,宽三寸七分五厘。

[角科] **第一层:**大斗一个:长八寸五分,高五寸,宽八寸五分。**第二层:**斜头翘一件:长二尺六寸一分六厘,高五寸,宽三寸七分五厘。搭角正头翘后带正心瓜栱二件:各长一尺六寸六分二厘五毫,高五寸,宽三寸一分。**第三层:**斜二翘一件:长四尺七寸九分二厘,高五寸,宽四寸三分。搭角正二翘后带正心万栱二件:各长二尺七寸八分七厘五毫,高五寸,宽三寸一分。搭角闹

二翘后带单材瓜栱二件:各长二尺四寸一分二厘五毫,高五寸,宽二寸五分。里连头合角单材瓜栱二件:各长七寸七分五厘,高三寸五分,宽二寸五分。**第四层**:斜头昂后带翘头一件:长七尺八寸三分一厘八毫,高七寸五分,宽四寸八分二厘五毫。搭角正头昂后带正心枋二件:各前长三尺七分五厘;后长至平身科,高七寸五分,宽三寸一分。搭角闹头昂后带单材万栱二件:各长四尺二寸二分五厘,高七寸五分,宽二寸五分。搭角闹头昂后带单材瓜栱二件:各长三尺八寸五分,高七寸五分,宽二寸五分。里连头合角单材万栱二件:各长一尺一寸五分,高三寸五分,宽二寸五分(或与平身科单材万栱连做)。里连头合角单材瓜栱二件:各长七寸七分五厘,高三寸五分,宽二寸五分(或与平身科单材瓜栱连做)。**第五层**:斜二昂后带翘头一件:长九尺九寸八分三毫,高七寸五分,宽五寸三分七厘五毫。搭角正二昂后带正心枋二件:各前长三尺八寸二分五厘;后长至平身科,高七寸五分,宽三寸一分。搭角闹二昂后带拽枋二件:各前长三尺八寸二分五厘;后长至平身科,高七寸五分,宽二寸五分。搭角闹二昂后带单材万栱二件:各长四尺九寸七分五厘,高七寸五分,宽二寸五分。搭角闹二昂后带单材瓜栱二件:各长四尺六寸,高七寸五分,宽二寸五分。里连头合角单材万栱二件:各长一尺一寸九分,高三寸五分,宽二寸五分(或与平身科单材万栱连做)。里连头合角单材瓜栱二件:各长七寸七分五厘,高三寸五分,宽二寸五分(或与平身科单材瓜栱连做)。**第六层**:斜三昂后带菊花头一件:长一十一尺七寸七分二厘五毫,高七寸五分,宽五寸九分。搭角正三昂后带正心枋二件:各前长四尺五寸七分五厘;后长至平身科,高七寸五分,宽三寸一分。搭角闹三昂二件:各长四尺五寸七分五厘,高七寸五分,宽二寸五分。搭角闹三昂后带拽枋二件:各前长四尺五寸七分五厘;后长至平身科,高七寸五分,宽二寸五分。搭角闹三昂后带单材万栱二件:各长五尺七寸二分五厘,高七寸五分,宽二寸五分。搭角闹三昂后带单材瓜栱二件:各长五尺三寸五分,高七寸五分,宽二寸五分。里连头合角单材万栱二件:各长一尺一寸五分,高三寸五分,宽二寸五分(或与平身科单材万栱连做)。里连头合角单材瓜栱二件:各长七寸七分五厘,高三寸五分,宽二寸五分。**第七层**:由昂后带六分头一件:长一十三尺三寸一分五厘,高七寸五分,宽六寸四分五厘。搭角正蚂蚱头后带正心枋二件:各前长四尺五寸;后长至平身科,高五寸,宽三寸一分。搭角闹蚂蚱头四件:各长四尺五寸,高五寸,宽二寸五分。搭角闹蚂蚱头后带拽枋二件:各前长四尺五寸;后长至平身科,高五寸,宽二寸五分。搭角闹蚂蚱头后带单材万栱二件:各长五尺六寸五分,高五寸,宽二寸五分。搭角把臂厢栱二件:各长五尺八寸五分,高三寸五分,宽二寸五分。里连头合角单材万栱二件:各长一尺一寸五分,高三寸五分,宽二寸五分(或与柱头科单材万栱连做)。**第八层**:斜撑头木后带麻叶头一件:长一十一尺七寸二分七厘,高五寸,宽六寸四分五厘。搭角正撑头木后带正心枋二件:各前长三尺七寸五分;后长至平身科,高五寸,宽三寸一分。搭角闹撑头木后带拽枋二件:各前长三尺七寸五分;后长至平身科,高五寸,宽二寸五分。里连头合角厢栱二件:各长九寸,高三寸五分,宽二寸五分(或与柱头科厢栱连做)。**第九层**:斜桁椀一件:长十尺五寸六分七厘五毫,高二尺一寸七分五厘,宽六寸四分五厘。搭角正桁椀后带正心枋二件:各前长二尺六寸一分二厘五毫;后长至平身科,高一尺六寸七分五厘,宽三寸一分。贴升耳共二十二个:斜头翘四个,各长四寸九分五厘;斜二翘四个,各长五寸五分;斜头昂四个,各长六寸二厘五毫;斜二昂四个,各长六寸五分七厘五毫;斜三昂二个,各长七寸一分;由昂四个,各长九寸。俱高一寸五分,宽六分。十八斗十个:各长四寸五分,高二寸五分,宽三寸七分五厘。槽升子四个:各长三寸二分五厘,高二寸五分,宽四寸三分五厘。三才升三十八个:各长三寸二分五厘,高二寸五分,宽三寸七分五厘。

(五) 重翘三昂平身科、柱头科、角科斗口三寸各件尺寸开后

[平身科] 大斗一个:长九寸,高六寸,宽九寸。头翘一件:长二尺一寸三分,高六寸,宽三寸。二翘一件:长三尺九寸三分,高六寸,宽三寸。头昂后带翘头一件:长六尺五寸五分五厘,高九寸,宽三寸。二昂后带翘头一件:长八尺三寸五分五厘,高九寸,宽三寸。三昂后带菊花头一件:长九尺九寸九分,高九寸,宽三寸。蚂蚱头后带六分头一件:长十尺二寸四分五厘,高六寸,宽三寸。撑头木后带麻叶头一件:长十尺六寸二厘,高六寸,宽三寸。正心瓜栱一件:长一尺八寸六分,高六寸,宽三寸七分二厘。正心万栱一件:长二尺七寸六分,高六寸,宽三寸七分二厘。单材瓜栱八件:各长一尺八寸六分,高四寸二分,宽三寸。单材万栱八件:各长二尺七寸六分,高四寸二分,宽三寸。厢栱二件:各长二尺一寸六分,高四寸二分,宽三寸。桁椀一件:长八尺八寸五分,高二尺四寸,宽三寸。十八斗十个:各长五寸四分,高三寸,宽四寸五分。槽升子四个:各长三寸九分,高三寸,宽五寸二分二厘。三才升三十六个:各长三寸九分,高三寸,宽四寸五分。

[柱头科] 大斗一个:长一尺二寸,高六寸,宽九寸。头翘一件:长二尺一寸三分,高六寸,宽六寸。二翘一件:长三尺九寸三分,高六寸,宽七寸二分。头昂后带翘头一件:长六尺五寸五分五厘,高九寸,宽八寸四分。二昂后带翘头一件:长八尺三寸五分五厘,高九寸,宽九寸六分。三昂后带雀替一件:长十尺八寸九分,高九寸,宽一尺八寸。正心瓜栱一件:长一尺八寸六分,高六寸,宽三寸七分二厘。正心万栱一件:长二尺七寸六分,高六寸,宽三寸七分二厘。单材瓜栱八件:各长一尺八寸六分,高四寸二分,宽三寸。单材万栱八件:各长二尺七寸六分,高四寸二分,宽三寸。外厢栱一件:长二尺一寸六分,高四寸二分,宽三寸。里厢栱一件:长二尺四寸六分,高四寸二分,宽三寸。桶子十八斗共九个:头翘二个,各长九寸六分;二翘二个,各长一尺八分;头昂二个,各长一尺二寸;二昂二个,各长一尺三寸二分;三昂一个,长一尺四寸四分。俱高三寸,宽四寸五分。槽升子四个:各长三寸九分,高三寸,宽五寸二分二厘。三才升三十六个:各长三寸九分,高三寸,宽四寸五分。

[角科] 第一层:大斗一个:长一尺二分,高六寸,宽一尺二分。**第二层**:斜头翘一件:长三尺一寸三分九厘二毫,高六寸,宽四寸五分。搭角正头翘后带正心瓜栱二件:各长一尺九寸九分五厘,高六寸,宽三寸七分二厘。**第三层**:斜二翘一件:长五尺七寸五分四毫,高六寸,宽五寸一分六厘。搭角正二翘后带正心万栱二件:各长三尺三寸四分五厘,高六寸,宽三寸七分二厘。搭角闹二翘后带单材瓜栱二件:各长二尺八寸九分五厘,高六寸,宽三寸。里连头合角单材瓜栱二件:各长九寸三分,高四寸二分,宽三寸。**第四层**:斜头昂后带翘头一件:长九尺三寸九分八厘一毫,高九寸,宽五寸七分九厘。搭角正头昂后带正心枋二件:各前长三尺六寸九分;后长至平身科,高九寸,宽三寸七分二厘。搭角闹头昂后带单材万栱二件:各长五尺七寸,高九寸,宽三寸。搭角闹头昂后带单材瓜栱二件:各长四尺六寸二分,高九寸,宽三寸。里连头合角单材万栱二件:各长一尺三寸八分,高四寸二分,宽三寸(或与平身科单材万栱连做)。里连头合角单材瓜栱二件:各长九寸三分,高四寸二分,宽三寸(或与平身科单材瓜栱连做)。**第五层**:斜二昂后带翘头一件:长一十一尺九寸七分六厘三毫,高九寸,宽六寸四分五厘。搭角正二昂后带正心枋二件:各前长四尺五寸九分;后长至平身科,高九寸,宽三寸七分二厘。搭角闹二昂后带拽枋二件:

各前长四尺五寸九分;后长至平身科,高九寸,宽三寸。搭角闹二昂后带单材万栱二件:各长五尺九寸七分,高九寸,宽三寸。搭角闹二昂后带单材瓜栱二件:各长五尺五寸二分,高九寸,宽三寸。里连头合角单材万栱二件:各长一尺三寸八分,高四寸二分,宽三寸(或与平身科单材万栱连做)。里连头合角单材瓜栱二件:各长九寸三分,高四寸二分,宽三寸(或与平身科单材瓜栱连做)。**第六层:**斜三昂后带菊花头一件:长一十四尺一寸二分七厘,高九寸,宽七寸八厘。搭角正三昂后带正心枋二件:各前长五尺四寸九分;后长至平身科,高九寸,宽三寸七分二厘。搭角闹三昂二件:各长五尺四寸九分,高九寸,宽三寸。搭角闹三昂后带拽枋二件:各前长五尺四寸九分;后长至平身科,高九寸,宽三寸。搭角闹三昂后带单材万栱二件:各长六尺八寸七分,高九寸,宽三寸。搭角闹三昂后带单材瓜栱二件:各长六尺四寸二分,高九寸,宽三寸。里连头合角单材万栱二件:各长一尺三寸八分,高四寸二分,宽三寸(或与平身科单材万栱连做)。里连头合角单材瓜栱二件:各长九寸三分,高四寸二分,宽三寸。**第七层:**由昂后带六分头一件:长一十五尺九寸七分八厘六毫,高九寸,宽七寸七分四厘。搭角正蚂蚱头后带正心枋二件:各前长五尺四寸;后长至平身科,高六寸,宽三寸七分二厘。搭角闹蚂蚱头四件:各长五尺四寸,高六寸,宽三寸。搭角闹蚂蚱头后带拽枋二件:各前长五尺四寸;后长至平身科,高六寸,宽三寸。搭角闹蚂蚱头后带单材万栱二件:各长六尺七寸八分,高六寸,宽三寸。搭角把臂厢栱二件:各长七尺二分,高四寸二分,宽三寸。里连头合角单材万栱二件:各长一尺三寸八分,高四寸二分,宽三寸(或与平身科单材万栱连做)。**第八层:**斜撑头木后带麻叶头一件:长一十四尺七分二厘四毫,高六寸,宽七寸七分四厘。搭角正撑头木后带正心枋二件:各前长四尺五寸;后长至平身科,高六寸,宽三寸七分二厘。搭角闹撑头木后带拽枋二件:各前长四尺五寸;后长至平身科,高六寸,宽三寸。里连头合角厢栱二件:各长一尺八分,高四寸二分,宽三寸(或与柱头科厢栱连做)。**第九层:**斜桁椀一件:长一十二尺六寸八分一厘,高二尺六寸一分,宽七寸七分四厘。搭角正桁椀后带正心枋二件:各前长三尺一寸三分五厘;后长至平身科,高二尺一分,宽三寸七分二厘。贴升耳共二十二个:斜头翘四个,各长五寸九分四厘;斜二翘四个,各长六寸六分;斜头昂四个,各长七寸二分三厘;斜二昂四个,各长七寸八分九厘;斜三昂二个,各长八寸五分二厘;由昂四个,各长九寸一分八厘。俱高一寸八分,宽七分二厘。十八斗十个:各长五寸四分,高三寸,宽四寸五分。槽升子四个:各长三寸九分,高三寸,宽五寸二分二厘。三才升三十八个:各长三寸九分,高三寸,宽四寸五分。

（六）重翘三昂平身科、柱头科、角科斗口三寸五分各件尺寸开后

[平身科] 大斗一个:长一尺五分,高七寸,宽一尺五分。头翘一件:长二尺四寸八分五厘,高七寸,宽三寸五分。二翘一件:长四尺五寸八分五厘,高七寸,宽三寸五分。头昂后带翘头一件:长七尺六寸四分七厘五毫,高一尺五分,宽三寸五分。二昂后带翘头一件:长九尺七寸四分七厘五毫,高一尺五分,宽三寸五分。三昂后带菊花头一件:长一十一尺六寸五分五厘,高一尺五分,宽三寸五分。蚂蚱头后带六分头一件:长一十一尺九寸五分二厘五毫,高七寸,宽三寸五分。撑头木后带麻叶头一件:长一十一尺七寸三分九厘,高七寸,宽三寸五分。正心瓜栱一件:长二尺一寸七分,高七寸,宽四寸三分四厘。正心万栱一件:长三尺二寸二分,高七寸,宽四寸三分四厘。单材瓜栱八件:各长二尺一寸七分,高四寸九分,宽三寸五分。单材万栱八件:各长三尺二寸二分,高四寸九分,宽三寸五分。厢栱二件:各长二尺五寸二分,高四寸九分,宽三寸五

分。桁椀一件：长十尺三寸二分五厘，高二尺八寸，宽三寸五分。十八斗十个：各长六寸三分，高三寸五分，宽五寸二分五厘。槽升子四个：各长四寸五分五厘，高三寸五分，宽六寸九厘。三才升三十六个：各长四寸五分五厘，高三寸五分，宽五寸二分五厘。

[柱头科] 大斗一个：长一尺四寸，高七寸，宽一尺五分。头翘一件：长二尺四寸八分五厘，高七寸，宽七寸。二翘一件：长四尺五寸八分五厘，高七寸，宽八寸四分。头昂后带翘头一件：长七尺六寸四分七厘五毫，高七寸，宽九寸八分。二昂后带翘头一件：长九尺七寸四分七厘五毫，高一尺五分，宽一尺一寸二分。三昂后带雀替一件：长一十二尺七寸五厘，高一尺五分，宽一尺二寸六分。正心瓜栱一件：长二尺一寸七分，高七寸，宽四寸三分四厘。正心万栱一件：长三尺二寸二分，高七寸，宽四寸三分四厘。单材瓜栱八件：各长二尺一寸七分，高四寸九分，宽三寸五分。单材万栱八件：各长三尺二寸二分，高四寸九分，宽三寸五分。外厢栱一件：长二尺五寸二分，高四寸九分，宽三寸五分。里厢栱一件：长二尺八寸七分，高四寸九分，宽三寸五分。桶子十八斗共九个：头翘二个，各长一尺一寸二分；二翘二个，各长一尺二寸六分；头昂二个，各长一尺四寸；二昂二个，各长一尺五寸四分；三昂一个，长一尺六寸八分。俱高三寸五分，宽五寸二分五厘。槽升子四个：各长四寸五分五厘，高三寸五分，宽六寸九厘。三才升三十六个：各长四寸五分五厘，高三寸五分，宽五寸二分五厘。

[角科] 第一层：大斗一个：长一尺一寸九分，高七寸，宽一尺一寸九分。第二层：斜头翘一件：长三尺六寸六分二厘四毫，高七寸，宽五寸二分五厘。搭角正头翘后带正心瓜栱二件：各长二尺三寸二分七厘五毫，高七寸，宽四寸三分四厘。第三层：斜二翘一件：长六尺七寸八厘八毫，高七寸，宽六寸二厘。搭角正二翘后带正心万栱二件：各长三尺九寸二厘五毫，高七寸，宽四寸三分四厘。搭角闹二翘后带单材瓜栱二件：各长三尺三寸七分七厘五毫，高七寸，宽三寸五分。里连头合角单材瓜栱二件：各长一尺八分五厘，高四寸九分，宽三寸五分。第四层：斜头昂后带翘头一件：长十尺九寸六分四厘四毫，高一尺五分，宽六寸七分五厘五毫。搭角正头昂后带正心枋二件：各前长四尺三寸五厘；后长至平身科，高一尺五分，宽四寸三分四厘。搭角闹头昂后带单材万栱二件：各长五尺九寸一分五厘，高一尺五分，宽三寸五分。搭角闹头昂后带单材瓜栱二件：各长五尺三寸九分，高一尺五分，宽三寸五分。里连头合角单材万栱二件：各长一尺六寸一分，高四寸九分，宽三寸五分（或与平身科单材万栱连做）。里连头合角单材瓜栱二件：各长一尺八分五厘，高四寸九分，宽三寸五分（或与平身科单材瓜栱连做）。第五层：斜二昂后带翘头一件：长一十三尺九寸七分二厘四毫，高一尺五分，宽七寸五分二厘五毫。搭角正二昂后带正心枋二件：各前长五尺三寸五分五厘；后长至平身科，高一尺五分，宽四寸三分四厘。搭角闹二昂后带拽枋二件：各前长五尺三寸五分五厘；后长至平身科，高一尺五分，宽三寸五分。搭角闹二昂后带单材万栱二件：各长六尺九寸六分五厘，高一尺五分，宽三寸五分。搭角闹二昂后带单材瓜栱二件：各长六尺四寸四分，高一尺五分，宽三寸五分。里连头合角单材万栱二件：各长一尺六寸一分，高四寸九分，宽三寸五分（或与平身科单材万栱连做）。里连头合角单材瓜栱二件：各长一尺八分五厘，高四寸九分，宽三寸五分（或与平身科单材瓜栱连做）。第六层：斜三昂后带菊花头一件：长一十六尺四寸八分一厘五毫，高一尺五分，宽八寸二分六厘。搭角正三昂后带正心枋二件：各前长六尺四寸五厘；后长至平身科，高一尺五分，宽四寸三分四厘。搭角闹三昂二件：各

长六尺四寸五厘,高一尺五分,宽三寸五分。搭角闹三昂后带拽枋二件:各前长六尺四寸五厘;后长至平身科,高一尺五分,宽三寸五分。搭角闹三昂后带单材万栱二件:各长八尺一分五厘,高一尺五分,宽三寸五分。搭角闹三昂后带单材瓜栱二件:各长七尺四寸九分,高一尺五分,宽三寸五分。里连头合角单材万栱二件:各长一尺六寸一分,高四寸九分,宽三寸五分(或与平身科单材万栱连做)。里连头合角单材瓜栱二件:各长一尺八分五厘,高四寸九分,宽三寸五分。

第七层:由昂后带六分头一件:长一十八尺六寸四分一厘七毫,高一尺五分,宽九寸三厘。搭角正蚂蚱头后带正心枋二件:各前长六尺三寸;后长至平身科,高七寸,宽四寸三分四厘。搭角闹蚂蚱头四件:各长六尺三寸,高七寸,宽三寸五分。搭角闹蚂蚱头后带拽枋二件:各前长六尺三寸;后长至平身科,高七寸,宽三寸五分。搭角闹蚂蚱头后带单材万栱二件:各长七尺九寸一分,高七寸,宽三寸五分。搭角把臂厢栱二件:各长八尺一寸九分,高四寸九分,宽三寸五分。里连头合角单材万栱二件:各长一尺六寸一分,高四寸九分,宽三寸五分(或与平身科单材万栱连做)。**第八层:**斜撑头木后带麻叶头一件:长一十六尺四寸一分七厘八毫,高七寸,宽九寸三厘。搭角正撑头木后带正心枋二件:各前长五尺二寸五分;后长至平身科,高七寸,宽四寸三分四厘。搭角闹撑头木后带拽枋二件:各前长五尺二寸五分;后长至平身科,高七寸,宽三寸五分。里连头合角厢栱二件:各长一尺二寸六分,高四寸九分,宽三寸五分(或与柱头科厢栱连做)。**第九层:**斜桁椀一件:长一十四尺七寸九分四厘五毫,高三尺四分五厘,宽九寸三厘。搭角正桁椀后带正心枋二件:各前长三尺六寸五分七厘五毫;后长至平身科,高二尺三寸四分五厘,宽四寸三分四厘。贴升耳共二十二个:斜头翘四个,各长六寸九分三厘;斜二翘四个,各长七寸七分;斜头昂四个,各长八寸四分三厘五毫;斜二昂四个,各长九寸二分五毫;斜三昂二个,各长九寸九分四厘;由昂四个,各长一尺七分一厘。俱高二寸一分,宽八分四厘。十八斗十个:各长六寸三分,高三寸五分,宽五寸二分五厘。槽升子四个:各长四寸五分五厘,高三寸五分,宽六寸九厘。三才升三十八个:各长四寸五分五厘,高三寸五分,宽五寸二分二厘。

（七）重翘三昂平身科、柱头科、角科斗口四寸各件尺寸开后

[平身科] 大斗一个:长一尺二寸,高八寸,宽一尺二寸。头翘一件:长二尺八寸四分,高八寸,宽四寸。二翘一件:长五尺二寸四分,高八寸,宽四寸。头昂后带翘头一件:长八尺七寸四分,高一尺二寸,宽四寸。二昂后带翘头一件:长一十一尺一寸四分,高一尺二寸,宽四寸。三昂后带菊花头一件:长一十三尺三寸二分,高一尺二寸,宽四寸。蚂蚱头后带六分头一件:长一十三尺六寸六分,高八寸,宽四寸。撑头木后带麻叶头一件:长一十三尺四寸一分六厘,高八寸,宽四寸。正心瓜栱一件:长二尺四寸八分,高八寸,宽四寸九分六厘。正心万栱一件:长三尺六寸八分,高八寸,宽四寸九分六厘。单材瓜栱八件:各长二尺四寸八分,高五寸六分,宽四寸。单材万栱八件:各长三尺六寸八分,高五寸六分,宽四寸。厢栱二件:各长二尺八寸八分,高五寸六分,宽四寸。桁椀一件:长一十一尺八寸,高三尺二寸,宽四寸。十八斗十个:各长七寸二分,高四寸,宽六寸。槽升子四个:各长五寸二分,高四寸,宽六寸九分六厘。三才升三十六个:各长五寸二分,高四寸,宽六寸。

[柱头科] 大斗一个:长一尺六寸,高八寸,宽一尺二寸。头翘一件:长二尺八寸四分,高八寸,宽八寸。二翘一件:长五尺二寸四分,高八寸,宽九寸六分。头昂后带翘头一件:长八尺七寸

四分,高一尺二寸,宽一尺一寸二分。二昂后带翘头一件:长一十一尺一寸四分,高一尺二寸,宽一尺二寸八分。三昂后带雀替一件:长一十四尺五寸二分,高一尺二寸,宽一尺四寸四分。正心瓜栱一件:长二尺四寸八分,高八寸,宽四寸九分六厘。正心万栱一件:长三尺六寸八分,高八寸,宽四寸九分六厘。单材瓜栱八件:各长二尺四寸八分,高五寸六分,宽四寸。单材万栱八件:各长三尺六寸八分,高五寸六分,宽四寸。外厢栱一件:长二尺八寸八分,高五寸六分,宽四寸。里厢栱一件:长三尺二寸八分,高五寸六分,宽四寸。桶子十八斗共九个:头翘二个,各长一尺二寸八分;二翘二个,各长一尺四寸四分;头昂二个,各长二尺四寸;二昂二个,各长一尺七寸六分;三昂一个,长一尺九寸一分。俱高四寸,宽六寸。槽升子四个:各长五寸一分,高四寸,宽六寸九分六厘。三才升三十六个:各长五寸二分,高四寸,宽六寸。

[角科] 第一层:大斗一个:长一尺三寸六分,高八寸,宽一尺三寸六二分。第二层:斜头翘一件:长四尺一寸八分五厘六毫,高八寸,宽六寸。搭角正头翘后带正心瓜栱二件:各长二尺六寸六分,高八寸,宽四寸九分六厘。第三层:斜二翘一件:长七尺六寸六分七厘二毫,高八寸,宽六寸八分八厘。搭角正二翘后带正心万栱二件:各长四尺四寸六分,高八寸,宽四寸九分六厘。搭角闹二翘后带单材瓜栱二件:各长三尺八寸六分,高八寸,宽四寸。里连头合角单材瓜栱二件:各长一尺二寸四分,高五寸六分,宽四寸。第四层:斜头昂后带翘头一件:长一十二尺五寸三分八毫,高一尺二寸,宽七寸七分二厘。搭角正头昂后带正心枋二件:各前长四尺九寸二分;后长至平身科,高一尺二寸,宽四寸九分六厘。搭角闹头昂后带单材万栱二件:各长六尺七寸六分,高一尺二寸,宽四寸。搭角闹头昂后带单材瓜栱二件:各长六尺一寸六分,高一尺二寸,宽四寸。里连头合角单材万栱二件:各长一尺八寸四分,高五寸六分,宽四寸(或与平身科单材万栱连做)。里连头合角单材瓜栱二件:各长一尺二寸四分,高五寸六分,宽四寸(或与平身科单材瓜栱连做)。第五层:斜二昂后带翘头一件:长一十五尺九寸六分八厘四毫,高一尺二寸,宽八寸六分。搭角正二昂后带正心枋二件:各前长六尺一寸二分;后长至平身科,高一尺二寸,宽四寸九分六厘。搭角闹二昂后带拽枋二件:各前长六尺一寸二分;后长至平身科,高一尺二寸,宽四寸。搭角闹二昂后带单材万栱二件:各长七尺九寸六分,高一尺二寸,宽四寸。搭角闹二昂后带单材瓜栱二件:各长七尺三寸六分,高一尺二寸,宽四寸。里连头合角单材万栱二件:各长一尺八寸四分,高五寸六分,宽四寸(或与平身科单材万栱连做)。里连头合角单材瓜栱二件:各长一尺二寸四分,高五寸六分,宽四寸(或与平身科单材瓜栱连做)。第六层:斜三昂后带菊花头一件:长一十八尺八寸三分六厘,高一尺二寸,宽九寸四分四厘。搭角正三昂后带正心枋二件:各前长七尺三寸二分;后长至平身科,高一尺二寸,宽四寸九分六厘。搭角闹三昂二件:各长七尺三寸二分,高一尺二寸,宽四寸。搭角闹三昂后带拽枋二件:各前长七尺三寸二分;后长至平身科,高一尺二寸,宽四寸。搭角闹三昂后带单材万栱二件:各长九尺一寸六分,高一尺二寸,宽四寸。搭角闹三昂后带单材瓜栱二件:各长八尺五寸六分,高一尺二寸,宽四寸。里连头合角单材万栱二件:各长一尺八寸四分,高五寸六分,宽四寸(或与平身科单材万栱连做)。里连头合角单材瓜栱二件:各长一尺二寸四分,高五寸六分,宽四寸。第七层:由昂后带六分头一件:长二十一尺三寸四厘八毫,高一尺二寸,宽一尺三分二厘。搭角正蚂蚱头后带正心枋二件:各前长七尺二寸;后长至平身科,高八寸,宽四寸九分六厘。搭角闹蚂蚱头四件:各长七尺二寸,高八寸,宽四寸。搭

角闹蚂蚱头后带拽枋二件：各前长七尺二寸；后长至平身科，高八寸，宽四寸。搭角闹蚂蚱头后带单材万栱二件：各长九尺四分，高八寸，宽四寸。搭角把臂厢栱二件：各长九尺三寸六分，高五寸六分，宽四寸。里连头合角单材万栱二件：各长一尺八寸四分，高五寸六分，宽四寸（或与平身科单材万栱连做）。**第八层**：斜撑头木后带麻叶头一件：长一十八尺七寸六分三厘二毫，高八寸，宽一尺三分二厘。搭角正撑头木后带正心枋二件：各前长六尺；后长至平身科，高八寸，宽四寸九分六厘。搭角闹撑头木后带拽枋二件：各前长六尺；后长至平身科，高八寸，宽四寸。里连头合角厢栱二件：各长一尺四寸四分，高五寸六分，宽四寸（或与柱头科厢栱连做）。**第九层**：斜桁椀一件：长一十六尺九寸八厘，高三尺四寸八分，宽一尺三分二厘。搭角正桁椀后带正心枋二件：各前长四尺一寸八分；后长至平身科，高二尺六寸八分，宽四寸九分六厘。贴升耳共二十二个：斜头翘四个，各长七寸九分二厘；斜二翘四个，各长八寸八分；斜头昂四个，各长九寸六分四厘；斜二昂四个，各长一尺五分二厘，斜三昂二个，各长一尺一寸三分六厘；由昂四个，各长一尺二寸二分四厘。俱高二寸四分，宽九分六厘。十八斗十个：各长七寸二分，高四寸，宽六寸。槽升子四个：各长五寸二分，高四寸，宽六寸九分六厘。三才升三十八个：各长五寸二分，高四寸，宽六寸。

（八）重翘三昂平身科、柱头科、角科斗口四寸五分各件尺寸开后

[平身科]　大斗一个：长一尺三寸五分，高九寸，宽一尺三寸五分。头翘一件：长三尺一寸九分五厘，高九寸，宽四寸五分。二翘一件：长五尺八寸九分五厘，高九寸，宽四寸五分。头昂后带翘头一件：长九尺八寸三分二厘五毫，高一尺三寸五分，宽四寸五分。二昂后带翘头一件：长一十二尺五寸三分二厘五毫，高一尺三寸五分，宽四寸五分。三昂后带菊花头一件：长一十四尺九寸八分五厘，高一尺三寸五分，宽四寸五分。蚂蚱头后带六分头一件：长一十五尺三寸六分七厘五毫，高九寸，宽四寸五分。撑头木后带麻叶头一件：长一十五尺九寸三厘，高九寸，宽四寸五分。正心瓜栱一件：长二尺七寸九分，高九寸，宽五寸五分八厘。正心万栱一件：长四尺一寸四分，高九寸，宽五寸五分八厘。单材瓜栱八件：各长二尺七寸九分，高六寸三分，宽四寸五分。单材万栱八件：各长四尺一寸四分，高六寸三分，宽四寸五分。厢栱二件：各长三尺二寸四分，高六寸三分，宽四寸五分。桁椀一件：长十三尺二寸七分五厘，高三尺六寸，宽四寸五分。十八斗十个：各长八寸一分，高四寸五分，宽六寸七分五厘。槽升子四个：各长五寸八分五厘，高四寸五分，宽七寸八分三厘。三才升三十六个：各长五寸八分五厘，高四寸五分，宽六寸七分五厘。

[柱头科]　大斗一个：长一尺八寸，高九寸，宽一尺三寸五分。头翘一件：长三尺一寸九分五厘，高九寸，宽九寸。二翘一件：长五尺八寸九分五厘，高九寸，宽一尺八寸。头昂后带翘头一件：长九尺八寸三分二厘五毫，高一尺三寸五分，宽一尺二寸六分。二昂后带翘头一件：长一十二尺五寸三分二厘五毫，高一尺三寸五分，宽一尺四寸四分。三昂后带雀替一件：长一十六尺三寸三分五厘，高一尺三寸五分，宽一尺六寸二分。正心瓜栱一件：长二尺七寸九分，高九寸，宽五寸五分八厘。正心万栱一件：长四尺一寸四分，高九寸，宽五寸五分八厘。单材瓜栱八件：各长二尺七寸九分，高六寸三分，宽四寸五分。单材万栱八件：各长四尺一寸四分，高六寸三分，宽四寸五分。外厢栱一件：长三尺二寸四分，高六寸三分，宽四寸五分。里厢栱一件：长三尺六寸九分，高六寸三分，宽四寸五分。桶子十八斗共九个：头翘二个，各长一尺四寸四分；二翘二个，各

长一尺六寸二分;头昂二个,各长一尺八寸;二昂二个,各长一尺九寸八分;三昂一个,长二尺一寸六分。俱高四寸五分,宽六寸七分五厘。槽升子四个:各长五寸八分五厘,高四寸五分,宽七寸八分三厘。三才升三十六个:各长五寸八分五厘,高四寸五分,宽六寸七分五厘。

[角科] 第一层:大斗一个:长一尺五寸三分,高九寸,宽一尺五寸三分。第二层:斜头翘一件:长四尺七寸八厘八毫,高九寸,宽六寸七分五厘。搭角正头翘后带正心瓜栱二件:各长二尺九寸九分二厘五毫,高九寸,宽五寸五分八厘。第三层:斜二翘一件:长八尺六寸二分五厘六毫,高九寸,宽七寸七分四厘。搭角正二翘后带正心万栱二件:各长五尺一分七厘五毫,高九寸,宽五寸五分八厘。搭角闹二翘后带单材瓜栱二件:各长四尺三寸四分二厘五毫,高九寸,宽四寸五分。里连头合角单材瓜栱二件:各长一尺三寸九分五厘,高六寸三分,宽四寸五分。第四层:斜头昂后带翘头一件:长一十四尺九分七厘二毫,高一尺三寸五分,宽八寸六分八厘五毫。搭角正头昂后带正心枋二件:各前长五尺五寸三分五厘;后长至平身科,高一尺三寸五分,宽五寸五分八厘。搭角闹头昂后带单材万栱二件:各长七尺六寸五厘,高一尺三寸五分,宽四寸五分。搭角闹头昂后带单材瓜栱二件:各长六尺九寸三分,高一尺三寸五分,宽四寸五分。里连头合角单材万栱二件:各长二尺七分,高六寸三分,宽四寸五分(或与平身科单材万栱连做)。里连头合角单材瓜栱二件:各长一尺三寸九分五厘,高六寸三分,宽四寸五分(或与平身科单材瓜栱连做)。第五层:斜二昂后带翘头一件:长一十七尺九寸六分四厘四毫,高一尺三寸五分,宽九寸六分七厘五毫。搭角正二昂后带正心枋二件:各前长六尺八寸八分五厘;后长至平身科,高一尺三寸五分,宽五寸五分八厘。搭角闹二昂后带拽枋二件:各前长六尺八寸八分五厘;后长至平身科,高一尺三寸五分,宽四寸五分。搭角闹二昂后带单材万栱二件:各长八尺九寸五分五厘,高一尺三寸五分,宽四寸五分。搭角闹二昂后带单材瓜栱二件:各长八尺二寸八分,高一尺三寸五分,宽四寸五分。里连头合角单材万栱二件:各长二尺七分,高六寸三分,宽四寸五分(或与平身科单材万栱连做)。里连头合角单材瓜栱二件:各长一尺三寸九分五厘,高六寸三分,宽四寸五分(或与平身科单材瓜栱连做)。第六层:斜三昂后带菊花头一件:长二十一尺一寸九分五毫,高一尺三寸五分,宽一尺六分二厘。搭角正三昂后带正心枋二件:各前长八尺二寸三分五厘;后长至平身科,高一尺三寸五分,宽五寸五分八厘。搭角闹三昂二件:各长八尺二寸三分五厘,高一尺三寸五分,宽四寸五分。搭角闹三昂后带拽枋二件:各前长八尺二寸三分五厘;后长至平身科,高一尺三寸五分,宽四寸五分。搭角闹三昂后带单材万栱二件:各长十尺三寸五厘,高一尺三寸五分,宽四寸五分。搭角闹三昂后带单材瓜栱二件:各长九尺六寸三分,高一尺三寸五分,宽四寸五分。里连头合角单材万栱二件:各长二尺七分,高六寸三分,宽四寸五分(或与平身科单材万栱连做)。里连头合角单材瓜栱二件:各长一尺三寸九分五厘,高六寸三分,宽四寸五分。第七层:由昂后带六分头一件:长二十三尺九寸六分七厘九毫,高一尺三寸五分,宽一尺一寸六分一厘。搭角正蚂蚱头后带正心枋二件:各前长八尺一寸;后长至平身科,高九寸,宽五寸五分八厘。搭角闹蚂蚱头四件:各长八尺一寸,高九寸,宽四寸五分。搭角闹蚂蚱头后带拽枋二件:各前长八尺一寸;后长至平身科,高九寸,宽四寸五分。搭角闹蚂蚱头后带单材万栱二件:各长十尺一寸七分,高九寸,宽四寸五分。搭角把臂厢栱二件:各长十尺五寸三分,高六寸三分,宽四寸五

分。里连头合角单材万栱二件：各长二尺七分，高六寸三分，宽四寸五分（或与平身科单材万栱连做）。**第八层**：斜撑头木后带麻叶头一件：长二十一尺一寸八厘六毫，高九寸，宽一尺一寸六分一厘。搭角正撑头木后带正心枋二件：各前长六尺七寸五分；后长至平身科，高九寸，宽五寸五分八厘。搭角闹撑头木后带拽枋二件：各前长六尺七寸五分；后长至平身科，高九寸，宽四寸五分。里连头合角厢栱二件：各长一尺六寸二分，高六寸三分，宽四寸五分（或与柱头科厢栱连做）。**第九层**：斜桁椀一件：长一十九尺二分一厘五毫，高三尺九寸一分五厘，宽一尺一寸六分一厘。搭角正桁椀后带正心枋二件：各前长四尺七寸二厘五毫；后长至平身科，高三尺一分五厘，宽五寸五分八厘。贴升耳共二十二个：斜头翘四个，各长八寸九分一厘；斜二翘四个，各长九寸九分；斜头昂四个，各长一尺八分四厘五毫；斜二昂四个，各长一尺一寸八分三厘五毫；斜三昂二个，各长一尺二寸七分八厘；由昂四个，各长一尺三寸七分七厘。俱高二寸七分，宽一寸八厘。十八斗十个：各长八寸一分，高四寸五分，宽六寸七分五厘。槽升子四个：各长五寸八分五厘，高四寸五分，宽七寸八分三厘。三才升三十八个：各长五寸八分五厘，高四寸五分，宽六寸七分五厘。

（九）重翘三昂平身科、柱头科、角科斗口五寸各件尺寸开后

[平身科] 大斗一个：长一尺五寸，高一尺，宽一尺五寸。头翘一件：长三尺五寸五分，高一尺，宽五寸。二翘一件：长六尺五寸五分，高一尺，宽五寸。头昂后带翘头一件：长十尺九寸二分五厘，高一尺五寸，宽五寸。二昂后带翘头一件：长一十三尺九寸二分五厘，高一尺五寸，宽五寸。三昂后带菊花头一件：长一十六尺六寸五分，高一尺五寸，宽五寸。蚂蚱头后带六分头一件：长一十七尺七分五厘，高一尺，宽五寸。撑头木后带麻叶头一件：长一十六尺七寸七分，高一尺，宽五寸。正心瓜栱一件：长三尺一寸，高一尺，宽六寸二分。正心万栱一件：长四尺六寸，高一尺，宽六寸二分。单材瓜栱八件：各长三尺一寸，高七寸，宽五寸。单材万栱八件：各长四尺六寸，高七寸，宽五寸。厢栱二件：各长三尺六寸，高七寸，宽五寸。桁椀一件：长一十四尺七寸五分，高四尺，宽五寸。十八斗十个：各长九寸，高五寸，宽七寸五分。槽升子四个：各长六寸五分，高五寸，宽八寸七分。三才升三十六个：各长六寸五分，高五寸，宽七寸五分。

[柱头科] 大斗一个：长二尺，高一尺，宽一尺五寸。头翘一件：长三尺五寸五分，高一尺，宽一尺。二翘一件：长六尺五寸五分，高一尺，宽一尺二寸。头昂后带翘头一件：长十尺九寸二分五厘，高一尺五寸，宽一尺四寸。二昂后带翘头一件：长一十三尺九寸二分五厘，高一尺五寸，宽一尺六寸。三昂后带雀替一件：长一十八尺一寸五分，高一尺五寸，宽一尺八寸。正心瓜栱一件：长三尺一寸，高一尺，宽六寸二分。正心万栱一件：长四尺六寸，高一尺，宽六寸二分。单材瓜栱八件：各长三尺一寸，高七寸，宽五寸。单材万栱八件：各长四尺六寸，高七寸，宽五寸。外厢栱一件：长三尺六寸，高七寸，宽五寸。里厢栱一件：长四尺一寸，高七寸，宽五寸。桶子十八斗共九个：头翘二个，各长一尺六寸；二翘二个，各长一尺八寸；头昂二个，各长二尺；二昂二个，各长二尺二寸；三昂一个，长二尺四寸。俱高五寸，宽七寸五分。槽升子四个：各长六寸五分，高五寸，宽八寸七分。三才升三十六个：各长六寸五分，高五寸，宽七寸五分。

[角科] **第一层**：大斗一个：长一尺七寸，高一尺，宽一尺七寸。**第二层**：斜头翘一件：长五尺二寸三分二厘，高一尺，宽七寸五分。搭角正头翘后带正心瓜栱二件：各长三尺三寸二分五

厘,高一尺,宽六寸二分。**第三层**:斜二翘一件:长九尺五寸八分四厘,高一尺,宽八寸六分。搭角正二翘后带正心万栱二件:各长五尺五寸七分五厘,高一尺,宽六寸二分。搭角闹二翘后带单材瓜栱二件:各长四尺八寸二分五厘,高一尺,宽五寸。里连头合角单材瓜栱二件:各长一尺五寸五分,高七寸,宽五寸。**第四层**:斜头昂后带翘头一件:长一十五尺六寸六分三厘五毫,高一尺五寸,宽九寸六分五厘。搭角正头昂后带正心枋二件:各前长六尺一寸五分;后长至平身科,高一尺五寸,宽六寸二分。搭角闹头昂后带单材万栱二件:各长八尺四寸五分,高一尺五寸,宽五寸。搭角闹头昂后带单材瓜栱二件:各长七尺七寸,高一尺五寸,宽五寸。里连头合角单材万栱二件:各长二尺三寸,高七寸,宽五寸(或与平身科单材万栱连做)。里连头合角单材瓜栱二件:各长一尺五寸五分,高七寸,宽五寸(或与平身科单材瓜栱连做)。**第五层**:斜二昂后带翘头一件:长一十九尺九寸六分五毫,高一尺五寸,宽一尺七分五厘。搭角正二昂后带正心枋二件:各前长七尺六寸五分;后长至平身科,高一尺五寸,宽六寸二分。搭角闹二昂后带拽枋二件:各前长七尺六寸五分;后长至平身科,高一尺五寸,宽五寸。搭角闹二昂后带单材万栱二件:各长九尺九寸五分,高一尺五寸,宽五寸。搭角闹二昂后带单材瓜栱二件:各长九尺二寸,高一尺五寸,宽五寸。里连头合角单材万栱二件:各长二尺三寸,高七寸,宽五寸(或与平身科单材万栱连做)。里连头合角单材瓜栱二件:各长一尺五寸五分,高七寸,宽五寸(或与平身科单材瓜栱连做)。**第六层**:斜三昂后带菊花头一件:长二十三尺五寸四分五厘,高一尺五寸,宽一尺一寸八分。搭角正三昂后带正心枋二件:各前长九尺一寸五分;后长至平身科,高一尺五寸,宽六寸二分。搭角闹三昂二件:各长九尺一寸五分,高一尺五寸,宽五寸。搭角闹三昂后带拽枋二件:各前长九尺一寸五分;后长至平身科,高一尺五寸,宽五寸。搭角闹三昂后带单材万栱二件:各长一十一尺四寸五分,高一尺五寸,宽五寸。搭角闹三昂后带单材瓜栱二件:各长十尺七寸,高一尺五寸,宽五寸。里连头合角单材万栱二件:各长二尺三寸,高七寸,宽五寸(或与平身科单材万栱连做)。里连头合角单材瓜栱二件:各长一尺五寸五分,高七寸,宽五寸。**第七层**:由昂后带六分头一件:长二十六尺六寸三分一厘,高一尺五寸,宽一尺二寸九分。搭角正蚂蚱头后带正心枋二件:各前长九尺;后长至平身科,高一尺,宽六寸二分。搭角闹蚂蚱头四件:各长九尺,高一尺,宽五寸。搭角闹蚂蚱头后带拽枋二件:各前长九尺;后长至平身科,高一尺,宽五寸。搭角闹蚂蚱头后带单材万栱二件:各长一十一尺三寸,高一尺,宽五寸。搭角把臂厢栱二件:各长一十一尺七寸,高七寸,宽五寸。里连头合角单材万栱二件:各长二尺三寸,高七寸,宽五寸(或与平身科单材万栱连做)。**第八层**:斜撑头木后带麻叶头一件:长二十三尺四寸五分四厘,高一尺,宽一尺二寸九分。搭角正撑头木后带正心枋二件:各前长七尺五寸;后长至平身科,高一尺,宽六寸二分。搭角闹撑头木后带拽枋二件:各前长七尺五寸;后长至平身科,高一尺,宽五寸。里连头合角厢栱二件:各长一尺八寸,高七寸,宽五寸(或与柱头科厢栱连做)。**第九层**:斜桁椀一件:长二十一尺一寸三分五厘,高四尺三寸五分,宽一尺二寸九分。搭角正桁椀后带正心枋二件:各前长五尺二寸二分五厘;后长至平身科,高三尺三寸五分,宽六寸二分。贴升耳共二十二个:斜头翘四个,各长九寸九分;斜二翘四个,各长一尺一寸;斜头昂四个,各长一尺二寸五厘;斜二昂四个,各长一尺三寸一分五厘;斜三昂二个,各长一尺四寸二分;由昂四个,各长一尺八寸。俱高三寸,宽一寸二分。十八斗十个:各长九寸,高五寸,宽七寸五分。槽升子四个:各长六寸五分,高五寸,宽八寸七分。三才升三十八个:各长六寸五分,高五寸,宽七寸五分。

(十) 重翘三昂平身科、柱头科、角科斗口五寸五分各件尺寸开后

[平身科] 大斗一个:长一尺六寸五分,高一尺一寸,宽一尺六寸五分。头翘一件:长三尺九寸五厘,高一尺一寸,宽五寸五分。二翘一件:长七尺二寸五厘,高一尺一寸,宽五寸五分。头昂后带翘头一件:长一十二尺一分七厘五毫,高一尺六寸五分,宽五寸五分。二昂后带翘头一件:长一十五尺三寸一分七厘五毫,高一尺六寸五分,宽五寸五分。三昂后带菊花头一件:长一十八尺三寸一分五厘,高一尺六寸五分,宽五寸五分。蚂蚱头后带六分头一件:长一十八尺七寸八分二厘五毫,高一尺一寸,宽五寸五分。撑头木后带麻叶头一件:长十八尺四寸四分七厘,高一尺一寸,宽五寸五分。正心瓜栱一件:长三尺四寸一分,高一尺一寸,宽六寸八分二厘。正心万栱一件:长五尺六寸,高一尺一寸,宽六寸八分二厘。单材瓜栱八件:各长三尺四寸一分,高七寸七分,宽五寸五分。单材万栱八件:各长五尺六分,高七寸七分,宽五寸五分。厢栱二件:各长三尺九寸六分,高七寸七分,宽五寸五分。桁椀一件:长一十六尺二寸二分五厘,高四尺四寸,宽五寸五分。十八斗十个:各长九寸九分,高五寸五分,宽八寸二分五厘。槽升子四个:各长七寸一分五厘,高五寸五分,宽九寸五分七厘。三才升三十六个:各长七寸一分五厘,高五寸五分,宽八寸二分五厘。

[柱头科] 大斗一个:长二尺二寸,高一尺一寸,宽一尺六寸五分。头翘一件:长三尺九寸五厘,高一尺一寸,宽一尺一寸。二翘一件:长七尺二寸五厘,高一尺一寸,宽一尺三寸二分。头昂后带翘头一件:长一十二尺一分七厘五毫,高一尺六寸五分,宽一尺五寸四分。二昂后带翘头一件:长一十五尺三寸一分七厘五毫,高一尺六寸五分,宽一尺七寸六分。三昂后带雀替一件:长一十九尺九寸六分五厘,高一尺六寸五分,宽一尺九寸八分。正心瓜栱一件:长三尺四寸一分,高一尺一寸,宽六寸八分二厘。正心万栱一件:长五尺六分,高一尺一寸,宽六寸八分二厘。单材瓜栱八件:各长三尺四寸一分,高七寸七分,宽五寸五分。单材万栱八件:各长五尺六分,高七寸七分,宽五寸五分。外厢栱一件:长三尺九寸六分,高七寸七分,宽五寸五分。里厢栱一件:长四尺五寸一分,高七寸七分,宽五寸五分。桶子十八斗共九个:头翘二个,各长一尺七寸六分;二翘二个,各长一尺九寸八分;头昂二个,各长二尺二寸;二昂二个,各长二尺四寸二分;三昂一个,长二尺六寸四分。俱高五寸五分,宽八寸二分五厘。槽升子四个:各长七寸一分五厘,高五寸五分,宽九寸五分七厘。三才升三十六个:各长七寸一分五厘,高五寸五分,宽八寸二分五厘。

[角科] 第一层:大斗一个:长一尺八寸七分,高一尺一寸,宽一尺八寸七分。第二层:斜头翘一件:长五尺七寸五分五厘二毫,高一尺一寸,宽八寸二分五厘。搭角正头翘后带正心瓜栱二件:各长三尺六寸五分七厘五毫,高一尺一寸,宽六寸八分二厘。第三层:斜二翘一件:长十尺五寸四分二厘四毫,高一尺一寸,宽九寸四分六厘。搭角正二翘后带正心万栱二件:各长六尺一寸三分二厘五毫,高一尺一寸,宽六寸八分二厘。搭角闹二翘后带单材瓜栱二件:各长五尺三寸七厘五毫,高一尺一寸,宽五寸五分。里连头合角单材瓜栱二件:各长一尺七寸五厘,高七寸七分,宽五寸五分。第四层:斜头昂后带翘头一件:长一十七尺二寸二分九厘九毫,高一尺六寸五分,宽一尺六寸一厘五毫。搭角正头昂后带正心枋二件:各前长六尺七寸六分五厘;后长至平身科,

高一尺六寸五分,宽六寸八分二厘。搭角闹头昂后带单材万栱二件:各长九尺二寸九分五厘,高一尺六寸五分,宽五寸五分。搭角闹头昂后带单材瓜栱二件:各长八尺四寸七分,高一尺六寸五分,宽五寸五分。里连头合角单材万栱二件:各长二尺五寸三分,高七寸七分,宽五寸五分(或与平身科单材万栱连做)。里连头合角单材瓜栱二件:各长一尺七寸五厘,高七寸七分,宽五寸五分(或与平身科单材瓜栱连做)。**第五层**:斜二昂后带翘头一件:长二十一尺九寸五分六厘六毫,高一尺六寸五分,宽一尺一寸八分二厘五毫。搭角正二昂后带正心枋二件:各前长八尺四寸一分五厘;后长至平身科,高一尺六寸五分,宽六寸八分二厘。搭角闹二昂后带拽枋二件:各前长八尺四寸一分五厘;后长至平身科,高一尺六寸五分,宽五寸五分。搭角闹二昂后带单材万栱二件:各长十尺九寸四分五厘,高一尺六寸五分,宽五寸五分。搭角闹二昂后带单材瓜栱二件:各长十尺一寸二分,高一尺六寸五分,宽五寸五分。里连头合角单材万栱二件:各长二尺五寸三分,高七寸七分,宽五寸五分(或与平身科单材万栱连做)。里连头合角单材瓜栱二件:各长一尺七寸五厘,高七寸七分,宽五寸五分(或与平身科单材瓜栱连做)。**第六层**:斜三昂后带菊花头一件:长二十五尺八寸九分九厘五毫,高一尺六寸五分,宽一尺二寸九分八厘。搭角正三昂后带正心枋二件:各前长十尺六分五厘;后长至平身科,高一尺六寸五分,宽六寸八分二厘。搭角闹三昂二件:各长十尺六分五厘,高一尺六寸五分,宽五寸五分。搭角闹三昂后带拽枋二件:各前长十尺六分五厘;后长至平身科,高一尺六寸五分,宽五寸五分。搭角闹三昂后带单材万栱二件:各长一十二尺五寸九分五厘,高一尺六寸五分,宽五寸五分。搭角闹三昂后带单材瓜栱二件:各长一十一尺七寸七分,高一尺六寸五分,宽五寸五分。里连头合角单材万栱二件:各长二尺五寸三分,高七寸七分,宽五寸五分(或与平身科单材万栱连做)。里连头合角单材瓜栱二件:各长一尺七寸五厘,高七寸七分,宽五寸五分。**第七层**:由昂后带六分头一件:长二十九尺二寸九分四厘一毫,高一尺六寸五分,宽一尺四寸一分九厘。搭角正蚂蚱头后带正心枋二件:各前长九尺九寸;后长至平身科,高一尺一寸,宽六寸八分二厘。搭角闹蚂蚱头四件:各长九尺九寸,高一尺一寸,宽五寸五分。搭角闹蚂蚱头后带拽枋二件:各前长九尺九寸;后长至平身科,高一尺一寸,宽五寸五分。搭角闹蚂蚱头后带单材万栱二件:各长一十二尺四寸三分,高一尺一寸,宽五寸五分。搭角把臂厢栱二件:各长一十二尺八寸七分,高七寸七分,宽五寸五分。里连头合角单材万栱二件:各长二尺五寸三分,高七寸七分,宽五寸五分(或与平身科单材万栱连做)。**第八层**:斜撑头木后带麻叶头一件:长二十五尺七寸九分九厘四毫,高一尺一寸,宽一尺四寸一分九厘。搭角正撑头木后带正心枋二件:各前长八尺二寸五分;后长至平身科,高一尺一寸,宽六寸八分二厘。搭角闹撑头木后带拽枋二件:各前长八尺二寸五分;后长至平身科,高一尺一寸,宽五寸五分。里连头合角厢栱二件:各长一尺九寸八分,高七寸七分,宽五寸五分(或与柱头科厢栱连做)。**第九层**:斜桁椀一件:长二十三尺二寸四分八厘五毫,高四尺七寸八分五厘,宽一尺四寸一分九厘。搭角正桁椀后带正心枋二件:各前长五尺七寸四分七厘五毫;后长至平身科,高三尺六寸八分五厘,宽六寸八分二厘。贴升耳共二十二个:斜头翘四个,各长一尺八分九厘;斜二翘四个,各长一尺二寸一分;斜头昂四个,各长一尺三寸二分五厘五毫;斜二昂四个,各长一尺四寸四分六厘五毫;斜三昂二个,各长一尺五寸六分二厘;由昂四个,各长一尺六寸八分三厘。俱高三寸三分,宽一寸三分二厘。十八斗十个:各长九寸九分,高五寸五分,宽八寸二分五厘。槽升子四个:各长七寸一分五厘,高五寸五分,宽九寸五分七厘。三才升三十八个:各长七寸一分五厘,高五寸五分,宽八寸二分五厘。

(十一) 重翘三昂平身科、柱头科、角科斗口六寸各件尺寸开后

[平身科] 大斗一个:长一尺八寸,高一尺二寸,宽一尺八寸。头翘一件:长四尺二寸六分,高一尺二寸,宽六寸。二翘一件:长七尺八寸六分,高一尺二寸,宽六寸。头昂后带翘头一件:长十三尺一寸一分,高一尺八寸,宽六寸。二昂后带翘头一件:长十六尺七寸一分,高一尺八寸,宽六寸。三昂后带菊花头一件:长十九尺九寸八分,高一尺八寸,宽六寸。蚂蚱头后带六分头一件:长二十尺四寸九分,高一尺二寸,宽六寸。撑头木后带麻叶头一件:长二十尺一寸二分四厘,高一尺二寸,宽六寸。正心瓜栱一件:长三尺七寸二分,高一尺二寸,宽七寸四分四厘。正心万栱一件:长五尺五寸二分,高一尺二寸,宽七寸四分四厘。单材瓜栱八件:各长三尺七寸二分,高八寸四分,宽六寸。单材万栱八件:各长五尺五寸二分,高八寸四分,宽六寸。厢栱二件:各长四尺三寸二分,高八寸四分,宽六寸。桁椀一件:长一十七尺七寸,高四尺八寸,宽六寸。十八斗十个:各长一尺八分,高六寸,宽九寸。槽升子四个:各长七寸八分,高六寸,宽一尺四分四厘。三才升三十六个:各长七寸八分,高六寸,宽九寸。

[柱头科] 大斗一个:长二尺四寸,高一尺二寸,宽一尺八寸。头翘一件:长四尺二寸六分,高一尺二寸,宽一尺二寸。二翘一件:长七尺八寸六分,高一尺二寸,宽一尺四寸四分。头昂后带翘头一件:长一十三尺一寸一分,高一尺八寸,宽一尺六寸八分。二昂后带翘头一件:长一十六尺七寸一分,高一尺八寸,宽一尺九寸二分。三昂后带雀替一件:长二十一尺七寸八分,高一尺八寸,宽二尺一寸六分。正心瓜栱一件:长三尺七寸二分,高一尺二寸,宽七寸四分四厘。正心万栱一件:长五尺五寸二分,高一尺二寸,宽七寸四分四厘。单材瓜栱八件:各长三尺七寸二分,高八寸四分,宽六寸。单材万栱八件:各长五尺五寸二分,高八寸四分,宽六寸。外厢栱一件:长四尺三寸二分,高八寸四分,宽六寸。里厢栱一件:长四尺九寸二分,高八寸四分,宽六寸。桶子十八斗共九个:头翘二个,各长一尺九寸二分;二翘二个,各长二尺一寸六分;头昂二个,各长二尺四寸;二昂二个,各长二尺六寸四分;三昂一个,长二尺八寸八分。俱高六寸,宽九寸。槽升子四个:各长七寸八分,高六寸,宽一尺四分四厘。三才升三十六个:各长七寸八分,高六寸,宽九寸。

[角科] 第一层:大斗一个:长二尺四分,高一尺二寸,宽二尺四分。第二层:斜头翘一件:长六尺二寸七分八厘四毫,高一尺二寸,宽九寸。搭角正头翘后带正心瓜栱二件:各长三尺九寸九分,高一尺二寸,宽七寸四分四厘。第三层:斜二翘一件:长一十一尺五寸八毫,高一尺二寸,宽一尺三分二厘。搭角正二翘后带正心万栱二件:各长六尺六寸九分,高一尺二寸,宽七寸四分四厘。搭角闹二翘后带单材瓜栱二件:各长五尺七寸九分,高一尺二寸,宽六寸。里连头合角单材瓜栱二件:各长一尺八寸六分,高八寸四分,宽六寸。第四层:斜头昂后带翘头一件:各长一十八尺七寸九分六厘二毫,高一尺八寸,宽一尺一寸五分八厘。搭角正头昂后带正心枋二件:各前长七尺三寸八分;后长至平身科,高一尺八寸,宽七寸四分四厘。搭角闹头昂后带单材万栱二件:各长十尺一寸四分,高一尺八寸,宽六寸。搭角闹头昂后带单材瓜栱二件:各长九尺二寸四

分,高一尺八寸,宽六寸。里连头合角单材万栱二件:各长二尺七寸六分,高八寸四分,宽六寸(或与平身科单材万栱连做)。里连头合角单材瓜栱二件:各长一尺八寸六分,高八寸四分,宽六寸(或与平身科单材瓜栱连做)。**第五层**:斜二昂后带翘头一件:长二十三尺九寸五分二厘六毫,高一尺八寸,宽一尺二寸九分。搭角正二昂后带正心枋二件:各前长九尺一寸八分;后长至平身科,高一尺八寸,宽七寸四分四厘。搭角闹二昂后带拽枋二件:各前长九尺一寸八分;后长至平身科,高一尺八寸,宽六寸。搭角闹二昂后带单材万栱二件:各长一十一尺九寸四分,高一尺八寸,宽六寸。搭角闹二昂后带单材瓜栱二件:各长一十一尺四分,高一尺八寸,宽六寸。里连头合角单材万栱二件:各长二尺七寸六分,高八寸四分,宽六寸(或与平身科单材万栱连做)。里连头合角单材瓜栱二件:各长一尺八寸六分,高八寸四分,宽六寸(或与平身科单材瓜栱连做)。**第六层**:斜三昂后带菊花头一件:长二十八尺二寸五分四厘,高一尺八寸,宽一尺四寸一分六厘。搭角正三昂后带正心枋二件:各前长十尺九寸八分;后长至平身科,高一尺八寸,宽七寸四分四厘。搭角闹三昂二件:各长十尺九寸八分,高一尺八寸,宽六寸。搭角闹三昂后带拽枋二件:各前长十尺九寸八分;后长至平身科,高一尺八寸,宽六寸。搭角闹三昂后带单材万栱二件:各长一十三尺七寸四分,高一尺八寸,宽六寸。搭角闹三昂后带单材瓜栱二件:各长一十二尺八寸四分,高一尺八寸,宽六寸。里连头合角单材万栱二件:各长二尺七寸六分,高八寸四分,宽六寸(或与平身科单材万栱连做)。里连头合角单材瓜栱二件:各长一尺八寸六分,高八寸四分,宽六寸。**第七层**:由昂后带六分头一件:长三十一尺九寸五分七厘二毫,高一尺八寸,宽一尺五寸四分八厘。搭角正蚂蚱头后带正心枋二件:各前长十尺八寸;后长至平身科,高一尺二寸,宽七寸四分四厘。搭角闹蚂蚱头四件:各长十尺八寸,高一尺二寸,宽六寸。搭角闹蚂蚱头后带拽枋二件:各前长十尺八寸;后长至平身科,高一尺二寸,宽六寸。搭角闹蚂蚱头后带单材万栱二件:各长一十三尺五寸六分,高一尺二寸,宽六寸。搭角把臂厢栱二件:各长一十四尺四分,高八寸四分,宽六寸。里连头合角单材万栱二件:各长二尺七寸六分,高八寸四分,宽六寸(或与平身科单材万栱连做)。**第八层**:斜撑头木后带麻叶头一件:长二十八尺一寸四分四厘八毫,高一尺二寸,宽一尺五寸四分八厘。搭角正撑头木后带正心枋二件:各前长九尺;后长至平身科,高一尺二寸,宽七寸四分四厘。搭角闹撑头木后带拽枋二件:各前长九尺;后长至平身科,高一尺二寸,宽六寸。里连头合角厢栱二件:各长二尺一寸六分,高八寸四分,宽六寸(或与柱头科厢栱连做)。**第九层**:斜桁椀一件:长二十五尺三寸六分二厘,高四尺八寸,宽一尺五寸四分八厘。搭角正桁椀后带正心枋二件:各前长六尺二寸七分;后长至平身科,高四尺二寸,宽七寸四分四厘。贴升耳共二十二个:斜头翘四个,各长一尺一寸八分八厘;斜二翘四个,各长一尺三寸二分;斜头昂四个,各长一尺四寸四分六厘;斜二昂四个,各长一尺五寸七分八厘,斜三昂二个,各长一尺七寸四厘;由昂四个,各长一尺八寸三分六厘。俱高三寸六分,宽一寸四分四厘。十八斗十个:各长一尺八寸,高六寸,宽九寸。槽升子四个:各长七寸八分,高六寸,宽一尺四寸四分四厘。三才升三十八个:各长七寸八分,高六寸,宽九寸。

二、重翘三昂平身科图样二十二

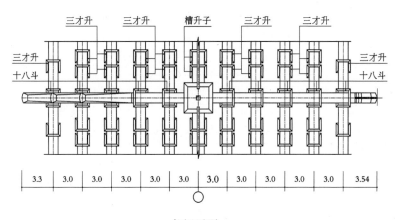

仰视平面

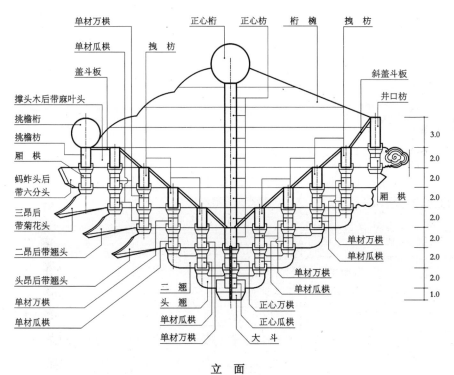

立　面

重翘三昂平身科图样二十二　分件一

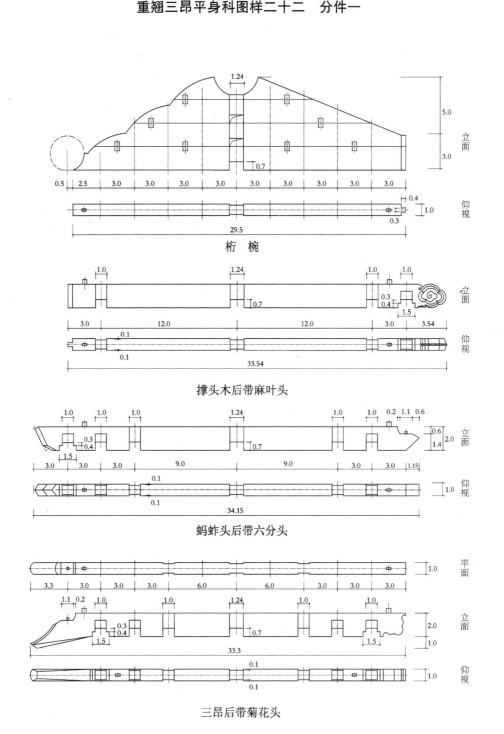

桁 椀

撑头木后带麻叶头

蚂蚱头后带六分头

三昂后带菊花头

重翘三昂平身科图样二十二　分件二

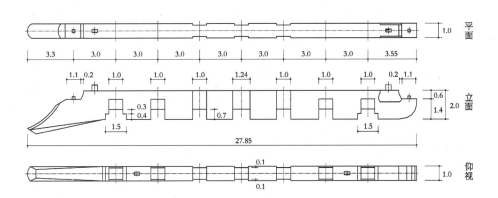

二昂后带翘头

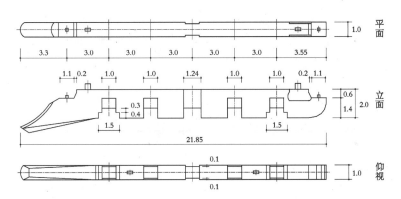

头昂后带翘头

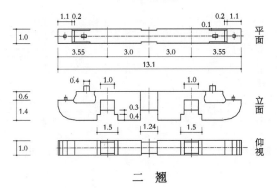

二　翘

重翘三昂平身科图样二十二　分件三

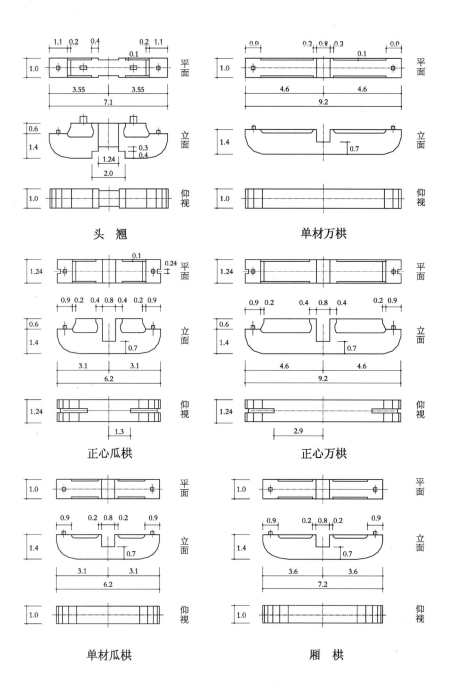

头　翘

单材万栱

正心瓜栱

正心万栱

单材瓜栱

厢　栱

三、重翘三昂柱头科图样二十三

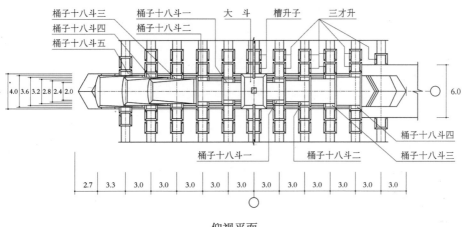

仰视平面

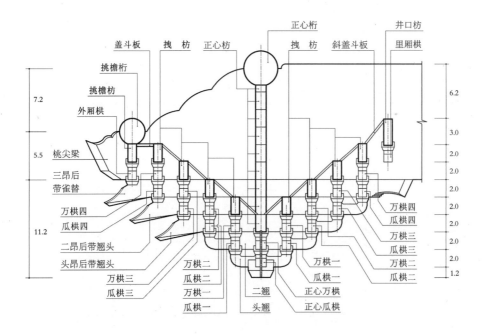

侧立面

重翘三昂柱头科图样二十三　分件一

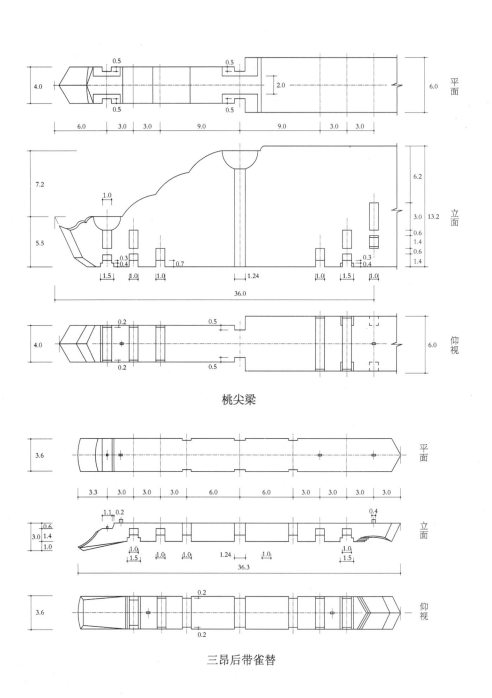

桃尖梁

三昂后带雀替

重翘三昂柱头科图样二十三　分件二

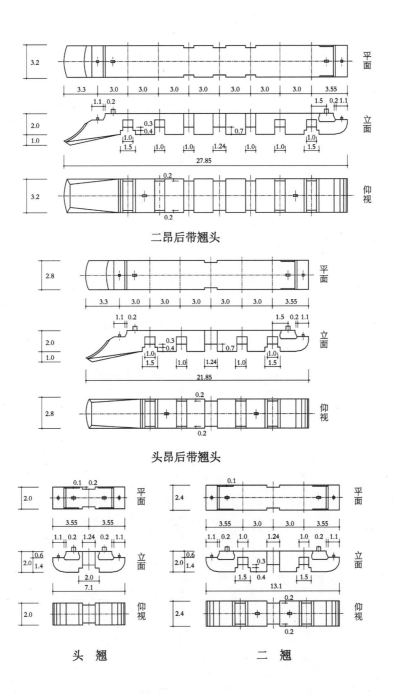

二昂后带翘头

头昂后带翘头

头翘　　　　　　　　二翘

重翘三昂柱头科图样二十三　分件三

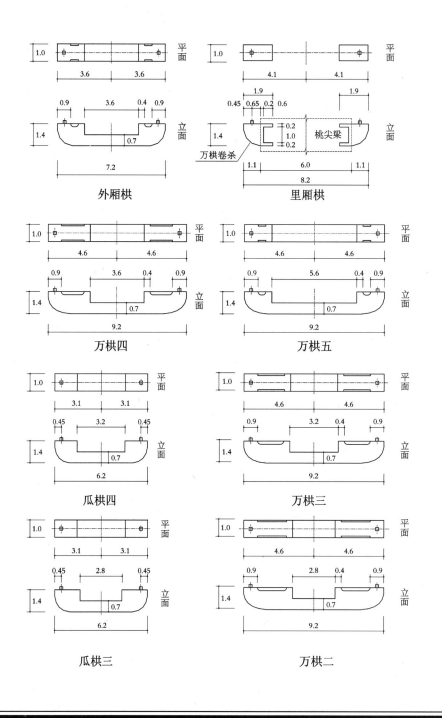

外厢棋

里厢棋

万棋四

万棋五

瓜棋四

万棋三

瓜棋三

万棋二

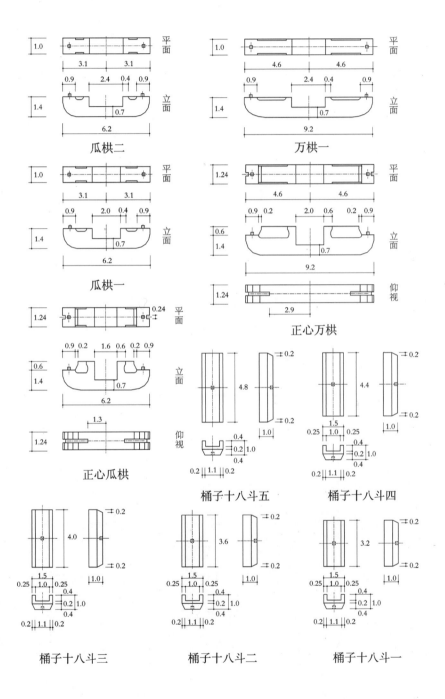

瓜栱二

万栱一

瓜栱一

正心万栱

正心瓜栱

桶子十八斗五

桶子十八斗四

桶子十八斗三

桶子十八斗二

桶子十八斗一

四、重翘三昂角科图样二十四

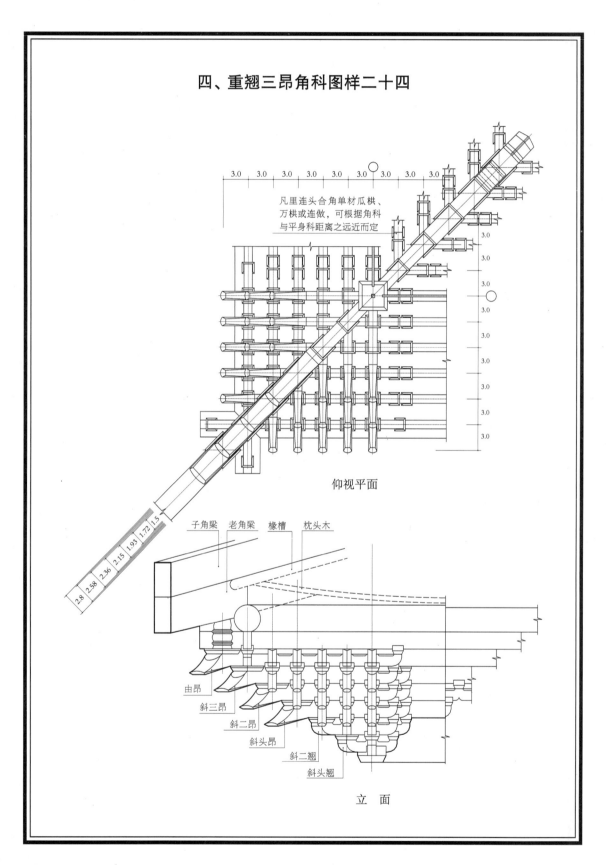

凡里连头合角单材瓜栱、
万栱或连做，可根据角科
与平身科距离之远近而定

仰视平面

子角梁　老角梁　椽槽　枕头木

由昂
斜三昂
斜二昂
斜头昂
斜二翘
斜头翘

立　面

重翘三昂角科图样二十四　分件一

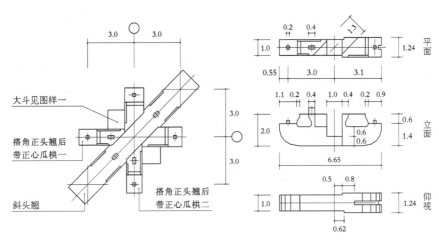

大斗见图样一

搭角正头翘后
带正心瓜栱一

斜头翘

搭角正头翘后
带正心瓜栱二

第一、二层平面

搭角正头翘后带正心瓜栱一

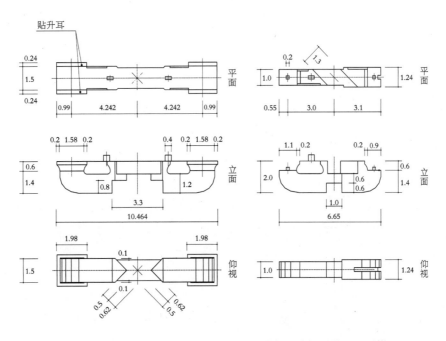

贴升耳

斜头翘

搭角正头翘后带正心瓜栱二

重翘三昂角科图样二十四　分件二

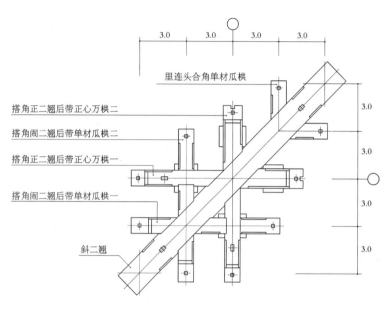

里连头合角单材瓜栱

搭角正二翘后带正心万栱二

搭角闹二翘后带单材瓜栱二

搭角正二翘后带正心万栱一

搭角闹二翘后带单材瓜栱一

斜二翘

第三层平面

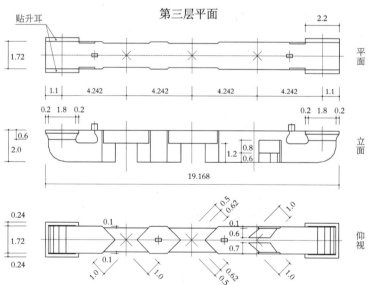

斜二翘

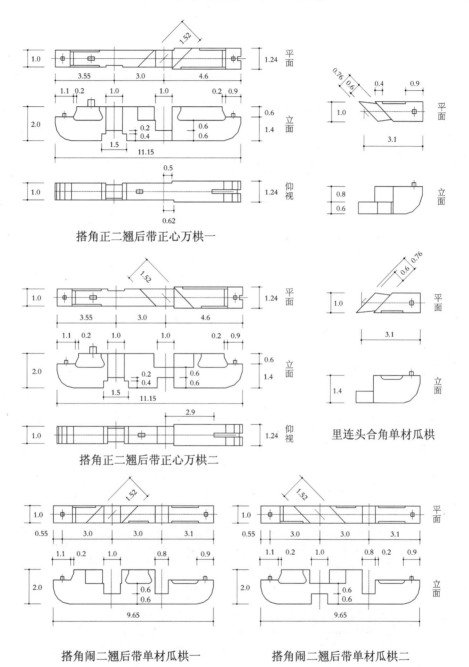

重翘三昂角科图样二十四　分件三

搭角正二翘后带正心万栱一

搭角正二翘后带正心万栱二

里连头合角单材瓜栱

搭角闹二翘后带单材瓜栱一

搭角闹二翘后带单材瓜栱二

重翘三昂角科图样二十四　分件四

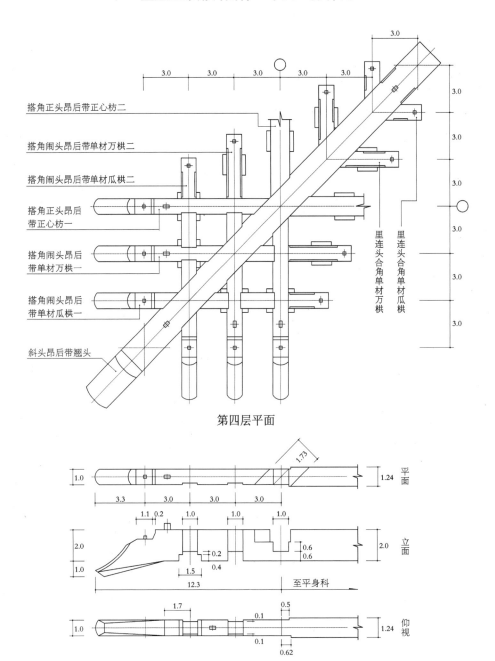

搭角正头昂后带正心枋二

搭角闹头昂后带单材万栱二

搭角闹头昂后带单材瓜栱二

搭角正头昂后带正心枋一

搭角闹头昂后带单材万栱一

搭角闹头昂后带单材瓜栱一

斜头昂后带翘头

里连头合角单材万栱

里连头合角单材瓜栱

第四层平面

搭角正头昂后带正心枋一

平面

立面

仰视

至平身科

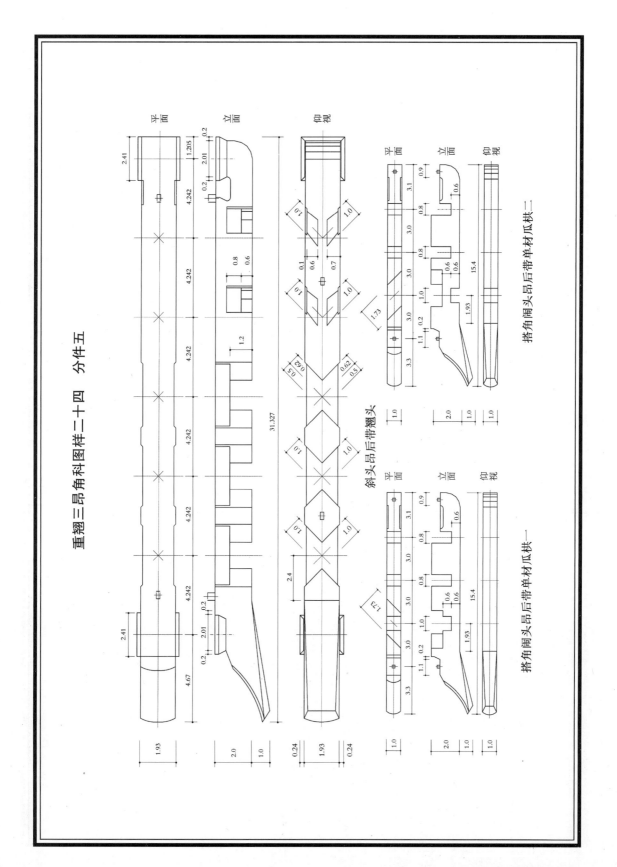

重翘三昂角科图样二十四　分件五

斜头昂后后带翘头

搭角闹头昂后后带单材瓜栱二

搭角闹头昂后后带单材瓜栱一

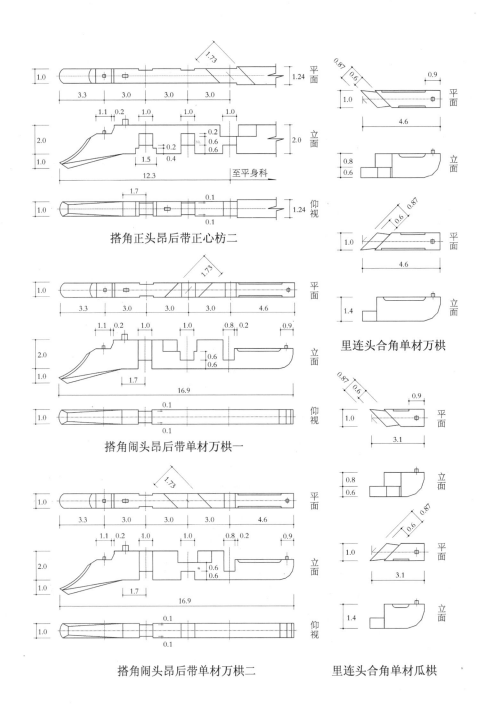

重翘三昂角科图样二十四　分件六

搭角正头昂后带正心枋二

搭角闹头昂后带单材万栱一

搭角闹头昂后带单材万栱二

里连头合角单材万栱

里连头合角单材瓜栱

重翘三昂角科图样二十四　分件七

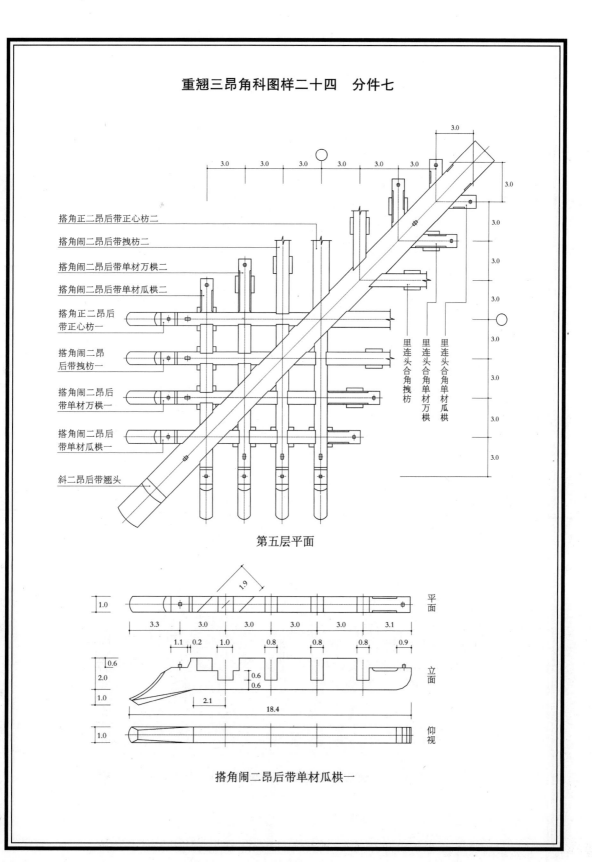

搭角正二昂后带正心枋二
搭角闹二昂后带拽枋二
搭角闹二昂后带单材万栱二
搭角闹二昂后带单材瓜栱二
搭角正二昂后带正心枋一
搭角闹二昂后带拽枋一
搭角闹二昂后带单材万栱一
搭角闹二昂后带单材瓜栱一
斜二昂后带翘头

里连头合角拽枋
里连头合角单材万栱
里连头合角单材瓜栱

第五层平面

平面
立面
仰视

搭角闹二昂后带单材瓜栱一

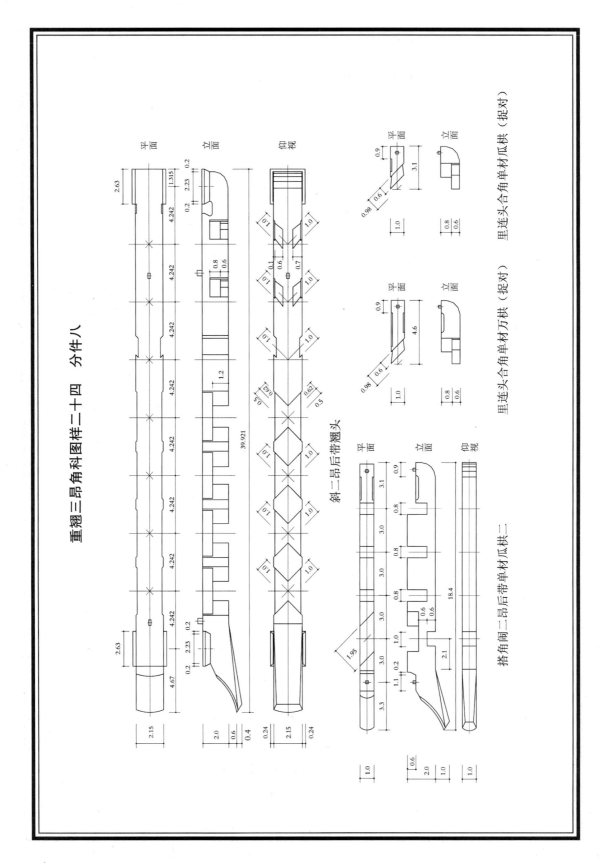

重翘三昂角科图样二十四　分件八

斜二昂后带翘头

搭角闹二昂后带单材瓜栱二

里连头合角单材万栱（捉对）

里连头合角单材瓜栱（捉对）

重翘三昂角科图样二十四　分件九

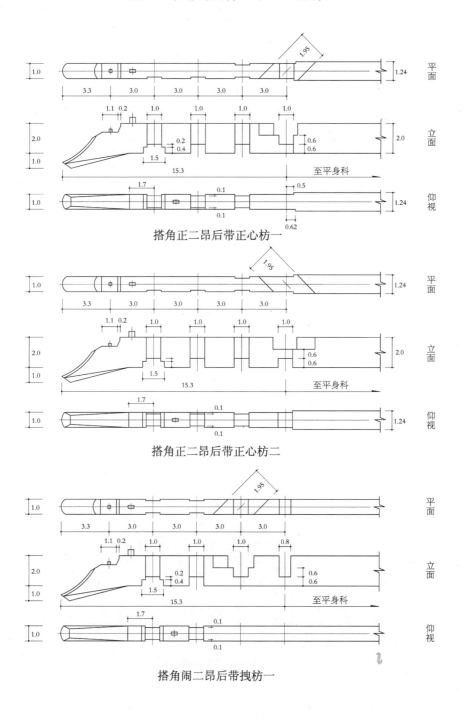

搭角正二昂后带正心枋一

搭角正二昂后带正心枋二

搭角闹二昂后带拽枋一

重翘三昂角科图样二十四　分件十

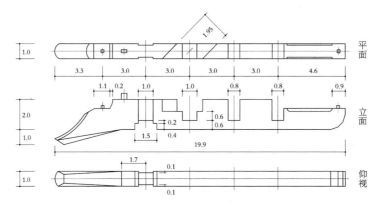

搭角闹二昂后带单材万栱一

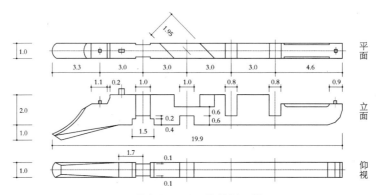

搭角闹二昂后带单材万栱二

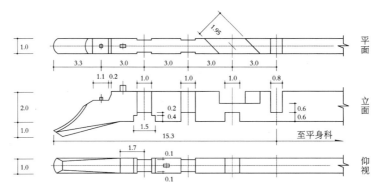

搭角闹二昂后带拽枋二

重翘三昂角科图样二十四　分件十一

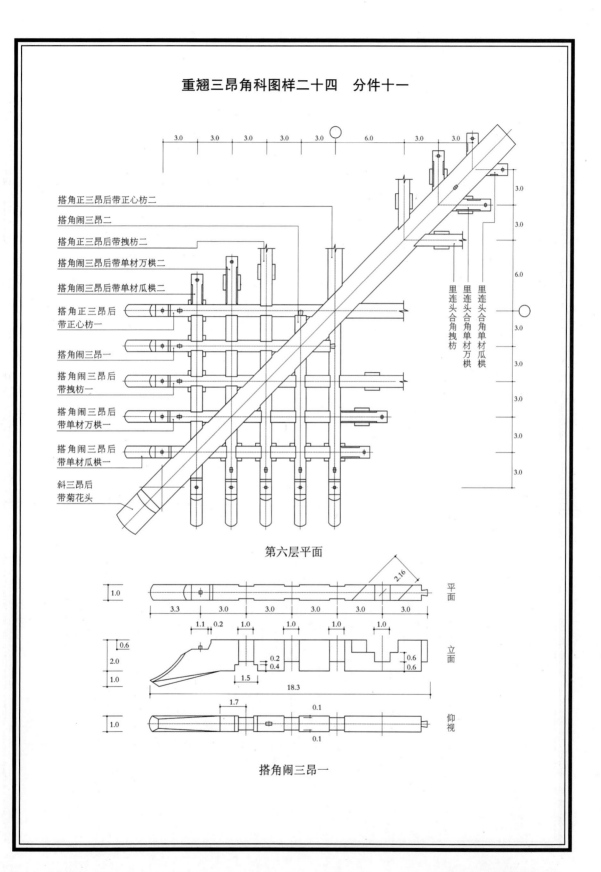

搭角正三昂后带正心枋二
搭角闹三昂二
搭角正三昂后带拽枋二
搭角闹三昂后带单材万栱二
搭角闹三昂后带单材瓜栱二
搭角正三昂后带正心枋一
搭角闹三昂一
搭角闹三昂后带拽枋一
搭角闹三昂后带单材万栱一
搭角闹三昂后带单材瓜栱一
斜三昂后带菊花头

里连头合角拽枋
里连头合角单材万栱
里连头合角单材瓜栱

第六层平面

搭角闹三昂一

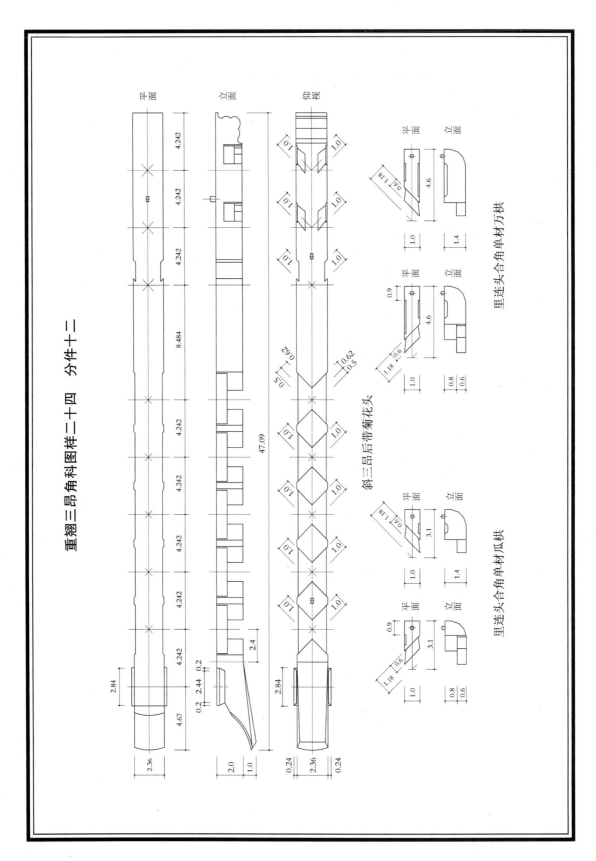

重翘三昂角科图样二十四 分件十二

里连头合角单材万栱

斜三昂后带菊花头

里连头合角单材瓜栱

重翘三昂角科图样二十四　分件十三

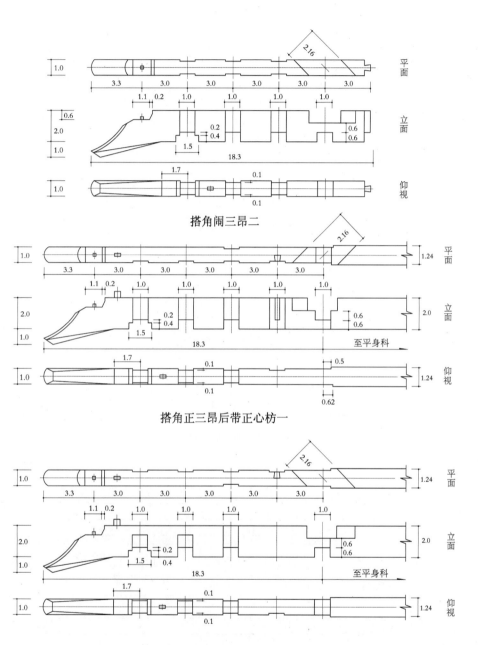

搭角闹三昂二

搭角正三昂后带正心枋一

搭角正三昂后带正心枋二

重翘三昂角科图样二十四 分件十四

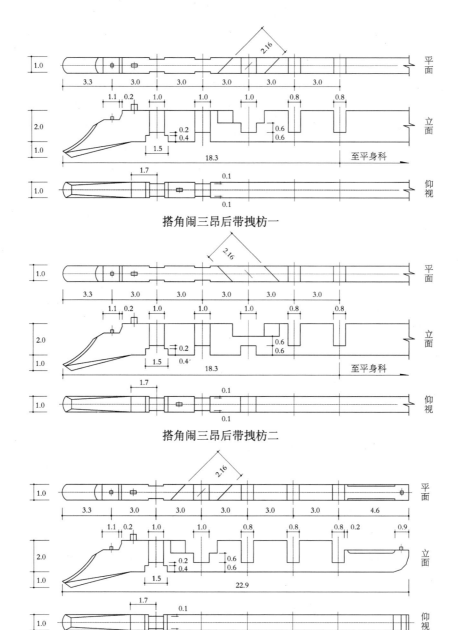

搭角闹三昂后带拽枋一

搭角闹三昂后带拽枋二

搭角闹三昂后带单材万栱一

重翘三昂角科图样二十四　分件十五

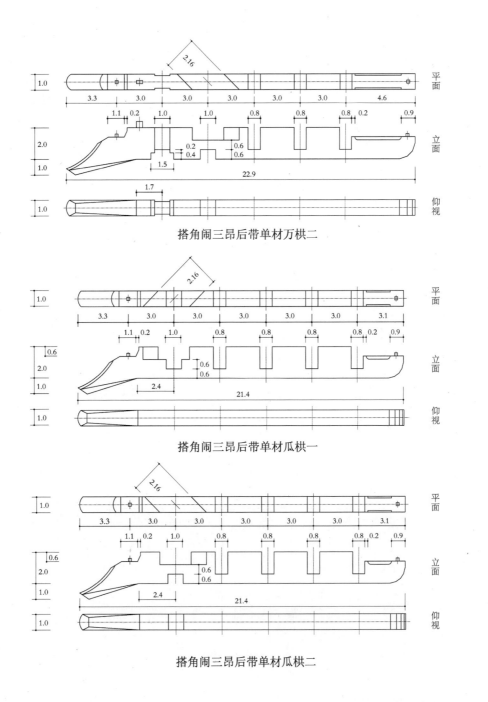

搭角闹三昂后带单材万栱二

搭角闹三昂后带单材瓜栱一

搭角闹三昂后带单材瓜栱二

重翘三昂角科图样二十四　分件十六

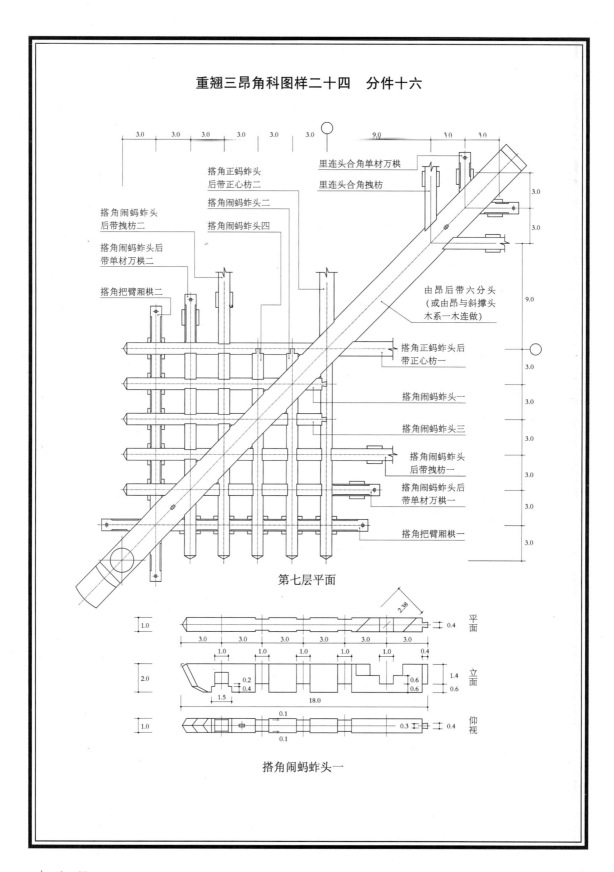

里连头合角单材万棋
里连头合角挑枋

搭角正蚂蚱头
后带正心枋二

搭角闹蚂蚱头二

搭角闹蚂蚱头四

搭角闹蚂蚱头
后带挑枋二

搭角闹蚂蚱头后
带单材万棋二

搭角把臂厢棋二

由昂后带六分头
（或由昂与斜撑头
木系一木连做）

搭角正蚂蚱头后
带正心枋一

搭角闹蚂蚱头一

搭角闹蚂蚱头三

搭角闹蚂蚱头
后带挑枋一

搭角闹蚂蚱头后
带单材万棋一

搭角把臂厢棋一

第七层平面

平面

立面

仰视

搭角闹蚂蚱头一

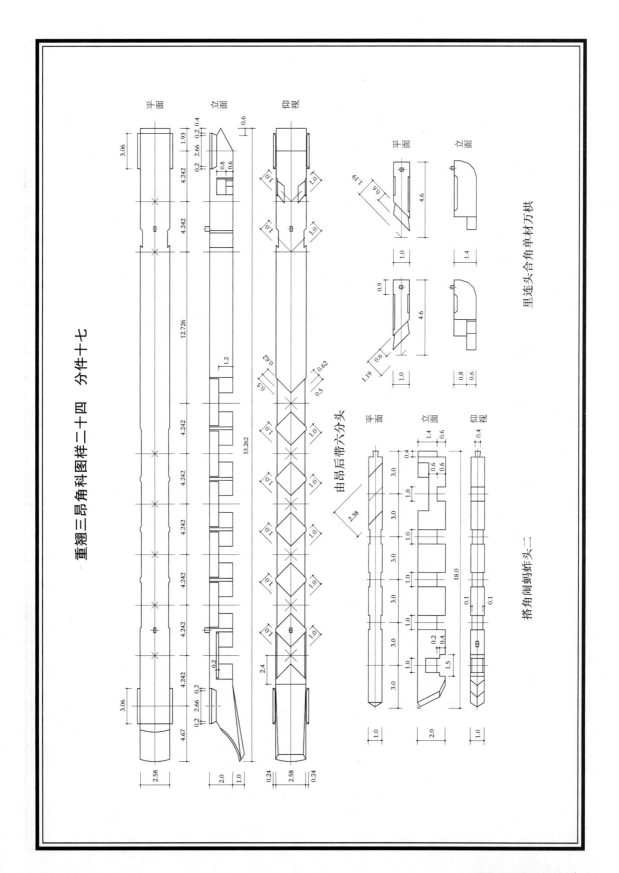

重翘三昂角科图样二十四　分件十七

里连头合角单材万栱

由昂后带六分头

搭角闹蚂蚱头二

重翘三昂角科图样二十四　分件十八

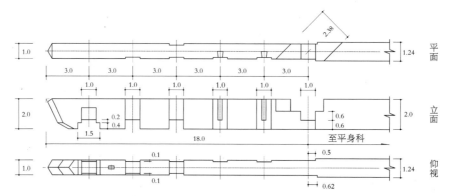

搭角正蚂蚱头后带正心枋一

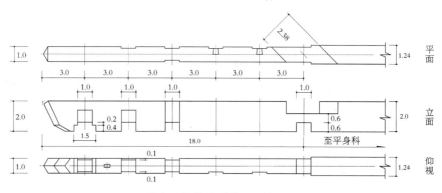

搭角正蚂蚱头后带正心枋二

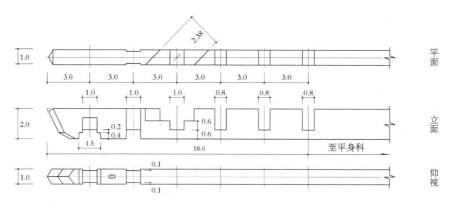

搭角闹蚂蚱头后带拽枋一

重翘三昂角科图样二十四　分件十九

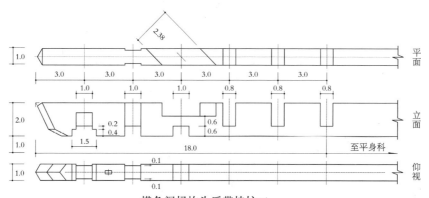

搭角闹蚂蚱头后带拽枋二

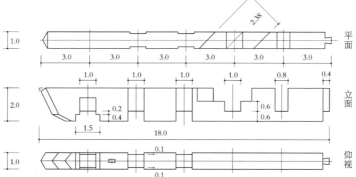

搭角闹蚂蚱头三

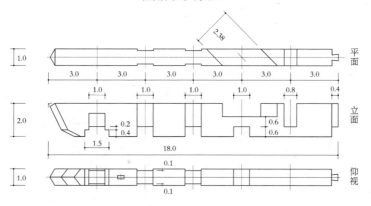

搭角闹蚂蚱头四

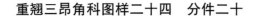

重翘三昂角科图样二十四　分件二十

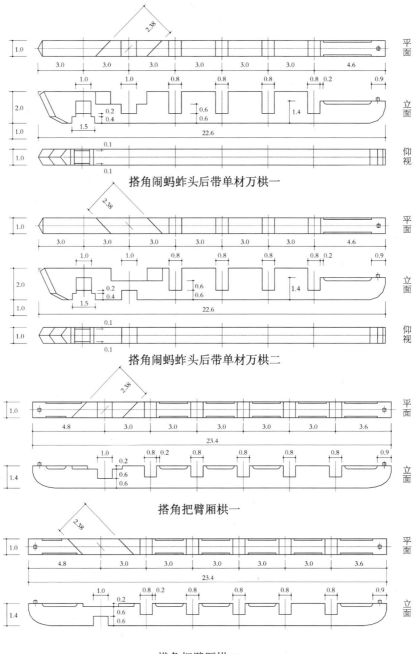

搭角闹蚂蚱头后带单材万栱一

搭角闹蚂蚱头后带单材万栱二

搭角把臂厢栱一

搭角把臂厢栱二

重翘三昂角科图样二十四　分件二十一

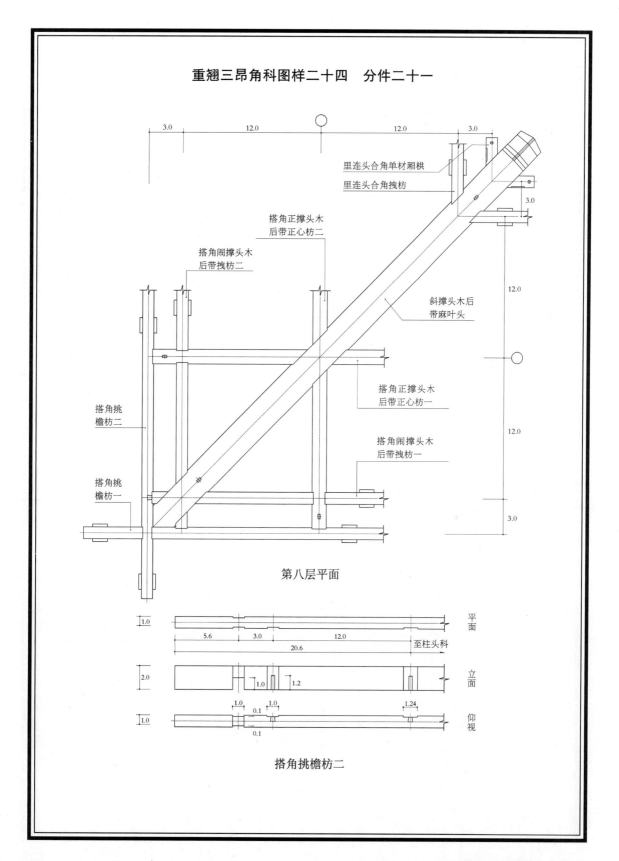

里连头合角单材厢栱
里连头合角搅枋

搭角正撑头木
后带正心枋二

搭角闹撑头木
后带搅枋二

斜撑头木后
带麻叶头

搭角正撑头木
后带正心枋一

搭角挑檐枋二

搭角闹撑头木
后带搅枋一

搭角挑檐枋一

第八层平面

平面

至柱头科

立面

仰视

搭角挑檐枋二

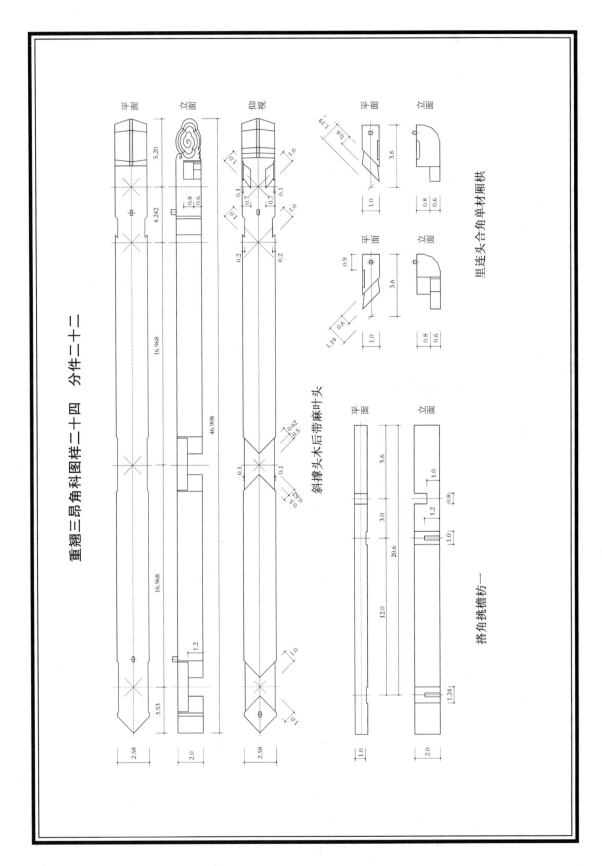

重翘三昂角科图样二十四　分件二十二

斜撑头木后带麻叶头

里连头合角单材厢栱

搭角挑檐枋一

重翘三昂角科图样二十四　分件二十三

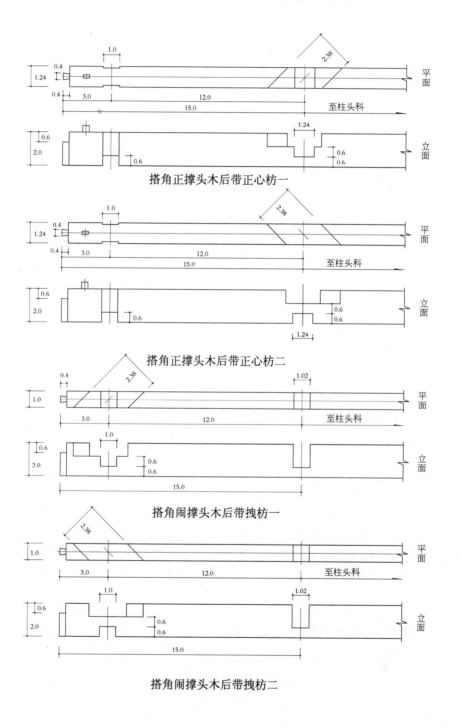

搭角正撑头木后带正心枋一

搭角正撑头木后带正心枋二

搭角正撑头木后带拽枋一

搭角闹撑头木后带拽枋二

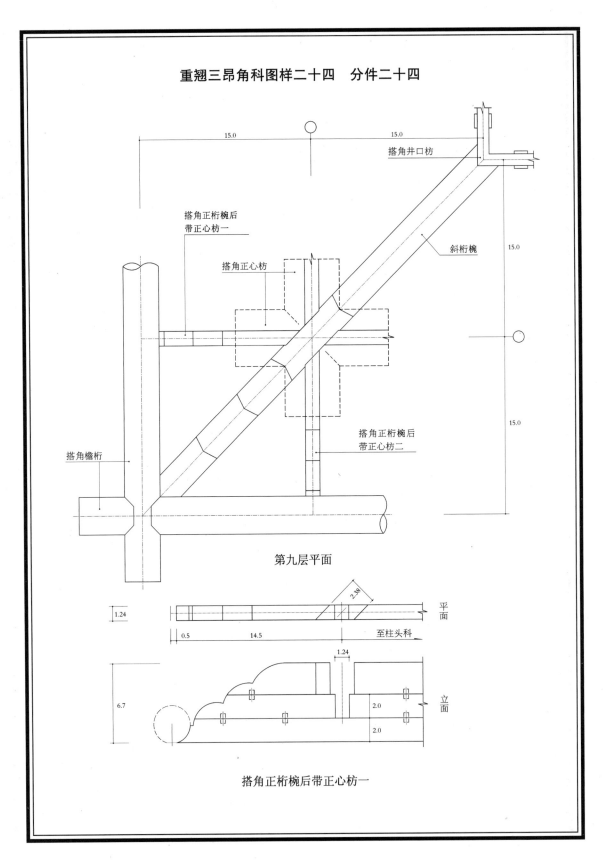

重翘三昂角科图样二十四　分件二十四

15.0　15.0

搭角井口枋

搭角正桁椀后带正心枋一

搭角正心枋

斜桁椀

15.0

搭角正桁椀后带正心枋二

搭角檐桁

15.0

第九层平面

2.38

平面

1.24

0.5　14.5

至柱头科

1.24

6.7

2.0

2.0

立面

搭角正桁椀后带正心枋一

重翘三昂角科图样二十四　分件二十五

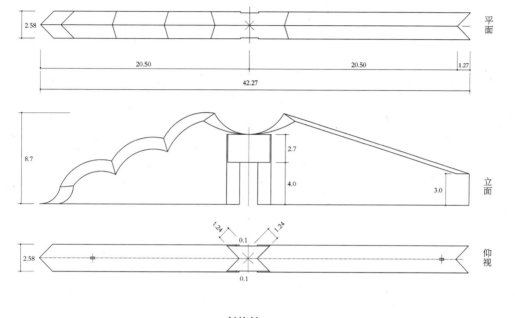

斜桁椀

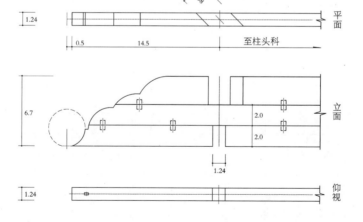

搭角正桁椀后带正心枋二

五、重翘三昂各件尺寸权衡表

单位:斗口

斗栱类别	构件名称	长	高	宽	件数	备注
平身科	大斗	3.0	2.0	3.0	1	
	头翘	7.1	2.0	1.0	1	
	二翘	13.1	2.0	1.0	1	
	头昂后带翘头	21.85	3.0	1.0	1	
	二昂后带翘头	27.85	3.0	1.0	1	
	三昂后带菊花头	33.3	3.0	1.0	1	
	蚂蚱头后带六分头	34.15	2.0	1.0	1	
	撑头木后带麻叶头	33.54	2.0	1.0	1	
	正心瓜栱	6.2	2.0	1.24	1	
	正心万栱	9.2	2.0	1.24	1	
	单材瓜栱	6.2	1.4	1.0	8	
	单材万栱	9.2	1.4	1.0	8	
	厢栱	7.2	1.4	1.0	2	
	桁椀	29.5	8.0	1.0	1	
	十八斗	1.8	1.0	1.5	10	
	槽升子	1.3	1.0	1.74	4	
	三才升	1.3	1.0	1.5	36	
柱头科	大斗	4.0	2.0	3.0	1	
	头翘	7.1	2.0	2.0	1	
	二翘	13.1	2.0	2.4	1	
	头昂后带翘头	21.85	3.0	2.8	1	
	二昂后带翘头	27.85	3.0	3.2	1	
	三昂后带雀替	36.3	3.0	3.6	1	
	正心瓜栱	6.2	2.0	1.24	1	
	正心万栱	9.2	2.0	1.24	1	
	单材瓜栱	6.2	1.4	1.0	8	
	单材万栱	9.2	1.4	1.0	8	
	外厢栱	7.2	1.4	1.0	1	
	里厢栱	1.9	1.4	1.0	2	两栱头共长8.2(中有桃尖梁)
	头翘桶子十八斗	3.2	1.0	1.5	2	
	二翘桶子十八斗	3.6	1.0	1.5	2	
	头昂桶子十八斗	4.0	1.0	1.5	2	
	二昂桶子十八斗	4.4	1.0	1.5	2	
	三昂桶子十八斗	4.8	1.0	1.5	1	
	槽升子	1.3	1.0	1.74	4	
	三才升	1.3	1.0	1.5	36	

续表

斗栱类别		构件名称	长	高	宽	件数	备注
角科	第一层	大斗	3.4	2.0	3.4	1	
	第二层	斜头翘	10.464	2.0	1.5	1	
		搭角正头翘后带正心瓜栱	6.65	2.0	1.24	2	
	第三层	斜二翘	19.168	2.0	1.72	1	
		搭角正二翘后带正心万栱	11.15	2.0	1.24	2	
		搭角闹二翘后带单材瓜栱	9.65	2.0	1.0	2	
		里连头合角单材瓜栱	3.1	1.4	1.0	2	
	第四层	斜头昂后带翘头	31.327	3.0	1.93	1	
		搭角正头昂后带正心枋	前长12.3	3.0	1.24	2	后长至平身科或柱头科
		搭角闹头昂后带单材万栱	16.9	3.0	1.0	2	
		搭角闹头昂后带单材瓜栱	15.4	3.0	1.0	2	
		里连头合角单材万栱	4.6	1.4	1.0	2	或与平身科单材万栱连做
		里连头合角单材瓜栱	3.1	1.4	1.0	2	
	第五层	斜二昂后带翘头	39.921	3.0	2.15	1	
		搭角正二昂后带正心枋	前长15.3	3.0	1.24	2	后长至平身科或柱头科
		搭角闹二昂后带拽枋	前长15.3	3.0	1.0	2	后长至平身科或柱头科
		搭角闹二昂后带单材万栱	19.9	3.0	1.0	2	
		搭角闹二昂后带单材瓜栱	18.4	3.0	1.0	2	
		里连头合角单材万栱	4.6	1.4	1.0	2	或与平身科单材万栱连做
		里连头合角单材瓜栱	3.1	1.4	1.0	2	或与平身科单材万栱连做
	第六层	斜三昂后带菊花头	47.9	3.0	2.36	1	
		搭角正三昂后带正心枋	前长18.3	3.0	1.24	2	后长至平身科或柱头科
		搭角闹三昂	18.3	3.0	1.0	2	
		搭角闹三昂后带拽枋	前长18.3	3.0	1.0	2	后长至平身科或柱头科
		搭角闹三昂后带单材万栱	22.9	3.0	1.0	2	
		搭角闹三昂后带单材瓜栱	21.4	3.0	1.0	2	
		里连头合角单材万栱	4.6	1.4	1.0	2	或与平身科单材万栱连做
		里连头合角单材瓜栱	3.1	1.4	1.0	2	
	第七层	由昂后带六分头	53.262	3.0	2.58	1	
		搭角正蚂蚱头后带正心枋	前长18.0	2.0	1.24	2	后长至平身科或柱头科
		搭角闹蚂蚱头	18.0	2.0	1.0	4	
		搭角闹蚂蚱头后带拽枋	前长18.0	2.0	1.0	2	后长至平身科或柱头科
		搭角闹头昂后带单材万栱	22.6	2.0	1.0	2	
		搭角把臂厢栱	23.4	1.4	1.0	2	
		里连头合角单材万栱	4.6	1.4	1.0	2	或与柱头科单材万栱连做

续表

斗栱类别		构件名称	长	高	宽	件数	备 注
角科	第八层	斜撑头木后带麻叶头	46.908	2.0	2.58	1	
		搭角正撑头木后带正心枋	前长15.0	2.0	1.24	2	后长至平身科或柱头科
		搭角闹撑头木后带拽枋	前长15.0	2.0	1.0	2	后长至平身科或柱头科
		里连头合角厢栱	3.6	1.4	1.0	2	或与柱头科厢栱连做
	第九层	斜桁椀	42.27	8.7	2.58	1	
		搭角正桁椀后带正心枋	前长10.45	6.7	1.24	2	后长至平身科
角科		斜头翘贴升耳	1.98	0.6	0.24	4	
		斜二翘贴升耳	2.2	0.6	0.24	4	
		斜头昂贴升耳	2.41	0.6	0.24	4	
		斜二昂贴升耳	2.63	0.6	0.24	4	
		斜三昂贴升耳	2.84	0.6	0.24	2	
		由昂贴升耳	3.06	0.6	0.24	4	
		十八斗	1.8	1.0	1.5	10	
		槽升子	1.3	1.0	1.74	4	
		三才升	1.3	1.0	1.5	38	

第十四节　挑金落金造溜金斗科

一、挑金造溜金斗科图样二十五

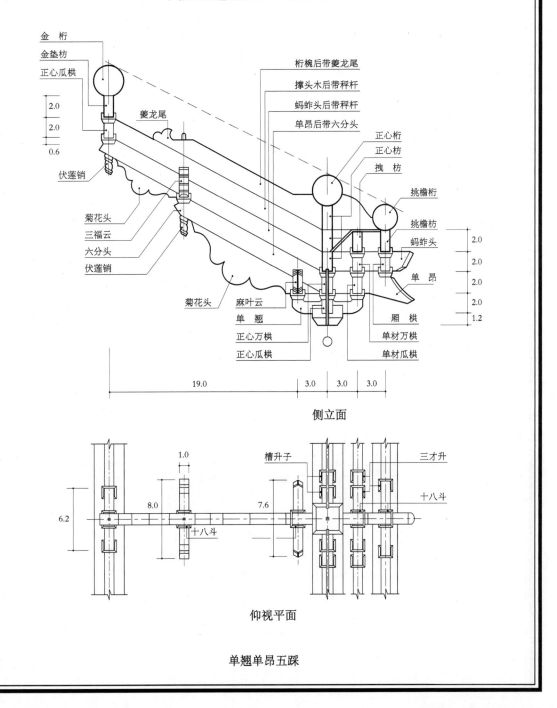

侧立面

仰视平面

单翘单昂五踩

二、落金造溜金斗科图样二十六

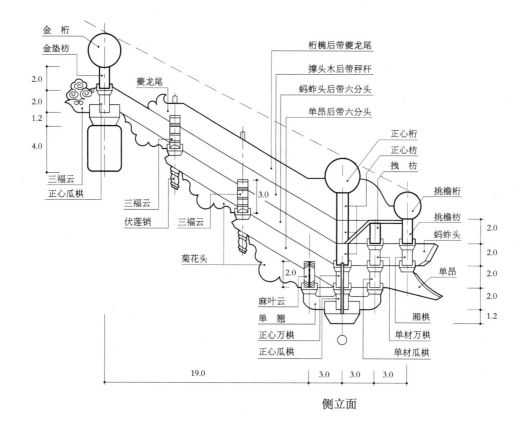

金桁

金垫枋

2.0
2.0
1.2
4.0

三福云
正心瓜栱

夔龙尾

三福云
伏莲销

三福云

菊花头

麻叶云
单翘
正心万栱
正心瓜栱

桁椀后带夔龙尾
撑头木后带秤杆
蚂蚱头后带六分头
单昂后带六分头

正心桁
正心枋
拽 枋

挑檐桁
挑檐枋
蚂蚱头
单昂

厢栱
单材万栱
单材瓜栱

3.0

2.0

2.0
2.0
2.0
2.0
1.2

19.0   3.0 3.0 3.0

侧立面

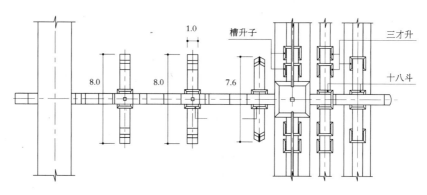

1.0

槽升子

三才升

十八斗

8.0   8.0   7.6

仰视平面

单翘单昂五踩

第十五节　隔架科

一、隔架科斗口一寸至六寸各件尺寸

（一）隔架科斗口一寸各件尺寸开后

[隔架科]　荷叶墩一个：长九寸，宽二寸，高二寸四分。大斗一个：长三寸，宽四寸，高二寸。单栱一件：长六寸二分，宽二寸，高二寸。重栱一件：长九寸二分，宽二寸，高二寸。雀替一件：长二尺，宽二寸，高四寸。槽升子单栱三个，重栱五个，各长一寸三分，宽二寸五分，高一寸。

（二）隔架科斗口一寸五分各件尺寸开后

[隔架科]　荷叶墩一个：长一尺三寸五分，宽三寸，高三寸六分。大斗一个：长四寸五分，宽六寸，高三寸。单栱一件：长九寸三分，宽三寸，高三寸。重栱一件：长一尺三寸八分，宽三寸，高三寸。雀替一件：长三尺，宽三寸，高六寸。槽升子单栱三个，重栱五个，各长一寸九分五厘，宽三寸七分五厘，高一寸五分。

（三）隔架科斗口二寸各件尺寸开后

[隔架科]　荷叶墩一个：长一尺八寸，宽四寸，高四寸八分。大斗一个：长六寸，宽八寸，高四寸。单栱一件：长一尺二寸四分，宽四寸，高四寸。重栱一件：长一尺八寸四分，宽四寸，高四寸。雀替一件：长四尺，宽四寸，高八寸。槽升子单栱三个，重栱五个，各长二寸六分，宽五寸，高二寸。

（四）隔架科斗口二寸五分各件尺寸开后

[隔架科]　荷叶墩一个：长二尺二寸五分，宽五寸，高六寸。大斗一个：长七寸五分，宽一尺，高五寸。单栱一件：长一尺五寸五分，宽五寸，高五寸。重栱一件：长二尺三寸，宽五寸，高五寸。雀替一件：长五尺，宽五寸，高一尺。槽升子单栱三个，重栱五个，各长三寸二分五厘，宽六寸二分五厘，高二寸五分。

（五）隔架科斗口三寸各件尺寸开后

[隔架科]　荷叶墩一个：长二尺七寸，宽六寸，高七寸二分。大斗一个：长九寸，宽一尺二寸，高六寸。单栱一件：长一尺八寸六分，宽六寸，高六寸。重栱一件：长二尺七寸六分，宽六寸，高六寸。雀替一件：长六尺，宽六寸，高一尺二寸。槽升子单栱三个，重栱五个，各长三寸九分，宽七寸五分，高三寸。

（六）隔架科斗口三寸五分各件尺寸开后

[隔架科]　荷叶墩一个：长三尺一寸五分，宽七寸，高八寸四分。大斗一个：长一尺五分，宽一尺四寸，高七寸。单栱一件：长二尺一寸七分，宽七寸，高七寸。重栱一件：长三尺二寸二分，宽七寸，高七寸。雀替一件：长七尺，宽七寸，高一尺四寸。槽升子单栱三个，重栱五个，各长四寸五分五厘，宽八寸七分五厘，高三寸五分。

(七）隔架科斗口四寸各件尺寸开后

[隔架科]　荷叶墩一个：长三尺六寸，宽八寸，高九寸六分。大斗一个：长一尺二寸，宽一尺六寸，高八寸。单栱一件：长二尺四寸八分，宽八寸，高八寸。重栱一件：长三尺六寸八分，宽八寸，高八寸。雀替一件：长八尺，宽八寸，高一尺二寸。槽升子单栱三个，重栱五个，各长五寸二分，宽一尺，高四寸。

(八）隔架科斗口四寸五分各件尺寸开后

[隔架科]　荷叶墩一个：长四尺五分，宽九寸，高一尺八分。大斗一个：长一尺三寸五分，宽一尺八分，高九寸。单栱一件：长二尺七寸九分，宽九寸，高九寸。重栱一件：长四尺九寸四分，宽九寸，高九寸。雀替一件：长九尺，宽九寸，高一尺八分。槽升子单栱三个，重栱五个，各长五寸八分五厘，宽一尺一寸二分五厘，高四寸五分。

(九）隔架科斗口五寸各件尺寸开后

[隔架科]　荷叶墩一个：长四尺五寸，宽一尺，高一尺二寸。大斗一个：长一尺五寸，宽二尺，高一尺。单栱一件：长三尺一寸，宽一尺，高一尺。重栱一件：长四尺六寸，宽一尺，高一尺。雀替一件：长十尺，宽一尺，高二尺。槽升子单栱三个，重栱五个，各长六寸五分，宽一尺二寸五分，高五寸。

(十）隔架科斗口五寸五分各件尺寸开后

[隔架科]　荷叶墩一个：长四尺九寸五分，宽一尺一寸，高一尺三寸二分。大斗一个：长一尺六寸五分，宽二尺二寸，高一尺一寸。单栱一件：长三尺四寸一分，宽一尺一寸，高一尺一寸。重栱一件：长五尺六寸，宽一尺一寸，高一尺一寸。雀替一件：长十一尺，宽一尺一寸，高二尺二寸。槽升子单栱三个，重栱五个，各长七寸一分五厘，宽一尺三寸七分五厘，高五寸五分。

(十一）隔架科斗口六寸各件尺寸开后

[隔架科]　荷叶墩一个：长五尺四寸，宽一尺二寸，高一尺四寸四分。大斗一个：长一尺八寸，宽二尺四寸，高一尺二寸。单栱一件：长三尺七寸二分，宽一尺二寸，高一尺二寸。重栱一件：长五尺五寸二分，宽一尺二寸，高一尺二寸。雀替一件：长一尺十二尺，宽一尺二寸，高二尺四寸。槽升子单栱三个，重栱五个：各长七寸八分，宽一尺五寸，高六寸。

二、隔架科图样二十七

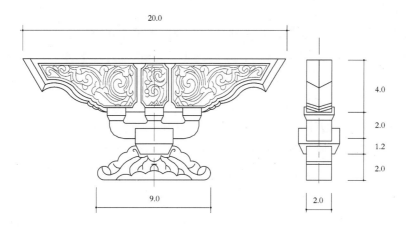

单　栱

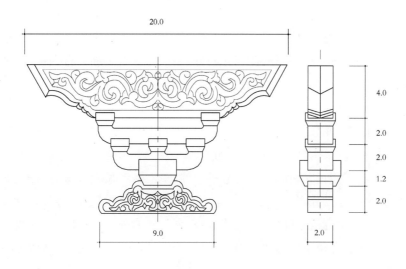

重　栱

第十六节　三滴水品字科

一、三滴水品字科斗口一寸至六寸各件尺寸

(一)三滴水品字平身科、柱头科、角科斗口一寸各件尺寸开后

[平身科]　大斗一个:长三寸,高二寸,宽三寸。头翘一件:长七寸一分;二翘一件:长一尺三寸一分;麻叶头一件:长一尺五寸五分四厘;撑头木一件:长一尺二寸。俱宽一寸,高二寸。正心瓜栱一件:长六寸二分;正心万栱一件:长九寸二分。俱宽一寸二分四厘,高二寸。单材瓜栱二件:各长六寸二分;单材万栱一件:长九寸二分;里万栱鸳鸯交手一件:长一尺二寸六分;外厢栱二件:各长七寸二分;里厢栱鸳鸯交手一件:长八寸六分。俱宽一寸,高一寸四分。十八斗四个:各长一寸八分,宽一寸五分;槽升子四个:各长一寸三分,宽一寸七分四厘;三才升十二个:各长一寸三分,宽一寸五分。俱高一寸。

[柱头科]　大斗一个:长四寸,宽三寸,高二寸。头翘一件:长七寸一分,宽二寸,高二寸。二翘一件:长一尺三寸一分,宽三寸,高二寸。正心瓜栱一件:长六寸二分;正心万栱一件:长九寸二分。俱宽一寸二分四厘,高二寸。单材瓜栱二件:各长六寸二分;单材万栱二件:各长九寸二分;厢栱二件:各长七寸二分。俱宽一寸,高一寸四分。桶子十八斗四个:头翘二个,各长三寸八分;二翘二个,各长四寸八分。俱宽一寸五分,高一寸。槽升子四个:各长一寸三分,宽一寸七分四厘;三才升十二个:各长一寸三分,宽一寸五分。俱高一寸。

[角科]　大斗一个:长三寸四分,宽三寸四分,高二寸。斜头翘一件:长一尺四分六厘四毫,宽一寸五分,高二寸。斜二翘一件:长一尺九寸二分八毫,宽一寸九分三厘,高二寸(或系斜踩步梁连做)。斜麻叶头一件:长二尺三寸一分八厘一毫,宽二寸三分六厘(或系斜踩步梁连做);斜撑头木一件:长一尺六寸九分七厘,宽二寸三分六厘。俱高二寸(或系斜踩步梁连做)。搭角正头翘后带正心瓜栱二件:正头翘各长三寸五分五厘,宽一寸;正心瓜栱各长三寸一分,宽一寸二分四厘。俱高二寸。搭角正二翘后带正心万栱二件:正二翘各长六寸五分五厘,宽一寸;正心万栱各长四寸六分,宽一寸二分四厘。俱高二寸。外搭角单材瓜栱二件:各长六寸一分,高一寸四分,宽一寸。外搭角单材万栱二件:各长七寸六分,高一寸四分,宽一寸。外厢栱二件:长七寸二分,高一寸四分;里连头合角单材瓜栱二件:各长三寸一分,高一寸四分。俱宽一寸。里连头合角单材万栱二件(已与平身科单材万栱连做)。里连头合角厢栱二件(已与平身科厢栱连做)。贴斜头翘升耳四个:各长一寸九分八厘;贴斜二翘升耳四个:各长二寸四分一厘。俱高六分,宽二分四厘。十八斗四个:各长一寸八分,宽一寸五分;槽升子四个:各长一寸三分,宽一寸七分四厘;三才升十二个:各长一寸三分,宽一寸五分。俱高一寸。

(二)三滴水品字平身科、柱头科、角科斗口一寸五分各件尺寸开后

[平身科]　大斗一个:长四寸五分,高三寸,宽四寸五分。头翘一件:长一尺六分五厘;二翘一

件:长一尺九寸六分五厘;麻叶头一件:长二尺三寸三分一厘;撑头木一件:长一尺八寸。俱宽一寸五分,高三寸。正心瓜栱一件:长九寸三分;正心万栱一件:长一尺三寸八分。俱宽一寸八分六厘,高三寸。单材瓜栱二件:各长九寸三分;单材万栱一件:长一尺三寸八分;里万栱鸳鸯交手一件:长一尺八寸九分;外厢栱二件:各长一尺八寸;里厢栱鸳鸯交手一件:长一尺二寸九分。俱宽一寸五分,高二寸一分。十八斗四个:各长二寸七分,宽二寸二分五厘;槽升子四个:各长一寸九分五厘,宽二寸六分一厘;三才升十二个:各长一寸九分五厘,宽二寸二分五厘。俱高一寸五分。

[柱头科] 大斗一个:长六寸,宽四寸五分,高三寸。头翘一件:长一尺六分五厘,宽三寸,高三寸。二翘一件:长一尺九寸六分五厘,宽四寸五分,高三寸。正心瓜栱一件:长九寸三分;正心万栱一件:长一尺三寸八分。俱宽一寸八分六厘,高三寸。单材瓜栱二件:各长九寸三分;单材万栱二件:各长一尺三寸八分;厢栱二件:各长一尺八寸。俱宽一寸五分,高二寸一分。桶子十八斗四个:头翘二个,各长五寸七分;二翘二个,各长七寸二分。俱宽二寸二分五厘,高一寸五分。槽升子四个:各长一寸九分五厘,宽二寸六分一厘;三才升十二个:各长一寸九分五厘,宽二寸二分五厘。俱高一寸五分。

[角科] 大斗一个:长五寸一分,宽五寸一分,高三寸。斜头翘一件:长一尺五寸六分九厘六毫,宽二寸二分五厘,高三寸。斜二翘一件:长二尺八寸八分一厘二毫,宽二寸八分九厘五毫,高三寸(或系斜踩步梁连做)。斜麻叶头一件:长三尺四寸七分七厘二毫,宽三寸五分四厘(或系斜踩步梁连做);斜撑头木一件:长二尺五寸四分五厘五毫,宽三寸五分四厘。俱高三寸(或系斜踩步梁连做)。搭角正头翘后带正心瓜栱二件:正头翘各长五寸三分二厘五毫,宽一寸五分;正心瓜栱各长四寸六分五厘,宽一寸六分八厘。俱高三寸。搭角正二翘后带正心万栱二件:正二翘各长九寸八分二厘五毫,宽一寸五分;正心万栱各长六寸九分,宽一寸八分六厘。俱高三寸。外搭角单材瓜栱二件:各长九寸一分五厘,高二寸一分,宽一寸五分。外搭角单材万栱二件:各长一尺一寸四分,高二寸一分,宽一寸五分。外厢栱二件:长一尺八寸,高二寸一分;里连头合角单材瓜栱二件:各长四寸六分五厘,高二寸一分。俱宽一寸五分。里连头合角单材万栱二件(已与平身科单材万栱连做)。里连头合角厢栱二件(已与平身科厢栱连做)。贴斜头翘升耳四个:各长二寸九分七厘;贴斜二翘升耳四个:各长三寸六分一厘五毫。俱高九分,宽三分六厘。十八斗四个:各长二寸七分,宽二寸二分五厘;槽升子四个:各长一寸九分五厘,宽二寸六分一厘;三才升十二个:各长一寸九分五厘,宽二寸二分五厘。俱高一寸五分。

(三)三滴水品字平身科、柱头科、角科斗口二寸各件尺寸开后

[平身科] 大斗一个:长六寸,高四寸,宽六寸。头翘一件:长一尺四寸二分;二翘一件:长二尺六寸二分;麻叶头一件:长三尺一寸八厘;撑头木一件:长二尺四寸。俱宽二寸,高四寸。正心瓜栱一件:长一尺二寸四分;正心万栱一件:长一尺八寸四分。俱宽二寸四分八厘,高四寸。单材瓜栱二件:各长一尺二寸四分;外单材万栱一件:长一尺八寸四分;里万栱鸳鸯交手一件:长二尺五寸二分;外厢栱二件:各长一尺四寸四分;里厢栱鸳鸯交手一件:长一尺七寸二分。俱宽二寸,高二寸八分。十八斗四个:各长三寸六分,宽三寸;槽升子四个:各长二寸六分,宽三寸四分八厘;三才升十二个:各长二寸六分,宽三寸。俱高二寸。

[柱头科]　大斗一个:长八寸,宽六寸,高四寸。头翘一件:长一尺四寸二分,宽四寸,高四寸。二翘一件:长二尺六寸二分,宽六寸,高四寸。正心瓜栱一件:长一尺二寸四分;正心万栱一件:长一尺八寸四分。俱宽二寸四分八厘,高四寸。单材瓜栱二件:各长一尺二寸四分;单材万栱二件:各长一尺八寸四分;厢栱二件:各长一尺四寸四分。俱宽二寸,高二寸八分。桶子十八斗四个:头翘二个,各长七寸六分;二翘二个,各长九寸六分。俱宽三寸,高二寸。槽升子四个:各长二寸六分,宽三寸四分八厘;三才升十二个:各长二寸六分,宽三寸。俱高二寸。

[角科]　大斗一个:长六寸八分,宽六寸八分,高四寸。斜头翘一件:长二尺九分二厘八毫,宽三寸,高四寸。斜二翘一件:长三尺八寸四分一厘六毫,宽三寸八分六厘,高四寸(或系斜踩步梁连做)。斜麻叶头一件:长四尺六寸三分六厘二毫,宽四寸七分二厘(或系斜踩步梁连做);斜撑头木一件:长三尺三寸九分四厘,宽四寸七分二厘。俱高四寸(或系斜踩步梁连做)。搭角正头翘后带正心瓜栱二件:正头翘各长七寸一分,宽二寸;正心瓜栱各长六寸二分,宽二寸四分八厘。俱高四寸。搭角正二翘后带正心万栱二件:正二翘各长一尺三寸一分,宽二寸;正心万栱各长九寸二分,宽二寸四分八厘。俱高四寸。外搭角单材瓜栱二件:各长一尺二寸二分,高二寸八分,宽二寸。外搭角单材万栱二件:各长一尺五寸二分,高二寸八分,宽二寸。外厢栱二件:各长一尺四寸四分,高二寸八分;里连头合角单材瓜栱二件:各长六寸二分,高二寸八分。俱宽二寸。里连头合角单材万栱二件(已与平身科单材万栱连做)。里连头合角厢栱二件(已与平身科厢栱连做)。贴斜头翘升耳四个:各长三寸九分六厘;贴斜二翘升耳四个:各长四寸八分二厘。俱高一寸二分,宽四分八厘。十八斗四个:各长三寸六分,宽三寸;槽升子四个:各长二寸六分,宽三寸四分八厘;三才升十二个:各长二寸六分,宽三寸。俱高二寸。

(四) 三滴水品字平身科、柱头科、角科斗口二寸五分各件尺寸开后

[平身科]　大斗一个:长七寸五分,高五寸,宽七寸五分。头翘一件:长一尺七寸七分五厘;二翘一件:长三尺二寸七分五厘;麻叶头一件:长三尺八寸八分五厘;撑头木一件:长三尺。俱宽二寸五分,高五寸。正心瓜栱一件:长一尺五寸五分;正心万栱一件:长二尺三寸。俱宽三寸一分,高五寸。单材瓜栱二件:各长一尺五寸五分;外单材万栱一件:长二尺三寸;里万栱鸳鸯交手一件:长三尺一寸五分;外厢栱二件:各长一尺八寸;里厢栱鸳鸯交手一件:长二尺一寸五分。俱宽二寸五分,高三寸五分。十八斗四个:各长四寸五分,宽三寸七分五厘;槽升子四个:各长三寸二分五厘,宽四寸三分五厘;三才升十二个:各长三寸二分五厘,宽三寸七分五厘。俱高二寸五分。

[柱头科]　大斗一个:长一尺,宽七寸五分,高五寸。头翘一件:长一尺七寸七分五厘,宽五寸,高五寸。二翘一件:长三尺二寸七分五厘,宽七寸五分,高五寸。正心瓜栱一件:长一尺五寸五分;正心万栱一件:长二尺三寸。俱宽三寸一分,高五寸。单材瓜栱二件:各长一尺五寸五分;单材万栱二件:各长二尺三寸;厢栱二件:各长一尺八寸。俱宽二寸五分,高三寸五分。桶子十八斗四个:头翘二个,各长九寸五分;二翘二个,各长一尺二寸。俱宽三寸七分五厘,高二寸五分。槽升子四个:各长三寸二分五厘,宽四寸三分五厘;三才升十二个:各长三寸二分五厘,宽三寸七分五厘。俱高二寸五分。

[角科]　大斗一个:长八寸五分,宽八寸五分,高五寸。斜头翘一件:长二尺六寸一分六厘,宽

三寸七分五厘,高五寸。斜二翘一件:长四尺八寸二厘,宽四寸八分二厘五毫,高五寸(或系斜踩步梁连做)。斜麻叶头一件:长五尺七寸九分五厘三毫,宽五寸九分(或系斜踩步梁连做);斜撑头木一件:长四尺二寸四分二厘五毫,宽五寸九分。俱高五寸(或系斜踩步梁连做)。搭角正头翘后带正心瓜栱二件:正头翘各长八寸八分七厘五毫,宽二寸五分;正心瓜栱各长七寸七分五厘,宽三寸一分。俱高五寸。搭角正二翘后带正心万栱二件:正二翘各长一尺六寸三分七厘五毫,宽二寸五分;正心万栱各长一尺一寸五分,宽三寸一分。俱高五寸。外搭角单材瓜栱二件:各长一尺五寸二分五厘,高三寸五分,宽二寸五分。外搭角单材万栱二件:各长一尺九寸,高三寸五分,宽二寸五分。外厢栱二件:各长一尺八寸,高三寸五分;里连头合角单材瓜栱二件:各长七寸七分五厘,高三寸五分。俱宽二寸五分。里连头合角单材万栱二件(已与平身科单材万栱连做)。里连头合角厢栱二件(已与平身科厢栱连做)。贴斜头翘升耳四个:各长四寸九分五厘;贴斜二翘升耳四个:各长六寸二厘五毫。俱高一寸五分,宽六分。十八斗四个:各长四寸五分,宽三寸七分五厘;槽升子四个:各长三寸二分五厘,宽四寸三分五厘;三才升十二个:各长三寸二分五厘,宽三寸七分五厘。俱高二寸五分。

(五)三滴水品字平身科、柱头科、角科斗口三寸各件尺寸开后

[平身科] 大斗一个:长九寸,高六寸,宽九寸。头翘一件:长二尺一寸三分;二翘一件:长三尺九寸三分;麻叶头一件:长四尺六寸六分二厘;撑头木一件:长三尺六寸。俱宽三寸,高六寸。正心瓜栱一件:长一尺八寸六分;正心万栱一件:长二尺七寸六分。俱宽三寸七分二厘,高六寸。单材瓜栱二件:各长一尺八寸六分;外单材万栱一件:长二尺七寸六分;里万栱鸳鸯交手一件:长三尺七寸八分;外厢栱二件:各长二尺一寸六分;里厢栱鸳鸯交手一件:长二尺五寸八分。俱宽三寸,高四寸二分。十八斗四个:各长五寸四分,宽四寸五分;槽升子四个:各长三寸九分,宽五寸二分二厘;三才升十二个:各长三寸九分,宽四寸五分。俱高三寸。

[柱头科] 大斗一个:长一尺二寸,宽九寸,高六寸。头翘一件:长二尺一寸三分,宽六寸,高六寸。二翘一件:长三尺九寸三分,宽九寸,高六寸。正心瓜栱一件:长一尺八寸六分;正心万栱一件:长二尺七寸六分。俱宽三寸七分二厘,高六寸。单材瓜栱二件:各长一尺八寸六分;单材万栱二件:各长二尺七寸六分;厢栱二件:各长二尺一寸六分。俱宽三寸,高四寸二分。桶子十八斗四个:头翘二个,各长一尺一寸四分;二翘二个,各长一尺四寸四分。俱宽四寸五分,高三寸。槽升子四个:各长三寸九分,宽五寸二分二厘;三才升十二个:各长三寸九分,宽四寸五分。俱高三寸。

[角科] 大斗一个:长一尺二寸,宽一尺二寸,高六寸。斜头翘一件:长三尺一寸三分九厘二毫,宽四寸五分,高六寸。斜二翘一件:长五尺七寸六分二厘四毫,宽五寸七分九厘,高六寸(或系斜踩步梁连做)。斜麻叶头一件:长六尺九寸五分四厘三毫,宽七寸八厘(或系斜踩步梁连做);斜撑头木一件:长五尺九分一厘,宽七寸八厘。俱高六寸(或系斜踩步梁连做)。搭角正头翘后带正心瓜栱二件:正头翘各长一尺六分五厘,宽三寸;正心瓜栱各长九寸三分,宽三寸七分二厘。俱高六寸。搭角正二翘后带正心万栱二件:正二翘各长一尺九寸六分五厘,宽三寸;正心万栱各长一尺三寸八分,宽三寸七分二厘。俱高六寸。外搭角单材瓜栱二件:各长一尺八寸三分,高四寸二分,宽三寸。外搭角单材万栱二件:各长二尺二寸八分,高四寸二分,宽三寸。外厢栱二件:各长二尺一寸六分,高四寸二分;里连头合角单材瓜栱二件:各长九寸三分,高四寸二

分。俱宽三寸。里连头合角单材万栱二件(已与平身科单材万栱连做)。里连头合角厢栱二件(已与平身科厢栱连做)。贴斜头翘升耳四个:各长五寸九分四厘;贴斜二翘升耳四个:各长七寸二分三厘。俱高一寸八分,宽七分二厘。十八斗四个:各长五寸四分,宽四寸五分;槽升子四个:各长三寸九分,宽五寸二分二厘。三才升十二个:各长三寸九分,宽四寸五分。俱高三寸。

(六) 三滴水品字平身科、柱头科、角科斗口三寸五分各件尺寸开后

[平身科]　大斗一个:长一尺五分,高七寸,宽一尺五分。头翘一件:长二尺四寸八分五厘;二翘一件:长四尺五寸八分五厘;麻叶头一件:长五尺四寸三分九厘;撑头木一件:长四尺二寸。俱宽三寸五分,高七寸。正心瓜栱一件:长二尺一寸七分;正心万栱一件:长三尺二寸二分。俱宽四寸三分四厘,高七寸。单材瓜栱二件:各长二尺一寸七分;外单材万栱一件:长三尺二寸二分;里万栱鸳鸯交手一件:长四尺四一分;外厢栱二件:各长二尺五寸二分。俱宽三寸五分,高四寸九分。十八斗四个:各长六寸三分,宽五寸二分五厘;槽升子四个:各长四寸五分五厘,宽六寸九厘;三才升十二个:各长四寸五分五厘,宽五寸二分五厘。俱高三寸五分。

[柱头科]　大斗一个:长一尺四寸,宽一尺五分,高七寸。头翘一件:长二尺四寸八分五厘,宽七寸,高七寸。二翘一件:长四尺五寸八分五厘,宽一尺五分,高七寸。正心瓜栱一件:长二尺一寸七分;正心万栱一件:长三尺二寸二分。俱宽四寸三分四厘,高七寸。单材瓜栱二件:各长二尺一寸七分;单材万栱二件:各长三尺二寸二分;厢栱二件:各长二尺五寸二分。俱宽三寸五分,高四寸九分。桶子十八斗四个:头翘二个,各长一尺三寸三分;二翘二个,各长一尺六寸八分。俱宽五寸二分五厘,高三寸五分。槽升子四个:各长四寸五分五厘,宽六寸九厘;三才升十二个:各长四寸五分五厘,宽五寸二分五厘。俱高三寸五分。

[角科]　大斗一个:长一尺一寸九分,宽一尺一寸九分,高七寸。斜头翘一件:长三尺六寸六分二厘四毫,宽五寸二分五厘,高七寸。斜二翘一件:长六尺七寸二分二厘八毫,宽六寸七分五厘五毫,高七寸(或系斜踩步梁连做)。斜麻叶头一件:长八尺一寸一分三厘四毫,宽八寸二分六厘(或系斜踩步梁连做);斜撑头木一件:长五尺九寸三分九厘五毫,宽八寸二分六厘。俱高七寸(或系斜踩步梁连做)。搭角正头翘后带正心瓜栱二件:正头翘各长一尺二寸四分二厘五毫,宽三寸五分;正心瓜栱各长一尺八分五厘,宽四寸三分四厘。俱高七寸。搭角正二翘后带正心万栱二件:正二翘各长二尺二寸九分二厘五毫,宽三寸五分;正心万栱各长一尺六寸一分,宽四寸三分四厘。俱高七寸。外搭角单材瓜栱二件:各长二尺一寸三分五厘,高四寸九分,宽三寸五分。外搭角单材万栱二件:各长二尺六寸六分,高四寸九分,宽三寸五分;外厢栱二件:长二尺五寸二分,高四寸九分;里连头合角单材瓜栱二件:各长一尺八分五厘,高四寸九分。俱宽三寸五分。里连头合角单材万栱二件(已与平身科单材万栱连做)。里连头合角厢栱二件(已与平身科厢栱连做)。贴斜头翘升耳四个:各长六寸九分三厘;贴斜二翘升耳四个:各长八寸四分三厘五毫。俱高二寸一分,宽八分四厘。十八斗四个:各长六寸三分,宽五寸二分五厘;槽升子四个:各长四寸五分五厘,宽六寸九厘;三才升十二个:各长四寸五分五厘,宽五寸二分五厘。俱高三寸五分。

(七) 三滴水品字平身科、柱头科、角科斗口四寸各件尺寸开后

[平身科]　大斗一个:长一尺二寸,高八寸,宽一尺二寸。头翘一件:长二尺八寸四分;二翘

一件:长五尺二寸四分;麻叶头一件:长六尺二寸一分六厘;撑头木一件:长四尺八寸。俱宽四寸,高八寸。正心瓜栱一件:长二尺四寸八分;正心万栱一件:长三尺六寸八分。俱宽四寸九分六厘,高八寸。单材瓜栱二件:各长二尺四寸八分;外单材万栱一件:长三尺六寸八分;里万栱鸳鸯交手一件:长五尺四分;外厢栱二件:各长二尺八寸八分;里厢栱鸳鸯交手一件:长三尺四寸四分。俱宽四寸,高五寸六分。十八斗四个:各长七寸二分,宽六寸;槽升子四个:各长五寸二分,宽六寸九分六厘;三才升十二个:各长五寸二分,宽六寸。俱高四寸。

[柱头科] 大斗一个:长一尺六寸,宽一尺二寸,高八寸。头翘一件:长二尺八寸四分,宽八寸,高八寸。二翘一件:长五尺二寸四分,宽一尺二寸,高八寸。正心瓜栱一件:长二尺四寸八分;正心万栱一件:长三尺六寸八分。俱宽四寸九分六厘,高八寸。单材瓜栱二件:各长二尺四寸八分;单材万栱二件:各长三尺六寸八分;厢栱二件:各长二尺八寸八分。俱宽四寸,高五寸六分。桶子十八斗四个:头翘二个,各长一尺五寸二分;二翘二个,各长一尺九寸二分。俱宽六寸,高四寸。槽升子四个:各长五寸二分,宽六寸九分六厘;三才升十二个:各长五寸二分,宽六寸。俱高四寸。

[角科] 大斗一个:长一尺三寸六分,宽一尺三寸六分,高八寸。斜头翘一件:长四尺一寸八分五厘六毫,宽六寸,高八寸。斜二翘一件:长七尺六寸八分三厘二毫,宽七寸七分二厘,高八寸(或系斜踩步梁连做)。斜麻叶头一件:长九尺二寸七分二厘四毫,宽九寸四分四厘(或系斜踩步梁连做);斜撑头木一件:长六尺七寸八分八厘,宽九寸四分四厘。俱高八寸(或系斜踩步梁连做)。搭角正头翘后带正心瓜栱二件:正头翘各长一尺四寸二分,宽四寸;正心瓜栱各长一尺二寸四分,宽四寸九分六厘。俱高八寸。搭角正二翘后带正心万栱二件:正二翘各长二尺六寸二分,宽四寸;正心万栱各长一尺八寸四分,宽四寸九分六厘。俱高八寸。外搭角单材瓜栱二件:各长二尺四寸四分,高五寸六分,宽四寸。外搭角单材万栱二件:各长三尺四分,高五寸六分。宽四寸。外厢栱二件:长二尺八寸八分,高五寸六分;里连头合角单材瓜栱二件:各长一尺二寸四分,高五寸六分。俱宽四寸。里连头合角单材万栱二件(已与平身科单材万栱连做)。里连头合角厢栱二件(已与平身科厢栱连做)。贴斜头翘升耳四个:各长七寸九分二厘;贴斜二翘升耳四个:各长九寸六分四厘。俱高二寸四分,宽九分六厘。十八斗四个:各长七寸二分,宽六寸;槽升子四个:各长五寸二分,宽六寸九分六厘;三才升十二个:各长五寸二分,宽六寸。俱高四寸。

(八)三滴水品字平身科、柱头科、角科斗口四寸五分各件尺寸开后

[平身科] 大斗一个:长一尺三寸五分,高九寸,宽一尺三寸五分。头翘一件:长三尺一寸九分五厘;二翘一件:长五尺八寸九分五厘;麻叶头一件:长六尺九寸九分三厘;撑头木一件:长五尺四寸。俱宽四寸五分,高九寸。正心瓜栱一件:长二尺七寸九分;正心万栱一件:长四尺一寸四分。俱宽五寸五分八厘,高九寸。单材瓜栱二件:各长二尺七寸九分;外单材万栱一件:长四尺一寸四分;里万栱鸳鸯交手一件:长五尺六寸七分;外厢栱二件:各长三尺二寸四分;里厢栱鸳鸯交手一件:长三尺八寸七分。俱宽四寸五分,高六寸三分。十八斗四个:各长八寸一分,宽六寸七分五厘;槽升子四个:各长五寸八分五厘,宽六寸七分五厘;三才升十二个:各长五寸八分五厘,宽六寸七分五厘。俱高四寸五分。

[柱头科] 大斗一个:长一尺八寸,宽一尺三寸五分,高九寸。头翘一件:长三尺一寸九分

五厘,宽九寸,高九寸。二翘一件:长五尺八寸九分五厘,宽一尺三寸五分,高九寸。正心瓜栱一件:长二尺七寸九分;正心万栱一件:长四尺一寸四分。俱宽五寸五分八厘,高九寸。单材瓜栱二件:各长二尺七寸九分;单材万栱二件:各长四尺一寸四分;厢栱二件:各长三尺二寸四分。俱宽四寸五分,高六寸三分。桶子十八斗四个:头翘二个,各长一尺七寸一分;二翘二个,各长二尺一寸六分。俱宽六寸七分五厘,高四寸五分。槽升子四个:各长五寸八分五厘,宽六寸七分五厘;三才升十二个:各长五寸八分五厘,宽六寸七分五厘。俱高四寸五分。

[角科] 大斗一个:长一尺五寸三分,宽一尺五寸三分,高九寸。斜头翘一件:长四尺七寸八厘八毫,宽六寸七分五厘,高九寸。斜二翘一件:长八尺六寸四分三厘六毫,宽八寸六分八厘五毫,高九寸(或系斜踩步梁连做)。斜麻叶头一件:长十尺四寸三分一厘五毫,宽一尺六分二厘(或系斜踩步梁连做);斜撑头木一件:长七尺六寸三分六厘五毫,宽一尺六分二厘。俱高九寸(或系斜踩步梁连做)。搭角正头翘后带正心瓜栱二件:正头翘各长一尺五寸九分七厘五毫,宽四寸五分;正心瓜栱各长一尺三寸九分五厘,宽五寸五分八厘。俱高九寸。搭角正二翘后带正心万栱二件:正二翘各长二尺九寸四分七厘五毫,宽四寸五分;正心万栱各长二尺七分,宽五寸五分八厘。俱高九寸。外搭角单材瓜栱二件:各长二尺七寸四分五厘,高六寸三分,宽四寸五分。外搭角单材万栱二件:各长三尺四寸二分,高六寸三分,宽四寸五分。外厢栱二件:各长三尺二寸四分,高六寸三分;里连头合角单材瓜栱二件:各长二尺七分,高六寸三分。俱宽四寸五分。里连头合角单材万栱二件(已与平身科单材万栱连做)。里连头合角厢栱二件(已与平身科厢栱连做)。贴斜头翘升耳四个:各长八寸九分一厘;贴斜二翘升耳四个:各长一尺八分四厘五毫。俱高二寸七分,宽一寸八厘。十八斗四个:各长八寸一分,宽六寸七分五厘;槽升子四个:各长五寸八分五厘,宽六寸七分五厘;三才升十二个:各长五寸八分五厘,宽六寸七分五厘。俱高四寸五分。

(九)三滴水品字平身科、柱头科、角科斗口五寸各件尺寸开后

[平身科] 大斗一个:长一尺五寸,高一尺,宽一尺五寸。头翘一件:长三尺五寸五分;二翘一件:长六尺五寸五分;麻叶头一件:长七尺七寸七分;撑头木一件:长六尺。俱宽五寸,高一尺。正心瓜栱一件:长三尺一寸;正心万栱一件:长四尺六寸。俱宽六寸二分,高一尺。单材瓜栱二件:各长三尺一寸;外单材万栱一件:长四尺六寸;里万栱鸳鸯交手一件:长六尺三寸;外厢栱二件:各长三尺六寸;里厢栱鸳鸯交手一件:长四尺三寸。俱宽五寸,高七寸。十八斗四个:各长九寸,宽七寸五分;槽升子四个:各长六寸五分,宽八寸七分;三才升十二个:各长六寸五分,宽七寸五分。俱高五寸。

[柱头科] 大斗一个:长二尺,宽一尺五寸,高一尺。头翘一件:长三尺五寸五分,宽一尺,高一尺。二翘一件:长六尺五寸五分,宽一尺五寸,高一尺。正心瓜栱一件:长三尺一寸;正心万栱一件:长四尺六寸。俱宽六寸二分,高一尺。单材瓜栱二件:各长三尺一寸;单材万栱二件:各长四尺六寸;厢栱二件:各长三尺六寸。俱宽五寸,高七寸。桶子十八斗四个:头翘二个,各长一尺九寸;二翘二个,各长二尺四寸。俱宽七寸五分,高五寸。槽升子四个:各长六寸五分,宽八寸七分;三才升十二个:各长六寸五分,宽七寸五分。俱高五寸。

[角科] 大斗一个:长一尺七寸,宽一尺七寸,高一尺。斜头翘一件:长五尺二寸三分二厘,宽七寸五分,高一尺。斜二翘一件:长九尺六寸四厘,宽九寸六分五厘,高一尺(或系斜踩步梁连做)。

斜麻叶头一件:长一十一尺五寸九分五毫,宽一尺一寸八分(或系斜踩步梁连做);斜撑头木一件:长八尺四寸八分五厘,宽一尺一寸八分。俱高一尺(或系斜踩步梁连做)。搭角正头翘后带正心瓜栱二件:正头翘各长一尺七寸七分五厘,宽五寸;正心瓜栱各长一尺五寸五分,宽六寸二分。俱高一尺。搭角正二翘后带正心万栱二件:正二翘各长三尺二寸七分五厘,宽五寸;正心万栱各长二尺三寸,宽六寸二分。俱高一尺。外搭角单材瓜栱二件:各长三尺五分,高七寸,宽五寸。外搭角单材万栱二件:各长三尺八寸,高七寸,宽五寸。外厢栱二件:各长三尺六寸,高七寸;里连头合角单材瓜栱二件:各长一尺五寸五分,高七寸。俱宽五寸。里连头合角单材万栱二件(已与平身科单材万栱连做)。里连头合角厢栱二件(已与平身科厢栱连做)。贴斜头翘升耳四个:各长九寸九分;贴斜二翘升耳四个:各长一尺二寸五厘。俱高三寸,宽一寸二分。十八斗四个:各长九寸,宽七寸五分;槽升子四个:各长六寸五分,宽八寸七分;三才升十二个:各长六寸五分,宽七寸五分。俱高五寸。

(十)三滴水品字平身科、柱头科、角科斗口五寸五分各件尺寸开后

[平身科] 大斗一个:长一尺六寸五分,高一尺一寸,宽一尺六寸五分。头翘一件:长三尺九寸五厘;二翘一件:长七尺二寸五厘;麻叶头一件:长八尺五寸四分七厘;撑头木一件:长六尺六寸。俱宽五寸五分,高一尺一寸。正心瓜栱一件:长三尺四寸一分;正心万栱一件:长五尺六分。俱宽六寸八分二厘,高一尺一寸。单材瓜栱二件:各长三尺四寸一分;外单材万栱一件:长五尺六分;里万栱鸳鸯交手一件:长六尺九寸三分;外厢栱二件:各长三尺九寸六分;里厢栱鸳鸯交手一件:长四尺七寸三分。俱宽五寸五分,高七寸七分。十八斗四个:各长九寸九分,宽八寸二分五厘;槽升子四个:各长七寸一分五厘,宽九寸五分七厘;三才升十二个:各长七寸一分五厘,宽八寸二分五厘。俱高五寸五分。

[柱头科] 大斗一个:长二尺二寸,宽一尺六寸五分,高一尺一寸。头翘一件:长三尺九寸五厘,宽一尺一寸,高一尺一寸。二翘一件:长七尺二寸五厘,宽一尺六寸五分,高一尺一寸。正心瓜栱一件:长三尺四寸一分;正心万栱一件:长五尺六分。俱宽六寸八分二厘,高一尺一寸。单材瓜栱二件:各长三尺四寸一分;单材万栱二件:各长五尺六分;厢栱二件:各长三尺九寸六分。俱宽五寸五分,高七寸七分。桶子十八斗四个:头翘二个,各长二尺九寸;二翘二个,各长二尺六寸四分。俱宽八寸二分五厘,高五寸五分。槽升子四个:各长七寸一分五厘,宽九寸五分七厘;三才升十二个:各长七寸一分五厘,宽八寸二分五厘。俱高五寸五分。

[角科] 大斗一个:长一尺八寸七分,宽一尺八寸七分,高一尺一寸。斜头翘一件:长五尺七寸五分五厘二毫,宽八寸二分五厘,高一尺一寸。斜二翘一件:长十尺五寸六分四厘四毫,宽一尺六分一厘五毫,高一尺一寸(或系斜踩步梁连做)。斜麻叶头一件:长一十二尺七寸四分九厘六毫,宽一尺二寸九分八厘(或系斜踩步梁连做);斜撑头木一件:长九尺三寸三分三厘五毫,宽一尺二寸九分八厘。俱高一尺一寸(或系斜踩步梁连做)。搭角正头翘后带正心瓜栱二件:正头翘各长一尺九寸五分二厘五毫,宽五寸五分;正心瓜栱各长一尺七寸五厘,宽六寸八分二厘。俱高一尺一寸。搭角正二翘后带正心万栱二件:正二翘各长三尺六寸二厘五毫,宽五寸五分;正心万栱各长二尺五寸三分,宽六寸八分二厘。俱高一尺一寸。外搭角单材瓜栱二件:各长三尺三寸五分五厘,高七寸七分,宽五寸五分。外搭角单材万栱二件:各长四尺一寸八分,高七寸七

分,宽五寸五分。外厢栱二件:各长三尺九寸六分,高七寸七分;里连头合角单材瓜栱二件:各长一尺七寸五厘,高七寸七分。俱宽五寸五分。里连头合角单材万栱二件(已与平身科单材万栱连做)。里连头合角厢栱二件(已与平身科厢栱连做)。贴斜头翘升耳四个:各长一尺八分九厘;贴斜二翘升耳四个:各长一尺三寸二分五厘五毫。俱高三寸三分,宽一寸三分二厘。十八斗四个:各长九寸九分,宽八寸二分五厘;槽升子四个:各长七寸一分五厘,宽九寸五分七厘;三才升十二个:各长七寸一分五厘,宽八寸二分五厘。俱高五寸五分。

(十一) 三滴水品字平身科、柱头科、角科斗口六寸各件尺寸开后

[平身科] 大斗一个:长一尺八寸,高一尺二寸,宽一尺八寸。头翘一件:长四尺二寸六分;二翘一件:长七尺八寸六分;麻叶头一件:长九尺三寸二分四厘;撑头木一件:长七尺二寸。俱宽六寸,高一尺二寸。正心瓜栱一件:长三尺七寸二分;正心万栱一件:长五尺五寸二分。俱宽七寸四分四厘,高一尺二寸。单材瓜栱二件:各长三尺七寸二分;外单材万栱一件:长五尺五寸二分;里万栱鸳鸯交手一件:长七尺五寸六分;外厢栱二件:各长四尺三寸二分;里厢栱鸳鸯交手一件:长五尺一寸六分。俱宽六寸,高八寸四分。十八斗四个:各长一尺八寸,宽九寸;槽升子四个:各长七寸八分,宽一尺四分四厘;三才升十二个:各长七寸八分,宽九寸。俱高六寸。

[柱头科] 大斗一个:长二尺四寸,宽一尺二寸,高一尺二寸。头翘一件:长四尺二寸六分,宽一尺二寸,高一尺二寸。二翘一件:长七尺八寸六分,宽一尺八寸,高一尺二寸。正心瓜栱一件:长三尺七寸二分;正心万栱一件:长五尺五寸二分。俱宽七寸四分四厘,高一尺二寸。单材瓜栱二件:各长三尺七寸二分;单材万栱二件:各长五尺五寸二分;厢栱二件:各长四尺三寸二分。俱宽六寸,高八寸四分。桶子十八斗四个:头翘二个,各长二尺二寸八分;二翘二个,各长二尺八寸八分。俱宽九寸,高六寸。槽升子四个:各长七寸八分,宽一尺四分四厘;三才升十二个:各长七寸八分,宽九寸。俱高六寸。

[角科] 大斗一个:长二尺四分,宽二尺四分,高一尺二寸。斜头翘一件:长六尺二寸七分八厘四毫,宽九寸,高一尺二寸。斜二翘一件:长一十一尺五寸二分四厘八毫,宽一尺一寸五分八厘,高一尺二寸(或系斜踩步梁连做)。斜麻叶头一件:长一十三尺九寸八厘六毫,宽一尺四寸一分六厘(或系斜踩步梁连做);斜撑头木一件:长十尺一寸八分二厘,宽一尺四寸一分六厘(或系斜踩步梁连做)。俱高一尺二寸。搭角正头翘后带正心瓜栱二件:正头翘各长二尺一寸三分,宽六寸;正心瓜栱各长一尺八寸六分,宽七寸四分四厘。俱高一尺二寸。搭角正二翘后带正心万栱二件:正二翘各长三尺九寸三分,宽六寸;正心万栱各长二尺七寸六分,宽七寸四分四厘。俱高一尺二寸。外搭角单材瓜栱二件:各长三尺六寸六分,高八寸四分,宽六寸。外搭角单材万栱二件:各长四尺五寸六分,高八寸四分,宽六寸。外厢栱二件:各长四尺三寸二分,高八寸四分;里连头合角单材瓜栱二件:各长一尺八寸六分,高八寸四分。俱宽六寸。里连头合角单材万栱二件(已与平身科单材万栱连做)。里连头合角厢栱二件(已与平身科厢栱连做)。贴斜头翘升耳四个:各长一尺一寸八分八厘;贴斜二翘升耳四个:各长一尺四寸四分六厘。俱高三寸六分,宽一寸四分四厘。十八斗四个:各长一尺八寸,宽九寸;槽升子四个:各长七寸八分,宽一尺四分四厘;三才升十二个:各长七寸八分,宽九寸。俱高六寸。

二、三滴水品字科图样二十八

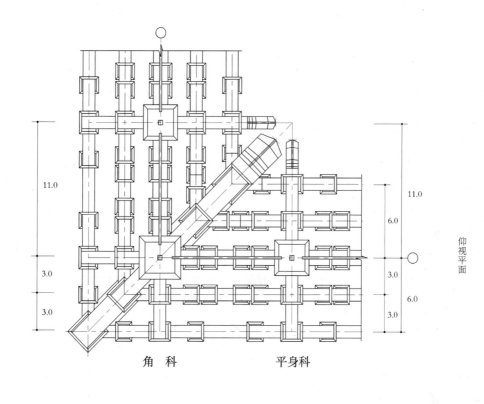

角 科　　　　　平身科

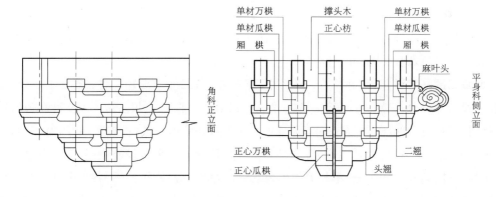

角科正立面

单材万栱　　撑头木　　单材万栱
单材瓜栱　　正心枋　　单材瓜栱
厢栱　　　　　　　　　厢栱
　　　　　　　　　　　　　　麻叶头
　　　　　　　　　　　　　　平身科侧立面
正心万栱　　　　　　　二翘
正心瓜栱　　　　头翘

《工程做法》三滴水品字科

第十七节 品字科

一、品字科各踩斗口一寸至六寸各件尺寸

(一) 品字科各踩斗口一寸各件尺寸开后

[三踩单翘品字科] 大斗一个:长三寸,宽三寸,高二寸。单翘一件:长七寸一分;蚂蚱头后带麻叶头一件:长一尺二寸五分四厘。俱宽一寸,高二寸。撑头木并桁椀一件:长六寸,宽一寸,高三寸。正心瓜栱一件:长六寸二分;正心万栱一件:长九寸二分。俱宽一寸二分四厘,高二寸。厢栱二件:各长七寸二分,宽一寸,高一寸四分。十八斗二个:各长一寸八分,宽一寸五分;槽升子四个:各长一寸三分,宽一寸七分四厘;三才升四个:各长一寸三分,宽一寸五分。俱高一寸。

[五踩重翘品字科] 大斗一个:长三寸,宽三寸,高二寸。头翘一件:长七寸一分;二翘一件:长一尺三寸一分;蚂蚱头后带麻叶头一件:长一尺八寸五分四厘。俱宽一寸,高二寸。撑头木并桁椀一件:长一尺二寸,宽一寸,高三寸五分。正心瓜栱一件:长六寸二分;正心万栱一件:长九寸二分。俱宽一寸二分四厘,高二寸。单材瓜栱二件:各长六寸二分;单材万栱二件:各长九寸二分;厢栱二件:各长七寸二分。俱宽一寸,高一寸四分。十八斗四个:各长一寸八分,宽一寸五分;槽升子四个:各长一寸三分,宽一寸七分四厘;三才升十二个:各长一寸三分,宽一寸五分。俱高一寸。

[七踩三翘品字科] 大斗一个:长三寸,宽三寸,高二寸。头翘一件:长七寸一分;二翘一件:长一尺三寸一分;三翘一件:长一尺九寸一分;蚂蚱头后带麻叶头一件:长二尺四寸五分四厘。俱宽一寸,高二寸。撑头木并桁椀一件:长一尺八寸,宽一寸,高三寸五分。正心瓜栱一件:长六寸二分;正心万栱一件:长九寸二分。俱宽一寸二分四厘,高二寸。单材瓜栱四件:各长六寸二分;单材万栱四件:各长九寸二分;厢栱二件:各长七寸二分。俱宽一寸,高一寸四分。十八斗六个:各长一寸八分,宽一寸五分;槽升子四个:各长一寸三分,宽一寸七分四厘;三才升二十个:各长一寸三分,宽一寸五分。俱高一寸。

[九踩四翘品字科] 大斗一个:长三寸,宽三寸,高二寸。头翘一件:长七寸一分;二翘一件:长一尺三寸一分;三翘一件:长一尺九寸一分;四翘一件:长二尺五寸一分;蚂蚱头后带麻叶头一件:长三尺五分四厘。俱宽一寸,高二寸。撑头木并桁椀一件:长二尺四寸,宽一寸,高三寸五分。正心瓜栱一件:长六寸二分;正心万栱一件:长九寸二分。俱宽一寸二分四厘,高二寸。单材瓜栱六件:各长六寸二分;单材万栱六件:各长九寸二分;厢栱二件:各长七寸二分。俱宽一寸,高一寸四分。十八斗八个:各长一寸八分,宽一寸五分;槽升子四个:各长一寸三分,宽一寸七分四厘;三才升二十八个:各长一寸三分,宽一寸五分。俱高一寸。

[十一踩五翘品字科] 大斗一个:长三寸,宽三寸,高二寸。头翘一件:长七寸一分;二翘一件:长一尺三寸一分;三翘一件:长一尺九寸一分;四翘一件:长二尺五寸一分;五翘一件:长三尺一寸一分;蚂蚱头后带麻叶头一件:长三尺六寸五分四厘。俱宽一寸,高二寸。撑头木并桁椀一

件:长三尺,宽一寸,高三寸五分。正心瓜栱一件:长六寸二分;正心万栱一件,长九寸二分。俱宽一寸二分四厘,高二寸。单材瓜栱八件:各长六寸二分;单材万栱八件:各长九寸二分;厢栱二件:各长七寸二分。俱宽一寸,高一寸四分。十八斗十个:各长一寸八分,宽一寸五分;槽升子四个:各长一寸三分,宽一寸七分四厘;三才升三十六个:各长一寸三分,宽一寸五分。俱高一寸。

（二）品字斗科各踩斗口一寸五分各件尺寸开后

[三踩单翘品字科]　大斗一个:长四寸五分,宽四寸五分,高三寸。单翘一件:长一尺六分五厘;蚂蚱头后带麻叶头一件:长一尺八寸八分一厘。俱宽一寸五分,高三寸。撑头木并桁椀一件:长九寸,宽一寸五分,高四寸五分。正心瓜栱一件:长九寸三分;正心万栱一件:长一尺三寸八分。俱宽一寸八分六厘,高三寸。厢栱二件:各长一尺八寸,宽一寸五分,高二寸一分。十八斗二个:各长二寸七分,宽二寸二分五厘;槽升子四个:各长一寸九分五厘,宽二寸六分一厘;三才升四个:各长一寸九分五厘,宽二寸二分五厘。俱高一寸五分。

[五踩重翘品字科]　大斗一个:长四寸五分,宽四寸五分,高三寸。头翘一件:长一尺六分五厘;二翘一件:长一尺九寸六分五厘;蚂蚱头后带麻叶头一件:长二尺七寸八分一厘。俱宽一寸五分,高三寸。撑头木并桁椀一件:长一尺八寸,宽一寸五分,高五寸二分五厘。正心瓜栱一件:长九寸三分;正心万栱一件:长一尺三寸八分。俱宽一寸八分六厘,高三寸。单材瓜栱二件:各长九寸三分;单材万栱二件:各长一尺三寸八分;厢栱二件:各长一尺八寸。俱宽一寸五分,高二寸一分。十八斗四个:各长二寸七分,宽二寸二分五厘;槽升子四个:各长一寸九分五厘,宽二寸六分一厘;三才升十二个:各长一寸九分五厘,宽二寸二分五厘。俱高一寸五分。

[七踩三翘品字科]　大斗一个:长四寸五分,宽四寸五分,高三寸。头翘一件:长一尺六分五厘;二翘一件:长一尺九寸六分五厘;三翘一件:长二尺八寸六分五厘;蚂蚱头后带麻叶头一件:长三尺六寸八分一厘。俱宽一寸五分,高三寸。撑头木并桁椀一件:长二尺七寸,宽一寸五分,高五寸二分五厘。正心瓜栱一件:长九寸三分;正心万栱一件:长一尺三寸八分。俱宽一寸八分六厘,高三寸。单材瓜栱四件:各长九寸三分;单材万栱四件:各长一尺三寸八分;厢栱二件:各长一尺八寸。俱宽一寸五分,高二寸一分。十八斗六个:各长二寸七分,宽二寸二分五厘;槽升子四个:各长一寸九分五厘,宽二寸六分一厘;三才升二十个:各长一寸九分五厘,宽二寸二分五厘。俱高一寸五分。

[九踩四翘品字科]　大斗一个:长四寸五分,宽四寸五分,高三寸。头翘一件:长一尺六分五厘;二翘一件:长一尺九寸六分五厘;三翘一件:长二尺八寸六分五厘;四翘一件:长三尺七寸六分五厘;蚂蚱头后带麻叶头一件:长四尺五寸八分一厘。俱宽一寸五分,高三寸。撑头木并桁椀一件:长三尺六寸,宽一寸五分,高五寸二分五厘。正心瓜栱一件:长九寸三分;正心万栱一件:长一尺三寸八分。俱宽一寸八分六厘,高三寸。单材瓜栱六件:各长九寸三分;单材万栱六件:各长一尺三寸八分;厢栱二件:各长一尺八寸。俱宽一寸五分,高二寸一分。十八斗八个:各长二寸七分,宽二寸二分五厘;槽升子四个:各长一寸九分五厘,宽二寸六分一厘;三才升二十八个:各长一寸九分五厘,宽二寸二分五厘。俱高一寸五分。

[十一踩五翘品字科]　大斗一个:长四寸五分,宽四寸五分,高三寸。头翘一件:长一尺六

分五厘;二翘一件:长一尺九寸六分五厘;三翘一件:长二尺八寸六分五厘;四翘一件:长三尺七寸六分五厘;五翘一件:长四尺六寸六分五厘;蚂蚱头后带麻叶头一件:长五尺四寸八分一厘。俱宽一寸五分,高三寸。撑头木并桁椀一件:长四尺五寸,宽一寸五分,高五寸二分五厘。正心瓜栱一件:长九寸三分;正心万栱一件,长一尺三寸八分。俱宽一寸八分六厘,高三寸。单材瓜栱八件:各长九寸三分;单材万栱八件:各长一尺三寸八分,厢栱二件:各长一尺八分。俱宽一寸五分,高二寸一分。十八斗十个:各长二寸七分,宽二寸二分五厘;槽升子四个:各长一寸九分五厘,宽二寸六分一厘;三才升三十六个:各长一寸九分五厘,宽二寸二分五厘。俱高一寸五分。

（三）品字斗科各踩斗口二寸各件尺寸开后

[三踩单翘品字科]　大斗一个:长六寸,宽六寸,高四寸。单翘一件:长一尺四寸二分;蚂蚱头后带麻叶头一件:长二尺五寸八厘。俱宽二寸,高四寸。撑头木并桁椀一件:长一尺二寸,宽二寸,高六寸。正心瓜栱一件:长一尺二寸四分;正心万栱一件:长一尺八寸四分。俱宽二寸四分八厘,高四寸。厢栱二件:各长一尺四寸四分,宽二寸,高二寸八分。十八斗二个:各长三寸六分,宽三寸;槽升子四个:各长二寸六分,宽三寸四分八厘;三才升四个:各长二寸六分,宽三寸。俱高二寸。

[五踩重翘品字科]　大斗一个:长六寸,宽六寸,高四寸。头翘一件:长一尺四寸二分;二翘一件:长二尺六寸二分;蚂蚱头后带麻叶头一件:长三尺七寸八厘。俱宽二寸,高四寸。撑头木并桁椀一件:长二尺四寸,宽二寸,高七寸。正心瓜栱一件:长一尺二寸四分;正心万栱一件:长一尺八寸四分。俱宽二寸四分八厘,高四寸。单材瓜栱二件:各长一尺二寸四分;单材万栱二件:各长一尺八寸四分;厢栱二件:各长一尺四寸四分。俱宽二寸,高二寸八分。十八斗四个:各长三寸六分,宽三寸;槽升子四个:各长二寸六分,宽三寸四分八厘;三才升十二个:各长二寸六分,宽三寸。俱高二寸。

[七踩三翘品字科]　大斗一个:长六寸,宽六寸,高四寸。头翘一件:长一尺四寸二分;二翘一件:长二尺六寸二分;三翘一件:长三尺八寸二分;蚂蚱头后带麻叶头一件:长四尺九寸八厘。俱宽二寸,高四寸。撑头木并桁椀一件:长三尺六寸,宽二寸,高七寸。正心瓜栱一件:长一尺二寸四分;正心万栱一件:长一尺八寸四分。俱宽二寸四分八厘,高四寸。单材瓜栱四件:各长一尺二寸四分;单材万栱四件:各长一尺八寸四分;厢栱二件:各长一尺四寸四分。俱宽二寸,高二寸八分。十八斗六个:各长三寸六分,宽三寸;槽升子四个:各长二寸六分,宽三寸四分八厘;三才升二十个:各长二寸六分,宽三寸。俱高二寸。

[九踩四翘品字科]　大斗一个:长六寸,宽六寸,高四寸。头翘一件:长一尺四寸二分;二翘一件:长二尺六寸二分;三翘一件:长三尺八寸二分;四翘一件:长五尺二分;蚂蚱头后带麻叶头一件:长六尺一寸八厘。俱宽二寸,高四寸。撑头木并桁椀一件:长四尺八寸,宽二寸,高七寸。正心瓜栱一件:长一尺二寸四分;正心万栱一件:长一尺八寸四分。俱宽二寸四分八厘,高四寸。单材瓜栱六件:各长一尺二寸四分;单材万栱六件:各长一尺八寸四分;厢栱二件:各长一尺四寸四分。俱宽二寸,高二寸八分。十八斗八个:各长三寸六分,宽三寸;槽升子四个:各长二寸六分,宽三寸四分八厘;三才升二十八个:各长二寸六分,宽三寸。俱高二寸。

[十一踩五翘品字科]　大斗一个:长六寸,宽六寸,高四寸。头翘一件:长一尺四寸二分;二翘一件:长二尺六寸二分;三翘一件:长三尺八寸二分;四翘一件:长五尺二分;五翘一件:长六尺二寸二分;蚂蚱头后带麻叶头一件:长七尺三寸八厘。俱宽二寸,高四寸。撑头木并桁椀一件:长六尺,宽二寸,高七寸。正心瓜栱一件:长一尺二寸四分;正心万栱一件,长一尺八寸四分。俱宽二寸四分八厘,高四寸。单材瓜栱八件:各长一尺二寸四分;单材万栱八件:各长一尺八寸四分;厢栱二件:各长一尺四寸四分。俱宽二寸,高二寸八分。十八斗十个:各长三寸六分,宽三寸;槽升子四个:各长二寸六分,宽三寸四分八厘;三才升三十六个:各长二寸六分,宽三寸。俱高二寸。

(四) 品字斗科各踩斗口二寸五分各件尺寸开后

[三踩单翘品字科]　大斗一个:长七寸五分,宽七寸五分,高五寸。单翘一件:长一尺七寸七分五厘;蚂蚱头后带麻叶头一件:长三尺一寸三分五厘。俱宽二寸五分,高五寸。撑头木并桁椀一件:长一尺五寸,宽二寸五分,高七寸五分。正心瓜栱一件:长一尺五寸五分;正心万栱一件:长二尺三寸。俱宽三寸一分,高五寸。厢栱二件:各长一尺八寸,宽二寸五分,高三寸五分。十八斗二个:各长四寸五分,宽三寸七分五厘;槽升子四个:各长三寸二分五厘,宽四寸三分五厘;三才升四个:各长三寸二分五厘,宽三寸七分五厘。俱高二寸五分。

[五踩重翘品字科]　大斗一个:长七寸五分,宽七寸五分,高五寸。头翘一件:长一尺七寸七分五厘;二翘一件:长三尺二寸七分五厘;蚂蚱头后带麻叶头一件:长四尺六寸三分五厘。俱宽二寸五分,高五寸。撑头木并桁椀一件:长三尺,宽二寸五分,高八寸七分五厘。正心瓜栱一件:长一尺五寸五分;正心万栱一件:长二尺三寸。俱宽三寸一分,高五寸。单材瓜栱二件:各长一尺五寸五分;单材万栱二件:各长二尺三寸;厢栱二件:各长一尺八寸。俱宽二寸五分,高三寸五分。十八斗四个:各长四寸五分,宽三寸七分五厘;槽升子四个:各长三寸二分五厘,宽四寸三分五厘;三才升十二个:各长三寸二分五厘,宽三寸七分五厘。俱高二寸五分。

[七踩三翘品字科]　大斗一个:长七寸五分,宽七寸五分,高五寸。头翘一件:长一尺七寸七分五厘;二翘一件:长三尺二寸七分五厘;三翘一件:长四尺七寸七分五厘;蚂蚱头后带麻叶头一件:长六尺一寸三分五厘。俱宽二寸五分,高五寸。撑头木并桁椀一件:长四尺五寸,宽二寸五分,高八寸七分五厘。正心瓜栱一件:长一尺五寸五分;正心万栱一件:长二尺三寸。俱宽三寸一分,高五寸。单材瓜栱四件:各长一尺五寸五分;单材万栱四件:各长二尺三寸;厢栱二件:各长一尺八寸。俱宽二寸五分,高三寸五分。十八斗六个:各长四寸五分,宽三寸七分五厘;槽升子四个:各长三寸二分五厘,宽四寸三分五厘;三才升二十个:各长三寸二分五厘,宽三寸七分五厘。俱高二寸五分。

[九踩四翘品字科]　大斗一个:长七寸五分,宽七寸五分,高五寸。头翘一件:长一尺七寸七分五厘;二翘一件:长三尺二寸七分五厘;三翘一件:长四尺七寸七分五厘;四翘一件:长六尺二寸七分五厘;蚂蚱头后带麻叶头一件:长七尺六寸三分五厘。俱宽二寸五分,高五寸。撑头木并桁椀一件:长六尺,宽二寸五分,高八寸七分五厘。正心瓜栱一件:长一尺五寸五分;正心万栱一件:长二尺三寸。俱宽三寸一分,高五寸。单材瓜栱六件:各长一尺五寸五分;单材万栱六件:

各长二尺三寸;厢栱二件:各长一尺八寸。俱宽二寸五分,高三寸五分。十八斗八个:各长四寸五分,宽三寸七分五厘;槽升子四个:各长三寸二分五厘,宽四寸三分五厘;三才升二十八个:各长三寸二分五厘,宽三寸七分五厘。俱高二寸五分。

[十一踩五翘品字科] 大斗一个:长七寸五分,宽七寸五分,高五寸。头翘一件:长一尺七寸七分五厘;二翘一件:长三尺二寸七分五厘;三翘一件:长四尺七寸七分五厘;四翘一件:长六尺二寸七分五厘;五翘一件:长七尺七寸七分五厘;蚂蚱头后带麻叶头一件:长九尺一寸三分五厘。俱宽二寸五分,高五寸。撑头木并桁椀一件:长七尺五寸,宽二寸五分,高八寸七分五厘。正心瓜栱一件:长一尺五寸五分;正心万栱一件,长二尺三寸。俱宽三寸一分,高五寸。单材瓜栱八件:各长一尺五寸五分;单材万栱八件:各长二尺三寸;厢栱二件:各长一尺八寸。俱宽二寸五分,高三寸五分。十八斗十个:各长四寸五分,宽三寸七分五厘;槽升子四个:各长三寸二分五厘,宽四寸三分五厘;三才升三十六个:各长三寸二分五厘,宽三寸七分五厘。俱高二寸五分。

(五) 品字斗科各踩斗口三寸各件尺寸开后

[三踩单翘品字科] 大斗一个:长九寸,宽九寸,高六寸。单翘一件:长二尺一寸三分;蚂蚱头后带麻叶头一件:长三尺七寸六分二厘。俱宽三寸,高六寸。撑头木并桁椀一件:长一尺八寸,宽三寸,高九寸。正心瓜栱一件:长一尺八寸六分;正心万栱一件:长二尺七寸六分。俱宽三寸七分二厘,高六寸。厢栱二件:各长二尺一寸六分,宽三寸,高四寸二分。十八斗二个:各长五寸四分,宽四寸五分;槽升子四个:各长三寸九分,宽五寸二分二厘;三才升四个:各长三寸九分,宽四寸五分。俱高三寸。

[五踩重翘品字科] 大斗一个:长九寸,宽九寸,高六寸。头翘一件:长二尺一寸三分;二翘一件:长三尺九寸三分;蚂蚱头后带麻叶头一件:长五尺五寸六分二厘。俱宽三寸,高六寸。撑头木并桁椀一件:长三尺六寸,宽三寸,高一尺五分。正心瓜栱一件:长一尺八寸六分;正心万栱一件:长二尺七寸六分。俱宽三寸七分二厘,高六寸。单材瓜栱二件:各长一尺八寸六分;单材万栱二件:各长二尺七寸六分;厢栱二件:各长二尺一寸六分。俱宽三寸,高四寸二分。十八斗四个:各长五寸四分,宽四寸五分;槽升子四个:各长三寸九分,宽五寸二分二厘;三才升十二个:各长三寸九分,宽四寸五分。俱高三寸。

[七踩三翘品字科] 大斗一个:长九寸,宽九寸,高六寸。头翘一件:长二尺一寸三分;二翘一件:长三尺九寸三分;三翘一件:长五尺七寸三分;蚂蚱头后带麻叶头一件:长七尺三寸六分二厘。俱宽三寸,高六寸。撑头木并桁椀一件:长五尺四寸,宽三寸,高一尺五分。正心瓜栱一件:长一尺八寸六分;正心万栱一件:长二尺七寸六分。俱宽三寸七分二厘,高六寸。单材瓜栱四件:各长一尺八寸六分;单材万栱四件:各长二尺七寸六分;厢栱二件:各长二尺一寸六分。俱宽三寸,高四寸二分。十八斗六个:各长五寸四分,宽四寸五分;槽升子四个:各长三寸九分,宽五寸二分二厘;三才升二十个:各长三寸九分,宽四寸五分。俱高三寸。

[九踩四翘品字科] 大斗一个:长九寸,宽九寸,高六寸。头翘一件:长二尺一寸三分;二翘一件:长三尺九寸三分;三翘一件:长五尺七寸三分;四翘一件:长七尺五寸三分;蚂蚱头后带麻叶头一件:长九尺一寸六分二厘。俱宽三寸,高六寸。撑头木并桁椀一件:长七尺二寸,宽三寸,

高一尺五分。正心瓜栱一件:长一尺八寸六分;正心万栱一件:长二尺七寸六分。俱宽三寸七分二厘,高六寸。单材瓜栱六件:各长一尺八寸六分;单材万栱六件:各长二尺七寸六分;厢栱二件:各长二尺一寸六分。俱宽三寸,高四寸二分。十八斗八个:各长五寸四分,宽四寸五分;槽升子四个:各长三寸九分,宽五寸二分二厘;三才升二十八个:各长三寸九分,宽四寸五分。俱高三寸。

[十一踩五翘品字科]　大斗一个:长九寸,宽九寸,高六寸。头翘一件:长二尺一寸三分;二翘一件:长三尺九寸三分;三翘一件:长五尺七寸三分;四翘一件:长七尺五寸三分;五翘一件:长九尺三寸三分;蚂蚱头后带麻叶头一件:长十尺九寸六分二厘。俱宽三寸,高六寸。撑头木并桁椀一件:长九尺,宽三寸,高一尺五分。正心瓜栱一件:长一尺八寸六分;正心万栱一件,长二尺七寸六分。俱宽三寸七分二厘,高六寸。单材瓜栱八件:各长一尺八寸六分;单材万栱八件:各长二尺七寸六分;厢栱二件:各长二尺一寸六分。俱宽三寸,高四寸二分。十八斗十个:各长五寸四分,宽四寸五分;槽升子四个:各长三寸九分,宽五寸二分二厘;三才升三十六个:各长三寸九分,宽四寸五分。俱高三寸。

(六) 品字斗科各踩斗口三寸五分各件尺寸开后

[三踩单翘品字科]　大斗一个:长一尺五分,宽一尺五分,高七寸。单翘一件:长二尺四寸八分五厘;蚂蚱头后带麻叶头一件:长四尺三寸八分九厘。俱宽三寸五分,高七寸。撑头木并桁椀一件:长二尺一寸,宽三寸五分,高一尺五分。正心瓜栱一件:长二尺一寸七分;正心万栱一件:长三尺二寸二分。俱宽四寸三分四厘,高七寸。厢栱二件:各长二尺五寸二分,宽三寸五分,高四寸九分。十八斗二个:各长六寸三分,宽五寸二分五厘;槽升子四个:各长四寸五分五厘,宽六寸九厘;三才升四个:各长四寸五分五厘,宽五寸二分五厘。俱高三寸五分。

[五踩重翘品字科]　大斗一个:长一尺五分,宽一尺五分,高七寸。头翘一件:长二尺四寸八分五厘;二翘一件:长四尺五寸八分五厘;蚂蚱头后带麻叶头一件:长六尺四寸八分九厘。俱宽三寸五分,高七寸。撑头木并桁椀一件:长四尺二寸,宽三寸五分,高一尺二寸二分五厘。正心瓜栱一件:长二尺一寸七分;正心万栱一件:长三尺二寸二分。俱宽四寸三分四厘,高七寸。单材瓜栱二件:各长二尺一寸七分;单材万栱二件:各长三尺二寸二分;厢栱二件:各长二尺五寸二分。俱宽三寸五分,高四寸九分。十八斗四个:各长六寸三分,宽五寸二分五厘;槽升子四个:各长四寸五分五厘,宽六寸九厘;三才升十二个:各长四寸五分五厘,宽五寸二分五厘。俱高三寸五分。

[七踩三翘品字科]　大斗一个:长一尺五分,宽一尺五分,高七寸。头翘一件:长二尺四寸八分五厘;二翘一件:长四尺五寸八分五厘;三翘一件:长六尺六寸八分五厘;蚂蚱头后带麻叶头一件:长八尺五寸八分九厘。俱宽三寸五分,高七寸。撑头木并桁椀一件:长六尺三寸,宽三寸五分,高一尺二寸二分五厘。正心瓜栱一件:长二尺一寸七分;正心万栱一件:长三尺二寸二分。俱宽四寸三分四厘,高七寸。单材瓜栱四件:各长二尺一寸七分;单材万栱四件:各长三尺二寸二分;厢栱二件:各长二尺五寸二分。俱宽三寸五分,高四寸九分。十八斗六个:各长六寸三分,宽五寸二分五厘;槽升子四个:各长四寸五分五厘,宽六寸九厘;三才升二十个:各长四寸五分五

厘,宽五寸二分五厘。俱高三寸五分。

[九踩四翘品字科] 大斗一个:长一尺五分,宽一尺五分,高七寸。头翘一件:长二尺四寸八分五厘;二翘一件:长四尺五寸八分五厘;三翘一件:长六尺六寸八分五厘;四翘一件:长八尺七寸八分五厘;蚂蚱头后带麻叶头一件:长十尺六寸八分九厘。俱宽三寸五分,高七寸。撑头木并桁椀一件:长八尺四寸,宽三寸五分,高一尺二寸二分五厘。正心瓜栱一件·长二尺一寸七分;正心万栱一件:长三尺二寸二分。俱宽四寸三分四厘,高七寸。单材瓜栱六件:各长二尺一寸七分;单材万栱六件:各长三尺二寸二分;厢栱二件:各长二尺五寸二分。俱宽三寸五分,高四寸九分。十八斗八个:各长六寸三分,宽五寸二分五厘;槽升子四个:各长四寸五分五厘,宽六寸九厘;三才升二十八个:各长四寸五分五厘,宽五寸二分五厘。俱高三寸五分。

[十一踩五翘品字科] 大斗一个:长一尺五分,宽一尺五分,高七寸。头翘一件:长二尺四寸八分五厘;二翘一件:长四尺五寸八分五厘;三翘一件:长六尺六寸八分五厘;四翘一件:长八尺七寸八分五厘;五翘一件:长十尺八寸八分五厘;蚂蚱头后带麻叶头一件:长一十二尺七寸八分九厘。俱宽三寸五分,高七寸。撑头木并桁椀一件:长十尺五寸,宽三寸五分,高一尺二寸二分五厘。正心瓜栱一件:长二尺一寸七分;正心万栱一件,长三尺二寸二分。俱宽四寸三分四厘,高七寸。单材瓜栱八件:各长二尺一寸七分;单材万栱八件:各长三尺二寸二分;厢栱二件:各长二尺五寸二分。俱宽三寸五分,高四寸九分。十八斗十个:各长六寸三分,宽五寸二分五厘;槽升子四个:各长四寸五分五厘,宽六寸九厘;三才升三十六个:各长四寸五分五厘,宽五寸二分五厘。俱高三寸五分。

(七)品字斗科各踩斗口四寸各件尺寸开后

[三踩单翘品字科] 大斗一个:长一尺二寸,宽一尺二寸,高八寸。单翘一件:长二尺八寸四分;蚂蚱头后带麻叶头一件:长五尺一分六厘。俱宽四寸,高八寸。撑头木并桁椀一件:长二尺四寸,宽四寸,高一尺二寸。正心瓜栱一件:长二尺四寸八分;正心万栱一件:长三尺六寸八分。俱宽四寸九分六厘,高八寸。厢栱二件:各长二尺八寸八分,宽四寸,高五寸六分。十八斗二个:各长七寸二分,宽六寸;槽升子四个:各长五寸二分,宽六寸九分六厘;三才升四个:各长五寸二分,宽六寸。俱高四寸。

[五踩重翘品字科] 大斗一个:长一尺二寸,宽一尺二寸,高八寸。头翘一件:长二尺八寸四分;二翘一件:长五尺二寸四分;蚂蚱头后带麻叶头一件:长七尺四寸一分六厘。俱宽四寸,高八寸。撑头木并桁椀一件:长四尺八寸,宽四寸,高一尺四寸。正心瓜栱一件:长二尺四寸八分;正心万栱一件:长三尺六寸八分。俱宽四寸九分六厘,高八寸。单材瓜栱二件:各长二尺四寸八分;单材万栱二件:各长三尺六寸八分;厢栱二件:各长二尺八寸八分。俱宽四寸,高五寸六分。十八斗四个:各长七寸二分,宽六寸;槽升子四个:各长五寸二分,宽六寸九分六厘;三才升十二个:各长五寸二分,宽六寸。俱高四寸。

[七踩三翘品字科] 大斗一个:长一尺二寸,宽一尺二寸,高八寸。头翘一件:长二尺八寸四分;二翘一件:长五尺二寸四分;三翘一件:长七尺六寸四分;蚂蚱头后带麻叶头一件:长九尺八寸一分六厘。俱宽四寸,高八寸。撑头木并桁椀一件:长七尺二寸,宽四寸,高一尺四寸。正

心瓜栱一件：长二尺四寸八分；正心万栱一件：长三尺六寸八分。俱宽四寸九分六厘，高八寸。单材瓜栱四件：各长二尺四寸八分；单材万栱四件：各长三尺六寸八分；厢栱二件：各长二尺八寸八分。俱宽四寸，高五寸六分。十八斗六个：各长七寸二分，宽六寸；槽升子四个：各长五寸二分，宽六寸九分六厘；三才升二十个：各长五寸二分，宽六寸。俱高四寸。

[九踩四翘品字科]　大斗一个：长一尺二寸，宽一尺二寸，高八寸。头翘一件：长二尺八寸四分；二翘一件：长五尺二寸四分；三翘一件：长七尺六寸四分；四翘一件：长十尺四分；蚂蚱头后带麻叶头一件：长一十二尺二寸一分六厘。俱宽四寸，高八寸。撑头木并桁椀一件：长九尺六寸，宽四寸，高一尺四寸。正心瓜栱一件：长二尺四寸八分；正心万栱一件：长三尺六寸八分。俱宽四寸九分六厘，高八寸。单材瓜栱六件：各长二尺四寸八分；单材万栱六件：各长三尺六寸八分；厢栱二件：各长二尺八寸八分。俱宽四寸，高五寸六分。十八斗八个：各长七寸二分，宽六寸；槽升子四个：各长五寸二分，宽六寸九分六厘；三才升二十八个：各长五寸二分，宽六寸。俱高四寸。

[十一踩五翘品字科]　大斗一个：长一尺二寸，宽一尺二寸，高八寸。头翘一件：长二尺八寸四分；二翘一件：长五尺二寸四分；三翘一件：长七尺六寸四分；四翘一件：长十尺四分；五翘一件：长一十二尺四寸四分；蚂蚱头后带麻叶头一件：长一十四尺六寸一分六厘。俱宽四寸，高八寸。撑头木并桁椀一件：长一十二尺，宽四寸，高一尺四寸。正心瓜栱一件：长二尺四寸八分；正心万栱一件，长三尺六寸八分。俱宽四寸九分六厘，高八寸。单材瓜栱八件：各长二尺四寸八分；单材万栱八件：各长三尺六寸八分；厢栱二件：各长二尺八寸八分。俱宽四寸，高五寸六分。十八斗十个：各长七寸二分，宽六寸；槽升子四个：各长五寸二分，宽六寸九分六厘；三才升三十六个：各长五寸二分，宽六寸。俱高四寸。

（八）品字斗科各踩斗口四寸五分各件尺寸开后

[三踩单翘品字科]　大斗一个：长一尺三寸五分，宽一尺三寸五分，高九寸。单翘一件：长三尺一寸九分五厘；蚂蚱头后带麻叶头一件：长五尺六寸四分三厘。俱宽四寸五分，高九寸。撑头木并桁椀一件：长二尺七寸，宽四寸五分，高一尺三寸五分。正心瓜栱一件：长二尺七寸九分；正心万栱一件：长四尺一寸四分。俱宽五寸五分八厘，高九寸。厢栱二件：各长三尺二寸四分，宽四寸五分，高六寸三分。十八斗二个：各长八寸一分，宽六寸七分五厘；槽升子四个：各长五寸八分五厘，宽三寸九分一厘五毫；三才升四个：各长五寸八分五厘，宽六寸七分五厘。俱高四寸五分。

[五踩重翘品字科]　大斗一个：长一尺三寸五分，宽一尺三寸五分，高九寸。头翘一件：长三尺一寸九分五厘；二翘一件：长五尺八寸九分五厘；蚂蚱头后带麻叶头一件：长八尺三寸四分三厘。俱宽四寸五分，高九寸。撑头木并桁椀一件：长五尺四寸，宽四寸五分，高一尺五寸七分五厘。正心瓜栱一件：长二尺七寸九分；正心万栱一件：长四尺一寸四分。俱宽五寸五分八厘，高九寸。单材瓜栱二件：各长二尺七寸九分；单材万栱二件：各长四尺一寸四分；厢栱二件：各长三尺二寸四分。俱宽四寸五分，高六寸三分。十八斗四个：各长八寸一分，宽六寸七分五厘；槽升子四个：各长五寸八分五厘，宽三寸九分一厘五毫；三才升十二个：各长五寸八分五厘，宽六寸

七分五厘。俱高四寸五分。

[七踩三翘品字科] 大斗一个：长一尺三寸五分，宽一尺三寸五分，高九寸。头翘一件：长三尺一寸九分五厘；二翘一件：长五尺八寸九分五厘；三翘一件：长八尺一寸九分五厘；蚂蚱头后带麻叶头一件：长一十三尺七寸四分三厘。俱宽四寸五分，高九寸。撑头木并桁椀一件：长十尺八寸，宽四寸五分，高一尺五寸七分五厘。正心瓜栱一件：长二尺七寸九分；正心万栱一件：长四尺一寸四分。俱宽五寸五分八厘，高九寸。单材瓜栱四件：各长二尺七寸九分；单材万栱四件：各长四尺一寸四分；厢栱二件：各长三尺二寸四分。俱宽四寸五分，高六寸三分。十八斗六个：各长八寸一分，宽六寸七分五厘，槽升子四个：各长五寸八分五厘，宽三寸九分一厘五毫；三才升二十个：各长五寸八分五厘，宽六寸七分五厘。俱高四寸五分。

[九踩四翘品字科] 大斗一个：长一尺三寸五分，宽一尺三寸五分，高九寸。头翘一件：长三尺一寸九分五厘；二翘一件：长五尺八寸九分五厘；三翘一件：长八尺一寸九分五厘；四翘一件：长一十一尺二寸九分五厘；蚂蚱头后带麻叶头一件：长一十五尺九寸三分。俱宽四寸五分，高九寸。撑头木并桁椀一件：长十尺八寸，宽四寸五分，高一尺五寸七分五厘。正心瓜栱一件：长二尺七寸九分；正心万栱一件：长四尺一寸四分。俱宽五寸五分八厘，高九寸。单材瓜栱六件：各长二尺七寸九分；单材万栱六件：各长四尺一寸四分；厢栱二件：各长三尺二寸四分。俱宽四寸五分，高六寸三分。十八斗八个：各长八寸一分，宽六寸七分五厘；槽升子四个：各长五寸八分五厘，宽三寸九分一厘五毫；三才升二十八个：各长五寸八分五厘，宽六寸七分五厘。俱高四寸五分。

[十一踩五翘品字科] 大斗一个：长一尺三寸五分，宽一尺三寸五分，高九寸。头翘一件：长三尺一寸九分五厘；二翘一件：长五尺八寸九分五厘；三翘一件：长八尺一寸九分五厘；四翘一件：长一十一尺二寸九分五厘；五翘一件：长一十三尺九寸九分五厘；蚂蚱头后带麻叶头一件：长一十六尺四寸四分三厘。俱宽四寸五分，高九寸。撑头木并桁椀一件：长一十三尺五寸，宽四寸五分，高一尺五寸七分五厘。正心瓜栱一件：长二尺七寸九分；正心万栱一件，长四尺一寸四分。俱宽五寸五分八厘，高九寸。单材瓜栱八件：各长二尺七寸九分；单材万栱八件：各长四尺一寸四分；厢栱二件：各长三尺二寸四分。俱宽四寸五分，高六寸三分。十八斗十个：各长八寸一分，宽六寸七分五厘；槽升子四个：各长五寸八分五厘，宽三寸九分一厘五毫；三才升三十六个：各长五寸八分五厘，宽六寸七分五厘。俱高四寸五分。

（九）品字斗科各踩斗口五寸各件尺寸开后

[三踩单翘品字科] 大斗一个：长一尺五寸，宽一尺五寸，高一尺。单翘一件：长三尺五寸五分；蚂蚱头后带麻叶头一件：长六尺二寸七分。俱宽五寸，高一尺。撑头木并桁椀一件：长三尺，宽五寸，高一尺五寸。正心瓜栱一件：长三尺一寸；正心万栱一件：长四尺六寸。俱宽六寸二分，高一尺。厢栱二件：各长三尺六寸，宽五寸，高七寸。十八斗二个：各长九寸，宽七寸五分；槽升子四个：各长六寸五分，宽八寸七分；三才升四个：各长六寸五分，宽七寸五分。俱高五寸。

[五踩重翘品字科] 大斗一个：长一尺五寸，宽一尺五寸，高一尺。头翘一件：长三尺五寸五分；二翘一件：长六尺五寸五分；蚂蚱头后带麻叶头一件：长九尺二寸七分。俱宽五寸，高一

尺。撑头木并桁椀一件：长六尺，宽五寸，高一尺七寸五分。正心瓜栱一件：长三尺一寸；正心万栱一件：长四尺六寸。俱宽六寸二分，高一尺。单材瓜栱二件：各长三尺一寸；单材万栱二件：各长四尺六寸；厢栱二件：各长三尺六寸。俱宽五寸，高七寸。十八斗四个：各长九寸，宽七寸五分；槽升子四个：各长六寸五分，宽八寸七分；三才升十二个：各长六寸五分，宽七寸五分。俱高五寸。

[七踩三翘品字科]　大斗一个：长一尺五寸，宽一尺五寸，高一尺。头翘一件：长三尺五寸五分；二翘一件：长六尺五寸五分；三翘一件：长九尺五寸五分；蚂蚱头后带麻叶头一件：长一十二尺二寸七分。俱宽五寸，高一尺。撑头木并桁椀一件：长九尺，宽五寸，高一尺七寸五分。正心瓜栱一件：长三尺一寸；正心万栱一件：长四尺六寸。俱宽六寸二分，高一尺。单材瓜栱四件：各长三尺一寸；单材万栱四件：各长四尺六寸，厢栱二件：各长三尺六寸。俱宽五寸，高七寸。十八斗六个：各长九寸，宽七寸五分；槽升子四个：各长六寸五分，宽八寸七分；三才升二十个：各长六寸五分，宽七寸五分。俱高五寸。

[九踩四翘品字科]　大斗一个：长一尺五寸，宽一尺五寸，高一尺。头翘一件：长三尺五寸五分；二翘一件：长六尺五寸五分；三翘一件：长九尺五寸五分；四翘一件：长一十二尺五寸五分；蚂蚱头后带麻叶头一件：长一十五尺二寸七分。俱宽五寸，高一尺。撑头木并桁椀一件：长一十二尺，宽五寸，高一尺七寸五分。正心瓜栱一件：长三尺一寸；正心万栱一件：长四尺六寸。俱宽六寸二分，高一尺。单材瓜栱六件：各长三尺一寸；单材万栱六件：各长四尺六寸，厢栱二件：各长三尺六寸。俱宽五寸，高六寸五分。十八斗八个：各长九寸，宽七寸五分；槽升子四个：各长六寸五分，宽八寸七分；三才升二十八个：各长六寸五分，宽七寸五分。俱高五寸。

[十一踩五翘品字科]　大斗一个：长一尺五寸，宽一尺五寸，高一尺。头翘一件：长三尺五寸五分；二翘一件：长六尺五寸五分；三翘一件：长九尺五寸五分；四翘一件：长一十二尺五寸五分；五翘一件：长一十五尺五寸五分；蚂蚱头后带麻叶头一件：长一十八尺二寸七分。俱宽五寸，高一尺。撑头木并桁椀一件：长一十五尺，宽五寸，高一尺七寸五分。正心瓜栱一件：长三尺一寸；正心万栱一件，长四尺六寸。俱宽六寸二分，高一尺。单材瓜栱八件：各长三尺一寸；单材万栱八件：各长四尺六寸；厢栱二件：各长三尺六寸。俱宽五寸，高六寸五分。十八斗十个：各长九寸，宽七寸五分；槽升子四个：各长六寸五分，宽八寸七分；三才升三十六个：各长六寸五分，宽七寸五分。俱高五寸。

（十）品字斗科各踩斗口五寸五分各件尺寸开后

[三踩单翘品字科]　大斗一个：长一尺六寸五分，宽一尺六寸五分，高一尺一寸。单翘一件：长三尺九寸五厘；蚂蚱头后带麻叶头一件：长六尺八寸九分七厘。俱宽五寸五分，高一尺一寸。撑头木并桁椀一件：长三尺三寸，宽五寸五分，高一尺六寸五分。正心瓜栱一件：长三尺四寸一分；正心万栱一件：长五尺六分。俱宽六寸八分二厘，高一尺一寸。厢栱二件：各长三尺九寸六分，宽五寸五分，高七寸七分。十八斗二个：各长九寸九分，宽八寸二分五厘；槽升子四个：各长七寸一分五厘，宽九寸五分七厘；三才升四个：各长七寸一分五厘，宽八寸二分五厘。俱高五寸五分。

[五踩重翘品字科]　大斗一个：长一尺六寸五分，宽一尺六寸五分，高一尺一寸。头翘一件：长三尺九寸五厘；二翘一件：长七尺二寸五厘；蚂蚱头后带麻叶头一件：长十尺一寸九分七厘。俱宽五寸五分，高一尺一寸。撑头木并桁椀一件：长六尺六寸，宽五寸五分，高一尺九寸二分五厘。正心瓜栱一件：长三尺四寸一分；正心万栱一件：长五尺六分。俱宽六寸八分二厘，高一尺一寸。单材瓜栱二件：各长三尺四寸一分；单材万栱二件：各长五尺六分；厢栱二件：各长三尺九寸六分。俱宽五寸五分，高七寸七分。十八斗四个：各长九寸九分，宽八寸二分五厘；槽升子四个：各长七寸一分五厘，宽九寸五分七厘；三才升十二个：各长七寸一分五厘，宽八寸二分五厘。俱高五寸五分。

[七踩三翘品字科]　大斗一个：长一尺六寸五分，宽一尺六寸五分，高一尺一寸。头翘一件：长三尺九寸五厘；二翘一件：长七尺二寸五厘；三翘一件：长十尺五寸五厘；蚂蚱头后带麻叶头一件：长一十三尺四寸九分七厘。俱宽五寸五分，高一尺一寸。撑头木并桁椀一件：长九尺九寸，宽五寸五分，高一尺九寸二分五厘。正心瓜栱一件：长三尺四寸一分；正心万栱一件：长五尺六分。俱宽六寸八分二厘，高一尺一寸。单材瓜栱四件：各长三尺四寸一分；单材万栱四件：各长五尺六分；厢栱二件：各长三尺九寸六分。俱宽五寸五分，高七寸七分。十八斗六个：各长九寸九分，宽八寸二分五厘；槽升子四个：各长七寸一分五厘，宽九寸五分七厘；三才升二十个：各长七寸一分五厘，宽八寸二分五厘。俱高五寸五分。

[九踩四翘品字科]　大斗一个：长一尺六寸五分，宽一尺六寸五分，高一尺一寸。头翘一件：长三尺九寸五厘；二翘一件：长七尺二寸五厘；三翘一件：长十尺五寸五厘；四翘一件：长一十三尺八寸五厘；蚂蚱头后带麻叶头一件：长一十六尺七寸九分七厘。俱宽五寸五分，高一尺一寸。撑头木并桁椀一件：长一十三尺二寸，宽五寸五分，高一尺九寸二分五厘。正心瓜栱一件：长三尺四寸一分；正心万栱一件：长五尺六分。俱宽六寸八分二厘，高一尺一寸。单材瓜栱六件：各长三尺四寸一分；单材万栱六件：各长五尺六分；厢栱二件：各长三尺九寸六分。俱宽五寸五分，高七寸七分。十八斗八个：各长九寸九分，宽八寸二分五厘；槽升子四个：各长七寸一分五厘，宽九寸五分七厘；三才升二十八个：各长七寸一分五厘，宽八寸二分五厘。俱高五寸五分。

[十一踩五翘品字科]　大斗一个：长一尺六寸五分，宽一尺六寸五分，高一尺一寸。头翘一件：长三尺九寸五厘；二翘一件：长七尺二寸五厘；三翘一件：长一十尺五寸五厘；四翘一件：长一十三尺八寸五厘；五翘一件：长一十七尺一寸五厘；蚂蚱头后带麻叶头一件：长二十尺九分七厘。俱宽五寸五分，高一尺一寸。撑头木并桁椀一件：长一十六尺五寸，宽五寸五分，高一尺九寸二分五厘。正心瓜栱一件：长三尺四寸一分；正心万栱一件，长五尺六分。俱宽六寸八分二厘，高一尺一寸。单材瓜栱八件：各长三尺四寸一分；单材万栱八件：各长五尺六分；厢栱二件：各长三尺九寸六分。俱宽五寸五分，高七寸七分。十八斗十个：各长九寸九分，宽八寸二分五厘；槽升子四个：各长七寸一分五厘，宽九寸五分七厘；三才升三十六个：各长七寸一分五厘，宽八寸二分五厘。俱高五寸五分。

(十一) 品字斗科各踩斗口六寸各件尺寸开后

[三踩单翘品字科]　大斗一个：长一尺八寸，宽一尺八寸，高一尺二寸。单翘一件：长四尺

二寸六分;蚂蚱头后带麻叶头一件:长七尺五寸二分四厘。俱宽六寸,高一尺二寸。撑头木并桁椀一件:长三尺六寸,宽六寸,高一尺八寸。正心瓜栱一件:长三尺七寸二分;正心万栱一件:长五尺五寸二分。俱宽七寸四分四厘,高一尺二寸。厢栱二件:各长四尺三寸二分,宽六寸,高八寸四分。十八斗三个:各长一尺八分,宽九寸;槽升子四个:各长七寸八分,宽一尺四分四厘;三才升四个:各长七寸八分,宽九寸。俱高六寸。

[五踩重翘品字科] 大斗一个:长一尺八寸,宽一尺八寸,高一尺二寸。头翘一件:长四尺二寸六分;二翘一件:长七尺八寸六分;蚂蚱头后带麻叶头一件:长一十一尺一寸二分四厘。俱宽六寸,高一尺二寸。撑头木并桁椀一件:长七尺二寸,宽六寸,高二尺一寸。正心瓜栱一件:长三尺七寸二分;正心万栱一件:长五尺五寸二分。俱宽七寸四分四厘,高一尺二寸。单材瓜栱二件:各长三尺七寸二分;单材万栱二件:各长五尺五寸二分;厢栱二件:各长四尺三寸二分。俱宽六寸,高八寸四分。十八斗四个:各长一尺八分,宽九寸;槽升子四个:各长七寸八分,宽一尺四分四厘;三才升十二个:各长七寸八分,宽九寸。俱高六寸。

[七踩三翘品字科] 大斗一个:长一尺八寸,宽一尺八寸,高一尺二寸。头翘一件:长四尺二寸六分;二翘一件:长七尺八寸六分;三翘一件:长一十一尺四寸六分;蚂蚱头后带麻叶头一件:长一十四尺七寸二分四厘,俱宽六寸,高九寸。撑头木并桁椀一件:长十尺八寸,宽六寸,高二尺一寸。正心瓜栱一件:长三尺七寸二分;正心万栱一件:长五尺五寸二分。俱宽七寸四分四厘,高一尺二寸。单材瓜栱四件:各长三尺七寸二分;单材万栱四件:各长五尺五寸二分;厢栱二件:各长四尺三寸二分。俱宽六寸,高八寸四分。十八斗六个:各长一尺八分,宽九寸;槽升子四个:各长七寸八分,宽一尺四分四厘;三才升二十个:各长七寸八分,宽九寸。俱高六寸。

[九踩四翘品字科] 大斗一个:长一尺八寸,宽一尺八寸,高一尺二寸。头翘一件:长四尺二寸六分;二翘一件:长七尺八寸六分;三翘一件:长一十一尺四寸六分;四翘一件:长一十五尺六分;蚂蚱头后带麻叶头一件:长一十八尺三寸二分四厘。俱宽六寸,高一尺二寸。撑头木并桁椀一件:长一十四尺四寸,宽六寸,高二尺一寸。正心瓜栱一件:长三尺七寸二分;正心万栱一件:长五尺五寸二分。俱宽七寸四分四厘,高一尺二寸。单材瓜栱六件:各长三尺七寸二分;单材万栱六件:各长五尺五寸二分;厢栱二件:各长四尺三寸二分。俱宽六寸,高八寸四分。十八斗八个:各长一尺八分,宽九寸;槽升子四个:各长七寸八分,宽一尺四分四厘;三才升二十八个:各长七寸八分,宽九寸。俱高六寸。

[十一踩五翘品字科] 大斗一个:长一尺八寸,宽一尺八寸,高一尺二寸。头翘一件:长四尺二寸六分;二翘一件:长七尺八寸二分;三翘一件:长一十一尺四寸六分;四翘一件:长一十五尺六分;五翘一件:长一十八尺六寸六分;蚂蚱头后带麻叶头一件:长二十一尺九寸二分四厘。俱宽六寸,高一尺一寸。撑头木并桁椀一件:长一十八尺,宽六寸,高二尺一寸。正心瓜栱一件:长三尺七寸二分;正心万栱一件,长五尺五寸二分。俱宽七寸四分四厘,高一尺二寸。单材瓜栱八件:各长三尺七寸二分;单材万栱八件:各长五尺五寸二分;厢栱二件:各长四尺三寸二分。俱宽六寸,高八寸四分。十八斗栱十个:各长一尺八分,宽九寸;槽升子四个:各长七寸八分,宽一尺四分四厘;三才升三十六个:各长七寸八分,宽九寸。俱高六寸。

二、品字科三踩图样二十九

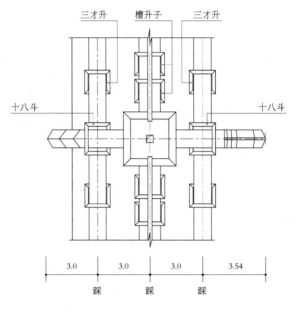

三才升　槽升子　三才升

十八斗　　　　　　　　　十八斗

| 3.0 | 3.0 | 3.0 | 3.54 |

踩　　　踩　　　踩

仰视平面

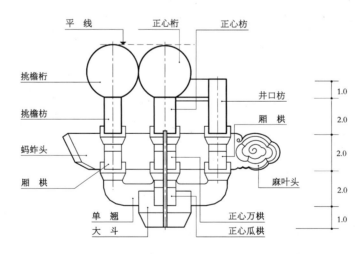

平　线　　　正心桁　　　正心枋

挑檐桁　　　　　　　　　　　井口枋

挑檐枋　　　　　　　　　　　厢　栱

蚂蚱头　　　　　　　　　　　麻叶头

厢　栱

单翘　　　　　　　正心万栱

大斗　　　　　　　正心瓜栱

| 1.0 |
| 2.0 |
| 2.0 |
| 2.0 |
| 1.0 |

立　面

品字科三踩图样二十九　分件图

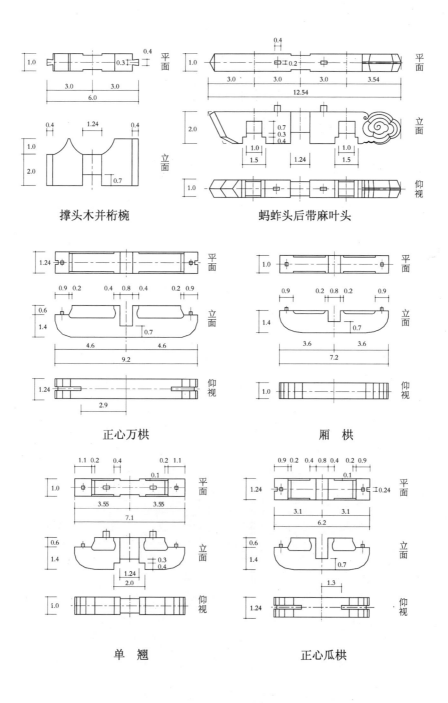

撑头木并桁椀

蚂蚱头后带麻叶头

正心万栱

厢　栱

单　翘

正心瓜栱

三、品字科五踩图样三十

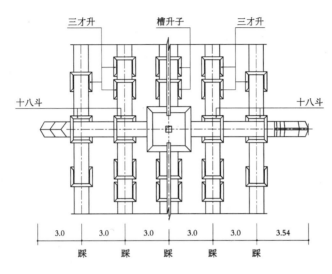

三才升　　槽升子　　三才升

十八斗　　　　　　　　　　　　　十八斗

| 3.0 | 3.0 | 3.0 | 3.0 | 3.0 | 3.54 |
| 踩 | 踩 | 踩 | 踩 | 踩 | |

仰视平面

品字科适用于平台(平座)或室内等。正心桁上皮与挑檐桁上皮平。凡里厢栱之上施枋:有天花者,用井口枋。无天花者,用机枋(高2斗口)。

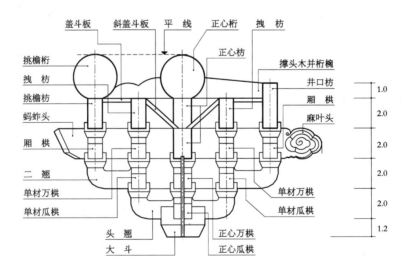

盖斗板　斜盖斗板　平线　正心桁　拽枋

挑檐桁　　　　　　　　　　正心枋

拽枋　　　　　　　　　　　　撑头木并桁椀

挑檐枋　　　　　　　　　　井口枋

蚂蚱头　　　　　　　　　　厢栱

厢栱　　　　　　　　　　　麻叶头

二翘

单材万栱　　　　　　　　　单材万栱

单材瓜栱　　　　　　　　　单材瓜栱

头翘　　　　正心万栱

大斗　　　　正心瓜栱

| 1.0 |
| 2.0 |
| 2.0 |
| 2.0 |
| 2.0 |
| 1.2 |

立　面

品字科五踩图样三十　分件一

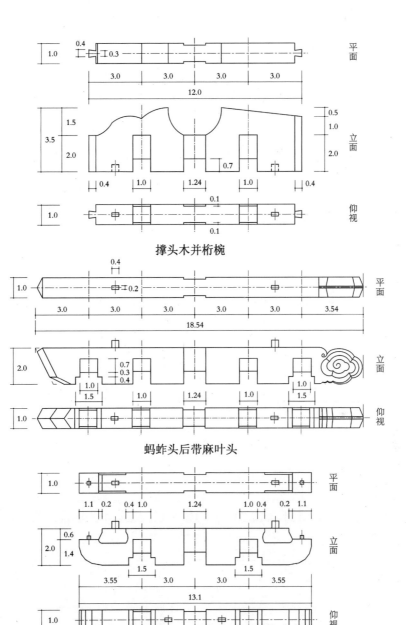

撑头木并桁椀

蚂蚱头后带麻叶头

二　翘

品字科五踩图样三十　分件二

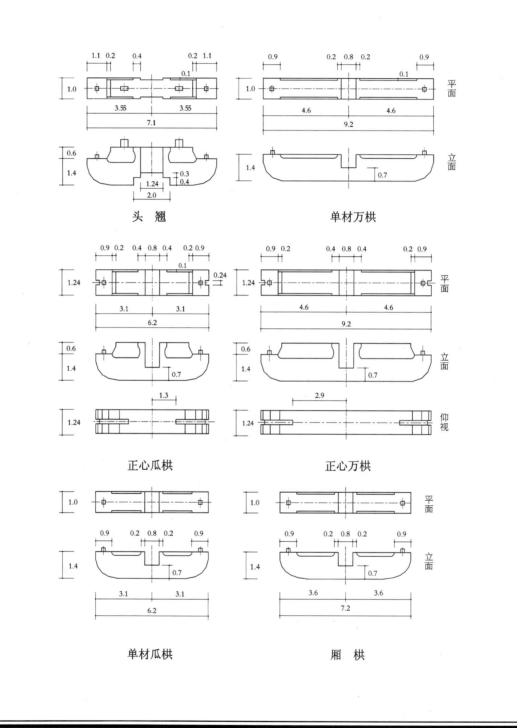

头　翘

单材万栱

正心瓜栱

正心万栱

单材瓜栱

厢　栱

四、品字科七踩图样三十一

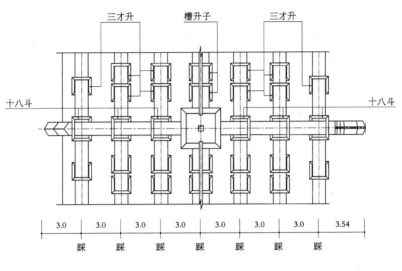

仰视平面

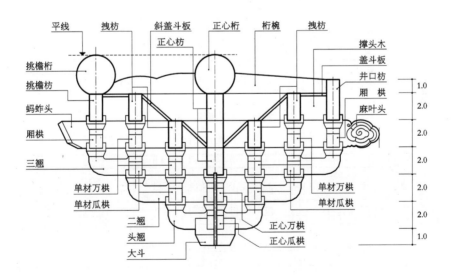

立 面

品字科七踩图样三十一　分件一

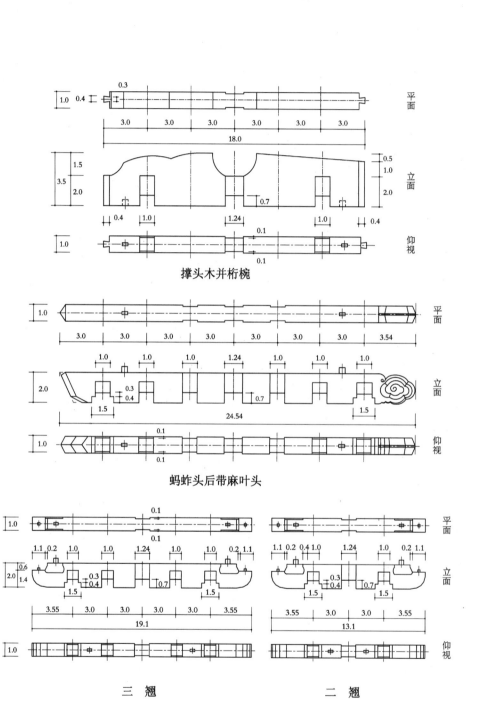

撑头木并桁椀

蚂蚱头后带麻叶头

三　翘　　　　二　翘

品字科七踩图样三十一　分件二

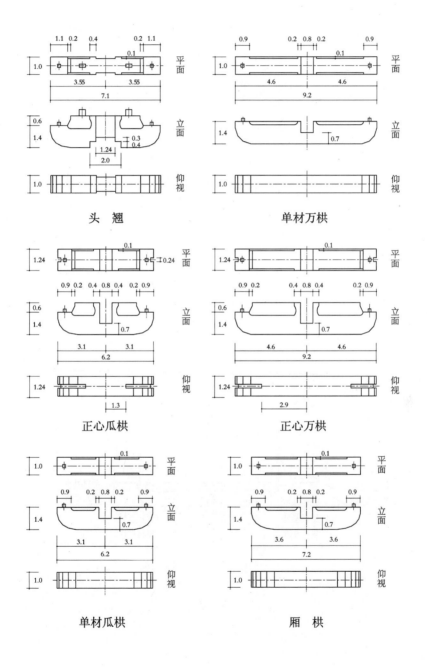

头　翘

单材万栱

正心瓜栱

正心万栱

单材瓜栱

厢　栱

五、品字科九踩图样三十二

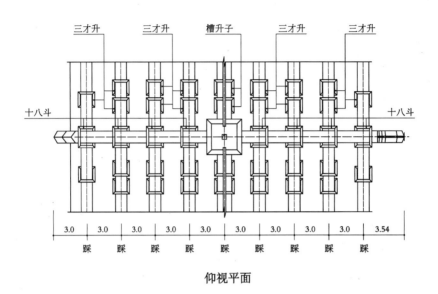

三才升　三才升　槽升子　三才升　三才升

十八斗　　　　　　　　　　　　　　　　十八斗

3.0　3.0　3.0　3.0　3.0　3.0　3.0　3.0　3.54
踩　踩　踩　踩　踩　踩　踩　踩　踩

仰视平面

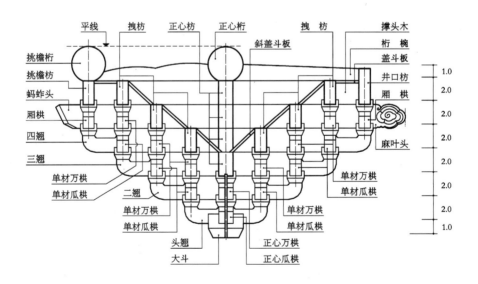

立　面

品字科九踩图样三十二　分件一

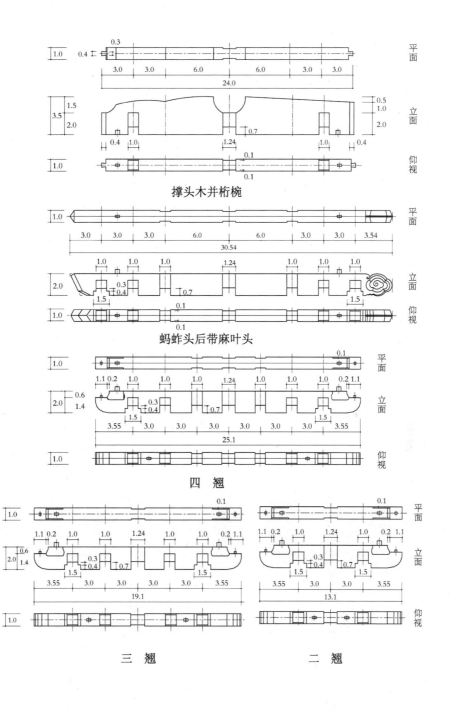

撑头木并桁椀

蚂蚱头后带麻叶头

四　翘

三　翘　　　二　翘

品字科九踩图样三十二　分件二

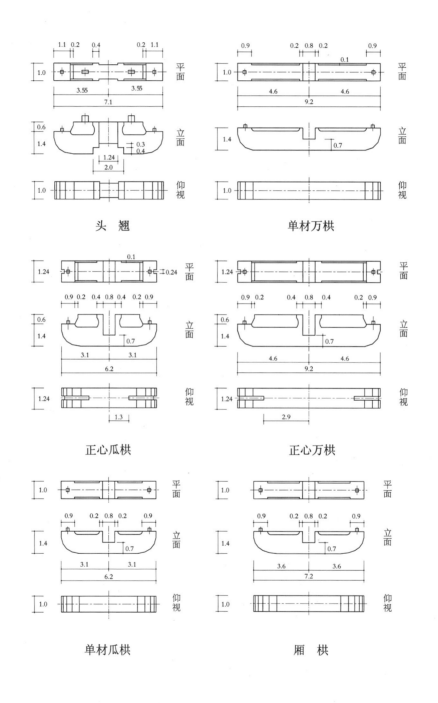

头　翘　　　　　　　　　　　　单材万栱

正心瓜栱　　　　　　　　　　　正心万栱

单材瓜栱　　　　　　　　　　　厢　栱

六、品字科十一踩图样三十三

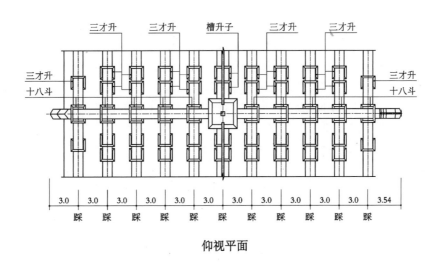

仰视平面

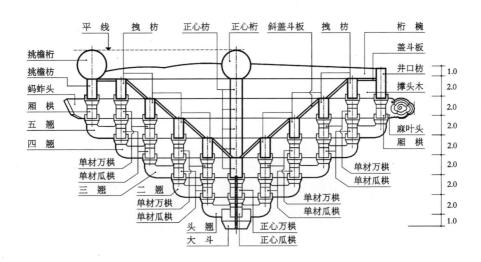

立　面

品字科十一踩图样三十三　分件一

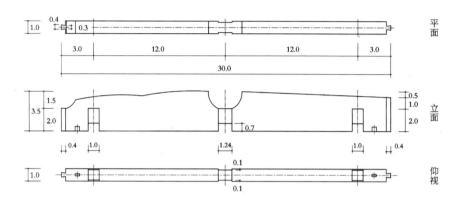

撑头木并桁椀

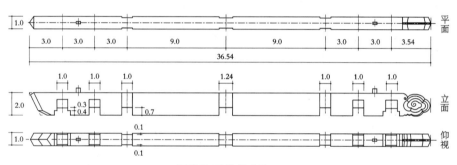

蚂蚱头后带麻叶头

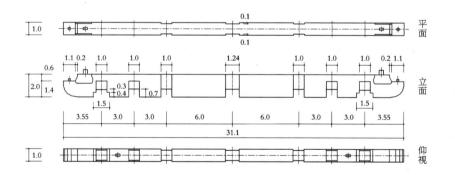

五　翘

品字科十一踩图样三十三　分件二

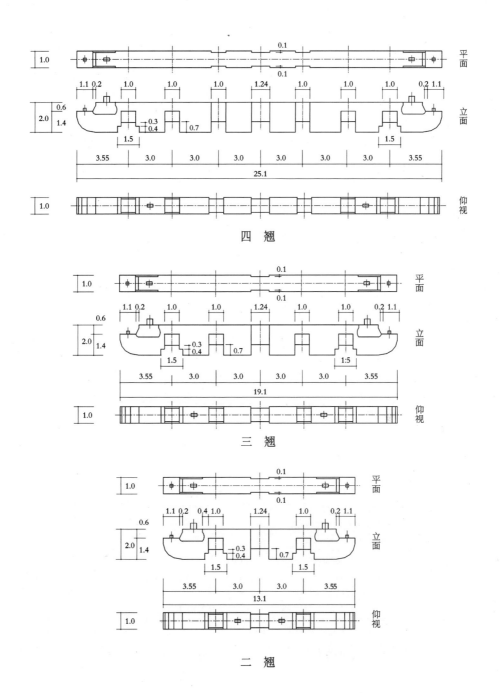

四　翘

三　翘

二　翘

品字科十一踩图样三十三　分件三

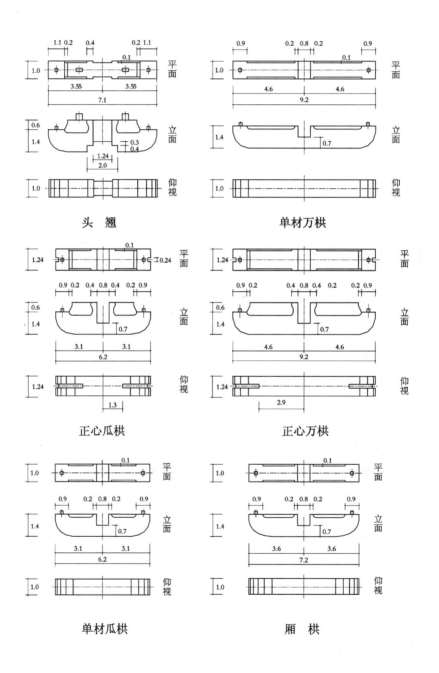

头　翘

单材万栱

正心瓜栱

正心万栱

单材瓜栱

厢　栱

清式斗栱模型

斗口单昂

平身科(见图样七)

斗口单昂

柱头科(见图样八)

正面

角面

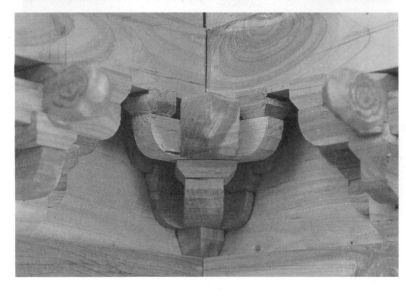

后面

斗口单昂
角科(见图样九)

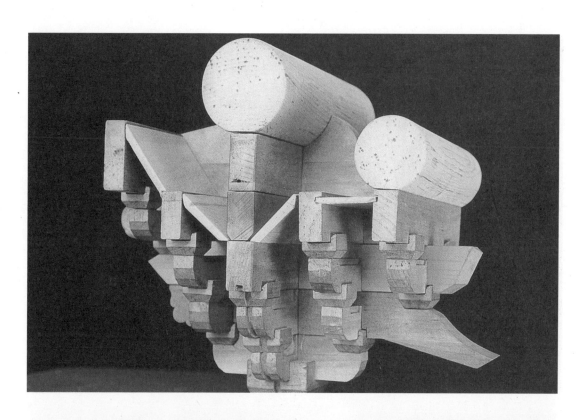

单翘单昂

平身科(见图样十三)

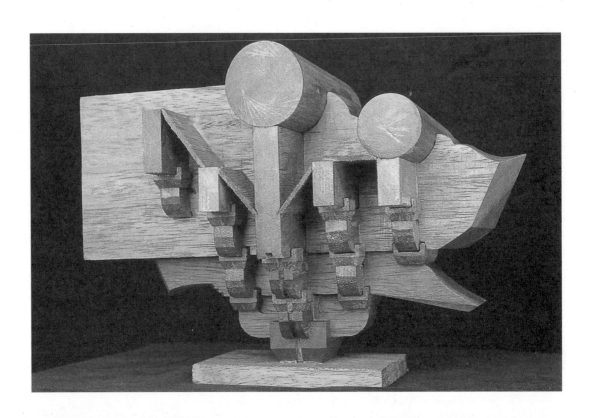

单翘单昂

柱头科(见图样十四)

正面

角面

后面

单翘单昂

角科(见图样十五)

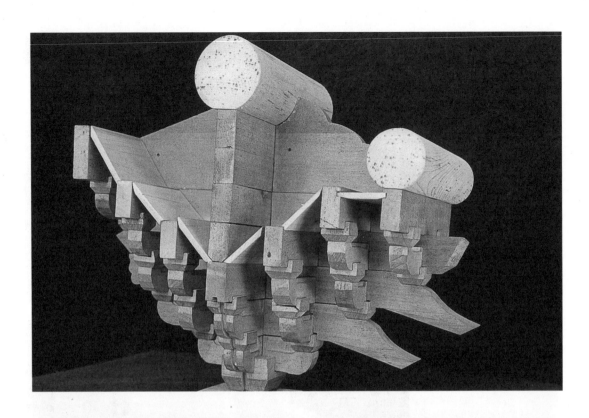

单翘重昂

平身科(见图样十六)

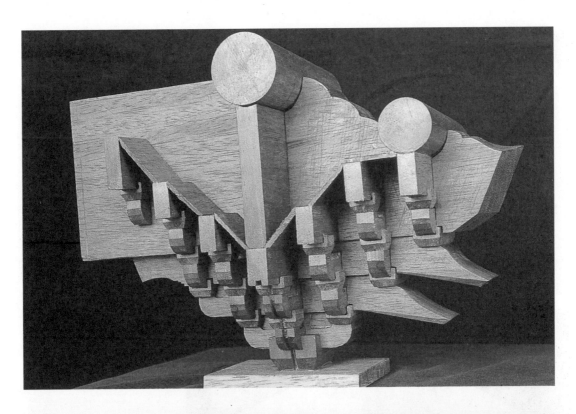

单翘重昂

柱头科(见图样十七)

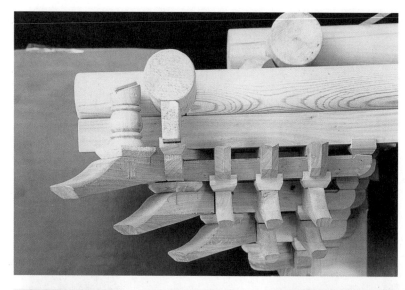

正面

角面

后面

单翘重昂
角科(见图样十八)

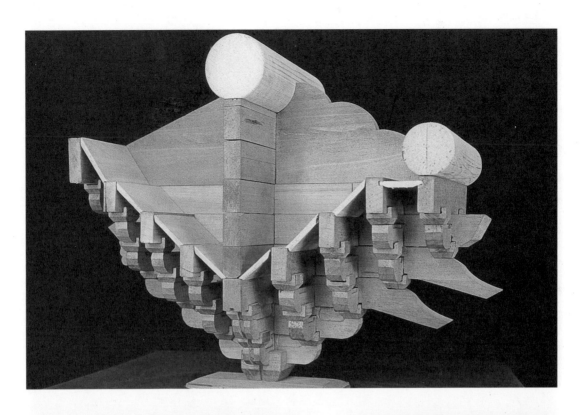

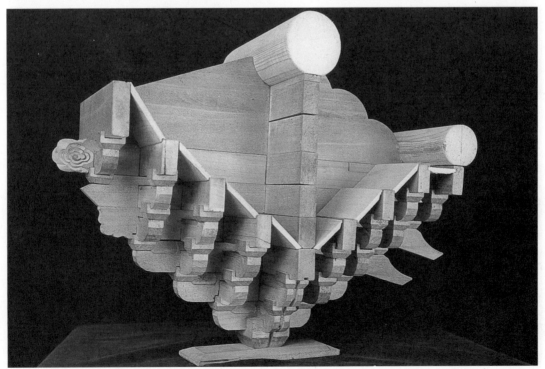

重翘重昂

平身科(见图样十九)

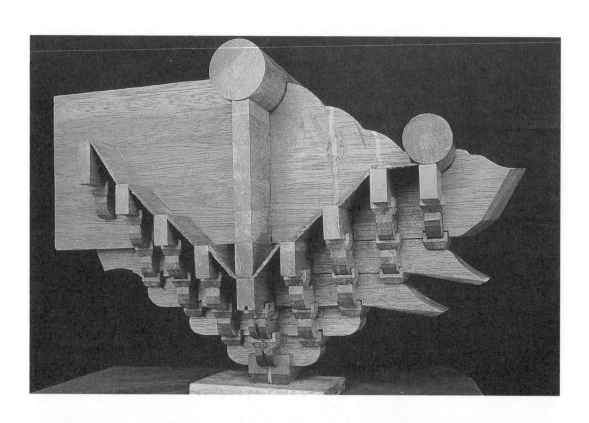

重翘重昂

柱头科(见图样二十)

正面

角面

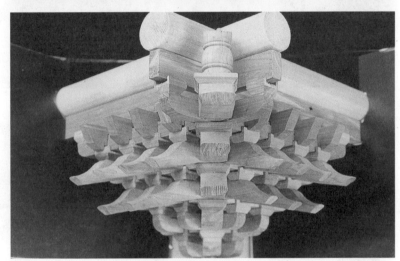

后面

重翘重昂

角科(见图样二十一)

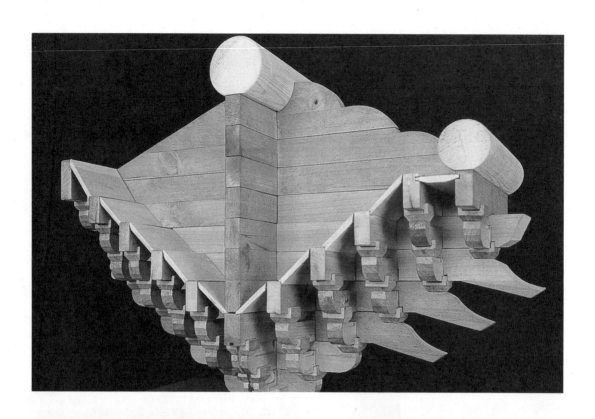

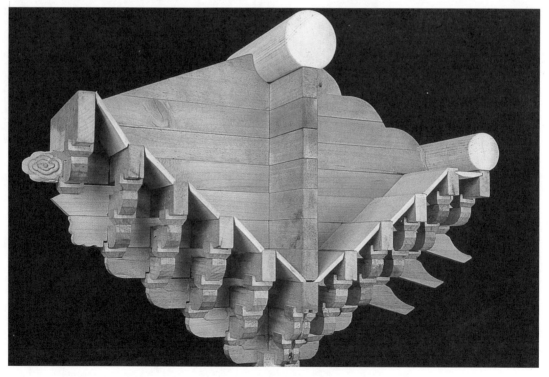

重翘三昂

平身科(见图样二十二)

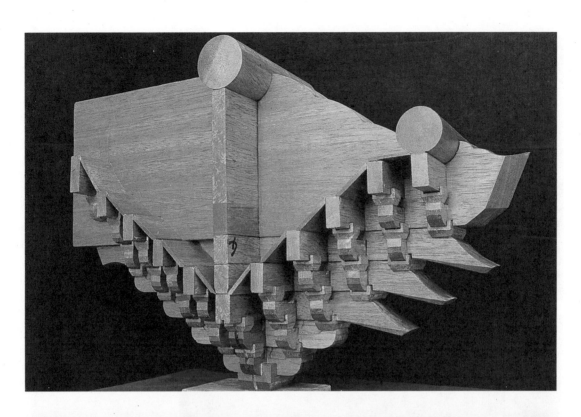

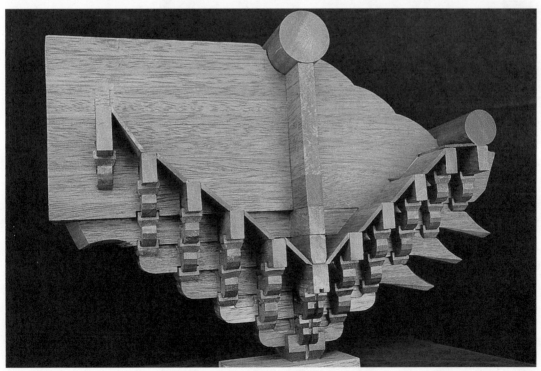

重翘三昂

柱头科（见图样二十三）

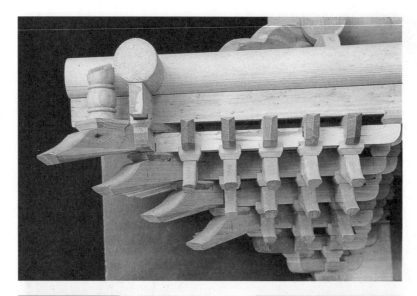

正面

角面

后面

重翘三昂

角科(见图样二十四)

挑金造溜金斗科(见图样二十五)

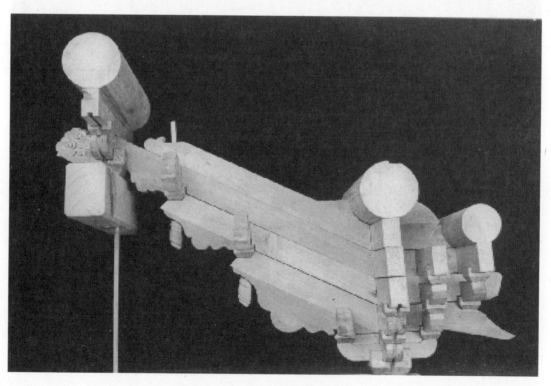

落金造溜金斗科(见图样二十六)

品字科三踩(见图样二十九)

品字科五踩(见图样三十)

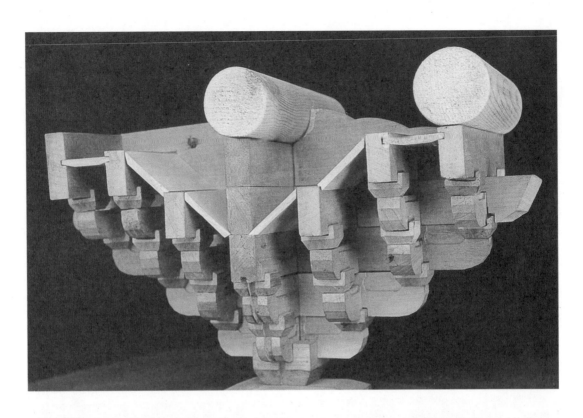

品字科七踩(见图样三十一)

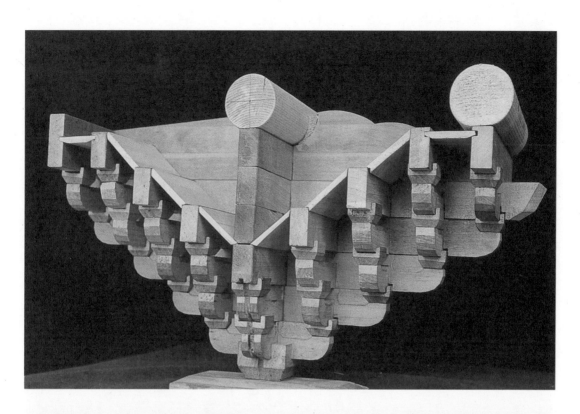

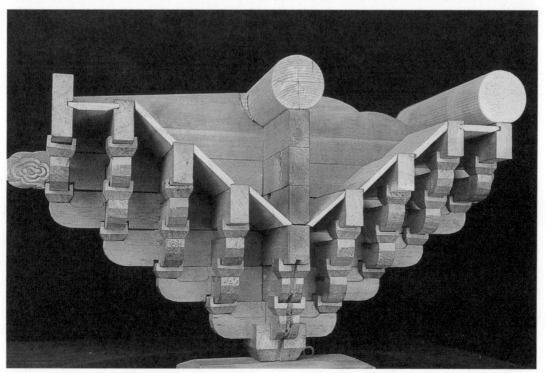

品字科九踩(见图样三十二)

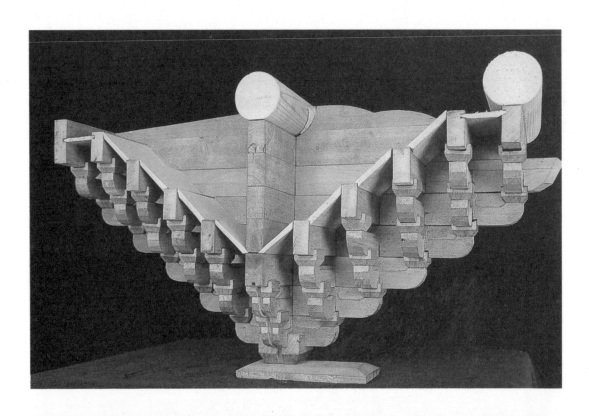

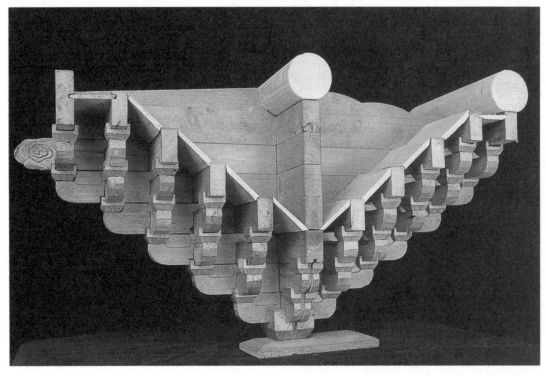

品字科十一踩(见图样三十三)

《工程做法》
原书图样

注：用上海商务印书馆 1933 年 12 月出版《万有文库》版，

1954 年重印《营造法式》第三册宋式枓栱插图。

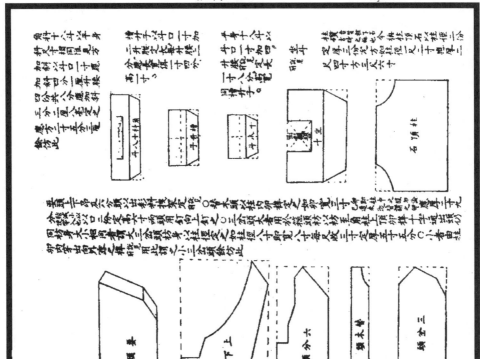

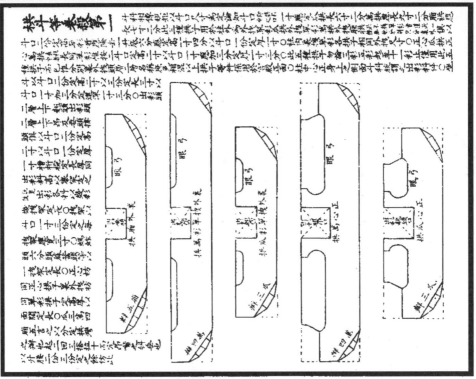

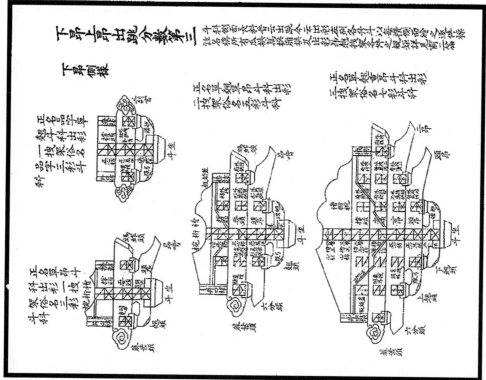

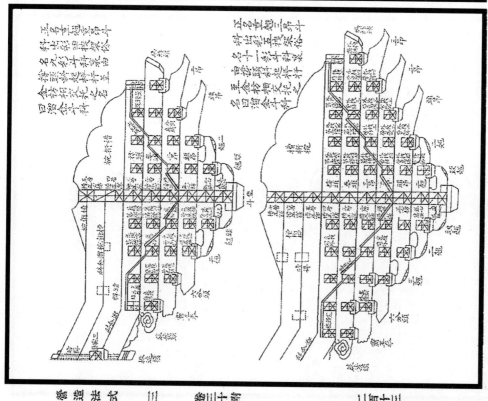

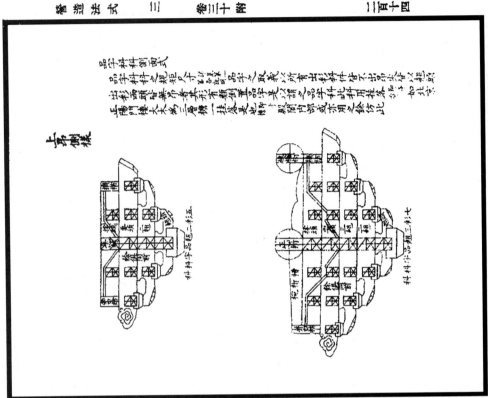

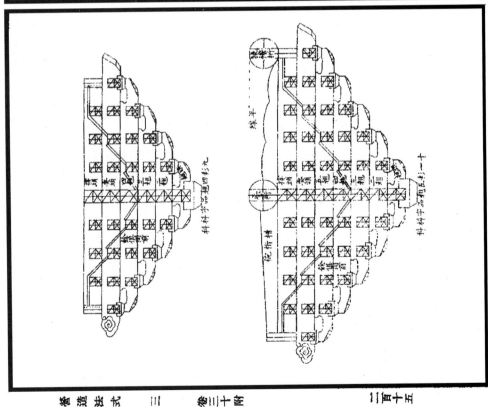

繪畫鋪作拱枓等所用卯口等五

正身科規矩尺寸一料義見所有正身科由三彩由五彩七彩
九彩十一彩每加一彩須加一搜枓定出彩之長提矩二之長短各
隨之餘倣此繪圖如後至

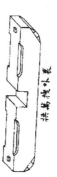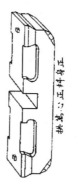

拱某搜斗底　拱瓜搜斗底　拱某正斗身正　拱瓜正斗身正

正身科出彩所用料卯口各分件

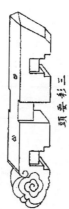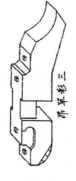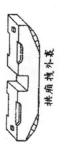

頭栱彩三　頭累彩三　昂翠彩三　拱角搜斗底

正身科出彩所用材口各件

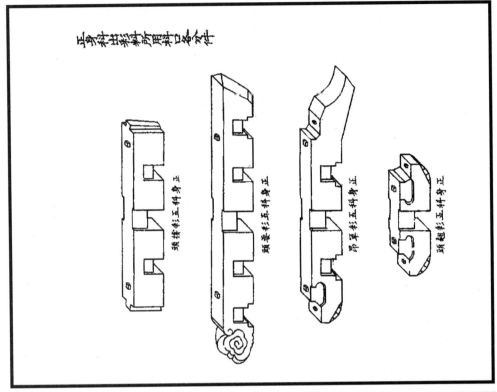

頭拽彩五科身正

頭要彩五科身正

昂翠彩五科身正

頭翘彩五科身正

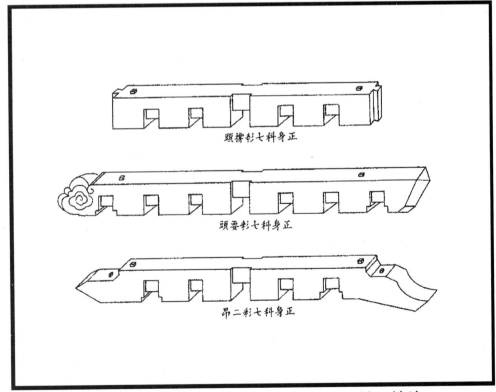

頭拽彩七科身正

頭要彩七科身正

昂二彩七科身正

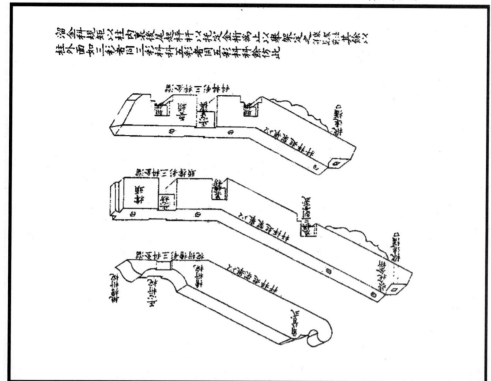

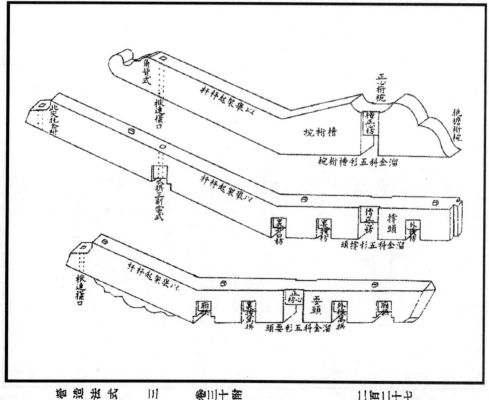

第三章　清式斗栱 / 685

角料分件正側兩面圖式

正面側面各自相同拱昂相背各料口均應畫圖後推九彩十彩卒

正面側面兩名相同拱昂根由此五彩至七彩應各件均

加三彩須加搜一拱昇加三相見另圖定長之餘坊

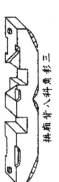

拱兩半八科角彩三

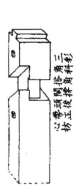

心帶頭闊搭角科彩三
坊正後搭角頭角科彩

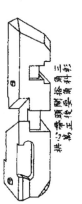

拱心帶頭闊搭角角科彩三
坊正後搭桑角角科彩

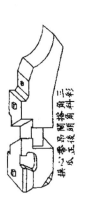

拱心帶昇闊搭角頭彩三
瓜正後搭角頭角科彩

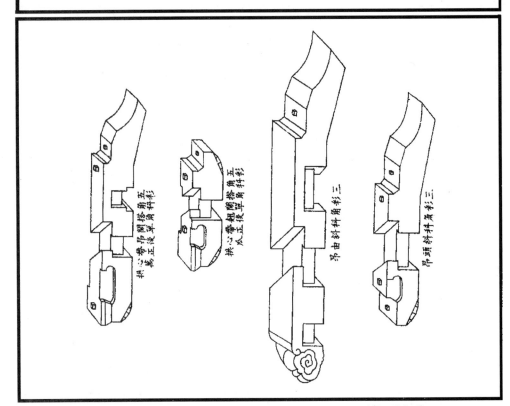

拱心帶昇闊搭角角五
坊正後搭桑角角科彩

拱心帶組闊搭角角五
瓜正後搭桑角角科彩

昇由斜斜科彩三

昇頭斜斜科角彩三

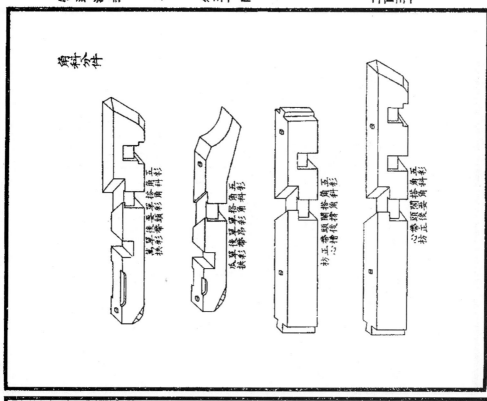

角料分件

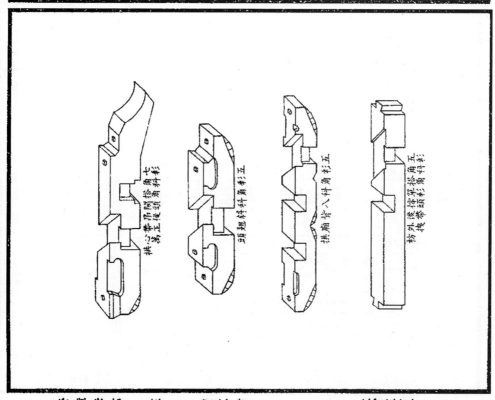

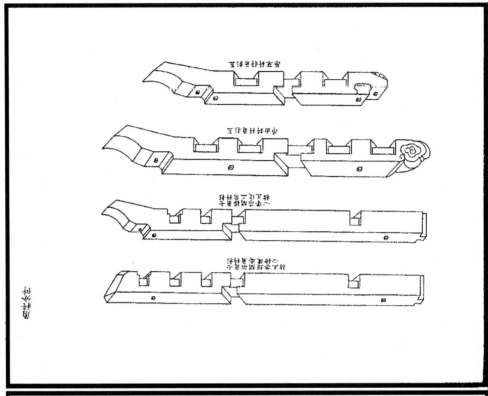

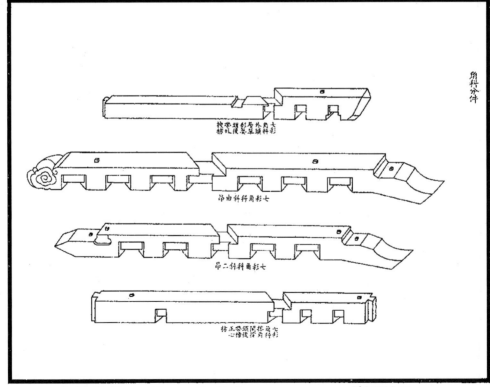

角科分件

688 斗栱

角科分件

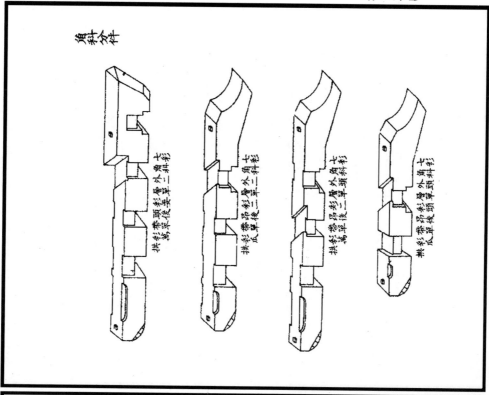

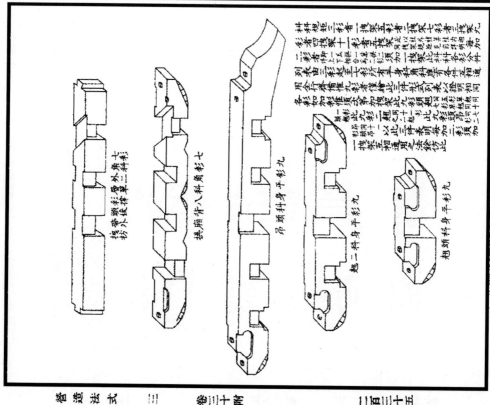

第三章 清式斗栱 /689

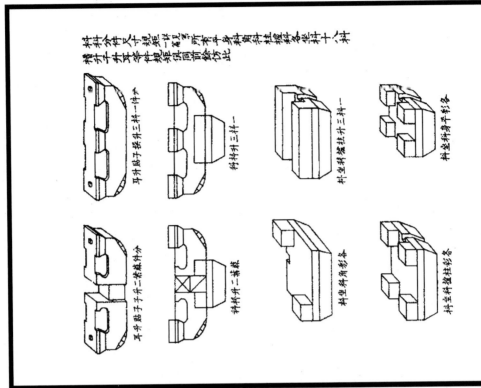

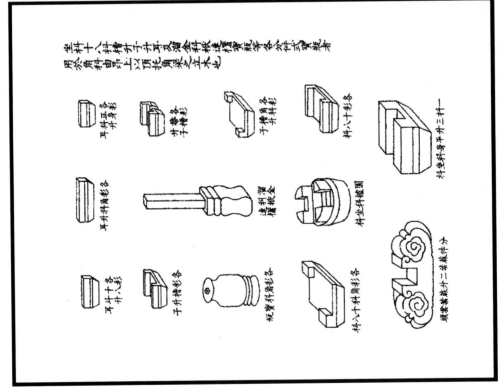

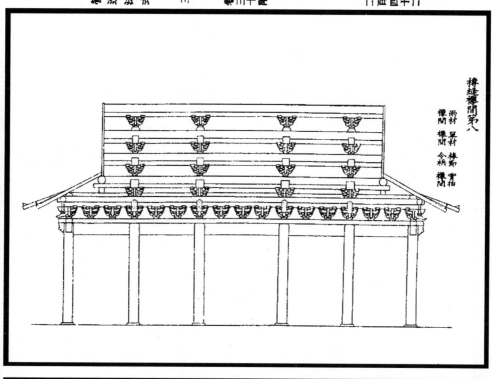

椽縫襻間第八

雨材　罍材　椿勤　罩抽
襻間　　襻間　　令栱　　襻間

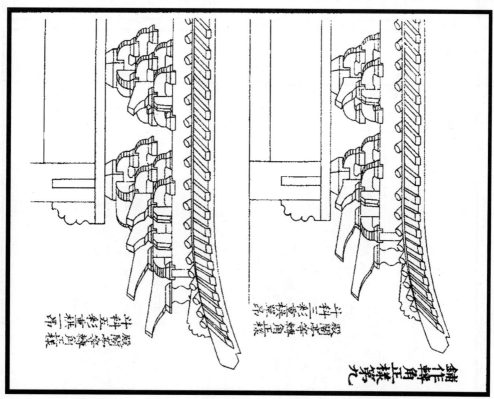

鋪作轉角正樣第九

斗鋪正
照欄五
幾耙幾
耕目坐
耕　斗

十令十
　栱　
幾耙幾
耕目耙
耕出耕

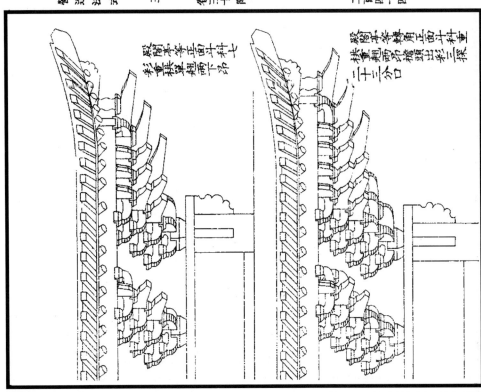

殿陶等正面斗科
彩畫栱羅漢兩下印

殿陶等轉角正面斗科
栱童頭口襯出彩三探
三十三分

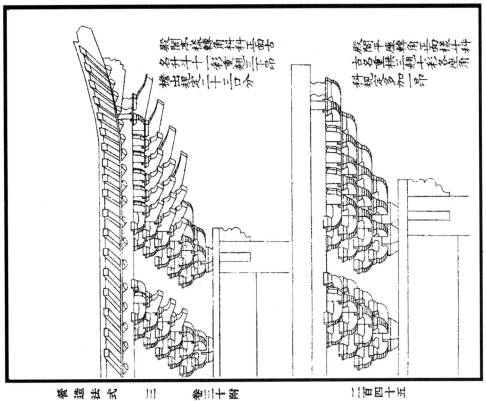

殿陶等轉角斗科正面
名十彩童襯三分印
檐提定十三口

殿陶等轉角正面栱斗
名童栱襯彩座角
科提定多加三印

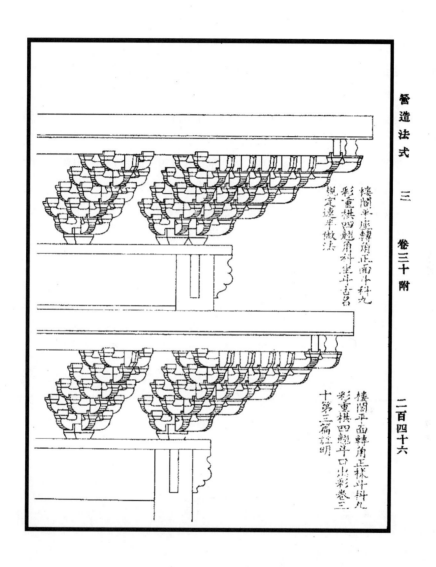

樓閣平座轉角正面斗科九
彩重栱四鋪角科坐斗昔名
規定逐一做法

樓閣平面轉角正樣斗科九
彩重栱四鋪斗口小彩卷三
十第三篇註明

参 考 书 目

1. 李诫编修. 营造法式. 上海：商务印书馆, 1954

2. 梁思成著. 营造法式注释. 北京：中国建筑工业出版社, 1983

3. 故宫博物院古建部编, 王璞子主编.《工程做法》注释(清雍正十二年武英殿本). 北京：中国建筑工业出版社, 1995

4. 建筑科学研究院建筑史编委会编, 刘敦桢主编. 中国古代建筑史. 北京：中国建筑工业出版社, 1984

5. 中国科学院自然科学史研究所主编. 中国古代建筑技术史. 北京：科学出版社, 1985

6. 马炳坚著. 中国古建筑木作营造技术. 北京：科学出版社, 1991

7. 刘敦桢. 刘敦桢文集(一). 北京：中国建筑工业出版社, 1982

8. 梁思成. 梁思成文集(二). 北京：中国建筑工业出版社, 1984

后　　记

回忆已往,自十六岁拜扬州著名匠师陶裕寿先生学木工,曾多年追随扬州著名篆刻家、恩师桑愉先生习古文、练书法,工余坚持刻苦自学,研读中国古建筑有关书籍。从木工、放样、施工、设计、研究、教学这一阶梯一步步地爬上来,数十年如一日。为撰写《斗栱》一书,刻苦攻读、潜心研究宋《营造法式》和清《工程做法》两部官书的斗栱部分和国内遗留下来的著名建筑及有关书籍,尽可能地进行考察、阅读、深入研究。先手工绘制三百多幅斗栱墨线图,后按图纸从汉至清用高档木材制作了一百多攒斗栱模型,校正其中之榫卯,再把手工图一笔笔地输入计算机内,精确计算小数点后尾数。特别是,像佛光寺大殿"转角铺作"三昂斜上去,即两根下昂和一根角昂相交在一起的做法,榫卯难度较大,必须实地考察、反复琢磨、精心绘图、模型验正方才得知。历经十二年的时间,《斗栱》一书终于脱稿了。

我能完成这部书的出版,首先要感谢东南大学教授潘谷西先生给我的指导;感谢我的儿子潘叶祥,配合我十年,用计算机精心绘图及文字整理,他们给予我很大帮助。此外,还要感谢扬州市房地产公司总经理孙世同工程师,在我制作斗栱模型时给予木材的支持;同时亦感谢江都市邵伯古建公司木工巧匠李圣山同志,给予制作斗栱模型的支持。本书出版,得到了东南大学出版社有关领导、编辑和其他工作人员的大力支持,就此机会一并致谢。

潘德华

二〇〇三年六月